ISBN 978-3-7643-5195-3 ISBN 978-3-0348-5732-1 (eBook)
DOI 10.1007/978-3-0348-5732-1

KEYWORDS: HOLZFORSCHUNG; SCHWEIZER FICHTENKANTHOLZ;
ULTRASCHALLSORTIERUNG; BIEGEVERSUCHE; ZUGVERSUCHE; DRUCKVERSUCHE

Dieses Werk ist urheberrechtlich geschützt. Die dadurch begründeten Rechte, insbesondere die der Uebersetzung, des Nachdrucks, des Vortrags, der Entnahme von Abbildungen und Tabellen, der Funksendung, der Mikroverfilmung oder der Vervielfältigung auf anderen Wegen und der Speicherung in Datenverarbeitungsanlagen, bleiben, auch bei nur auszugsweiser Verwertung, vorbehalten. Eine Vervielfältigung dieses Werkes oder von Teilen dieses Werkes ist auch im Einzelfall nur in den Grenzen der gesetzlichen Bestimmungen des Urheberrechtsgesetzes in der jeweils geltenden Fassung zulässig. Sie ist grundsätzlich vergütungspflichtig. Zuwiderhandlungen unterliegen den Strafbestimmungen des Urheberrechts.

© Springer Basel AG 1995
Ursprünglich erschienen bei Birkhäuser Verlag Basel 1995
Gedruckt auf säurefreiem Papier

9 8 7 6 5 4 3 2 1

Biege-, Zug- und Druckversuche an Schweizer Fichtenholz

René Steiger

Institut für Baustatik und Konstruktion (IBK)
Eidgenössische Technische Hochschule Zürich (ETH)

Zürich
Februar 1995

Vorwort

Der vorliegende Bericht ist der zweite einer Reihe von Publikationen zum Problemkreis "Mechanische Eigenschaften von Schweizer Fichtenholz". Bereits erschienen ist ein Bericht zur Entwicklung einer Einspannvorrichtung für Zugversuche an Holzproben grösseren Querschnitts (IBK Bericht Nr. 204, April 1994). Der nun vorliegende Versuchsbericht beschreibt umfangreiche Biege-, Zug- und Druckversuche an Kanthölzern mit baupraktischen Abmessungen. Die Versuche geben einen repräsentativen Überblick über die mechanischen Eigenschaften von Schweizer Fichtenholz und dienen als Standortbestimmung zur Einordnung dieser Hölzer in die neuen Europäischen Festigkeitsklassen. Alle Kanthölzer wurden vor der zerstörenden mechanischen Prüfung zerstörungsfrei mit Ultraschall untersucht. Die Resultate können somit auch zur Validierung der Ultraschallmessung als Kriterium für die Prognose der Holzsteifigkeit und -festigkeit benutzt werden.

Die Arbeiten zum Thema "Mechanische Eigenschaften von Schweizer Fichtenholz" gehen zurück auf das Nationale Forschungsprogramm NFP 12 "Holz, erneuerbare Rohstoff- und Energiequelle". Dass es zu diesen für den Holzbau bedeutenden Untersuchungen kam, ist das Verdienst von Kollege Prof. E. Gehri, der die Problematik aufgriff, Herrn Steiger mit der Projektleitung und Durchführung beauftragte und ihn während den umfangreichen Untersuchungen betreute.

Herr Steiger war für die Entwicklung und den Aufbau der Prüfeinrichtungen, die Versuchsplanung und -durchführung sowie für die Datenaufbereitung und statistische Auswertung der Versuchsresultate und die Redaktion des Versuchsberichtes verantwortlich. Unterstützt wurde Herr Steiger durch die Herren H.P. Arm (EDV-Programme zur Datenerfassung, Messtechnik), P. Hefti (Prüfeinrichtungen) und M. Schläfli (Mithilfe bei der tabellarischen und graphischen Darstellung der Daten sowie beim Schreiben des Versuchsberichtes). Herr Steiger wird die Ergebnisse einer kürzlich abgeschlossenen zusätzlichen Versuchsreihe zum Thema Biegemoment-Normalkraft-Interaktion an Kantholz-Querschnitten im Rahmen einer weiteren IBK-Publikation veröffentlichen.

Zürich, Januar 1995   Prof Dr. M. Fontana

Inhaltsverzeichnis

1. Einleitung 1

1.1 Schweizer Holzbaunorm SIA 164 und EURONORM ENV 1995-1-1   1

1.2 Holzsortierung   1

1.3 Zielsetzung der Versuche   2

1.4 Vorgehen   3
    1.4.1 Übersicht über die durchgeführten Versuche   3
    1.4.2 Versuchsablauf   4

2. Grundlagen 5

2.1 Festigkeitsklassen für Bauholz und wichtige Kennwerte   5
    2.1.1 Schweizer Holzbaunorm SIA 164   5
    2.1.2 Deutsche Norm DIN 1052   6
    2.1.3 EURONORM ENV 338   7
    2.1.4 Theoretische Zuordnung der Festigkeitsklassen von SIA 164 und ENV 338   9

2.2 Messverfahren   10
    2.2.1 Messung der Holzfeuchte / Konditionierung   10
    2.2.2 Bestimmung der Feucht- und Darrdichte   12
    2.2.3 Festigkeitssortierung mittels Ultraschall   12

2.3 Prüfbestimmungen aus der EURONROM ENV 408   17
    2.3.1 Bestimmung von Biege-E-Modul und Biegefestigkeit   17
    2.3.2 Bestimmung von Zug-E-Modul und Zugfestigkeit in Faserrichtung   18
    2.3.3 Bestimmung von Druck-E-Modul und Druckfestigkeit in Faserrichtung   20

2.4 Bestimmung der Materialkennwerte nach EURONORM ENV 384   21
    2.4.1 Ausreichend grosse Stichproben und Stichprobenanzahlen   21
    2.4.2 Kleine Stichproben   22

	2.4.3	Einfluss der Stichprobenzahl, des Probenumfangs und der Sortierart	22
	2.4.4	Einfluss der Holzfeuchte und der Belastungsdauer	23
	2.4.5	Einfluss der Temperatur	23
	2.4.6	Einfluss der Probenabmessungen und der Prüflänge	23
	2.4.7	Überprüfung der mechanischen Eigenschaften einer Stichprobe	24
2.5	Statistik		25
	2.5.1	Beschreibung von Baustoffeigenschaften	26
	2.5.2	Empirische und mathematische Verteilungen	27
	2.5.3	Stichprobengrösse und Vertrauensintervall	28
	2.5.4	Darstellung von Versuchsreihen im Wahrscheinlichkeitspapier	29
	2.5.5	Kennwerte der Normalverteilung	29
	2.5.6	Kennwerte der (2-parametrigen) Log-Normalverteilung	31
	2.5.7	Überprüfen von Voraussetzungen	33
	2.5.8	Einfache Anpassungstests	35
	2.5.9	KOLMOGOROV-SMIRNOV-Anpassungstest	35
	2.5.10	Parameterschätzung für normalverteilte Grundgesamtheiten	38
	2.5.11	Parameterschätzung für log-normalverteilte Grundgesamtheiten	39

3. Biegeversuche   40

3.1	NFP 12-Versuche an Kanthölzern 8/16 und 10/16: Oktober 89 - Juni 90		40
	3.1.1	Ultraschall-Sortierung im frisch eingeschnittenen Zustand	40
	3.1.2	Ultraschall-Sortierung im konditionierten Zustand	41
	3.1.3	Versuchsablauf	42
	3.1.4	Statisches System und Belastung	43
	3.1.5	Bestimmung des Biege-Elastizitätsmoduls	44
	3.1.6	Messgeräte	48
	3.1.7	Graphische Darstellung der Versuchsresultate	48
	3.1.8	Statistische Kennwerte der Versuchsdaten	51
3.2	Ergänzungsuntersuchungen an Kanthölzern des QS 6/12: März 91		53
	3.2.1	Eigenschaften des Versuchsmaterials	53
	3.2.2	Versuchsablauf	54
	3.2.3	Statisches System und Belastung	54
	3.2.4	Bestimmung des Biege-Elastizitätsmoduls	54
	3.2.5	Messgeräte	54
	3.2.6	Graphische Darstellung der Versuchsresultate	55
	3.2.7	Statistische Kennwerte der Versuchsdaten	57

3.3	Ergänzungsuntersuchungen an Kanthölzern des QS 8/16: Juni 92	59
	3.3.1 Eigenschaften des Versuchsmaterials	59
	3.3.2 Versuchsablauf	60
	3.3.3 Statisches System und Belastung	60
	3.3.4 Bestimmung des Biege-Elastizitätsmoduls	60
	3.3.5 Messgeräte	60
	3.3.6 Graphische Darstellung der Versuchsresultate	61
	3.3.7 Statistische Kennwerte der Versuchsdaten	63
3.4	Versuche zur Biegemoment-Normalkraft-Interaktion: August 1993	65
	3.4.1 Ultraschall-Sortierung im frisch eingeschnittenen Zustand	66
	3.4.2 Ultraschall-Sortierung im konditionierten Zustand	66
	3.4.3 Versuchsablauf	66
	3.4.4 Statisches System und Belastung	68
	3.4.5 Bestimmung des Biege-Elastizitätsmoduls	69
	3.4.6 Messgeräte	70
	3.4.7 Graphische Darstellung der Versuchsresultate	70
	3.4.8 Statistische Kennwerte der Versuchsdaten	73
3.5	Typische Bruchbilder	79

4. Zugversuche 81

4.1	Zielsetzungen	81
4.2	Einspannvorrichtung für Zugversuche an Proben in Bauteilgrösse	81
4.3	Zugversuche an Kanthölzern	82
	4.3.1 Eigenschaften des Versuchsmaterials	83
	4.3.2 Versuchsablauf	85
	4.3.3 Statisches System und Belastung	85
	4.3.4 Messgeräte	87
	4.3.5 Bestimmung des Zug-Elastizitätsmoduls	87
	4.3.6 Graphische Darstellung der Versuchsresultate	87
	4.3.7 Statistische Kennwerte der Versuchsdaten	99
4.4	Zugversuche an Brettern	109
	4.4.1 Eigenschaften des Versuchsmaterials	109
	4.4.2 Versuchsablauf	111
	4.4.3 Statisches System und Belastung	111

4.4.4	Messgeräte	112
4.4.5	Bestimmung des Zug-Elastizitätsmoduls	112
4.4.6	Graphische Darstellung der Versuchsresultate	112
4.4.7	Statistische Kennwerte der Versuchsdaten	126

4.5 Typische Bruchbilder — 136

5. Druckversuche — 139

5.1 Zielsetzungen — 139

5.2 Versuchseinrichtung für Druckversuche an Stäben — 139

5.3 Druckversuche an Stäben — 141
- 5.3.1 Eigenschaften des Versuchsmaterials — 141
- 5.3.2 Versuchsablauf — 144
- 5.3.3 Statisches System und Belastung — 144
- 5.3.4 Messgeräte — 146
- 5.3.5 Bestimmung des Druck-Elastizitätsmoduls — 146
- 5.3.6 Graphische Darstellung der Versuchsresultate — 147
- 5.3.7 Statistische Kennwerte der Versuchsdaten — 157
- 5.3.8 Typische Bruchbilder — 166

5.4 Druckversuche an Prismen — 167
- 5.4.1 Versuchsablauf — 167
- 5.4.2 Messgeräte — 168
- 5.4.3 Graphische Darstellung der Versuchsresultate — 168
- 5.4.4 Statistische Kennwerte der Versuchsdaten — 175

5.5 Druckversuche an DIN-Kleinproben — 182
- 5.5.1 Versuchsablauf — 182
- 5.5.2 Messgeräte — 182
- 5.5.3 Graphische Darstellung der Versuchsresultate — 183
- 5.5.4 Statistische Kennwerte der Versuchsdaten — 189

Bezeichnungen und Abkürzungen		194
Literaturverzeichnis		202
Zusammenfassung		211
Résumé		212
Summary		213
Anhang		214
Anhang 1:	Bestimmung des Biege-E-Moduls	214
A.1.1	Weg bzw. Neigungs-Differenzmessung axial zw. den Lasteinleitungspunkten	214
A.1.2	FE-Modell zur Erfassung des Einflusses der Lasteinleitung	215
Anhang 2:	Biegeversuchsdaten	219
A.2.1	Biegeversuche NFP 12	219
A.2.2	Biegeversuche QS 6/12	233
A.2.3	Biegeversuche QS 8/16	234
A.2.4	Biegeversuche M/N-Interaktion QS 8/16	235
Anhang 3:	Bestimmung des axialen E-Moduls im Zug- bzw. Druckversuch	237
A.3.1	Anwendung des HOOKE'schen Gesetzes	237
Anhang 4:	Zugversuche an Kanthölzern	238
A.4.1	Zugversuche QS 8/8	238
A.4.2	Zugversuche QS 8/12	239
A.4.3	Zugversuche QS 8/18	240
A.4.4	Zugversuche QS 6/18	241
A.4.5	Zugversuche M/N-Interaktion: QS 8/16	242
Anhang 5:	Zugversuche an Brettern	244
A.5.1	Zugversuche QS 1/18	244
A.5.2	Zugversuche QS 2/18	244
A.5.3	Zugversuche QS 3/18	245
A.5.4	Zugversuche QS 4/18	246
A.5.5	Zugversuche QS 3/15	247

Anhang 6:	Druckversuche an Stäben	248
A.6.1	Druckversuche QS 6/12	248
A.6.2	Druckversuche QS 10/16	249
A.6.3	Druckversuche QS 14/24	250
A.6.4	Druckversuche M/N-Interaktion: QS 8/16	251
Anhang 7:	Druckversuche an Prismen	253
A.7.1	Druckversuche QS 6/12	253
A.7.2	Druckversuche QS 10/16	255
A.7.3	Druckversuche QS 14/24	256
Anhang 8:	Druckversuche an Kleinproben gemäss DIN 52185	258
A.8.1	Probekörper aus den Prismen 37.2, 45.2 und 47.2 (QS 14/24)	258
A.8.2	Probekörper zufällig ausgewählt	259
Anhang 9:	Ablaufdiagramme zur Datenerfassung	260
A.9.1	Biegeversuche mit Ermittlung der Bruchlast	260
A.9.2	Proof Loading NFP 12	261
A.9.3	Zug- und Druckversuche an Stäben	262
A.9.4	Druckversuche an Prismen und DIN-Proben	263

1. Einleitung

1.1 Schweizer Holzbaunorm SIA 164 und EURONORM ENV 1995-1-1

Mit der Neufassung der Normen SIA 160 "Einwirkungen auf Tragwerke" (1989), SIA 162 "Betonbauten" (1989) und SIA 161 "Stahlbauten" (1990) wurde das Konzept der Teilsicherheitsfaktoren in die Konstruktionsnormen des Schweizerischen Ingenieur- und Architekten-Vereins SIA aufgenommen. Dabei sind auf der Last- aber auch auf der Materialseite erhebliche Änderungen vorgenommen worden.

Die Schweizer Holzbau-Norm SIA 164 (1981 / 1992) [24] hat bis heute am Konzept der zulässigen Spannungen festgehalten. Bedingt durch die Europäischen Integrationsbestrebungen im Bereich der Normung verzichtete man im Hinblick auf die direkte Übernahme der EURONORM 1995-1-1 "Bemessung und Konstruktion von Holzbauten" [25] auf eine aufwendige Revision der SIA 164. 1990 wurde lediglich eine Übergangsregelung zur Anpassung an die neue Einwirkungsnorm SIA 160 erlassen und später direkt in den 1992 aufgelegten Neudruck der SIA 164 integriert.

Im Holzbau ist ein Ersatz der traditionellen zulässigen Spannungen durch sogenannte charakteristische Werte nötig, denn nur auf diese Weise kann die in die Bemessung eingebrachte Sicherheit sowohl last- als auch materialseitig transparent gemacht werden.

Die Einstufung des Schweizer Fichtenholzes in die durch die EURONORM EN 338 [2] geschaffenen Festigkeitsklassen und die Anpassung des heutigen Klassierungssystems für Bau-Schnittholz (FK I, FK II, FK III) an die neuen Klassierungskriterien ist ein zentraler Punkt in der zu leistenden Integrationsarbeit.

Die zum Teil noch auf der Festigkeitsprüfung von kleinen, strukturstörungsfreien Normproben [13], [15], [109] und auf Erfahrungswerten basierenden zulässigen Spannungen können mit theoretischen Betrachtungen allein nicht in die neu erforderlichen charakteristischen Werte übergeführt werden. Versuche an Probekörpern in Bauteilgrösse erfassen die den Baustoff Holz kennzeichnenden starken Streuungen in den Materialeigenschaften (Äste, Schrägfasrigkeit, usw.) besser [17].

Der vorliegende Bericht veröffentlicht detailliert die Ergebnisse der in der Zeit von Oktober 1989 bis Dezember 1993 durchgeführten umfangreichen Biege-, Zug- und Druckversuche an Kanthölzern und Brettern unterschiedlichen Querschnitts. Das geprüfte Holz entstammt verschiedenen Sägereien aus der Ostschweiz und stellt eine gute Grundlage zur Einstufung der mechanischen Eigenschaften von Schweizer Fichtenholz dar.

1.2 Holzsortierung

Die Einstufung des Bauholzes in Festigkeitsklassen setzt eine trennscharfe und reproduzierbare Sortierung voraus. Offensichtlich ist die heutige Anwendungspraxis der visuellen Sortierung von Bauholz dazu nicht geeignet. Untersuchungen zeigen nämlich, dass eine trennscharfe und objektive, d.h. nachvollziehbare visuelle Sortierung in die jeweiligen Festigkeitsklassen erfordert, dass eine Vielzahl von visuellen Kriterien genauestens berücksichtigt wird. Dies ist jedoch meist aus zeitlichen Gründen nicht möglich, was zu einer generellen Einstufung des vorhandenen Holzes hauptsächlich in die Klasse FK II (Normales Bauholz) führt [31], [33], [39], [40]. Apparative Hilfsmittel, welche auch Kriterien erfassen, die einer visuellen Sortierung nicht zugänglich sind (Dichte, Steifigkeit, etc.) können jedoch helfen, das zweifelsohne vorhandene Potential des Bauholzes besser zu nutzen [27], [30], [38]. Die zu diesem Zweck vor allem in den angelsächsischen Ländern verbreiteten Rollen-Biegeprüfmaschinen (Stress Grader) sind einerseits relativ teuer und anderseits nur für Brettquerschnitte anwendbar. Das in der Schweiz für Bauzwecke häufig verwendete Kantholz ist mit dieser Methode nicht sortierbar.

Untersuchungen an verschiedenen Holzforschungsinstituten in Nordamerika und in Europa zeigen, dass die Ultraschall-Impulslaufzeitmessung, bei welcher die Laufzeit einer Schallwelle in Längsrichtung der zu beurteilenden Bauhölzer gemessen wird, zu einer wirtschaftlichen und objektiven Methode der Holzsortierung weiterentwickelt werden kann [44], [46], [47], [51], [52]. Die Ultraschallsortierung hat neben der unkomplizierten Handhabung gegenüber mehrparametrigen Methoden (z.B. visuelle Sortierung) den Vorteil, dass das Bauholz mittels lediglich eines Kriteriums, nämlich der Ultraschallgeschwindigkeit parallel zur Faser in die verschiedenen Festigkeitsklassen eingeteilt werden kann, und dass nur für diesen einen Sortierparameter die optimalen Klassengrenzen bestimmt werden müssen, um ein Maximum an Effizienz zu erreichen. Eine korrelative Zuordnung der Holz-Steifigkeits- und Festigkeitsmasse zur Ultraschallgeschwindigkeit bildet dabei die Grundlage dieser Sortiermethode [41], [42], [48].

1.3 Zielsetzung der Versuche

Die Versuche sollten die mechanischen Eigenschaften (Festigkeit und Steifigkeit) des in der Schweiz auf dem Markt erhältlichen Bauholzes aufzeigen. Dabei waren die Kennwerte an Proben in Bauteilgrösse zu bestimmen. Sie dienen als wichtige Grundlage zur Überführung der heute in der SIA 164 verwendeten Festigkeitsklassen FK I - FK III in die neuen Klassen gemäss EN 338. Als Klassierungskriterien werden in der EN 338 die charakteristischen Werte von Dichte, Biegefestigkeit und Biege-E-Modul verwendet. Sämtliche andern angegebenen Kennwerte sind auf der Klassierung aufbauende abgeleitete Grössen. Inwiefern diese in der EN 384 [3] angegebenen empirischen Beziehungen auch für Bauholz schweizerischer Provenienz gelten, sollte durch eine umfangreiche Anzahl von Biege-, Zug- und Druckversuchen abgeklärt werden.

Im weiteren wollte man die Zuverlässigkeit der Ultraschall-Sortierung überprüfen. Die meisten bis anhin vorhandenen wissenschaftlichen Untersuchungen beschränkten sich nämlich auf die Korrelation zwischen der Ultraschallgeschwindigkeit und den mechanischen Holzeigenschaften ermittelt aus *Biegeversuchen* an *konditioniertem* Holz. Da die Sortierung in den Sägewerken jedoch häufig direkt nach dem Einschnitt, d.h. im feuchten Zustand erfolgt, erschien es angebracht, die Zuverlässigkeit der Methode auch für diesen Fall zu zeigen [49]. Ausserdem war zu prüfen, ob bei Anwendung der aus Biegeversuchen ermittelten Sortierkriterien auch die nach EN 338 verlangten mechanischen Eigenschaften bei Druck- und Zugbelastung eingehalten sind.

Thematisch ähnlich gelagerte Forschungsvorhaben in Nachbarländern [34] zeigten, dass die in der EN 338 angegebenen charakteristischen Werte für die Dichte nicht optimal auf die mechanischen Kennwerte abgestimmt sind. Dies äusserte sich darin, dass Holz häufig aufgrund einer zu tiefen Dichte deklassiert werden musste, obwohl die aus Festigkeitsversuchen ermittelten mechanischen Kennwerte eingehalten waren. Diese für die Einstufung in Festigkeitsklassen und damit für die Nutzung des Holzangebotes wichtige Frage sollte auch für das in der Schweiz verwendete Bauholz untersucht werden.

Holz zeigt bei Zugbelastung ein sprödes Bruchverhalten. Die mechanischen Kennwerte sind daher abhängig von den Abmessungen des Prüfkörpers [17]. In der SIA 164 wurde dieser Volumeneinfluss bis anhin lediglich bei der Bemessung von Biegebalken berücksichtigt. Durch eine Variation der Querschnittsabmessungen der Prüfkörper sollte die Anwendbarkeit der in der EN 384 angegebenen Formel zur Erfassung des Querschnittseinflusses überprüft werden.

1.4 Vorgehen

Die folgende Zusammenstellung gibt einen Überblick über die durchgeführten Versuche hinsichtlich Probengrösse, Versuchsanzahl und Vorgehensweise.

1.4.1 Übersicht über die durchgeführten Versuche

- Biegeversuche an Kanthölzern (Kapitel 3)

Querschnittsabmessungen [cm]	Spannweite [mm]	Stichprobengrösse	Kapitel
6/12	2160	53	3.2
8/16	2400	78	3.1
8/16	2700	30	3.3
8/16	2760	11, 12, 16	3.4
10/16	2400	136	3.1

- Zugversuche an Kanthölzern (Kapitel 4.3)

Querschnittsabmessungen [cm]	Länge [mm]	Stichprobengrösse
8/8	2500	40
8/12	2500	46
8/16	3000	10, 10
8/18	2500	21
6/18	2500	42

- Zugversuche an Brettern (Kapitel 4.4)

Querschnittsabmessungen [cm]	Länge [mm]	Stichprobengrösse
1/18	1670 - 1980	7
2/18	2500	21
3/18	2500	50
4/18	2500	21
3/15 (L1 und E 1)	3000	L1: 16; E1: 18

- Druckversuche an Stäben (Kapitel 5.3)

Querschnittsabmessungen [cm]	Länge [mm]	Stichprobengrösse
6/12	1000	46
8/16 und 10/16	1500	40, 20, 20
14/24	1500	47

- Druckversuche an Prismen (Kapitel 5.4)

Querschnittsabmessungen [cm]	Länge [mm]	Stichprobengrösse
6/12	120	88
10/16	150	36
14/24	240	83

- Druckversuche an DIN-Kleinproben (Kapitel 5.5)

Querschnittsabmessungen [cm]	Länge [mm]	Stichprobengrösse
5/5	100	16, 16, 16, 60

1.4.2 Versuchsablauf

- Biegeversuche

    - Klassierung nach ENV 338 mittels Ultraschall im frisch eingeschnittenen Zustand
    - Kontrolle der Klassierung im konditionierten Zustand (w ≈ 12 %)
    - Bestimmung der Rohdichte (Holzfeuchtemessung elektrisch)
    - Ermittlung von Biege-E-Modul und Biegefestigkeit in einem Biegeversuch

- Zugversuche

    - Klassierung nach ENV 338 mittels Ultraschall im konditionierten Zustand (w ≈ 12 %)
    - Bestimmung der Rohdichte (Holzfeuchtemessung elektrisch)
    - Ermittlung von Zug-E-Modul und Zugfestigkeit in einem Zugversuch

- Druckversuche an Stäben

    - Klassierung mittels nach ENV 338 Ultraschall im konditionierten Zustand (w ≈ 12 %)
    - Bestimmung der Rohdichte (Holzfeuchtemessung elektrisch)
    - Ermittlung von Druck-E-Modul und Druckfestigkeit in einem Druckversuch

- Druckversuche an Prismen

    - Bestimmung der Rohdichte (Holzfeuchtemessung elektrisch)
    - Ermittlung der Druckfestigkeit in einem Druckversuch

- Druckversuche an DIN-Proben

    - Ermittlung der Druckfestigkeit in einem Druckversuch
    - Bestimmung der Holzfeuchte mittels einer Darrprobe nach DIN 52183 [12]
    - Bestimmung der Dichte nach DIN 52182 [11]

2. Grundlagen

Im folgenden werden die zur Durchführung der Versuche und zur Darstellung der Ergebnisse verwendeten Grundlagen dargestellt. Aus den in diesem Zusammenhang massgebenden Normen werden für die vorliegende Arbeit wichtige Kernpunkte zusammengefasst.

Versuche an Proben in Bauteilgrösse ermöglichen eine objektivere Angabe der rechnerisch anzunehmenden mechanischen Holzeigenschaften als Versuche an Kleinproben. Die Ermittlung von Kennwerten ist jedoch eng mit dem Prüfverfahren verstrickt, indem Spannweiten-, Volumen-, Lastdauer-, Holzfeuchte-, Temperatur- und andere Einflüsse zu berücksichtigen sind. Ein Vergleich der Versuchsresultate mit den im Abschnitt 2.1 angegebenen Normwerten oder mit andern Forschungsergebnissen ist nur möglich, falls man standardisierte Prüf- und Auswerteverfahren anwendet.

Mangels geeigneter Angaben in der Schweizer Holzbaunorm SIA 164 [24] basieren die angewandten Prüfverfahren einerseits auf den Entwürfen zu den EURONORMEN 384 "Holzbauwerke - Bestimmung von charakteristischen Werten der mechanischen Eigenschaften und der Rohdichte" [3] und 408 "Holzbauwerke - Bestimmung einiger physikalischer und mechanischer Eigenschaften für tragende Zwecke" [4] und anderseits auf einem CIB-W18A-Standard [20]. Wo entsprechende Angaben in den vorgängig erwähnten Normen fehlten, wurden geeignete Standardbedingungen mittels Angaben aus der Fachliteratur festgelegt. Die Abschnitte 2.2, 2.3 und 2.4 zeigen die oben genannten Mess- und Prüfverfahren auf. Aufgrund von maschinen- und messtechnischen Gegebenheiten weichen die in den Kapiteln 3 bis 5 beschriebenen Versuche jedoch teilweise von den erwähnten Norm-Prüfbedingungen ab.

Der Baustoff Holz ist als organisch gewachsenes Material geprägt durch Streuungen der Eigenschaften (Darrdichte, Feuchtegehalt, etc.) und Störungen in der Struktur (Äste, Schrägfasrigkeit, etc.). Die einzelnen Eigenschaften sind nicht nur zwischen den verschiedenen Holzarten, sondern auch innerhalb einer Sorte ausserordentlich breit gestreut. Die Angabe von Materialkennwerten muss sich also zwingend auf eine ausreichende Anzahl von Versuchen und Stichproben, sowie auf statistische Auswerteverfahren abstützen [18], [19].

Im Abschnitt 2.5 sind jene Hilfsmittel aus der mathematischen Statistik dargestellt, welche als Grundlagen dienen zur:

- Wahl der Stichprobe
- Beschreibung von empirischen Verteilungen durch mathematische Modelle
- Auswertung und zum Vergleich
- Angabe der charakteristischen Kennwerte.

2.1 Festigkeitsklassen für Bauholz und wichtige Kennwerte

2.1.1 Schweizer Holzbaunorm SIA 164

In der Schweizer Holzbaunorm SIA 164 (1981 / 1992) [24] wird der Tragsicherheitsnachweis nach dem Konzept der zulässigen Spannungen geführt. Die Spannungen auf Niveau "Gebrauchslasten" werden also direkt mit den (die erforderliche Sicherheit) beinhaltenden zulässigen Bemessungsspannungen verglichen.

Die Grundwerte der zulässigen Spannungen sind je nach Festigkeitsklasse verschieden. Sie beziehen sich auf Nennquerschnitte. Kanthölzer werden nach SIA 164 in die Klassen FK I bis III und Bretter für Brettschichtholz in die Klassen L1 und L2 eingeteilt:

Tab. 2.1: Festigkeitsklassen für Schnittholz gemäss SIA 164 (1981 / 1992)

	Kantholz	Bretter für BSH
Holz höherer Festigkeit	FK I	L1
Holz normaler Festigkeit	FK II	L2
Holz geringer Festigkeit	FK III	-

Tab. 2.2: Grundwerte der zulässigen Spannungen für Schnittholz gemäss SIA 164 (1981/1992)

Beanspruchung		Festigkeitsklasse		
		FK I [N/mm^2]	FK II [N/mm^2]	FK III [N/mm^2]
Biegung	σ_b	12	10	7
Druck	$\sigma_{d\|\|}$	10	8.5	6
Zug	$\sigma_{z\|\|}$	10	8.5	nicht zulässig

Weitere wichtige Materialkennwerte sind Dichte und Elastizitätsmodul. Für alle Festigkeitsklassen gilt ein einheitlicher E-Modul von 10000 N/mm^2. Die Dichteverteilung (nach Norm) zeigt folgende Schwankungsbereiche:

Tab. 2.3: Schwankungsbereich der Dichte von Bauholz aus Fichte / Tanne

Mittlere Darrdichte	r_0		400 kg/m^3
Mittlere Feuchtdichte bei w = 18 %	r_{18}		430 kg/m^3
Schwankungsbereich der Darrdichte		Fichte	260 - 620 kg/m^3
		Tanne	300 - 650 kg/m^3

Die Sortierung erfolgt nach visuellen Kriterien. Die Dichte wird nicht direkt als Klassierungskriterium verwendet. Sie wird lediglich durch Erfassung der Jahrringbreite visuell abgeschätzt.

2.1.2 Deutsche Norm DIN 1052

Auch in der DIN 1052, Teil 1 (1988) [7] wird der Nachweis der Tragsicherheit durch einen Vergleich der vorhandenen mit den zulässigen Spannungen erbracht. Im Unterschied zur SIA 164 sind sowohl die visuelle als auch die maschinelle Sortierung möglich. Entsprechend erfolgt dann die Einteilung des Bauschnittholzes (Kantholz, Bohlen und Bretter aus Nadelholz) gemäss der aktualisierten DIN 4074, Teil 1 (1989) [9] in die Klassen S 7 - S 13 und bei maschineller Sortierung in die Klassen MS 7 - MS 17. Die sich daraus ergebende Klasseneinteilung und die gemäss dem Entwurf des Ergänzungsblatts A1 zur DIN 1052 [8] anzusetzenden zulässigen Spannungswerte und Verformungsmasse sind nachfolgend tabelliert:

Tab. 2.4: Festigkeitsklassen für Schnittholz gemäss DIN 4074, Teil 1 (1989)

	Sortierung	
	visuell	maschinell
Schnittholz mit geringer Tragfähigkeit	S 7	MS 7
Schnittholz mit üblicher Tragfähigkeit	S 10	MS 10
Schnittholz mit überdurchschnittlicher Tragfähigkeit	S 13	-
	-	MS 13
Schnittholz mit besonders hoher Tragfähigkeit	-	MS 17

Tab. 2.5: Zulässige Spannungen für Schnittholz gemäss Ergänzungsblatt A1 zur DIN 1052

Beanspruchung	Sortierklasse nach DIN 4074, Teil 1				
	S 7 / MS 7 [N/mm^2]	S 10 / MS 10 [N/mm^2]	S 13 [N/mm^2]	MS 13 [N/mm^2]	MS 17 [N/mm^2]
Biegung σ_b	7	10	13	15	17
Druck $\sigma_{d\parallel}$	6	8.5	11	11	12
Zug $\sigma_{z\parallel}$	0	7	9	10	12

Tab. 2.6: E-Modul II zur Faser für Schnittholz gemäss Ergänzungsblatt A1 zur DIN 1052

Verformungsmass	Sortierklasse nach DIN 4074, Teil 1				
	S 7 / MS 7 [N/mm^2]	S 10 / MS 10 [N/mm^2]	S 13 [N/mm^2]	MS 13 [N/mm^2]	MS 17 [N/mm^2]
E-Modul II zur Faser	8000	10000	10500	11500	12500

Wie bereits erwähnt kann die Sortierung entweder visuell oder maschinell erfolgen. Dabei sind nur Sortiermaschinen und -verfahren erlaubt, welche sich an die in der DIN 4074, Teil 1 formulierten Bedingungen halten und welche bauaufsichtlich zugelassen sind. Auch die DIN 4074 verzichtet bei visueller Sortierung auf die Dichte als Klassierungskriterium.

2.1.3 EURONORM ENV 338

Die EURONORM ENV 1995-1-1 (1993) "Bemessung und Konstruktion von Holzbauten" [25] verwendet das Konzept des Nachweises in Grenzzuständen unter Berücksichtigung von Teilsicherheitsbeiwerten. Dabei werden die, mit einem lastseitigen Sicherheitsfaktor zu sogenannten Bemessungswerten der Einwirkungen S_d vergrösserten, effektiven Einwirkungen mit dem Bemessungswert der Tragfähigkeit R_d verglichen:

$$S_d \leq R_d \quad \text{mit} \quad R_d = R(X_d, a_d) \quad \text{und} \quad X_d = k_{mod} \cdot \frac{X_k}{\gamma_M}$$

Der Bemessungswert der Tragfähigkeit R_d setzt sich zusammen aus geometrischen Grössen a_d (Querschnittswerte, Schlankheiten, etc.) und aus dem Bemessungswert der Baustoffeigenschaft X_d, welcher seinerseits errechnet wird aus dem charakteristischen Wert der Baustoffeigenschaft X_k unter Berücksichtigung von Holzfeuchte- und Lastdauereinflüssen (k_{mod}) und einem materialseitigen Teilsicherheitsbeiwert γ_M.

Letztlich werden also die Baustoffeigenschaften durch die sogenannten *charakteristischen Werte* beschrieben. Die ENV 1995-1-1 (1993) legt fest:

- Die charakteristischen Festigkeitskennwerte für Holz und Holzwerkstoffe sind als *5 %-Fraktilen der Grundgesamtheit* definiert, und zwar unmittelbar anwendbar auf eine Einwirkungsdauer von 300 ± 120 Sekunden (d.h. für Kurzzeit-Einwirkungen) bei einer Temperatur von 20 ± 2°C und einer relativen Luftfeuchte von 65 ± 5 %.

- Bei gleichen Bedingungen sind die charakteristischen Steifigkeits- und Dichtekennwerte als 5 %- (Dichte) und als 50 %-Fraktile (E-Modul) der Grundgesamtheit definiert.

Die Klassierung der Bauhölzer wird in der EURONORM ENV 338 [2] geregelt. Unabhängig von der Holzart erfolgt dabei die Einteilung von Nadelhölzern in neun Klassen (C14 - C40) aufgrund der 5 %-Fraktilen von Biegefestigkeit $f_{m,k}$ und Dichte r_k, sowie aufgrund des Mittelwertes des Elastizitätsmoduls parallel zur Faser $E_{0,k50}$. Die Tabellen 2.7, 2.8 und 2.9 zeigen die charakteristischen Kennwerte für die Klassen C18 bis C40 gemäss ENV 338:

Tab. 2.7: Charakteristische Festigkeitskennwerte gemäss ENV 338 (Entwurf 1994):

Beanspruchung	Festigkeitsklasse						
	C18 [N/mm²]	C22 [N/mm²]	C24 [N/mm²]	C27 [N/mm²]	C30 [N/mm²]	C35 [N/mm²]	C40 [N/mm²]
Biegung $f_{m,k}$ [1)	18	22	24	27	30	35	40
Druck $f_{c,0,k}$	18	20	21	22	23	25	26
Zug $f_{t,0,k}$ [1)	11	13	14	16	18	21	24

[1) Werte gelten bei Biegung für eine Balkenhöhe bzw. bei Zug für eine Balkenbreite von 150 mm

Die Kennwerte der Zugfestigkeit und der Druckfestigkeit parallel zur Faser sind aus dem charakteristischen Festigkeitskennwert für Biegung abgeleitet (ENV 384):

$$f_{t,0,k} = 0.6 \cdot f_{m,k} \qquad \text{und} \qquad f_{c,0,k} = 5 \cdot f_{m,k}^{0.45}$$

Tab. 2.8: Charakteristische Kennwerte für den E-Modul gemäss ENV 338 (Entwurf 1994)

Verformungsmass	Festigkeitsklasse						
	C18 [N/mm²]	C22 [N/mm²]	C24 [N/mm²]	C27 [N/mm²]	C30 [N/mm²]	C35 [N/mm²]	C40 [N/mm²]
E-Modul ∥ zur Faser $E_{0,k50}$	9000	10000	11000	12000	12000	13000	14000
$E_{0,k05}$	6000	6700	7400	8000	8000	8700	9400

Tab. 2.9: Charakteristische Kennwerte für die Dichte gemäss ENV 338 (Entwurf 1994)

Dichte bei w= 12%	Festigkeitsklasse						
	C18 [kg/m³]	C22 [kg/m³]	C24 [kg/m³]	C27 [kg/m³]	C30 [kg/m³]	C35 [kg/m³]	C40 [kg/m³]
r_m	380	410	420	450	460	480	500
r_k	320	340	350	370	380	400	420

Zwischen den 5 %-Fraktilen und den Mittelwerten besteht beim E-Modul ein Verhältnis von 0.67 und bei der Dichte von 0.84 (ENV 384).

Die Festigkeits- und Steifigkeitskennwerte beziehen sich ausschliesslich auf effektive Querschnitte. Die charakteristischen Werte der Festigkeit gelten bei Biegung für eine Balkenhöhe von 150 mm und bei Zug für eine Balkenbreite (grössere Abmessung) von 150 mm. Die Sortierung kann visuell (ENV 518, [5]) oder maschinell (ENV 519, [6]) erfolgen.

2.1.4 Theoretische Zuordnung der Festigkeitsklassen von SIA 164 und ENV 338

Die in der SIA 164 angegebenen Grundwerte der zulässigen Spannungen beziehen sich auf Langzeit-Einwirkungen und auf nominelle Querschnittsabmessungen. Für den Bemessungswert der Tragfähigkeit R_d ergibt sich somit im Falle einer Biegebeanspruchung:

$$R_d = 1.5 \cdot \sigma_b \cdot c_D \cdot c_W \cdot W_{nom}$$

1.5: Beiwert (Anpassung der SIA 164 (1981) an die Einwirkungsnorm SIA 160 (1990))

σ_b: Grundwert der zulässigen Biegespannung

c_D: Beiwert zur Erfassung des Lastdauereinflusses

c_W: Beiwert zur Erfassung des Holzfeuchteeinflusses

W_{nom}: Geometrisches Widerstandsmoment bezogen auf nominelle Querschnittsmasse

Die charakteristischen Festigkeits-Kennwerte in der ENV 338 gelten für kurzzeitige Einwirkungen und effektive Querschnittsmasse. Der Bemessungswert der Tragfähigkeit R_d ergibt sich zu:

$$R_d = k_{mod} \cdot \frac{f_{m,k}}{\gamma_M} \cdot W_{eff}$$

k_{mod}: Beiwert zur Erfassung von Holzfeuchte- und Lastdauereinflüssen

$f_{m,k}$: charakteristischer Wert der Biegefestigkeit

γ_M: Teilsicherheitsbeiwert materialseitig

W_{eff}: Geometrisches Widerstandsmoment bezogen auf effektive Querschnittsmasse

Ein Vergleich der zwei Ansätze liefert folgende Beziehung:

$$\frac{f_{m,k}}{\sigma_b} = 1.5 \cdot \frac{\gamma_M \cdot c_D \cdot c_W}{k_{mod}} \cdot \frac{W_{nom}}{W_{eff}}$$

Die zahlenmässige Auswertung der Gleichung für $\gamma_M = 1.3$ im Falle von allgemeinen Nutzlasten (d.h. mit $c_D = 1.0$ und $k_{mod} = 0.8$) unter Berücksichtigung eines Verhältnisses von 1.1 zwischen den Widerstandsmomenten für nominelle und effektive Querschnittsabmessungen ergibt:

$$f_{m,k} \approx 2.7 \cdot \sigma_b$$

Daraus folgt, dass man bei einer genügend trennscharfen und aussagekräftigen Sortierung das heute in der Schweiz praktisch ausschliesslich verwendete normale Bauholz der Festigkeitsklasse FK II der Klasse C 27 gemäss ENV 338 zuordnen könnte.

2.2 Messverfahren

2.2.1 Messung der Holzfeuchte / Konditionierung

Da die Holzfeuchte einen grossen Einfluss auf die mechanischen Holzeigenschaften und auch auf die Ausbreitung der Ultraschallwellen ausübt, wurden die Versuche an konditioniertem Holz durchgeführt. Für die Versuche wurde eine Holzfeuchte von 12 % angesetzt. Unter Laborbedingungen hätte die Konditionierung bis zum Erreichen der Ausgleichsfeuchte in einem Raumklima von 65 ± 5 % Luftfeuchtigkeit und einer Temperatur von 20 ± 2° C zu erfolgen.

Die Konditionierung von Kleinproben bereitet im Labor keine Probleme. Geht man jedoch zu Versuchen an Proben in Bauteilgrösse über, bedeutet die exakte Konditionierung auf 12 % einen beträchtlichen Aufwand. Man entschloss sich daher, direkt bei den Sägereien konditioniertes Holz einzukaufen und die vorhandene, üblicherweise im Bereich von 10 bis 18 % liegende Holzfeuchte elektrisch zu messen. Mussten die Proben vor dem Versuch längere Zeit zwischengelagert werden, so wurden sie zum Schutz gegen zu rasches Austrocknen vollständig in Plastik eingepackt.

Die Holzfeuchte wurde mittels eines elektrischen Widerstandsmessgerätes mit einer Genauigkeit von ± 1 % im hygroskopischen Bereich (6 % ≤ w ≤ 25 %) bestimmt [53], [55], [56], [57]. Wo eine grössere Präzision gefordert war, oder die Holzfeuchte ausserhalb des durch eine elektrische Widerstandsmessung erfassbaren Messbereichs lag, wurde die Darrmethode nach DIN 52183 [12] angewandt:

$$w = \frac{m_w - m_0}{m_0} \cdot 100 \quad \text{in} \quad [\%]$$

m_w: Feuchtmasse

m_0: Masse der wasserfreien (darrtrockenen) Probe

w: Holzfeuchte in [%]

Für die Holzfeuchtemessungen wurde das in Bild 2.1 dargestellte elektrische Widerstandsmessgerät H-DI-3.10 der Firma KRÜGER eingesetzt. Man verwendete eine Tiefenelektrode mit einer Nadellänge von 40 mm.

Um eine Angabe über die zu erwartende Messgenauigkeit des verwendeten Gerätes zu erhalten, wurde eine Kleinserie von 20 Versuchen an konditionierten Fichtenprismen durchgeführt. Die Bestimmung der Holzfeuchte erfolgte dabei jeweils am gleichen Probekörper mittels des elektrischen Widerstandsmessgerätes und mittels der Darrmethode. Die Versuchsresultate (siehe Tab. 2.10 und 2.11) zeigen, dass das Holzfeuchtemessgerät im Bereich einer mittleren Holzfeuchte von ca. 10 % eine um 2 % zu geringe Holzfeuchte angibt. Sämtliche im Verlaufe der späteren Versuchsserien gemessenen Holzfeuchten wurde daher um 2 % erhöht.

Tab. 2.10: Maxima, Minima und Mittelwerte der Versuchsresultate aus Tab. 2.11

	elektrische Widerstandsmessung w_{elektr} [%]	Unterschied zwischen Darrprobe und elektrischer Messung Δw [%]
Maximalwert	8.8	2.8
Minimalwert	6.7	1.3
Mittelwert	7.8	1.8
Standardabweichung	0.7	0.5

Tab. 2.11: Überprüfung der Messgenauigkeit des Holzfeuchtemessgerätes mittels Darrproben

Versuch	Darrprobe			Differenz		Versuch	Darrrpobe			Differenz	
Nr.	m_0 [g]	m_w [g]	w [%]	w_{elektr} [%]	Δw [%]	Nr.	m_0 [g]	m_w [g]	w [%]	w_{elektr} [%]	Δw [%]
1	238	259	8.9	7.0	1.9	11	297	326	9.8	8.5	1.3
2	251	276	9.9	8.6	1.3	12	293	319	8.8	7.5	1.3
3	249	274	9.9	8.6	1.3	13	305	334	9.6	7.9	1.7
4	275	301	9.7	7.7	2.0	14	277	303	9.5	6.7	2.8
5	301	331	9.8	8.5	1.3	15	300	329	9.6	8.2	1.4
6	301	328	9.0	7.1	1.9	16	291	319	9.5	8.0	1.5
7	307	337	9.6	7.6	2.0	17	264	288	9.3	7.1	2.2
8	277	302	9.0	7.3	1.7	18	250	275	10.0	8.6	1.4
9	278	304	9.5	6.8	2.7	19	273	298	9.2	7.4	1.8
10	283	310	9.7	7.6	2.1	20	246	271	10.3	8.8	1.5

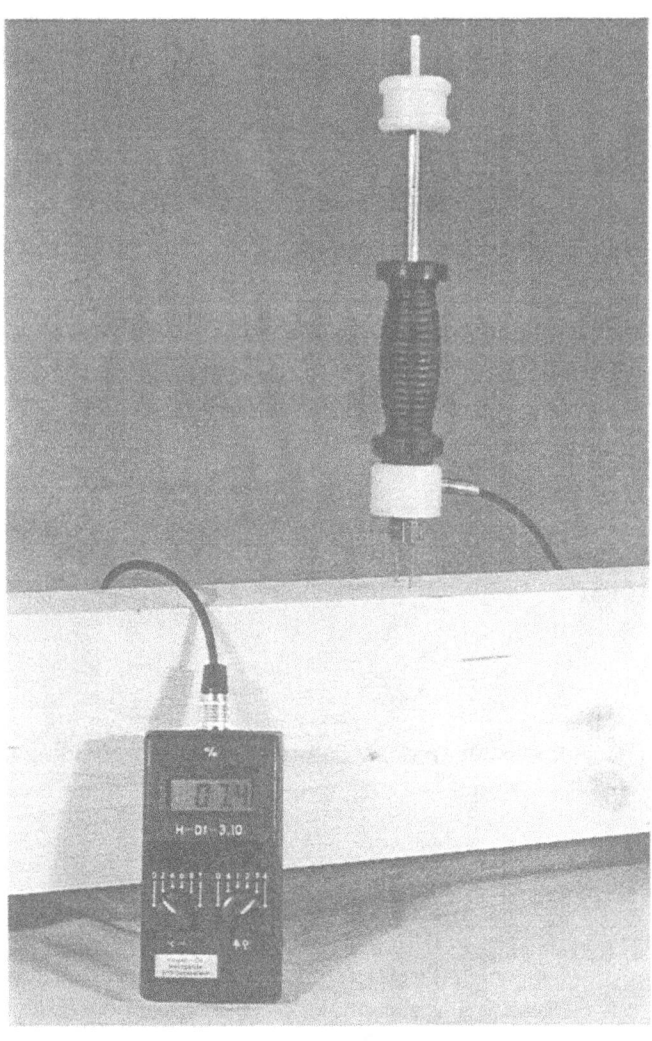

Bild 2.1: Elektrisches Holzfeuchte-Messgerät KRÜGER mit Hammer-Elektrode (40 mm-Nadeln)

2.2.2 Bestimmung der Feucht- und Darrdichte

Die Darrdichte wurde entweder durch Trocknen einer Kleinprobe bis zur Gewichtskonstanz direkt bestimmt (DIN 52183 [12] und 52182 [11]), oder aus dem Gewicht, dem Volumen und der (elektrisch) gemessenen Holzfeuchte berechnet [24]:

$$r_0 = \frac{1 + \lambda_v \cdot w/100}{1 + w/100} \cdot r_w \quad \text{mit} \quad r_w = \frac{m_w}{V_w}$$

r_0: Darrdichte r_w: Feuchtdichte
m_w: Feuchtmasse V_w: Feuchtvolumen bei einer Holzfeuchte von w [%]
λ_v: volum. Schwindmass

Als volumetrisches Schwindmass gilt die Summe der Schwindmasse in radialer, tangentialer und Längsrichtung. λ_v ist abhängig von der Holzart und beträgt näherungsweise $0.91 \cdot r_0$. Man kann entweder eine iterative Beziehung für r_0 finden, oder näherungsweise bei Fichte / Tanne für λ_v den Wert 0.50 einsetzen [24].

Die oben angegebene Formel gilt streng genommen nur für die Darrdichtebestimmung an fehlerfreien Kleinproben. Wird bei Proben in Bauteilgrösse die Dichte direkt aus Masse und Volumen bestimmt, so muss gemäss ENV 384 zur Berücksichtigung des Einflusses der Äste der erhaltene Dichtewert durch den Faktor 1.05 dividiert werden. Da sich allerdings sämtliche mechanischen Kennwerte der ENV 338 auf Proben in Bauteilgrösse beziehen, hat der Dichtewert von Kleinproben für Bauanwendungen kaum eine grosse Bedeutung. Man wird also mit Vorteil auf diese Umrechnung verzichten.

2.2.3 Festigkeitssortierung mittels Ultraschall

• Physikalische Zusammenhänge [41], [42], [44], [45]

Zur Festigkeitssortierung von Holz wird das Verfahren der longitudinalen Durchschallung verwendet. Im homogenen, isotropen Festkörper gilt folgende Differentialgleichung zur Beschreibung der Wellenausbreitung:

$$\frac{d^2u}{dx^2} = \frac{1}{v^2} \cdot \frac{d^2u}{dt^2} \quad \text{mit} \quad v^2 = \frac{E \cdot (1-v)}{r \cdot (1+v) \cdot (1-2v)}$$

v Wellengeschwindigkeit v Querdehnungszahl
u, x Verschiebungsvektoren r Dichte
E Elastizitätsmodul t Zeit

Solange die Wellenlänge grösser ist als die Abmessungen des Körpers rechtwinklig zur Längsrichtung, in der die Wellenausbreitung gemessen wird, gilt:

$$v^2 = \frac{E}{r}$$

Die Ausbreitungsgeschwindigkeit einer Welle hängt also im wesentlichen vom Elastizitätsmodul und der Dichte ab. Im allgemeinen ist der dynamische E-Modul etwa 5 bis 10 % grösser als der statische E-Modul. Versuche haben gezeigt, dass auch beim (näherungsweise) orthotropen Material Holz der Zusammenhang zwischen Ultraschallgeschwindigkeit und statischem E-Modul allein korrelationsmässig bereits in die Gütebereiche der visuellen Sortierung vordringt. Es ist daher sinnvoll, auf die gemäss obiger Formel eigentlich erforderliche, apparativ aber nur schwierig zu bestimmende Dichte als zusätzliches Sortierkriterium zu verzichten.

- Apparatur

Momentan werden in der Schweiz zwei Ultraschallgeräte zur Holzsortierung eingesetzt:

- Das sehr einfach zu bedienende, aus der Betonprüfung stammende Gerät STEINKAMP BP 5 (Bild 2.2, [50]) ist nicht auf die Holzsortierung ausgerichtet. Vor jeder Messerie muss das Gerät mittels eines Plexiglas-Prüfkörpers (Sollwert der Schalllaufzeit: 10 µs) kalibriert werden. Angezeigt wird lediglich die Schallaufzeit in µs.

- Das von der Schweizer Firma CABLERIES & TREFILERIES DE COSSONAY S.A. in Zusammenarbeit mit der ETH Lausanne speziell für die Holzsortierung entwickelte Ultraschallgerät SYLVATEST (Bild 2.3, [43]) zeichnet sich dadurch aus, dass gleichzeitig mit der Schallaufzeit durch eine zusätzlich anzubringende Elektrode auch die Holzfeuchte und die Oberflächentemperatur gemessen werden (siehe Bild 2.4). Auf diese Weise ist eine direkte Anzeige der auf eine Holzfeuchte von 12 % korrigierten Schallgeschwindigkeit und der Festigkeitsklasse möglich. Das Gerät erlaubt ausserdem die Speicherung grösserer Messreihen und bei der Bestimmung der Schallgeschwindigkeit auch die Berücksichtigung der Form des Probekörpers.

Die Anwendung der Ultraschalltechnik auf den Werkstoff Holz hat gezeigt, dass Sonden mit spitzen Kontaktflächen besser geeignet sind als die in der Betonprüfung verwendeten flachen Schallköpfe (siehe Bild 2.5). Eine Ankoppelung via Koppelungsmittel sowie eine Bearbeitung der Holzoberflächen sind nicht nötig; die Sonden werden vielmehr einfach in die Balkenstirnseiten hineingesteckt. Damit ist die Messung unabhängig von Rauhigkeit, Verschmutzung und Nicht-Rechtwinkligkeit der Stirnflächen. Die Verwendung dieser Konusschallköpfe birgt allerdings den Nachteil in sich, dass die Übertragungsverluste an Schallenergie auf den Probekörper erheblich sind gegenüber konventionellen ebenen, mittels spezieller Stoffe angekoppelten Prüfköpfen. Dies äussert sich darin, dass die maximale Prüflänge beschränkt ist [48].

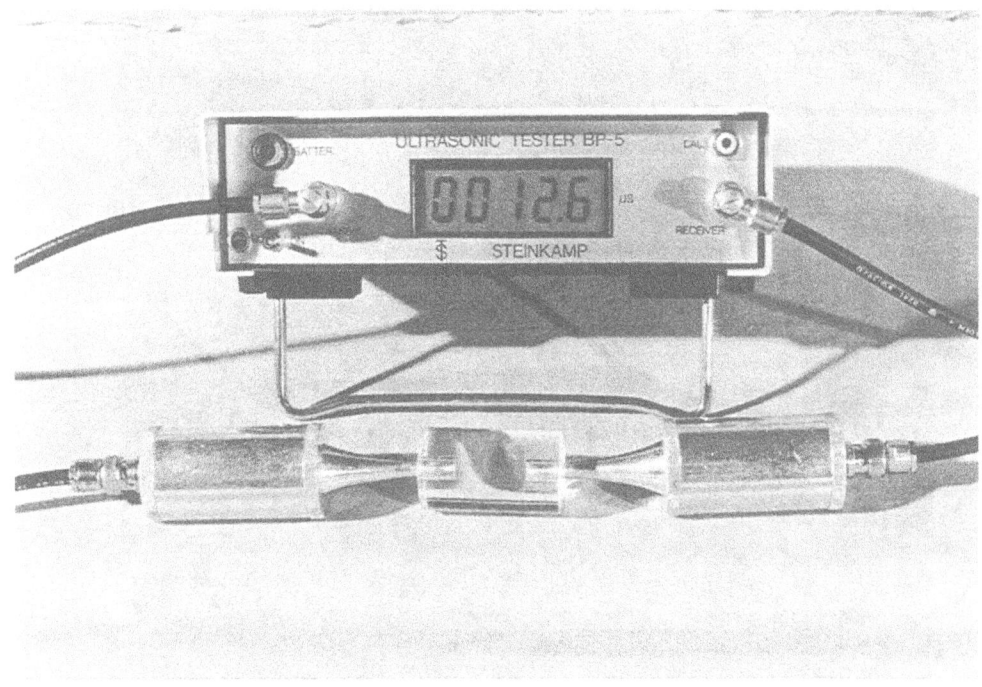

Bild 2.2: Ultraschall-Prüfgerät STEINKAMP BP 5 mit Konusschallköpfen und Eichkörper

Bild 2.3: Ultraschall-Prüfgerät SYLVATEST

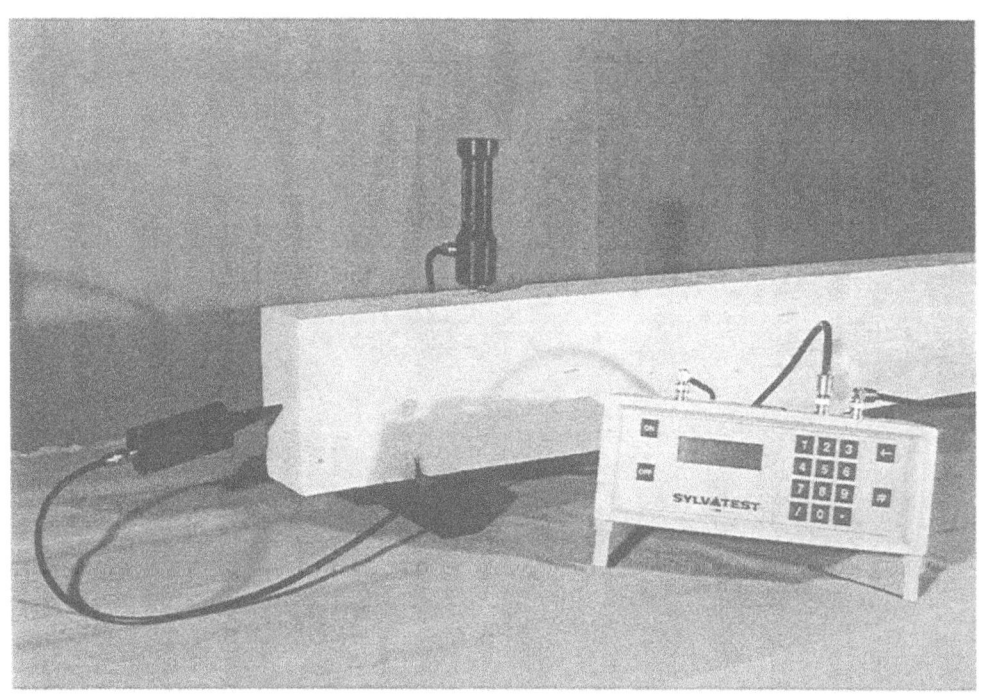

Bild 2.4: Messanordnung SYLVATEST mit Schallprüfkopf und kombinierter Holzfeuchte- / Temperatur-Messonde

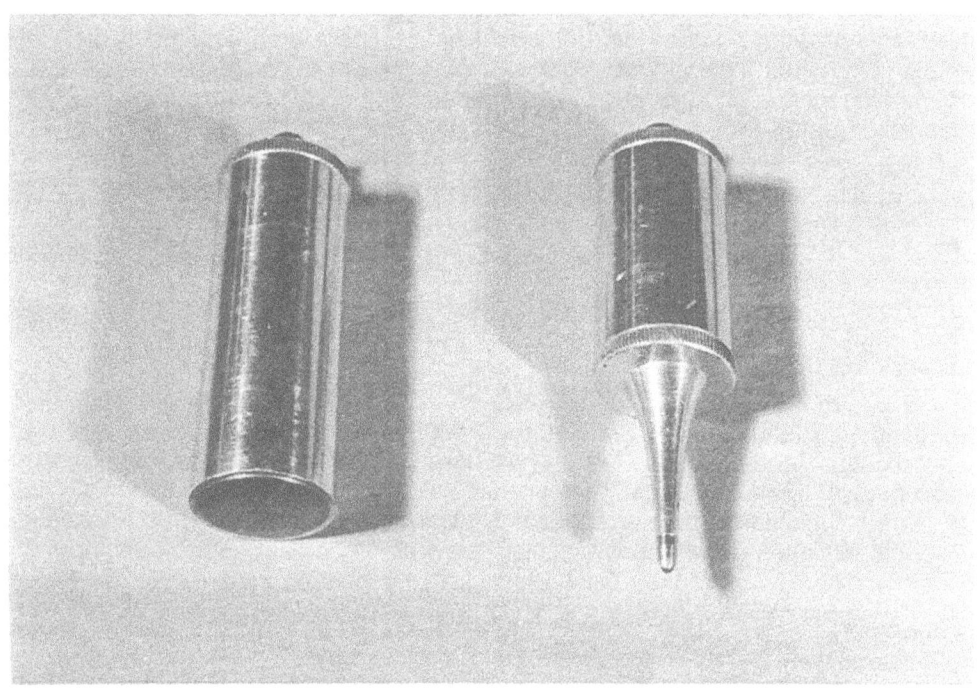

Bild 2.5: Standard- (links) und Konusschallkopf (rechts) (beide STEINKAMP)

• Einfluss der Holzfeuchte

Von bedeutendem Einfluss auf die Ultraschallgeschwindigkeit ist die Holzfeuchte und zwar insofern, als generell mit zunehmender Feuchte die Ultraschallgeschwindigkeit abnimmt und asymptotisch der Schallgeschwindigkeit in Wasser zustrebt. Die stärkste Abnahme der Ultraschallgeschwindigkeit tritt bei gesundem Holz im Feuchtigkeitsbereich von 0 bis etwa 28 % auf. Im Bereich oberhalb der Fasersättigung ist die Geschwindigkeitsabnahme unbedeutend. In [47] findet man folgende Korrekturformeln zur Erfassung der Holzfeuchte:

$$v_{12} = \frac{v_w}{\left[1 - 0.0053(w - 12)\right]} \quad \text{für } w < 28\%$$

$$v_{12} = \frac{v_w}{\left[0.9125 - 0.00036(w - 28)\right]} \quad \text{für } w > 28\%$$

Für Holzfeuchten oberhalb von w = 50 % darf man lediglich mit w = 50 % korrigieren. Obige Formel vereinfacht sich in diesem Fall somit zu:

$$v_{12} = 1.11 \cdot v_w$$

Das auf dem Markt erhältliche Ultraschall-Messgerät SYLVATEST benützt auf den obigen Ansätzen basierende linearisierte Umrechnungsformeln:

$$v_{12} = v_w + 29(w - 12) \quad \text{für } w < 30\%$$

$$v_{12} = v_w + 4(w - 30) + 522 \quad \text{für } w > 30\%$$

$$v_{12} = v_w + 602 \quad \text{für } w \geq 50\%$$

• Einfluss der Temperatur

Die mechanischen Holzeigenschaften sind grundsätzlich temperaturabhängig. Da die Holzfeuchte ebenfalls temperaturabhängig ist, ergibt sich eine gegenseitige Beeinflussung. Die in [47] angegebene Umrechnungsformel zur Erfassung des Temperatureinflusses auf die Ultraschallgeschwindigkeit lautet:

$$v_{20} = \frac{v_T}{\left[1 - 0.0008\,(T - 20)\right]} \qquad \text{für } w = 12\,\%$$

• Lage der Messstellen im Querschnitt

Für ein vorwiegend auf Biegung beanspruchtes Kantholz genügen zwei Messtellen in den am meisten beanspruchten Randzonen des Querschnitts. Bei Zugelementen weiss man, dass die Schnittart einen grossen Einfluss auf die Zugfestigkeit hat. Mittels dreier Messungen im Querschnitt kann das Festigkeitsprofil besser abgeschätzt werden. Ein Schluss auf die Festigkeit wird dabei über die minimale Schallgeschwindigkeit vorgenommen. Der Elastizitätsmodul des Prüfkörpers kann aus dem Mittelwert der Geschwindigkeiten geschätzt werden.

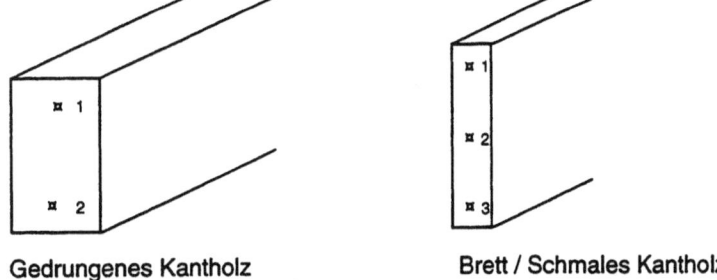

Gedrungenes Kantholz   Brett / Schmales Kantholz

Bild 2.6: Lage der Ultraschall-Messstellen im Querschnitt

• Klassierungskriterien

Die Holzsortierung mittels Ultraschall basiert auf einer engen korrelativen Beziehung zwischen der Ultraschallgeschwindigkeit und der Balkensteifigkeit (E-Modul) und auf einer weniger guten Korrelation mit der Festigkeit. Die unten aufgezeigten Sortierkriterien entstammen ca. 600 Biegeversuchen an Kanthölzern verschiedenen Querschnitts [46]. Diese für eine Holzfeuchte von 12 % und eine Temperatur von 20° C geltenden Kriterien sind auch im Ultraschallmessgerät SYLVATEST einprogrammiert. Für aufgrund der Ultraschall-Sortierung nicht zu Bauzwecken verwendbares Holz wird der Begriff HC ("Hors Classes") eingeführt.

Tab. 2.12: Kriterien zur Ultraschall-Festigkeitssortierung von Schnittholz bei w = 12 %

Ultraschallgeschwindigkeit [m/s]	Klasse gemäss EC 5
$v \geq 5800$	C 40
$5650 \leq v < 5800$	C 35
$5450 \leq v < 5650$	C 27
$5250 \leq v < 5450$	C 22
$5100 \leq v < 5250$	C 18
$v < 5100$	HC

2.3 Prüfbestimmungen aus der EURONORM ENV 408

In den nachfolgenden Abschnitten werden die für die Versuche relevanten Randbedingungen der Prüfnorm ENV 408 [4] auszugsweise rezitiert:

2.3.1 Bestimmung von Biege-E-Modul und Biegefestigkeit

• Probekörper

Die Mindestlänge der Probekörper muss der 19-fachen Sollquerschnittshöhe entsprechen.

• Verfahren

Die Probekörper müssen im Biegeversuch in den beiden Drittelspunkten bei einer Spannweite von 18mal der Sollhöhe, wie in Bild 2.7 dargestellt, belastet werden. Wenn der Probekörper und die Prüfvorrichtung es nicht erlaubt, diese Bedingungen genau einzuhalten, darf der Abstand der beiden Lasteinleitungsstellen um einen Betrag bis zur 1.5-fachen Sollhöhe und die Spannweite und Probenkörperlänge dürfen um einen Betrag bis zur 3-fachen Sollhöhe vergrössert werden, jeweils unter Beibehaltung der Symmetrieverhältnisse (siehe Bild 2.7).

Die Probekörper müssen einfach gelagert werden. Es dürfen kleine Platten, die nicht länger als die halbe Sollhöhe sind, zwischen die Probekörper und die Belastungspunkte oder Auflager eingelegt werden, um örtliche Eindrückungen möglichst klein zu halten.

Um erforderlichenfalls ein Kippen zu verhindern, sind seitliche Abstützungen vorzusehen. Diese Abstützungen müssen ohne wesentlichen Reibungswiderstand eine Durchbiegung des Probekörpers ermöglichen.

Die Last muss entweder gleichmässig oder in Stufen unter Vermeidung von Stössen aufgebracht werden. Die Belastungseinrichtung muss es ermöglichen, die auf den Probekörper aufgebrachte Last mit einer Genauigkeit von 1 % zu messen oder, bei Lasten unterhalb von 10 % der Höchstlast, mit einer Genauigkeit von 0.1 % der Höchstlast.

Bei der Bestimmung des Elastizitätsmoduls ist sicherzustellen, dass die aufgebrachte Höchstlast die Proportionalitätsgrenze nicht übersteigt oder den Probekörper beschädigt. Bei gleichmässiger Laststeigerung darf die Geschwindigkeit des Belastungskolbens nicht grösser als $0.003 \cdot h$ [mm/s] sein, wobei h die Querschnittshöhe in [mm] bedeutet.

Die Durchbiegungen müssen in der Mitte der in Trägermitte angeordneten Messlänge gemessen werden. Die Messlänge beträgt das 5-fache der Sollquerschnittshöhe, wobei das Durchbiegungsmessgerät in Höhenmitte des Probekörpers anzubringen ist (siehe Bild 2.7π). Die Durchbiegungen müssen unter einer Laststufe mit einer Genauigkeit von 1 % ermittelt werden oder, bei Durchbiegungen von weniger als 2 mm, mit einer Genauigkeit von 0.02 mm.

Bei der Bestimmung der Biegefestigkeit muss die Last mit einer konstanten Geschwindigkeit so aufgebracht werden, dass die Bruchlast innerhalb von 300 ± 120 s erreicht wird.

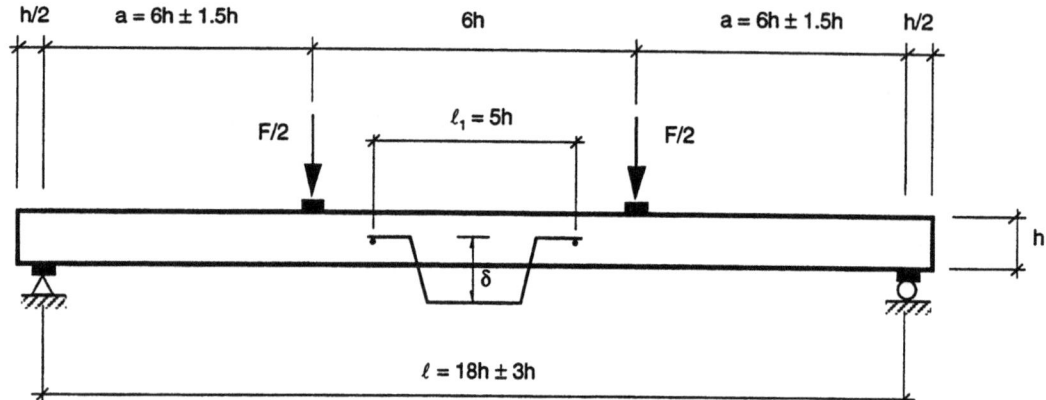

Bild 2.7: Prüfanordnung zur Bestimmung von statischem Biege-E-Modul und Biegefestigkeit gemäss ENV 408

• Auswertung

Der statische Biege-Elastizitätsmodul E_m in [N/mm²] wird nach folgender Gleichung berechnet:

$$E_m = \frac{a \cdot \ell_1^2 \cdot \Delta F}{16 \cdot I \cdot \Delta \delta}$$

mit: a   Abstand zwischen einer inneren Laststelle und dem nächstliegenden Auflager [mm]
  ℓ_1 Messlänge [mm]
  ΔF Laststeigerung unterhalb der Proportionalitätsgrenze [N]
  I   Flächenträgheitsmoment des Querschnitts [mm⁴]
  $\Delta \delta$ Verformung während der Laststeigerung ΔF [mm]

Die Biegefestigkeit f_m in [N/mm²] wird nach folgender Gleichung berechnet:

$$f_m = \frac{a \cdot F_u}{2 \cdot W}$$

mit: a   Abstand zwischen einer inneren Laststelle und dem nächstliegenden Auflager [mm]
  F_u Bruchlast [N]
  W   Widerstandsmoment des Querschnitts [mm³]

2.3.2 Bestimmung von Zug-E-Modul und Zugfestigkeit in Faserrichtung

• Probekörper

Der Probekörper muss vollen Querschnitt besitzen und genügend lang sein, damit eine ausreichend weit von den Einspannbacken entfernte Prüflänge von mindestens der 9-fachen Sollbreite, d. h. dem grösseren Querschnittsmass, eingehalten werden kann (siehe Bild 2.8).

• Verfahren

Der Probekörper muss über Einspannbacken belastet werden, die die Einleitung von reinen Zugkräften ohne Biegung so gut wie möglich sicherstellen. Die verwendete Einspannart und die Belastungsbedingungen sind anzugeben.

Die Last ist entweder gleichmässig oder in Stufen zu steigern, wobei Stösse zu vermeiden sind. Die Belastungseinrichtung muss es ermöglichen, die auf den Probekörper aufgebrachte Last mit einer Genauigkeit von 1 % zu messen oder, bei Lasten unterhalb von 10 % der Höchstlast, mit einer Genauigkeit von 0.1 % der Höchstlast.

Bei der Bestimmung des Elastizitätsmoduls ist sicherzustellen, dass die aufgebrachte Höchstlast die Proportionalitätsgrenze nicht übersteigt oder den Probekörper beschädigt. Bei gleichmässiger Laststeigerung, und wenn im Bereich der Einspannvorrichtungen keine wesentlichen zusätzlichen Verschiebungen auftreten, darf die Geschwindigkeit des Belastungskolbens nicht grösser als $5 \cdot 10^{-6} \cdot \ell$ [mm/s] sein, wobei ℓ die Länge des Probekörpers in [mm] bedeutet.

Verformungen müssen über eine Messlänge der 5-fachen Sollbreite des Probekörpers gemessen werden. Der Abstand der Messlänge von den Einspannbacken muss dabei mindestens das 2-fache dieser Breite betragen (siehe Bild 2.8). Es müssen zwei Dehnungsmessgeräte verwendet werden, die so am Probekörper zu befestigen sind, dass Torsionseinflüsse möglichst klein gehalten werden (E-Modulwerte E_1 und E_2 in Anhang 4 und 5). Die Verformungen müssen unter einer Laststufe mit einer Genauigkeit von 1 % ermittelt werden oder, bei Verformungen von weniger als 2 mm, mit einer Genauigkeit von 0.02 mm.

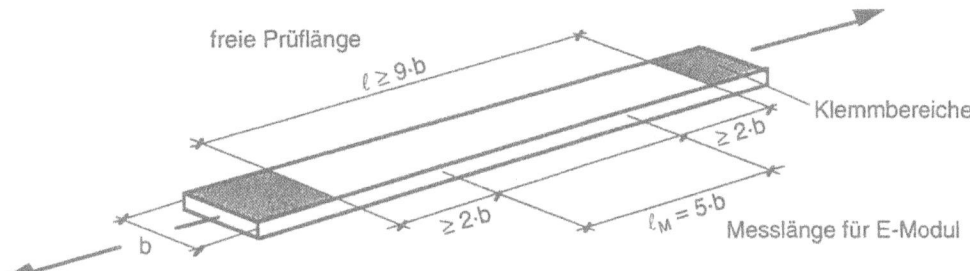

Bild 2.8: Prüfanordnung zur Bestimmung von Zug-E-Modul und Zugfestigkeit gemäss ENV 408

Bei der Bestimmung der Zugfestigkeit muss die Last mit einer konstanten Geschwindigkeit des Belastungskolbens so aufgebracht werden, dass die Bruchlast innerhalb von 300 ± 120 s erreicht wird.

• Auswertung

Der Zug-Elastizitätsmodul $E_{t,0}$ in [N/mm²] wird nach folgender Gleichung berechnet:

$$E_{t,0} = \frac{\ell_M \cdot \Delta F}{A \cdot \Delta \delta}$$

mit: ℓ_M Messlänge [mm]

ΔF Laststeigerung unterhalb der Proportionalitätsgrenze [N]

A   Probenquerschnitt [mm²]

$\Delta \delta$ Längenänderung während der Laststeigerung ΔF [mm]

Die Zugfestigkeit $f_{t,0}$ in [N/mm²] wird nach folgender Gleichung berechnet:

$$f_{t,0} = \frac{F_u}{A}$$

mit F_u Bruchlast [N]

A   Probenquerschnitt [mm²]

2.3.3 Bestimmung von Druck-E-Modul und Druckfestigkeit in Faserrichtung

• Probekörper

Der Probekörper muss die 6-fache Länge seiner Sollbreite, d. h. des grösseren Querschnittsmasses, aufweisen. Die Stirnflächen müssen genau bearbeitet sein, um ihre Planparallelität und Rechtwinkligkeit zur Achse des Probekörpers sicherzustellen.

• Verfahren

Der Probekörper muss zentrisch unter Benutzung von Kugelkalotten oder anderen Vorrichtungen, die die Einleitung einer Druckkraft ohne Biegung sicherstellen, belastet werden. Der Probekörper muss an genügend Stellen gegen Ausknicken gesichert werden, so dass die freie Länge zwischen den Abstützungen nicht mehr als die 6-fache Probendicke (kleineres Querschnittsmass) beträgt.

Die Last muss entweder gleichmässig oder in Stufen unter Vermeidung von Stössen aufgebracht werden. Die Belastungseinrichtung muss es ermöglichen, die auf den Probekörper aufgebrachte Last mit einer Genauigkeit von 1 % zu messen oder, bei Lasten unterhalb von 10 % der Höchstlast, mit einer Genauigkeit von 0.1 % der Höchstlast.

Bei der Bestimmung des Elastizitätsmoduls ist sicherzustellen, dass die aufgebrachte Höchstlast die Proportionalitätsgrenze nicht übersteigt oder den Probekörper beschädigt. Bei gleichmässiger Laststeigerung darf die Geschwindigkeit des Belastungskolbens nicht grösser sein als $5 \cdot 10^{-5} \cdot \ell$ [mm/s], wobei ℓ die Länge des Probekörpers in [mm] bedeutet.

Verformungen müssen mittig über eine Messlänge vom 4-fachen der Sollbreite gemessen werden. Es müssen zwei Dehnungsmessgeräte (E-Modulwerte E_1 und E_2 in Anhang 6) verwendet werden, die so am Probekörper zu befestigen sind, dass Torsionseinflüsse möglichst klein gehalten werden. Die Verformungen müssen unter einer Laststufe mit einer Genauigkeit von 1 % ermittelt werden. Bei Verformungen von weniger als 2 mm gilt eine Genauigkeitsanforderung von 0.02 mm.

Bei der Bestimmung der Druckfestigkeit muss die Last mit einer konstanten Geschwindigkeit des Belastungskolbens so aufgebracht werden, dass die Bruchlast innerhalb von 300 ± 120 s erreicht wird.

• Auswertung

Der Druck-Elastizitätsmodul $E_{c,0}$ in [N/mm²] wird nach folgender Gleichung berechnet:

$$E_{c,0} = \frac{\ell_M \cdot \Delta F}{A \cdot \Delta \delta}$$

mit: ℓ_M Messlänge [mm]

ΔF Laststeigerung unterhalb der Proportionalitätsgrenze [N]

A   Probenquerschnitt [mm²]

$\Delta \delta$ Längenänderung unter der Laststeigerung ΔF [mm]

Die Druckfestigkeit $f_{c,0}$ in [N/mm²] wird nach folgender Gleichung berechnet:

$$f_{c,0} = \frac{F_u}{A}$$

mit F_u Bruchlast [N]

A   Probenquerschnitt [mm²]

2.4 Bestimmung der Materialkennwerte nach EURONORM ENV 384

2.4.1 Ausreichend grosse Stichproben und Stichprobenanzahlen

Angaben zur Ermittlung der in der ENV 338 angegebenen Materialkennwerte ausgehend von Versuchen, welche gemäss ENV 408 durchgeführt wurden (siehe Abschnitt 2.3), findet man in der ENV 384 [3]. Im Normalfall, d.h. bei Vorliegen einer ausreichend grossen Stichprobenzahl mit je mindestens 40 Prüfwerten, werden 50 %- und 5 %-Wert wiefolgt ermittelt:

• Festigkeits- und Verformungswerte

Für jede Stichprobe ist ein 5 %-Fraktil (f_{05}) als *parameterfreier Punktschätzwert* f_r zu bestimmen:

$$f_{05} = f_r$$

Alle Prüfwerte werden mit dem Kleinstwert beginnend in steigender Folge gereiht. f_r ist der Wert derjenigen Prüfung, der von 5 % der Prüfwerte unterschritten wird. Falls dies kein Ist-Prüfwert ist, darf zwischen den zwei benachbarten Prüfwerten interpoliert werden.

Das 50 %-Fraktil E_{50} des Elastizitätsmoduls einer Stichprobe kann man analog oder als arithmetisches Mittel der Einzelwerte bestimmen:

$$E_{50} = \frac{\sum E_i}{n_i}$$

n_i Probenumfang der Stichprobe i
E_i auf Standardprüfbedingungen umgerechneter Mittelwert der Stichprobe i

• Dichtewerte

Das 5 %-Fraktil r_{05} der Dichte einer Stichprobe kann wiefolgt berechnet werden:

$$r_{05} = (\bar{r} - 1.645 \cdot s)$$

$\bar{r}$ Mittelwert der Dichte aller Proben in der Stichprobe
s Standardabweichung der Dichte aller Proben in der Stichprobe

Der *charakteristische Wert der Dichte* r_k wird als arithmetisches Mittel der 5 %-Fraktilwerte r_{05} der einzelnen Stichproben berechnet.

Wenn die Dichte anhand der Masse und des Volumens von Proben in Bauteilgrösse bestimmt wird, so erhält man durch Division mit dem Faktor 1.05 einen mit der Dichtebestimmung an fehlerfreien Kleinproben vergleichbaren Wert (vgl. dazu auch Abschnitt 2.2.2).

2.4.2 Kleine Stichproben

Falls die Probenanzahl zu gering ist, um eine Punktschätzung vorzunehmen, kann man gemäss folgenden Rechenvorschriften vorgehen:

- Festigkeits- und Verformungswerte

Der 5 %-Wert soll als die untere Toleranzgrenze eines einseitigen 84.1 %-Vertrauensintervalles unter Annahme einer Lognormalverteilung ermittelt werden. Der dazu verwendete Variationskoeffizient darf nicht kleiner als 0.10 gewählt werden. Die Stichprobengrösse darf dabei den Wert 30 nicht unterschreiten:

$$f_k = f_{50} \cdot e^{-(1.645 + 1/\sqrt{n}) \cdot v}$$

- Dichtewerte

Man verwendet trotz des zu kleinen Stichprobenumfangs die unter 2.4.1 angegebene Formel, berücksichtigt jedoch die Stichprobenzahl, indem man die 5 %-Fraktile mit Korrekturfaktoren abmindert (siehe dazu auch Abschnitte 2.4.3 und 2.4.4).

2.4.3 Einfluss der Stichprobenzahl, des Probenumfangs und der Sortierart

- Festigkeitseigenschaften

Die Angabe von Materialkennwerten ist direkt abhängig von der Anzahl der geprüften Proben, sowie der Anzahl der Stichproben. Der *charakteristische Wert der Festigkeit* wird aus der ermittelten 5 %-Fraktile wiefolgt geschätzt:

$$f_k = \overline{f}_{05} \cdot k_s \cdot k_v$$

Dabei ist $\overline{f}_{05}$ der auf Standardprüfbedingungen umgerechnete und im Verhältnis der Stichprobenumfänge gewichtete Mittelwert der 5 %-Fraktilwerte f_{05} der einzelnen Stichproben. Ist $\overline{f}_{05}$ grösser als das 1.2-fache des niedrigsten 5 %-Fraktilwerts aller Stichproben, dann ist entweder die Bezugs-Grundgesamtheit neu zu definieren, so dass extreme Werte ausgeschieden werden, oder $\overline{f}_{05}$ ist als das 1.2-fache des niedrigsten 5 %-Fraktilwerts festzulegen. Der Faktor k_s berücksichtigt die Stichprobenanzahl und den Probenumfang:

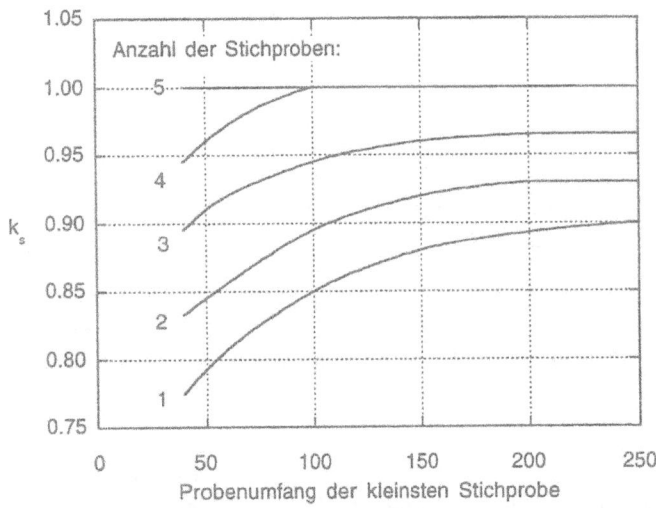

Bild 2.9: *Korrektur der 5 %-Fraktile in Abhängigkeit von Anzahl und Grösse der Stichproben*

Der Faktor k_v erfasst die geringere Variabilität der 5 %-Fraktilwerte von maschinell sortiertem im Vergleich zu visuell sortiertem Holz. Es gilt:

$k_v = 1.00$ für visuell sortiertes Holz

$k_v = 1.12$ für maschinell sortiertes Holz

• Verformungseigenschaften

Nach Umrechnen des Wertes E_{50} für jede Stichprobe auf die Referenzbedingungen ist der charakteristische Wert $E_{0,k50}$ aus der folgenden Gleichung zu berechnen:

$$E_{0,k50} = \frac{\sum E_{50,j} \cdot n_j}{\sum n_j}$$

n_j Probenumfang der Stichprobe j

E_j auf Standardprüfbedingungen umgerechneter Mittelwert der Stichprobe j

2.4.4 Einfluss der Holzfeuchte und der Belastungsdauer

Auf der Seite der Einwirkung wird der Einfluss der Holzfeuchte und der Belastungsdauer durch den Faktor k_{mod} erfasst. Der Holzfeuchteeinfluss ist jedoch bereits bei der Ermittlung der Materialkennwerte zu beachten:

Wurden Stichproben nicht unter den Standardbedingungen (Normalklima: 20° C, 65 % relative Luftfeuchtigkeit, d.h. Holzfeuchte ca. 12 %) geprüft, weisen aber Holzfeuchten zwischen 10 und 18 % auf, so sind die Fraktilwerte auf die genormten Prüfbedingungen umzurechnen:

Biege- und Zugfestigkeit:	keine Umrechnung erforderlich
Druckfestigkeit II zur Faser:	Änderung um 3 % je Prozent Holzfeuchteunterschied
Elastizitätsmodul:	Änderung um 2 % je Prozent Holzfeuchteunterschied

Druckfestigkeit in Faserrichtung und Elastizitätsmodul werden erhöht, wenn Werte mit einer höheren Holzfeuchte auf die Bezugsholzfeuchte umzurechnen sind und umgekehrt.

2.4.5 Einfluss der Temperatur

Der Einfluss der Temperatur ist in der ENV 384 nicht aufgeführt, da kaum je Prüfungen bei extremen Temperaturverhältnissen stattfinden. Die Normtemperatur liegt bei $20 \pm 2°$ C.

2.4.6 Einfluss der Probenabmessungen und der Prüflänge

Die ENV 384 fordert, die 5 %-Fraktilen der Biege- und Zugfestigkeit von Vollholz auf eine Probenhöhe bzw. -breite von 150 mm umzurechnen, indem sie durch den Faktor k_h geteilt werden:

$$k_h = \left(\frac{150}{h}\right)^{0.2} \qquad \text{h: Probenhöhe (Biegefestigkeit) bzw. Probenbreite (Zugfestigkeit)}$$

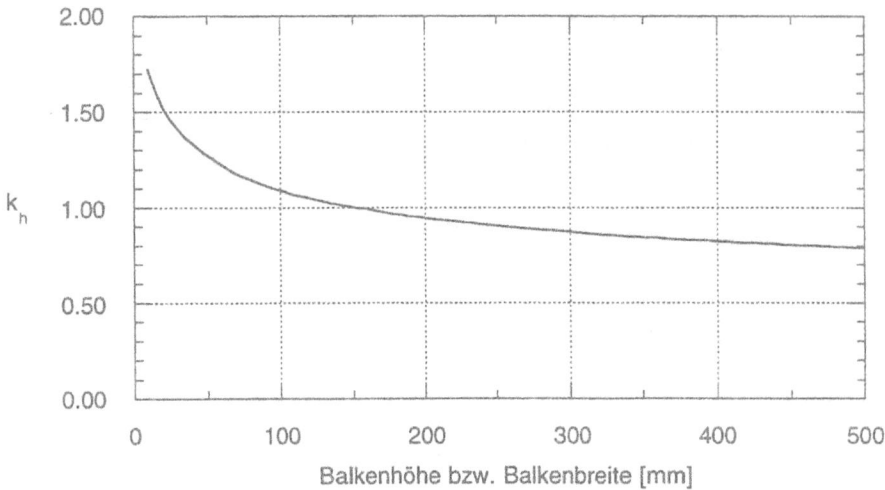

Bild 2.10: Faktor k_h zur Erfassung des Volumeneinflusses bei Zug ∥ zur Faser und bei Biegung

Stimmt die Biegeanordnung nicht mit den in der ENV 408 erwähnten Bedingungen überein (Stützweite = 18h, Abstand der Kraftangriffspunkte = 6h), so muss nach ENV 384 die 5 %-Fraktile der Biegefestigkeit umgerechnet werden, indem sie durch den Faktor k_ℓ geteilt wird:

$$k_\ell = \left(\frac{\ell_{es}}{\ell_{et}}\right)^{0.2}$$

mit: ℓ_{es}:   Länge der Standardprüfeinrichtung

      ℓ_{et}:   effektive Länge der verwendeten Prüfeinrichtung

Für ℓ_{es} bzw. ℓ_{et} gilt:

$$\ell_{es} \text{ bzw. } \ell_{et} = \ell + 5a$$

mit: ℓ: Stützweite

     a: Abstand einer inneren Laststelle und dem nächstliegenden Auflager

ℓ und a nehmen dabei die entsprechenden Werte für das genormte Prüfverfahren bzw. die effektiv gewählte Prüfanordnung an.

2.4.7 Überprüfung der mechanischen Eigenschaften einer Stichprobe

Das Prüfmaterial muss eine repräsentative Stichprobe der Grundgesamtheit darstellen und die Anzahl der Probekörper muss mindestens 40 betragen. Innerhalb der Stichprobe muss das Querschnittsmass der Probekörper gleich sein. Die Prüfung ist nach ENV 408 durchzuführen. Für Festigkeitseigenschaften gilt, dass der 5%-Fraktilwert nicht kleiner sein darf als der charakteristische Wert der entsprechenden Festigkeitsklasse multipliziert mit k_q nach Bild 2.11 und dividiert durch k_v nach 2.4.3. Für den Elastizitätsmodul gilt, dass der Mittelwert nicht kleiner sein darf als der charakteristische Wert der entsprechenden Festigkeitsklasse multipliziert mit k_q:

$$f_{05,Probe} \geq f_k \cdot \frac{k_q}{k_v} \qquad\qquad E_{50,Probe} \geq E_k \cdot k_q$$

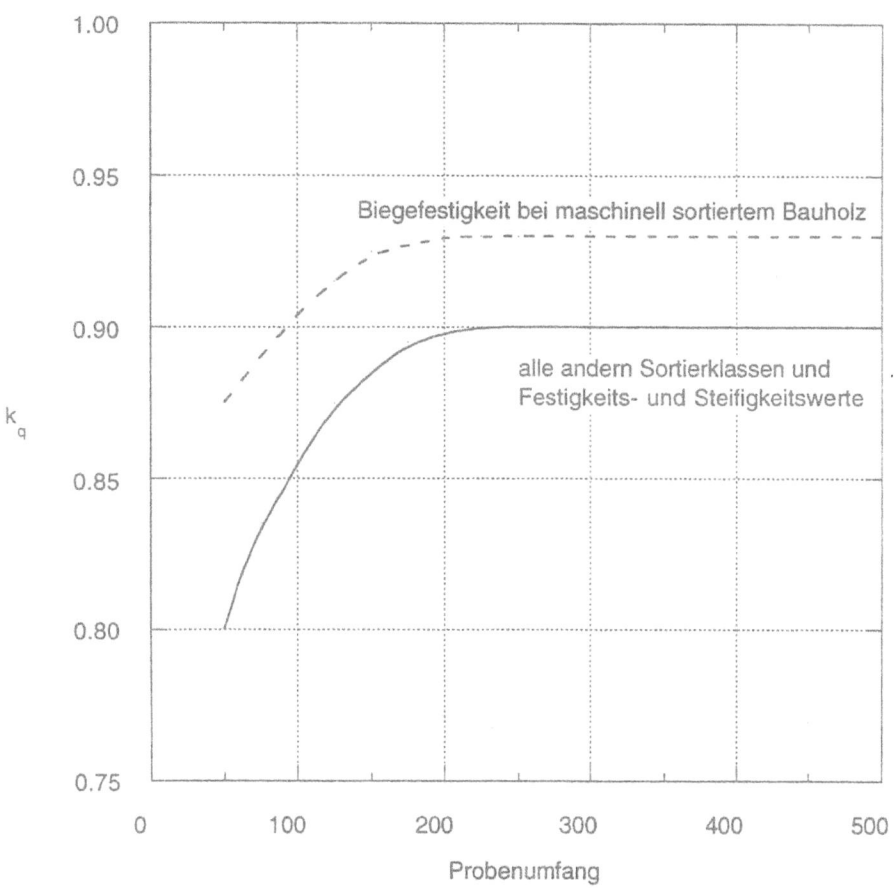

Bild 2.11: Faktor k_q zur Korrektur des 5 %-Fraktilwertes bei Überprüfungen in Abhängigkeit der Grösse der Stichprobe

2.5 Statistik

Aussagen über Materialeigenschaften sollten stets auf einer ausreichenden Anzahl von Versuchen abgestützt sein. Dabei tauchen automatisch Fragen auf bezüglich:

- Stichprobe und Grundgesamtheit (Stichprobengrösse, -anzahl, Repräsentativität)
- Sicherheit der Aussage (Vertrauensintervall)
- Graphischer Darstellung der Versuchsresultate (Q-Q-Plots, Verteilungen)
- Approximation der empirischen Verteilungen durch mathematische Modelle
- Güte dieser Approximation
- Bestimmung der charakteristischen Werte (Mittelwerte und 5 %-Fraktilen)
- Vergleich von Resultaten untereinander und mit Normwerten

In den folgenden Abschnitten werden die zur Darstellung, zum Vergleich und zur Auswertung der Versuche verwendeten statistischen Hilfsmittel aufgezeigt.

2.5.1 Beschreibung von Baustoffeigenschaften

Im Normenwesen werden verschiedene Varianten zur Beschreibung der Materialeigenschaften (Widerstand R) verwendet. Bild 2.12 kann entnommen werden, dass folgende Möglichkeiten generell in Frage kommen:

Angabe von Mittelwert (bzw. Median) und Mindestwert
Angabe von Mittelwert und Variationskoeffizient ($v = \sigma/\mu$)
Angabe von Fraktilwerten

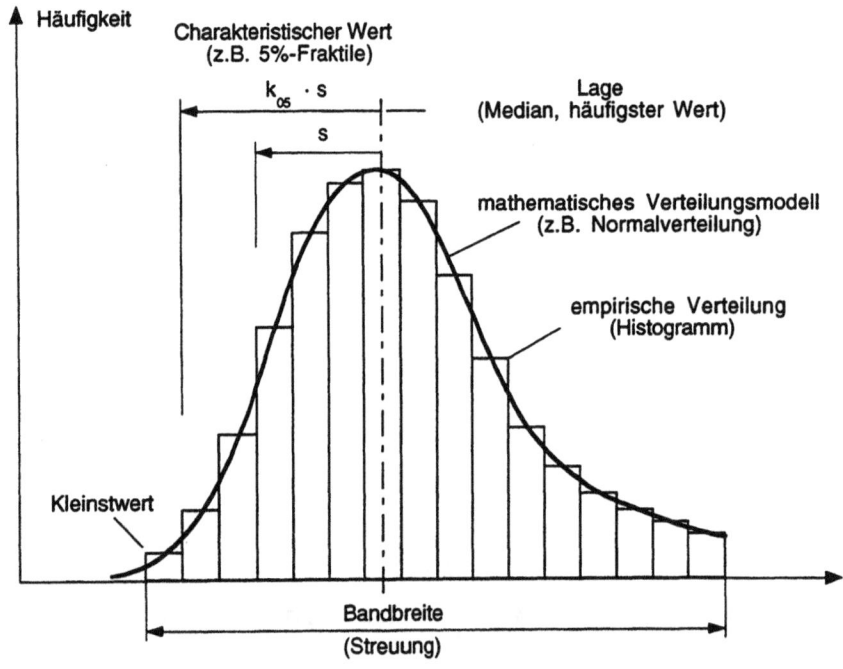

Bild 2.12: Kenngrössen einer empirischen Verteilung

Man erkennt, dass sämtliche Varianten sowohl ein Lage- als auch ein Streumass berücksichtigen. Durch die Angabe eines Fraktilwertes hat man jedoch den Vorteil, dass lediglich *ein* Kennwert entsteht.

In der Holzbaunormung wird der 5 %- und z. T. auch der 50 %-Fraktilwert verwendet [2], [3]. Diese Werte können entweder als parameterfreie Punktschätzung (d.h. Ordnen nach Grösse und Abzählen) aus den Versuchen direkt (falls n genügend gross ist), oder aus dem (best-fitting) mathematischen Verteilungsmodell berechnet werden:

$$f_{05} = \int_0^{5\%} f(x)\,dx \qquad \text{bzw.} \qquad f_{50} = \int_0^{50\%} f(x)\,dx$$

Die Qualität der ermittelten Fraktilwerte ist dabei direkt abhängig von:

1) der Stichprobengrösse
2) dem angewandten statistischen Verteilgesetz
3) der Grösse des gewählten Vertrauensintervalles.

2.5.2 Empirische und mathematische Verteilungen

Bei der Auswertung von Versuchsresultaten erhält man eine empirische Verteilung, deren Darstellung häufig mittels eines Histogramms erfolgt (Bild 2.13). Die Verteilung kann man durch drei Parameter bzw. ihre mathematischen Äquivalente beschreiben (Tab. 2.13).

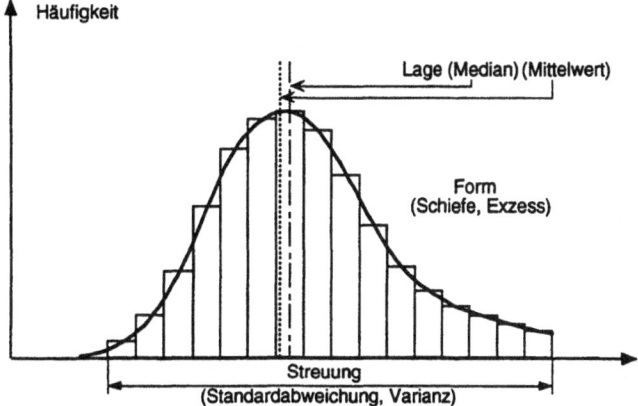

Bild 2.13: Approximation einer empirischen durch eine mathematische Verteilung

Tab. 2.13: Parametrisierung von empirischen Verteilungen

Lage	Median (Zentralwert) oder Mittelwert
Streuung	Standardabweichung, Varianz
Form	Schiefe, Exzess

Die auf den Mittelwert bezogene Standardabweichung liefert als *Variationskoeffizient* (quadratische Ungleichmässigkeit) eine Masszahl für die relativen Schwankungen und dient insbesondere zum Vergleich von Stichproben desselben Grundgesamtheitstyps. Um zwischen Kennwerten der Stichprobe und der Grundgesamtheit deutlich zu unterscheiden, verwendet man verschiedene Variablen und zum Teil auch unterschiedliche Bezeichnungen:

Tab. 2.14: Kennwerte zur Beschreibung von Stichprobe und Grundgesamtheit

Sichprobe	Kennwert	Grundgesamtheit
$\overline{x}$	Mittelwert / Erwartungswert	μ
s	Standardabweichung	σ
v	Variationskoeffizient	γ

Da oft nicht eine ausreichende Anzahl von Versuchen vorhanden ist und je nach Material grosse Streuungen und eventuell auch schiefe Verteilungen vorliegen, ist es sinnvoll, die empirische Verteilung durch eine mathematische Verteilung zu approximieren. Dabei wird dasjenige Verteilungsmodell verwendet, welches die empirische Verteilung am genauesten beschreibt (Best Fitting Model). Am häufigsten werden verwendet [73], [78]:

Normalverteilung	2-parametrig (symmetrisch)
Log-Normalverteilung	2- oder 3-parametrig, nur Werte ≥ 0
Gammaverteilung	
WEIBULL-Verteilung	2- oder 3-parametrig

Generell kann ein Modell, das über mehr als 2 Parameter verfügt, die Form einer gegebenen Verteilung besser approximieren. Ein nicht zu unterschätzender Nachteil besteht allerdings in der Tatsache, dass solche Modelle mathematisch komplexer und daher oft nur noch mittels Computer beherrschbar sind.

Da physikalische Grössen sehr oft annähernd normal verteilt sind, kommt der *Normalverteilung* (oft auch als GAUSS-Verteilung bezeichnet) eine wichtige Bedeutung zu. Für den Baustoff Holz trifft dies z.B. für die Material-Kennwerte Elastizitätsmodul und Dichte zu. Festigkeitswerte von duktilem Material sind ebenfalls annähernd normalverteilt. Sprödes Material (Holz!) hingegen nimmt eine links schiefe Verteilung an. Diese Tendenz verstärkt sich vor allem bei qualitativ schlechten Materialklassen, deren Festigkeitsverteilung dadurch gekennzeichnet sind, dass einerseits der Mittelwert relativ tief liegt, dass aber der Festigkeitswert Null nicht vorkommt. Solche schiefen Verteilungen lassen sich am besten durch ein 3-parametriges WEIBULL-Modell beschreiben. Sehr oft genügt es jedoch, als Ersatz die wesentlich einfachere *Log-Normalverteilung* zu verwenden.

2.5.3 Stichprobengrösse und Vertrauensintervall [62]

Ein aus einer Stichprobe ermittelter Kennwert ist bezogen auf die Grundgesamtheit nur ein Schätzwert. Zu diesem Schätzwert lässt sich mit Hilfe der t-, bzw. χ^2-Grenzwerte ein Vertrauensintervall (Konfidenzintervall) angeben. Dieses Vertrauensintervall erstreckt sich über die nächstkleineren und -grösseren Werte und enthält den wahren Parameterwert der Grundgesamtheit mit der Wahrscheinlichkeit $1 - \alpha$ (α = Signifikanzniveau, Irrtumswahrscheinlichkeit). Durch Veränderung der Grösse des Vertrauensbereiches mit Hilfe eines entsprechenden Faktors lässt sich festlegen, wie sicher die Aussage ist, dass der Vertrauensbereich den Parameter der Grundgesamtheit enthält (siehe auch Abschnitt 2.5.10).

Aus einer Stichprobe möchte man in der Regel Schlüsse ziehen auf die zugehörige Grundgesamtheit und somit auf allgemeine Gesetzmässigkeiten, die über den Beobachtungsbereich hinaus Gültigkeit haben. Nach dem Gesetz der grossen Zahlen nimmt der Unterschied zwischen Grundgesamtheit und Stichprobe mit wachsendem Stichprobenumfang n ab. Ab einer gewissen Stichprobengrösse wird der Stichprobenfehler so klein, dass eine weitere Vergrösserung des Stichprobenumfangs n nicht mehr sinnvoll ist.

Wünscht man mit einer Vertrauenswahrscheinlichkeit $P = 1 - \alpha$, dass der Anteil p der Elemente einer beliebigen Grundgesamtheit zwischen dem grössten und dem kleinsten Stichprobenwert liegt, so lässt sich der benötigte Stichprobenumfang n abschätzen. Die Tabellen [76] entnommenen Zahlenwerte für die Irrtumswahrscheinlichkeiten $\alpha = 0.05$, $\alpha = 0.01$ und $\alpha = 0.001$ sind im Bild 2.14 graphisch dargestellt:

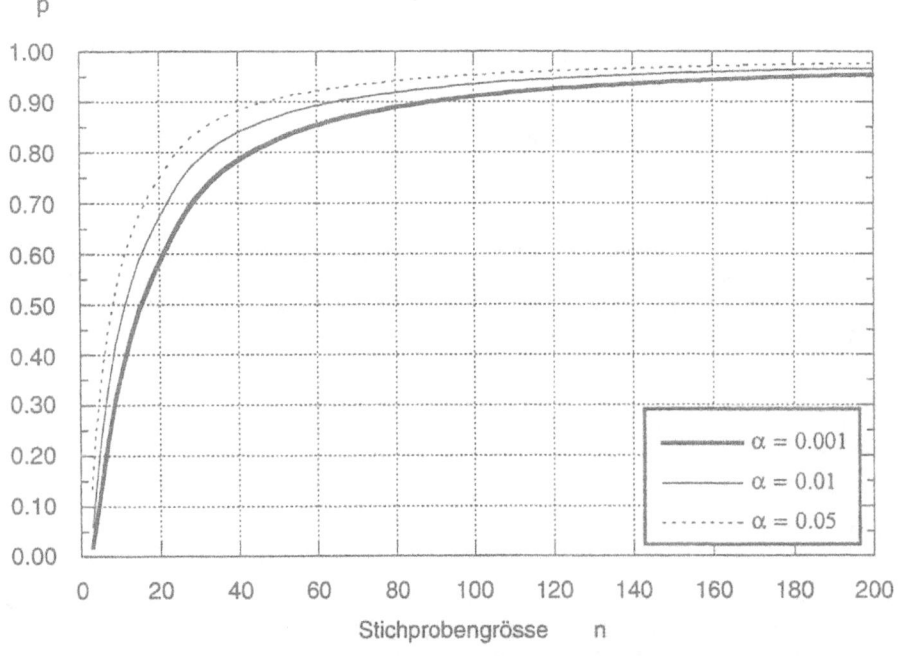

Bild 2.14: Verteilungsunabhängige Toleranzgrenzen (zweiseitig)

Man kann sehr leicht erkennen, dass man für eine ausreichend abgestützte Aussage auf Stichprobengrössen von mindestens 40 Versuchen angewiesen ist. Allerdings ist es kaum sinnvoll, mehr als 60 Versuche zu machen, da die durch die Vergrösserung der Stichprobe erreichte verbesserte Aussagekraft den vermehrten Versuchsaufwand nicht mehr rechtfertigt.

2.5.4 Darstellung von Versuchsreihen im Wahrscheinlichkeitspapier

Wie gut eine Stichprobe von Beobachtungen mit einem mathematischen Modell (Verteilungsfunktion) übereinstimmt, lässt sich graphisch veranschaulichen. Eine einfache Art ist der Vergleich eines *Histogramms* mit einer an die Daten angepassten Verteilung.

Eine weitere, wichtige und verbreitete Darstellungsart beruht auf dem Begriff der Quantile. Ein *p-Quantil* (auch p-Fraktil genannt) ist ein Lokalisationsmass, das durch F(x) = p definiert ist: x_p ist also derjenige Wert einer stetigen Verteilung, bei dem die Wahrscheinlichkeit für einen kleineren Wert genau p und die Wahrscheinlichkeit für einen grösseren Wert genau 1 - p beträgt. Spezialfälle ergeben sich für p = 1/4, 1/2, 3/4, die *Median*, *unteres* und *oberes Quartil* genannt werden.

Bei der Anpassung eines parametrischen Modelles an die empirische Verteilung vergleicht man die empirischen Quantile der Beobachtungen mit den theoretischen Quantilen der zugrundegelegten Verteilung. Falls die theoretischen und empirischen Quantile übereinstimmen, hat man das passende Verteilungsmodell gefunden. Die graphische Darstellung nennt man *Quantil-Quantil-Plot* oder auch kurz *Q-Q-Plot*. Wenn es sich um eine Normalverteilung handelt, spricht man auch von *Normal Plot*. Verwendet man das für solche Fälle speziell vorgesehene Wahrscheinlichkeitspapier, dessen Abszisse der Werteachse entspricht und dessen Ordinate einer Normalverteilung gehorcht, so kann man das Vorliegen einer Normalverteilung der Beobachtungen sehr einfach überprüfen, indem die Werte auf einer Geraden liegen müssen. Diese Gerade kann entweder optisch eingepasst oder mittels der Methode der kleinsten Quadrate bestimmt werden. Sie ist gekennzeichnet durch eine Steigung, die der Streuung der Werte entspricht, und durch einen Achsenabschnitt gegeben durch den Mittelwert. Daraus ist auch ersichtlich, dass sich Wahrscheinlichkeitspapiere sehr gut zum *Vergleich* verschiedener Datenreihen eignen [63].

Aufbauend auf der vorgängig dargelegten Methode des Quantil-Vergleichs existieren verschiedene Formen von Wahrscheinlichkeitspapieren mit jeweils unterschiedlichem statistischem Verteilgesetz auf der Ordinate.

2.5.5 Kennwerte der Normalverteilung

Die Normalverteilung kommt durch *additives* Zusammenwirken von Zufallsgrössen zustande. Aufgrund des ersten Grenzwertsatzes können Stichproben oberhalb eines bestimmten Umfangs stets durch eine Normalverteilung approximiert werden. Die Wahrscheinlichkeitsdichte der Normalverteilung ist gegeben durch:

$$y = f(x) = f\left(x \mid \mu, \sigma\right) = \frac{1}{\sigma \cdot \sqrt{2\pi}} \cdot e^{-\frac{1}{2} \cdot \left(\frac{x-\mu}{\sigma}\right)^2} \quad (-\infty < x < \infty,\ -\infty < \mu < \infty,\ \sigma > 0)$$

Setzt man in obiger Formel die Standardnormalvariable z = (x − μ)/σ ein, so erhält man eine einzige Variable und die Formel für die Wahrscheinlichkeitsdichte der *standardisierten* Normalverteilung mit Mittelwert Null und Standardabweichung Eins lautet neu:

$$y = f(z) = \frac{1}{\sqrt{2\pi}} \cdot e^{-\frac{z^2}{2}} \quad (-\infty < z < \infty)$$

Die Verteilungsfunktion ist gegeben durch die Integration der Dichtefunktion über den Bereich von $-\infty$ bis z :

$$F(z) = \frac{1}{\sqrt{2\pi}} \int_{-\infty}^{z} e^{-\frac{v^2}{2}} \, dv \qquad (-\infty < v \leq z)$$

Die Formeln zur Ermittlung der Kennwerte der Normalverteilung einer Stichprobe sind nachfolgend aufgelistet:

Mittelwert: $\quad \bar{x} = \frac{1}{n} \cdot \sum_{i=1}^{n} x_i$

Standardabweichung: $\quad s = \sqrt{\frac{\sum_{i=1}^{n} (x_i - \bar{x})^2}{n-1}}$

Variationskoeffizient: $\quad v = \frac{s}{\bar{x}}$

Der Erwartungswert und der 5 %-Fraktilwert der Grundgesamtheit können aus den obigen Kennwerten der Stichprobe geschätzt werden:

Mit der Vertrauenswahrscheinlichkeit (1 – α) liegt der gesuchte Mittelwert μ der Grundgesamtheit zwischen den Grenzen:

$$\bar{x} \pm t_{n-1,\alpha} \cdot \frac{s}{\sqrt{n}} \qquad t_{n-1,\alpha}\text{: Faktor der Student-Verteilung (Abschnitt 2.5.10)}$$

Ist die Standardabweichung s der Grundgesamtheit bekannt oder wird s aus einer *grossen* Stichprobe berechnet, dann gilt:

$$\bar{x} \pm z \cdot \frac{\sigma}{\sqrt{n}} \qquad \text{z: Standardnormalvariable}$$

Der (einseitige) 5 %-Fraktilwert einer normalverteilten Zufallsgrösse ist bei unendlich grosser Probenanzahl gekennzeichnet durch einen z-Wert von 1.645 und kann sehr einfach anhand folgender Formel berechnet werden:

$$f_{05} = \mu - 1.645 \cdot \sigma$$

Falls die *Probenzahl endlich*, die *Streuung der Grundgesamtheit unbekannt* ist und man lediglich die Standardabweichung der Stichprobe kennt, kann der 5 %-Wert wiefolgt geschätzt werden:

$$f_{05} = \bar{x} - k_{05} \cdot s$$

Für *endliche Probenzahl* und *bekannte Streuung der Grundgesamtheit* gilt:

$$f_{05} = \bar{x} - k_{05,\sigma} \cdot \sigma$$

Die Faktoren k_{05} und $k_{05,\sigma}$ sind nachfolgend in Abhängigkeit von Stichprobengrösse und Vertrauenswahrscheinlichkeit tabelliert [61]:

Tab. 2.15: Faktoren zur Berechnung des einseitig abgegrenzten statistischen Anteilsbereiches bei Normalverteilung

Stichproben-grösse n	$1 - \alpha = 99\,\%$		$1 - \alpha = 95\,\%$		$1 - \alpha = 90\,\%$	
	k_{05}	$k_{05,\sigma}$	k_{05}	$k_{05,\sigma}$	k_{05}	$k_{05,\sigma}$
5	6.578	2.685	4.203	2.481	3.208	2.218
10	3.738	2.481	2.911	2.165	2.503	2.050
15	3.102	2.246	2.566	2.070	2.291	1.976
20	2.808	2.165	2.496	2.013	2.182	1.932
25	2.633	2.110	2.292	1.974	2.112	1.901
30	2.515	2.070	2.220	1.945	2.064	1.879
35	2.437	2.038	2.157	1.923	2.028	1.862
40	2.464	2.013	2.125	1.905	1.999	1.848
45	2.416	1.992	2.085	1.890	1.976	1.836
50	2.269	1.974	2.065	1.878	1.957	1.826
60	2.202	1.945	2.022	1.857	1.926	1.811
70	2.153	1.923	1.990	1.842	1.903	1.798
80	2.114	1.905	1.964	1.829	1.885	1.788
90	2.082	1.890	1.944	1.818	1.870	1.780
100	2.056	1.878	1.927	1.810	1.857	1.773
200	1.923	1.809	1.837	1.761	1.792	1.736
500	1.814	1.749	1.763	1.719	1.736	1.702
∞	1.645	1.645	1.645	1.645	1.645	1.645

Man kann die Faktoren k_{05} und $k_{05,\sigma}$ auch formelmässig berechnen, wobei es zu beachten gilt, dass der Ausdruck für k_{05} nur für $n \geq 10$ gilt [61], [75]:

$$k_{05} = \frac{2(n-1)}{2(n-1) - z_{1-\alpha}^2} \cdot \left(z_{1-p} + z_{1-\alpha} \sqrt{\frac{2(n-1) + n \cdot z_{1-p}^2 - z_{1-\alpha}^2}{2n(n-1)}} \right)$$

$$k_{05,\sigma} = z_{1-p} + z_{1-\alpha} \cdot \frac{1}{\sqrt{n}}$$

z_{1-p} und $z_{1-\alpha}$ sind die Schranken der Standardnormalverteilung für eine bestimmte Irrtumswahrscheinlichkeit α bzw. einen bestimmten Stichprobenanteil p.

2.5.6 Kennwerte der (2-parametrigen) Log-Normalverteilung [61]

Viele Verteilungen in der Natur laufen als positiv schiefe, linkssteile Verteilungen rechts flach aus. Eine anschauliche Erklärung dafür, dass sich ein Merkmal nicht symmetrisch-normal verteilt, ist oft dadurch gegeben, dass das Merkmal einen bestimmten Schrankenwert nicht unter- bzw. überschreiten kann und somit nach dieser Seite hin in seiner Variationsmöglichkeit gehemmt ist. Dies trifft zum Beispiel für Materialfestigkeiten zu, welche den Wert Null physikalisch gesehen gar nie unterschreiten können. Besonders in solchen Fällen, wo die Verteilung links durch den Wert Null begrenzt ist, kommt man durch Logarithmieren zu annähernd normalverteilten Werten. Durch das Logarithmieren wird der Bereich zwischen 0 und 1 in den Bereich $-\infty$ bis 0 überführt, der linke Teil der Verteilung stark gestreckt und der rechte stark gestaucht. Das gilt besonders dann, wenn die Standardabweichung gross ist im Vergleich zum Mittelwert ($v > 0.33$).

Die Entstehung einer logarithmischen Normalverteilung kann darauf zurückgeführt werden, dass Zufallsgrössen *multiplikativ* zusammenwirken, die Wirkung einer Zufallsänderung also jeweils der zuvor bestehenden Grösse proportional ist. Durch die Transformation $y = \ln(x)$ entsteht eine Log-Normalverteilung gegeben durch die Beziehung:

$$y = \frac{1}{\sqrt{2\pi}\,\sigma_y} \cdot \frac{1}{x} \cdot e^{-\frac{1}{2}\left(\frac{\ln(x) - \mu_y}{\sigma_y}\right)^2} \quad \text{für } x > 0$$

Die Kennzahlen ergeben sich zu:

$$\text{Median} = e^{\bar{y}} = \exp[\bar{y}]$$

$$\text{Streufaktor} = \exp[s_y] = \exp\left[\sqrt{\frac{\sum_{i=1}^{n}(y_i - \bar{y})^2}{n-1}}\right]$$

$$\text{Standardabweichung} = \sqrt{\exp[2\cdot\bar{y} + s_y^2] \cdot \left(\exp[s_y^2] - 1\right)}$$

$$\text{Mittelwert} = \exp[\bar{y} + 0.5 \cdot s_y^2]$$

$$\text{Dichtemittel} = \exp[\bar{y} - s_y^2]$$

Fraktilwerte der Log-Normalverteilung zeichnen sich dadurch aus, dass ihr geometrisches Mittel dem Median der Verteilung entspricht:

$$x_\alpha \cdot x_{1-\alpha} = (\text{Median})^2 \qquad \left(\text{z.B.: } x_{05} \cdot x_{95} = x_{50}^2 = \text{Median}^2\right)$$

Die Berechnung des 5%-Fraktilwertes für die Grundgesamtheit, bzw. für eine unendlich grosse Stichprobe erfolgt mittels folgender Formeln:

$$\lambda_{05} = \exp[1.645 \cdot s_y]$$

$$f_{05} = \frac{\text{Median}}{\lambda_{05}}$$

Die Parameter der Grundgesamtheit können aus den Kennwerten der Stichprobe geschätzt werden indem man die gleichen Überlegungen wie im zweiten Teil von Abschnitt 2.5.5 auf die logarithmierten Daten anwendet.

2.5.7 Überprüfen von Voraussetzungen [76], [59]

Wenn man Verfahren benützt, die eine bestimmte Verteilung (z.B. die Normalverteilung) voraussetzen, sollte man stets prüfen, ob die Daten dieser Voraussetzung nicht widersprechen. Im allgemeinen kann man nicht zwingend schliessen, dass beobachtete Werte einem stochastischen Modell widersprechen. Mindestens aber wird man dies annehmen, wenn ein Ereignis beobachtet wird, dem das Modell eine sehr kleine Wahrscheinlichkeit gibt. Um solche Schlüsse mathematisch zu formulieren, hat man statistische Tests eingeführt: Modelle sollen abgelehnt werden, wenn ein bestimmtes "extremes" Ereignis beobachtet wird, das im Modell eine genügend kleine Wahrscheinlichkeit hat. Diese kritische Wahrscheinlichkeit wird in den meisten naturwissenschaftlichen Gebieten durch Konvention auf 1 bis 5 % festgelegt.

- Mechanik des statistischen Tests

Das zu prüfende Modell wird *Nullhypothese* H_0 genannt. Diese Nullhypothese wird mit einer andern Möglichkeit, der sogenannten *Alternativhypothese* H_A verglichen. Wenn aufgrund des Tests die Nullhypothese H_0 verworfen wird, ist die naheliegendste Interpretation die, dass die Alternative richtig ist. Es kann aber sein, dass auch die Alternative falsch ist. Aufgrund der statistischen Unsicherheit kann sogar H_0 richtig sein.

Das "extreme" Ereignis heisst *Verwerfungsbereich*. Das Komplement davon, also der Bereich, in dem die plausiblen Ergebnisse liegen, heisst *Annahmebereich*. Die durch die Konvention festgelegte Wahrscheinlichkeit, ein Ergebnis im Verwerfungsbereich zu erhalten, heisst allgemein *Signifikanzniveau* oder *Irrtumswahrscheinlichkeit* α.

Die Grundidee ist die eines *Widerspruchbeweises*: Man geht aus von der Annahme, dass die beobachtete zufällige Grösse dem Modell der Nullhypothese entspricht. Wenn der beobachtete Wert dann im Bereich der unplausiblen Werte, im Verwerfungsbereich liegt, betrachtet man dies mit einer dem Signifikanzniveau entsprechenden Wahrscheinlichkeit als Beweis dafür, dass die Nullhypothese nicht gilt. Wenn allgemein der beobachtete Wert nicht im Verwerfungsbereich liegt, wenn also kein Widerspruch gefunden wird, heisst dies noch nicht, dass die Nullhypothese richtig ist - sie bleibt lediglich plausibel, wird also *nicht abgelehnt*.

- Fehler 1., 2. und 3. Art, Power eines Tests

Wenn man annimmt, dass entweder die Nullhypothese oder eine der Alternativen richtig sein muss, dann liegt das Problem darin, sich für die Nullhypothese oder gegen sie und damit für eine Alternative zu entscheiden. Dabei sind zwei Arten von Fehlern möglich: Man kann einerseits die Nullhypothese zu unrecht verwerfen *(Fehler 1. Art)*; anderseits kann es sein, dass eine Alternative richtig ist, dass aber die Beobachtung in den Annahmebereich fällt und daher die Nullhypothese fälschlicherweise nicht abgelehnt wird. Das ist der sogenannte *Fehler 2. Art*. Man möchte diesen Fehler 2. Art möglichst vermeiden. Wenn man eine bestimmte Alternative als Modell annimmt, kann man seine Wahrscheinlichkeit berechnen. Die Gegenwahrscheinlichkeit - die Wahrscheinlichkeit der richtigen Entscheidung gegen die Nullhypothese, wenn diese Alternative gilt - heisst *Macht* oder *Power* des Tests (siehe Bild 2.15). Man wird das "extreme" Ereignis so festlegen, dass es unter der oder den Alternativen möglichst hohe Wahrscheinlichkeit hat. Für die Power gilt:

Power = P(Entscheidung H_0 abzlehnen | H_A trifft zu) = $1 - \beta$

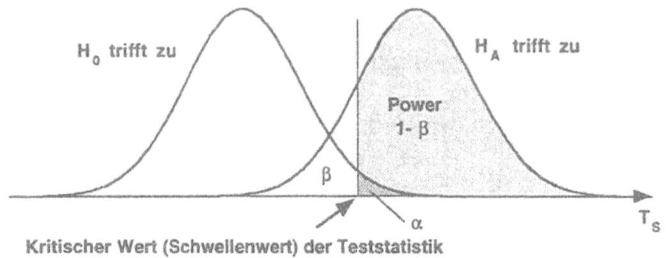

Bild 2.15: Power und Trennschärfe von Tests

Je kleiner bei vorgegebenem Signifikanzniveau α die Wahrscheinlichkeit β ist, desto schärfer trennt der Test H_0 und H_A. Ein Test heisst *trennscharf* (powerful), wenn er im Vergleich zu andern möglichen Tests bei vorgegebenem α eine relativ hohe Trennschärfe aufweist. Wenn H_0 wahr ist, ist die Maximalpower eines Tests gleich α.

In der Praxis ist ein Sigifikanzniveau von α = 5 % sinnvoll. Man verlangt dann zweckmässigerweise von einem Test eine Power von mindestens 70 %, besser von 80 %. Ist der Stichprobenumfang klein, dann sollte das Signifikanzniveau nicht zu klein gewählt werden, da sowohl die kleine Stichprobe als auch ein kleines Signifikanzniveau sich durch eine unerwünschte Senkung der Power bemerkbar machen.

Beim Übergang von der einseitigen auf die zweiseitige Fragestellung vermindert sich die Power, wie dies aus Bild 2.16 ersichtlich ist. Bei gleichem Stichprobenumfang ist ein einseitiger Test stets trennschärfer als der zweiseitige und diesem vorzuziehen, falls nicht die Fragestellung offensichtlich sinnwidrig wird. (Ein Vergleich von zwei neuen Methoden beispielsweise verlangt in jedem Fall einen zweiseitigen Test).

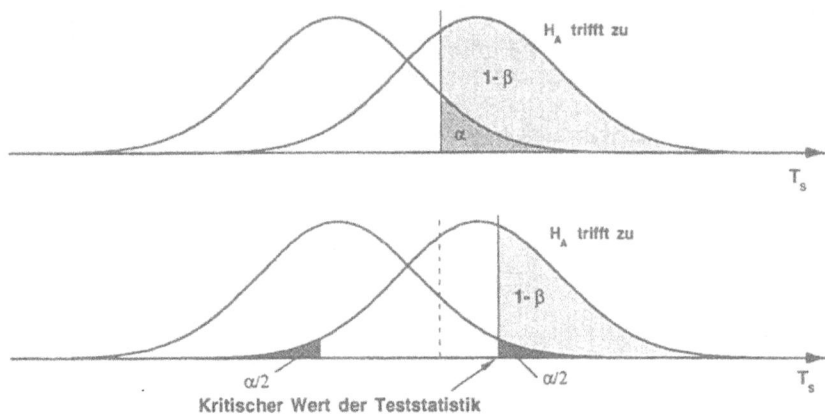

Bild 2.16: Abhängigkeit der Power von der ein- oder zweiseitigen Fragestellung

Teststatistiken, deren Verteilung nicht von einem konkreten parametrischen Modell für die Beobachtungen abhängt, und entsprechende Tests nennt man *nicht-parametrisch*. Das Wort *verteilungsfrei* wird manchmal synonym, manchmal mit leicht anderer Bedeutung verwendet. *Verteilungsfreie Tests*, besonders Schnelltests, sind gegenüber den parametrischen Tests durch eine geringere Power charakterisiert. Liegen kleine Stichproben vor (n < 15), sind verteilungsunabhängige Tests oft wirksamer als die sonst optimalen parametrischen Tests, die für n ≥ 80 meist wirksamer und auch einfacher zu handhaben sind.

Der *Fehler 3. Art* besteht darin, eine Alternative für richtig zu halten, obwohl weder Nullhypothese noch Alternative gelten, sondern ein der Nullhypothese "verwandtes" Modell. Tests, die die Wahrscheinlichkeit eines Fehlers 3. Art gering halten, nennt man *robuste* Tests.

2.5.8 Einfache Anpassungstests [76], [61]

In der Datenauswertung wird das Vorhandensein einer Normal- bzw. einer Log-Normalverteilung vorerst graphisch in den entsprechenden Q-Q-Plots überprüft. Als quantitative Kriterien werden der KOLMOGOROV-SMIRNOV-Test (LILLIEFORS-modifiziert) (siehe Abschnitt 2.5.9), der Korrelationskoeffizient der Regressionsgeraden im Wahrscheinlichkeitsnetz (Methode der kleinsten Quadrate) und die Masszahlen für die Schiefe und den Exzess verwendet. Die Berechnung der Power des KS-Tests jeweils für die Signifikanzniveaus 90 und 95 % gibt einen Anhaltspunkt über die Stärke der Verwerfung der Nullhypothese (normalverteilt bzw. log-normalverteilt). Die korrekte Annahme einer Normalverteilung wird zusätzlich mittels folgender einfacher Kriterien überprüft:

$$0.9 < \frac{\tilde{x}}{\bar{x}} < 1.1 \quad \text{und} \quad v = \frac{s}{\bar{x}} \leq \frac{1}{3} \quad \text{mit} \quad \tilde{x} = \text{Median}, \bar{x} = \text{Mittelwert}$$

Die spezifischen Grössen für die Form einer Verteilung sind *Ausmittigkeit* des Spitzenwertes und *Konzentration* der Daten um diesen Mittelwert herum. Man kann diese Eigenschaften durch den *Schiefekoeffizienten* γ_1 für die Ausmittigkeit und durch die *Kurtosis* β_2 für die Spitzigkeit zusammenfassen. Ein verbreitetes Mass für die Spitzigkeit ist auch der *Exzess* γ_2. Ein positiver Schiefekoeffizient γ_1 weist auf eine linkssteile, ein negativer auf eine rechtssteile Verteilung hin.

Schiefe: $\quad \gamma_1 = \sum_{x_i=x_A}^{x_E} \left(\frac{x_i - \mu}{\sigma}\right)^3 \cdot f(x_i) = \frac{\mu_3}{\mu_2^{1.5}} = \frac{\mu_3}{\sigma^3}$

Kurtosis: $\quad \beta_2 = \sum_{x_i=x_A}^{x_E} \left(\frac{x_i - \mu}{\sigma}\right)^4 \cdot f(x_i) = \frac{\mu_4}{\mu_2^2} = \frac{\mu_4}{\sigma^4}$

Exzess: $\quad \gamma_2 = \beta_2 - 3$

mit: $\quad \mu_2 = \frac{\sum(x - \bar{x})^2}{n} \qquad \mu_3 = \frac{\sum(x - \bar{x})^3}{n} \qquad \mu_4 = \frac{\sum(x - \bar{x})^4}{n}$

Für die Normalverteilung gilt: $\gamma_1 = 0$, $\gamma_2 = 0$ (bzw. $\beta_2 = 3$). Die Formeln zur Berechnung der Formparameter unter Annahme einer Log-Normalverteilung lauten:

Schiefe: $\quad \gamma_1 = \sqrt{\omega - 1}\,(\omega + 2)$

Kurtosis: $\quad \beta_2 = \gamma_2 + 3$

Exzess: $\quad \gamma_2 = \omega^4 + 2\omega^3 + 3\omega^2 - 6$

mit: $\quad \omega = \exp\left[s_y^2\right]$

2.5.9 KOLMOGOROV-SMIRNOV-Anpassungstest [76], [60]

Der Test von KOLMOGOROV [65] und SMIRNOV [77] (KS-Test) prüft die Anpassung einer beobachteten an eine theoretisch erwartete Verteilung (in unserem Fall: NV oder LNV). Der Test ist verteilungsfrei und entspricht dem χ^2-Test. Der Vorteil des KS-Tests gegenüber dem χ^2-Test besteht darin, dass er auch bei kleinem Stichprobenumfang, wo eine Klasseneinteilung der Messwerte und damit die Verwendung des χ^2-Test nicht sinnvoll ist, angewendet werden kann. Ausserdem kann man nachweisen, dass die Gütefunktion, d.h. die Wahrscheinlichkeit, die Hypothese H_0 abzulehnen, für den KS-Test im allgemeinen grösser ist als für den χ^2-Test (bei gleicher Irrtumswahrscheinlichkeit). Allerdings ist zu beachten, dass bei Verwendung des KS-Tests die durch die Hypothese festgelegte Verteilungsfunktion stetig sein muss und darüber hinaus keinen unbekannten Parameter enthalten darf. Verwendet wird der einseitige Test, dessen Power grösser ist als diejenige eines zweiseitigen Tests (siehe Abschnitt 2.5.7). Geprüft wird die Nullhypothese: Die Stichprobe entstammt nicht der bekannten Verteilung $F_0(x)$, d.h. H_0: $F = F_0$, gegen die Hypothese H_A: $F \neq F_0$. Als Alternativhypothese wird üblicherweise die durch die WEIBULL-Formel

$$1 - F_i(x_k) \approx \frac{k}{n+1}$$ beschriebene empirische Verteilung verwendet.

Man bestimmt die unter der Nullhypothese erwarteten absoluten Häufigkeiten E, bildet die Summenhäufigkeiten dieser Werte F_E und der beobachteten absoluten Häufigkeiten B, also F_B, bildet die Differenzen $F_B - F_E$ und dividiert die absolut grösste Differenz durch den Stichprobenumfang n. Der Prüfquotient

$$\frac{\max|F_B - F_E|}{n} = \hat{D}$$

wird für Stichprobenumfänge n > 35 anhand der folgenden kritischen Werte beurteilt [76]:

Tab. 2.16: Schwellenwerte für den KS-Test bei Stichproben mit mehr als 35 Werten

Signifikanzniveau α	Schranken für D	Signifikanzniveau α	Schranken für D
0.20	$1.073/\sqrt{n}$	0.01	$1.628/\sqrt{n}$
0.15	$1.138/\sqrt{n}$	0.005	$1.731/\sqrt{n}$
0.10	$1.224/\sqrt{n}$	0.001	$1.949/\sqrt{n}$
0.05	$1.358/\sqrt{n}$		

Schwellenwerte für kleinere Stichprobengrössen geben die Tafeln von MILLER [71]:

Tab. 2.17: Schwellenwerte für den KS-Test bei kleinen Stichproben

n	$D_{0.10}$	$D_{0.05}$	n	$D_{0.10}$	$D_{0.05}$	n	$D_{0.10}$	$D_{0.05}$	n	$D_{0.10}$	$D_{0.05}$
3	0.636	0.708	13	0.325	0.361	23	0.247	0.275	33	0.208	0.231
4	0.565	0.624	14	0.314	0.349	24	0.242	0.269	34	0.205	0.227
5	0.509	0.563	15	0.304	0.338	25	0.238	0.264	35	0.202	0.224
6	0.468	0.519	16	0.295	0.327	26	0.233	0.259	36	0.199	0.221
7	0.436	0.483	17	0.286	0.318	27	0.229	0.254	37	0.196	0.218
8	0.410	0.454	18	0.278	0.309	28	0.225	0.250	38	0.194	0.215
9	0.387	0.430	19	0.271	0.301	29	0.221	0.246	39	0.191	0.213
10	0.369	0.409	20	0.265	0.294	30	0.218	0.242	40	0.189	0.210
11	0.352	0.391	21	0.259	0.287	31	0.214	0.238	50	0.170	0.188
12	0.338	0.375	22	0.253	0.281	32	0.211	0.234	100	0.121	0.134

Müssen die Parameter Mittelwert und Standardabweichung mangels Kenntnis der Kennwerte der Grundgesamtheit aus der Stichprobe geschätzt werden (unvollständig spezifizierte Nullhypothese), so liefert der KS-Test konservative Schrankenwerte. Tabellenwerte für die unvollständig spezifizierte Nullhypothese sind verteilungsabhängig. Da sich die Log-Normalverteilung von der Normalverteilung lediglich durch eine Transformation y = ln(x) unterscheidet, kann man die von LILLIEFORS [66], [67], [58] für den erwähnten Spezialfall publizierten Schranken in beiden Fällen verwenden:

Tab. 2.18: Schwellenwerte für den KS-Test bei unvollständig spezifizierter Nullhypothese

n	$D_{0.10}$	$D_{0.05}$	n	$D_{0.10}$	$D_{0.05}$	n	$D_{0.10}$	$D_{0.05}$	n	$D_{0.10}$	$D_{0.05}$
4	0.344	0.367	11	0.231	0.251	18	0.185	0.202	25	0.159	0.173
5	0.319	0.343	12	0.222	0.242	19	0.180	0.197	26	0.156	0.170
6	0.298	0.322	13	0.214	0.234	20	0.176	0.192	27	0.154	0.167
7	0.280	0.304	14	0.207	0.226	21	0.172	0.188	28	0.151	0.164
8	0.265	0.288	15	0.201	0.219	22	0.168	0.184	29	0.148	0.161
9	0.252	0.274	16	0.195	0.213	23	0.165	0.180	30	0.146	0.159
10	0.241	0.262	17	0.190	0.207	24	0.162	0.176	40	0.128	0.139

Für n > 30 gelten nach MASON und BELL [68] die folgenden approximierten Schranken:

Tab. 2.19: Formeln zur Approximation der Schwellenwerte aus Tab. 2.18 für n > 30

Signifikanzniveau α	Schranken für D	Signifikanzniveau α	Schranken für D
0.20	$\dfrac{0.741}{\sqrt{n} - 0.01 + 0.83/\sqrt{n}}$	0.05	$\dfrac{0.895}{\sqrt{n} - 0.01 + 0.83/\sqrt{n}}$
0.15	$\dfrac{0.775}{\sqrt{n} - 0.01 + 0.83/\sqrt{n}}$	0.01	$\dfrac{1.035}{\sqrt{n} - 0.01 + 0.83/\sqrt{n}}$
0.10	$\dfrac{0.819}{\sqrt{n} - 0.01 + 0.83/\sqrt{n}}$		

Die Power des KS-Tests berechnet sich nach [69] und [70] mittels folgender Formel:

$$\text{Power} = 1 - \frac{1}{\sqrt{2\pi}} \cdot \int_{t_1}^{t_2} e^{-\frac{t^2}{2}} \, dt \qquad \text{mit:} \qquad t_1 = -t_2 = \frac{D_\alpha \pm \Delta\sqrt{n}}{\sqrt{F_1(x_0) \cdot (1 - F_1(x_0))}}$$

und:
- Δ maximale Differenz zwischen Null- und Alternativhypothese
- n Anzahl der Werte
- D_α KS-Schranke, bzw. KSL-Schranke
- x_0 standardisierter x-Wert wo Δ auftritt
- F Verteilungsfunktion der Alternativhypothese

Die Auswertung des Power-Integrals ist nicht geschlossen möglich. Bei einer numerischen Berechnung der Power bedient man sich der Tatsache, dass das Power-Integral im wesentlichen dem GAUSS'schen Fehler-Integral entspricht und verwendet dessen Reihenentwicklung:

$$\phi = \frac{1}{\sqrt{2\pi}} \cdot \int_{-\infty}^{x} e^{-\frac{t^2}{2}} \, dt \qquad \phi = 0.5 + \frac{1}{\sqrt{2\pi}} \cdot \left(\frac{x}{1} - \frac{x^3}{2 \cdot 3 \cdot 1!} + \frac{x^5}{2^2 \cdot 5 \cdot 2!} - \frac{x^7}{2^3 \cdot 7 \cdot 3!} + \ldots \right)$$

$$\text{mit} \quad \int_{x_1}^{x_2} e^{-\frac{t^2}{2}} \, dt = \int_{-\infty}^{x_2} e^{-\frac{t^2}{2}} \, dt - \int_{-\infty}^{x_1} e^{-\frac{t^2}{2}} \, dt \qquad \text{folgt:} \qquad \frac{1}{\sqrt{2\pi}} \cdot \int_{x_1}^{x_2} e^{-\frac{t^2}{2}} \, dt = \phi(x_2) - \phi(x_1)$$

2.5.10 Parameterschätzung für normalverteilte Grundgesamtheiten [61], [76]

Wie bereits in Abschnitt 2.5.3 erwähnt, sind die aus einer Stichprobe ermittelten Kennwerte für die Grundgesamtheit lediglich Schätzungen. Das sich über die nächstkleineren und -grösseren Werte erstreckende Vertrauensintervall enthält den wahren Wert der Grundgesamtheit mit einer Wahrscheinlichkeit von 1 - α. Das Signifikanzniveau α wird üblicherweise zu 5 oder 10 % festgelegt. Für die Schätzung von massgeblicher Bedeutung ist das Vorhandensein allfälliger Kenntnisse von Parametern der Grundgesamtheit. Normalerweise sind die Parameter (Mittelwert und Standardabweichung) der Grundgesamtheit nicht bekannt und müssen daher aus der Stichprobe geschätzt werden. Für diesen Fall sollen im folgenden die Grundlagen zur Angabe von Vertrauensintervallen für Mittelwert, Standardabweichung und Variationskoeffizient aufgezeigt werden:

• Vertrauensintervall für den Mittelwert

Zur Angabe des Vertrauensbereichs für einen Mittelwert wird die *t-Verteilung* (Student-Verteilung) verwendet. W.S. GOSSET (1876 - 1937) wies im Jahre 1908 unter dem Pseudonym "Student" nach, dass die Verteilung des Quotienten aus der Abweichung eines Stichprobenmittelwertes vom Parameter der Grundgesamtheit und dem Standardfehler des Mittelwertes der Grundgesamtheit nur dann der Standardnormalverteilung folgt, wenn die x_i normalverteilt sind und beide Parameter (μ, σ) bekannt sind. Die Masszahl für die Abweichungen folgt der *Student-Verteilung* oder *t-Verteilung*. Vorausgesetzt wird hierbei, dass die Einzelbeobachtungen x_i *unabhängig* und *normalverteilt* sind.

$$\frac{\text{Abweichung des Mittelwertes}}{\text{Standardfehler des Mittelwertes}} = \frac{\bar{x} - \mu}{\sigma/\sqrt{n}}$$

$$t = \frac{\bar{x} - \mu}{s/\sqrt{n}} \quad \text{mit} \quad s = \sqrt{\frac{1}{n-1} \sum_{i=1}^{n} (x_i - \bar{x})^2}$$

Die t-Verteilung ist der Standardnormalverteilung sehr ähnlich. Wie diese ist sie *stetig, symmetrisch, glockenförmig*, mit einem *Variationsbereich von $-\infty$ bis $+\infty$*. Sie ist jedoch von den Parametern μ und σ der Grundgesamtheit abhängig. Die Form der t-Verteilung wird nur von dem sogenannten Freiheitsgrad ν bestimmt. Dieser Parameter charakterisiert die Familie der t-Verteilungen. Für $\nu \geq 2$ ist der Mittelwert der t-Verteilungen Null; für $\nu \geq 3$ ist ihre Varianz gleich dem Wert $\nu / (\nu - 2)$, der für grosses ν gleich Eins wird. Die Anzahl der Freiheitsgrade einer Zufallsgrösse ist definiert durch die Zahl "frei" verfügbarer Beobachtungen, dem Stichprobenumfang n minus der Anzahl a aus der Stichprobe geschätzter Parameter: ν = n - a. Je kleiner der Freiheitsgrad ist, umso stärker ist die Abweichung von der Standardnormalverteilung, umso flacher verlaufen die Kurven. Bei grossem Freiheitsgrad geht die t-Verteilung in die Standardnormalverteilung über. Bereits für kleine Freiheitsgrade kann folgende Näherung [61] benützt werden:

$$t_{\nu,\alpha} \approx z_\alpha + \frac{g_1(z_\alpha)}{\nu} + \frac{g_2(z_\alpha)}{\nu^2} + \frac{g_3(z_\alpha)}{\nu^3} + \ldots$$

mit: $\quad g_1(x) = \frac{1}{4}\left(x^3 + x\right) \qquad\qquad g_2(x) = \frac{1}{96}\left(5x^5 + 16x^3 + 3x\right)$

$\qquad g_3(x) = \frac{1}{384}\left(3x^7 + 19x^5 + 17x^3 - 15x\right)$

Der Konfidenzbereich für den Mittelwert μ der Grundgesamtheit beträgt:

$$\bar{x} - t_\alpha \cdot \frac{s}{\sqrt{n}} \leq \mu \leq \bar{x} + t_\alpha \cdot \frac{s}{\sqrt{n}}$$

wobei die Parameter $\bar{x}$ und s aus der Stichprobe geschätzt werden und der Freiheitsgrad daher den Wert n -1 annimmt. t_α ist die dimensionslose (zweiseitige) Quantile der t-Verteilung für eine vorgegebene Signifikanzzahl α.

- Vertrauensintervall für die Stichprobenvarianz einer normalverteilten Grundgesamtheit

Wenn s^2, die Varianz einer zufälligen Stichprobe des Umfangs n, einer normalverteilten Grundgesamtheit mit der Varianz σ^2 entstammt, dann folgt die zufällige Variable

$$\chi^2 = \frac{(n-1)s^2}{\sigma^2}$$

einer χ^2-Verteilung mit dem Parameter $v = n - 1$ Freiheitsgrade. Die χ^2-Verteilung ist eine *stetige unsymmetrische* Verteilung. Ihr *Variationsbereich erstreckt sich von Null bis Unendlich*. Sie nähert sich mit wachsenden Freiheitsgraden einer Normalverteilung ($\mu = v;\ \sigma^2 = 2v$). Die Form der χ^2-Verteilung hängt somit ebenfalls wie die der Student-Verteilung nur vom Freiheitsgrad ab. Nimmt dieser zu, so wird die schiefe, eingipflige Kurve flacher und symmetrischer. Eine wesentliche Eigenschaft der χ^2-Verteilung ist ihre Additivität: Wenn zwei unabhängige Grössen χ^2-Verteilungen mit v_1 und v_2 Freiheitsgraden haben, so hat die Summe eine χ^2-Verteilung mit $v_1 + v_2$ Freiheitsgraden.

Die Konfidenzgrenzen für die Stichprobenvarianz einer normalverteilten Gesamtheit lassen sich bei unbekanntem Mittelwert mittels der χ^2-Verteilung schätzen:

$$\frac{v}{\chi^2_{v,1-\alpha/2}} \cdot s^2 \leq \sigma^2 \leq \frac{v}{\chi^2_{v,\alpha/2}} \cdot s^2$$

Bei numerischer Berechnung können folgende Näherungswerte für die p-Quantilen der χ^2-Verteilung nützlich sein [61]:

$$\chi^2_{v,p} \approx v \left(1 - \frac{2}{9v} + z_p \cdot \sqrt{\frac{2}{9v}}\right)^3 \quad \text{für } v \geq 30 \qquad \chi^2_{v,p} \approx \frac{1}{2}\left(\sqrt{2v-1} + z_p\right)^2 \quad \text{für } v \geq 100$$

z_p : Stichprobenanteil in der Standardnormalverteilung für das Signifikanzniveau α

- Vertrauensintervall für den Variationskoeffizienten einer normalverteilten Grundgesamtheit

Unter der Voraussetzung, dass der Variationskoeffizient v der Stichprobe kleiner ist als 35 % und die Stichprobe mehr als 10 Werte umfasst, ergibt sich der zweiseitige symmetrische Zufallsstreubereich zum Signifikanzniveau α für den Variationskoeffizienten γ der Grundgesamtheit näherungsweise zu:

$$\frac{v}{1 + a \cdot \sqrt{1 + 2v^2}} \leq \gamma \leq \frac{v}{1 - a \cdot \sqrt{1 + 2v^2}} \qquad \text{mit} \quad a = \frac{z_{1-\alpha/2}}{\sqrt{2(n-1)}}$$

Angaben zu einer exakten Berechung der Vertrauensgrenzen für den Variationskoeffizienten findet man in [64].

2.5.11 Parameterschätzung für log-normalverteilte Grundgesamtheiten

Bei der Log-Normalverteilung sind aufgrund ihrer Schiefe die Parameter *Median* und *Streufaktor* von grösserer Bedeutung als Mittelwert und Standardabweichung. Es ist daher auch sinnvoller, den Vertrauensbereich für die erstgenannten Parameter anzugeben. Dabei ist wiefolgt vorzugehen:

- logarithmische Transformation der Werte und Ermitteln der statistischen Kennwerte für die Logarithmen
- Bestimmen der Vertrauensintervalle für Mittelwert und Standardabweichung der Logarithmen (siehe Abschnitt 2.5.10)
- Rücktransformation (siehe Abschnitt 2.5.6)

3. Biegeversuche

Die nachfolgend dargestellten Biegeversuche wurden im Rahmen des Nationalen Forschungsprojekts NFP 12 "Holz, erneuerbare Rohstoff- und Energiequelle" in den Jahren 1989 und 1991 durchgeführt [49] und sollten Auskunft geben über die:

- Mechanischen Eigenschaften von Schweizer Fichtenholz als Anhaltspunkt zur Einstufung in die Festigkeitsklassen der EN 338
- Tauglichkeit der Festigkeitssortierung mittels Ultraschall (US) generell
- Möglichkeit der Anwendung der US-Methode bereits an frisch eingeschnittenem Holz.

Diese grundlegenden Versuchsdaten werden hier ergänzt durch weitere Resultate aus Demonstrationsversuchen und aus Versuchen zur Interaktion zwischen Biegemoment und Normalkraft.

3.1 NFP 12-Versuche an Kanthölzern 8/16 und 10/16: Okt. 89 - Juni 90

Im Rahmen des NFP 12 gewonnene Versuchsdaten wurden bereits im Oktober 1990 im Schlussbericht "Umsetzung der Forschungsergebnisse - Eigenschaften des schweizerischen Fichtenholzes" veröffentlicht [49]. Der Bericht sollte primär Auskunft geben über die generelle Eignung von Ultraschall zur Sortierung von Kantholz (auch im frisch eingeschnittenen Zustand). Dies führte dazu, dass weitere wichtige Ergebnisse, wie z. B. die mechanischen Eigenschaften des Holzes etwas in den Hintergrund gedrängt wurden. Es ist daher nötig, an dieser Stelle die Versuchsresultate noch einmal umfassend und ergänzt durch weitere Angaben (siehe Anhang 2.1) darzustellen.

3.1.1 Ultraschall-Sortierung im frisch eingeschnittenen Zustand

Am frisch eingeschnittenen Material wurden folgende Messwerte erfasst:

- Querschnitt (Nennmass)   b, h   [mm]
- Länge ℓ [mm]
- Ultraschall-Laufzeit in den Balkenrandzonen $t_{o,F}, t_{u,F}$ [µs]

Daraus abgeleitet wurden:

- Ultraschallgeschwindigkeit $v_{o,F}, v_{u,F},$ [m/s]
                                             $v_{12min}, v_{12\varnothing}$ [m/s]
- Klassierung gemäss ENV 338 [2] mittels Ultraschall

Angaben über die angewandte Ultraschall-Messtechnik, den Einfluss der Holzfeuchte und die Klassierung gibt Abschnitt 2.2.3. Die für die Klassierung massgebende minimale Ultraschallgeschwindigkeit wurde auf eine Holzfeuchte von 12 % korrigiert. Da die frisch eingeschnittenen Balken Holzfeuchtegehalte oberhalb der Fasersättigung aufwiesen, konnte man nicht mit einem elektrischen Widerstandsmessgerät arbeiten. Die Korrektur der Schallgeschwindigkeit erfolgte daher für folgende zwei Extremalannahmen, mit Hilfe der von SANDOZ in [47] vorgeschlagenen Korrekturformeln zur Erfassung des Holzfeuchteeinflusses:

- Annahme 1: Holz mindestens fasergesättigt: w = 30 %
- Annahme 2: Maximalwert in der Formel von SANDOZ: w = 50 %

Sortiert wurden 575 Fichten-Kanthölzer (368 mit Querschnitt 8/16 und 207 mit Querschnitt 10/16). Die Längen der Balken lagen zwischen 3.2 und 5.3 m. Auf der Basis der Ultraschallmessung als einzigem Kriterium ergab sich folgende Zuordnung zu den Festigkeitsklassen:

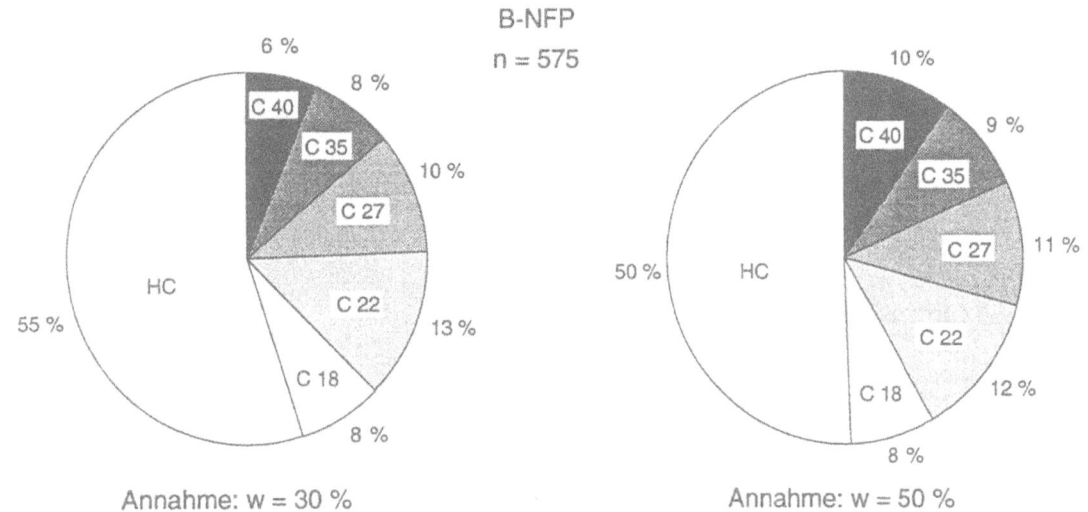

Bild 3.1: ENV 338-Klassierung der Kanthölzer 8/16 (n = 368) und 10/16 (n = 207) im frisch eingeschnittenen Zustand mittels Ultraschall

Die Daten von sämtlichen Probekörpern findet man im Anhang 2.1.

3.1.2 Ultraschall-Sortierung im konditionierten Zustand

Wie bereits erwähnt, wollte man mit den NFP 12-Biegeversuchen die Zuverlässigkeit der Festigkeitssortierung von Kantholz mittels Ultraschall zeigen. Um insbesondere die Korrekturannahmen für die Holzfeuchte gemäss 3.1.1 zu überprüfen, wurden die als C40 klassierten Balken konditioniert und nochmals mittels Ultraschall geprüft. Da man den Versuchsaufwand reduzieren wollte entschloss man sich, die Tauglichkeit des Sortierverfahrens lediglich an einer nachfolgend definierten Teilmenge zu zeigen. Dieses erstmals von MADSEN angewandte In-Grade Testing [88], [89], [90], [101] ergibt bei minimalem Versuchsaufwand ein Maximum an Aussagekraft. Die zu prüfenden Balken sollten im konditionierten Zustand den Klassen C 35 und C 40 entsprechen. Aufgrund der bekannten Unschärfe der Ultraschall-Sortierung im frisch eingeschnittenen Zustand (siehe 3.1.1) hatten sämtliche der Biegeprüfung zugeführten Balken im frisch eingeschnittenen Zustand eines der folgenden Kriterien zu erfüllen:

- die Klassierung mittels Ultraschall ergab für beide Balkenrandzonen die Klasse C 35
- die Ultraschallmessung ergab für mindestens eine Balkenrandzone die Klasse C 40.

Die Nachkontrolle der Klasseneinteilung von 78 Balken des Querschnitts 8/16 und von 136 Balken des Querschnitts 10/16 im konditionierten Zustand (w ≈ 12 %) (dazu erforderliche Messgrössen siehe Abschnitt 3.1.3) zeigt folgendes Resultat:

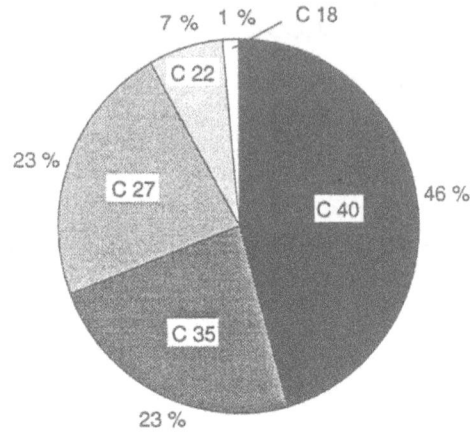

B-NFP: n = 214

Bild 3.2: ENV 338-Klassierung der Balken 8/16 (n = 78) und 10/16 (n = 136) mittels Ultraschall im konditionierten Zustand

Die Daten von sämtlichen Probekörpern findet man im Anhang 2.1.

3.1.3 Versuchsablauf

Um auch den finanziellen Aufwand in Grenzen zu halten, entschied man sich, ein *Proof Loading* [86], [93], [94], [101], [102] durchzuführen, d. h. die Balken jeweils nur bis zu einer bestimmten Grenz-Biegespannung zu belasten. Nach den Versuchen noch intakte Balken wurden in den Produktionsprozess rückgeführt. Die für die Klasse C 40 massgebende Grenz-Biegespannung betrug:

$$f_{m,k} = 40 \text{ N/mm}^2$$

Die Ultraschall-Methode zur Festigkeitssortierung von Bauholz sollte mit dem in der Praxis bereits seit längerer Zeit erprobten, allerdings nur für Brettquerschnitte geeigneten Stress Grading verglichen werden. Der wesentliche Unterschied zwischen den Methoden besteht darin, dass bei der Durchlaufprüfung in der Biegemaschine der schwächste Teil des Materials ausschlaggebend ist für die Klassierung, während die Bestimmung der minimalen Ultraschallgeschwindigkeit lediglich eine Integration der Fehlstellen über die gesamte Balkenlänge darstellt. Um diese Unschärfe der US-Sortierung zu quantifizieren, wurde ein Durchlaufverfahren simuliert, indem man sämtliche Balken abschnittsweise bis zur Grenz-Biegespannung prüfte. Begonnen wurde dabei jeweils mit der gemäss Ultraschallmessung qualitativ besseren Randzone auf der Biege-Zugseite. Ereignete sich während der ersten Prüfserie kein Bruch, so wurde der Balken gewendet und noch einmal über die ganze Länge auf Biegung geprüft. An den vorgängig auf ca. 12 % Holzfeuchtegehalt konditionierten Balken wurden folgende Messgrössen registriert:

- Abmessungen (Breite, Höhe, Länge) b, h, ℓ [mm]
- Holzfeuchte (elektrische Widerstandsmessung)   w   [%]
- Masse   m   [kg]
- Ultraschall-Laufzeit in den Balkenrandzonen $t_{o,L}, t_{u,L}$ [µs]
- Relative Durchbiegungen an der Balkenunterseite $\Delta\delta$ [mm]
- Neigungsänderungen an der Balkenoberseite $\Delta\alpha$ [°]
- Biegebruchlast (falls $f_m < 40$ N/mm²) F_u [kN]

Folgende Werte wurden daraus abgeleitet:

- Ultraschallgeschwindigkeit $v_{o,L}$, $v_{u,L}$ [m/s]
  v_{12min}, $v_{12\emptyset}$ [m/s]
- Klassierung gemäss ENV 338 mittels Ultraschall
- Biege-Elastizitätsmodul E_m [N/mm²]
- Dichte für w = 12 % und für w = 0 % r_{12}, r_0 [kg/m³]
- Biegebruchspannung (falls Biegefestigkeit < 40 N/mm²) f_m [N/mm²]

Ein Ablaufdiagramm des verwendeten Messprogramms findet man im Anhang 9.2.

3.1.4 Statisches System und Belastung

Die Versuche wurden auf der 200 kN Biegeprüfmaschine MAN der ETH Zürich durchgeführt (Bild 3.4). Da die Länge der Lasteinleitungseinrichtung beschränkt war, konnte man die von der ENV 408 geforderten Prüfbedingungen nicht vollumfänglich einhalten (vgl. Tab. 3.1). Das den Biegeversuchen zugrundeliegende statische System samt Belastungsanordnung zeigt Bild 3.3:

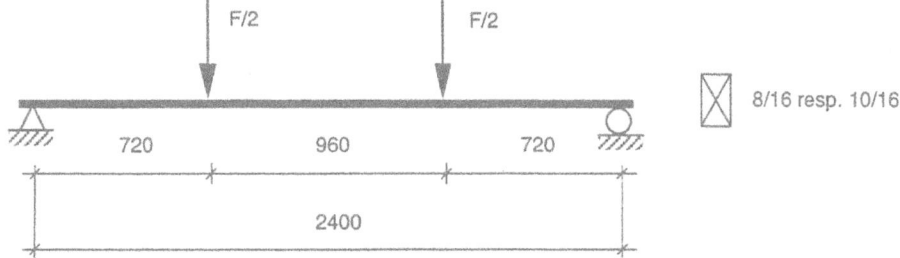

Bild 3.3: Biegeversuche QS 8/16 und 10/16 (NFP 12):Statisches System und Belastung

Bild 3.4: Biegeprüfanlage MAN, ETH Zürich

Ein Vergleich zwischen den effektiven und den von der ENV 408 [4] geforderten Spannweitenverhältnissen (vgl. 2.3.1) präsentiert sich für die Probekörper 8/16 und 10/16, d.h. für die Balkenhöhe 160 mm wiefolgt:

Tab. 3.1: Vergleich der effektiven mit der von der ENV 408 geforderten Prüfgeometrie

	Sollwert (ENV 408)	Istwert
Probenlänge	$\geq 19 \cdot h$	$\geq 19 \cdot h$
Spannweite	$\geq 18 \cdot h$	$15 \cdot h$
Abstand der Lasteinleitungspunkte	$6 \cdot h$	$6 \cdot h$
Abstand zwischen Auflager und Lasteinleitung	$6 \cdot h$	$4.5 \cdot h$

Die Belastungsgeschwindigkeit entsprach dem Normwert aus der ENV 408, d. h. die Maximallast wurde nach 300 ± 120 s erreicht.

3.1.5 Bestimmung des Biege-Elastizitätsmoduls

Wie bereits erwähnt, wollte man Balken, deren Festigkeit oberhalb der Prüf-Biegespannung von 40 N/mm² lag, wieder in den Produktionsablauf rezirkulieren. Dies bedingte eine zerstörungsfreie Messung der Verformungen.

Zur möglichst genauen Bestimmung des E-Moduls wollte man sich auf zwei Messwerte abstützen: Ein erster Wert E_α für den E-Modul wurde anhand der Winkeländerung, gemessen mit zwei Inklinometern an der Balkenoberseite zwischen den Lasten ermittelt. Mittels Weg-Differenzmessung an der Balkenunterseite gewann man einen zweiten Wert E_δ (Bilder 3.5 und 3.6).

Bild 3.5: Messeinrichtung zur Bestimmung des Biege-Elastizitätsmoduls

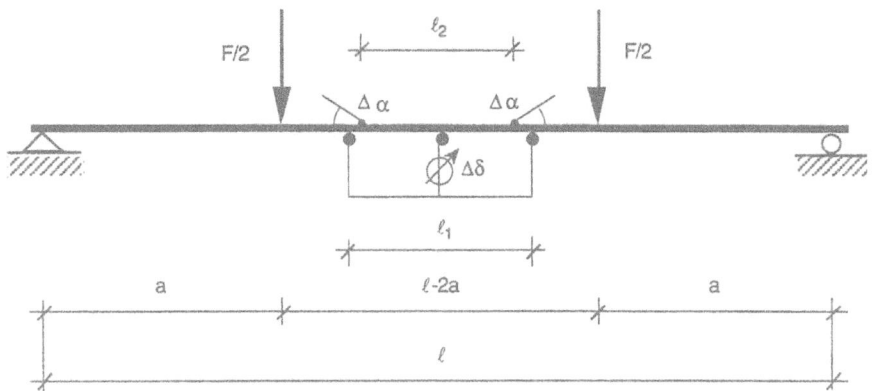

Bild 3.6: Schematische Darstellung der Messeinrichtung zur Bestimmung des Biege-Elastizitätsmoduls

Die Neigungsmesser waren mittels Fäden an der Lasteinleitungseinrichtung befestigt (Bilder 3.7 und 3.8). Auf diese Weise ergab sich ein rationellerer Versuchsablauf.

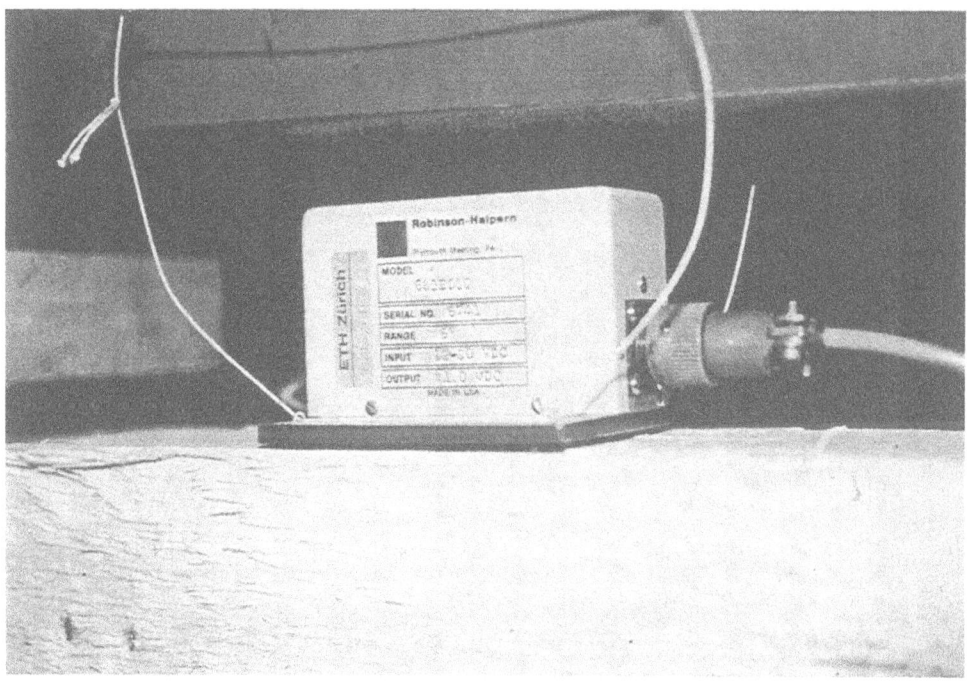

Bild 3.7: Neigungsmesser in Messstellung

Die ungehobelten Balken stellten aufgrund der Oberflächenrauhigkeit höchste Anforderungen an die Messeinrichtung. Erst durch Anordnung von Kugelgelenken bei den Auflagern des Messbalkens (Bild 3.9) und an der Weggeberspitze (Bild 3.10) konnte man die Wegmessung unterkant Balken als ausreichend genau betrachten. Die Verwendung eines Präzisionsgebers des Typs SCHAEVITZ MHR 100 und die vertikale Führung des Geberankers durch ein speziell angefertigtes Messingröhrchen (Bild 3.10) brachte eine genügende Reproduzierbarkeit der Messung.

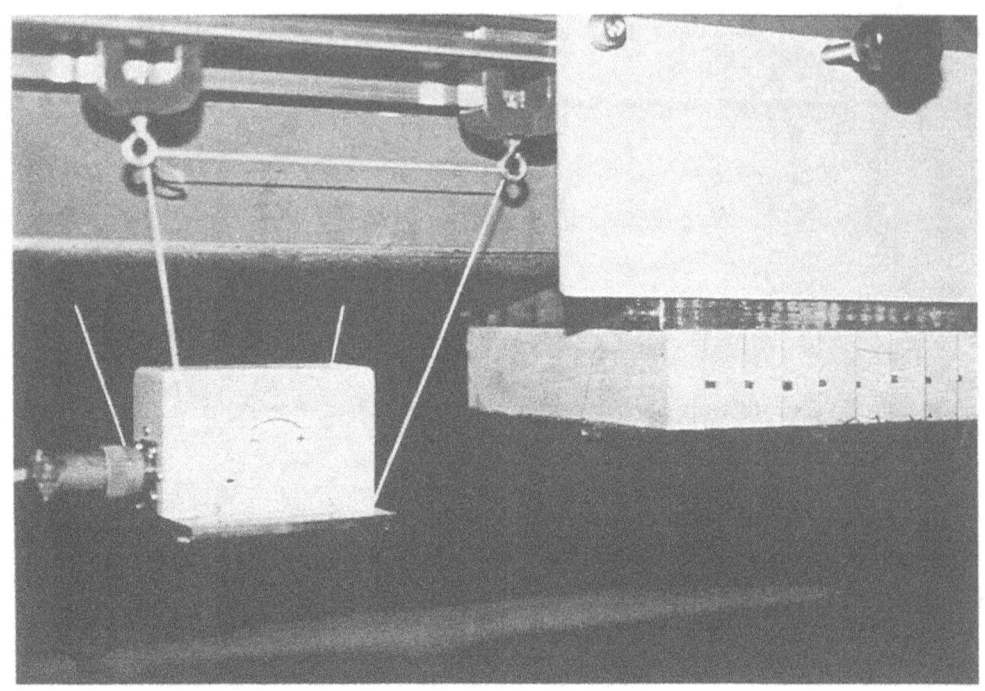

Bild 3.8: Neigungsmesser abgehoben

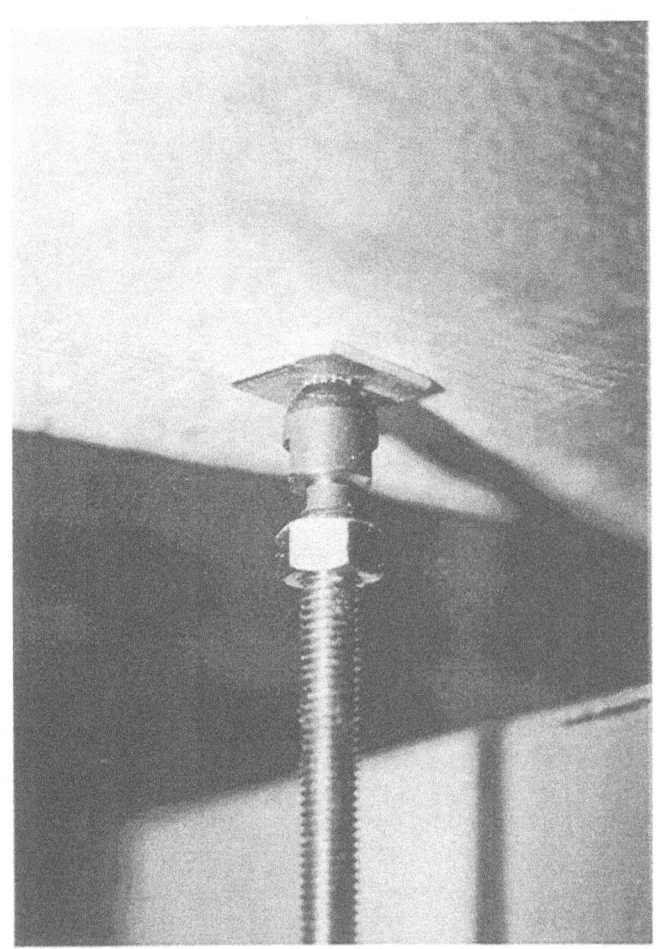

Bild 3.9: Auflagepunkt des Messbalkens: Kugelgelenk

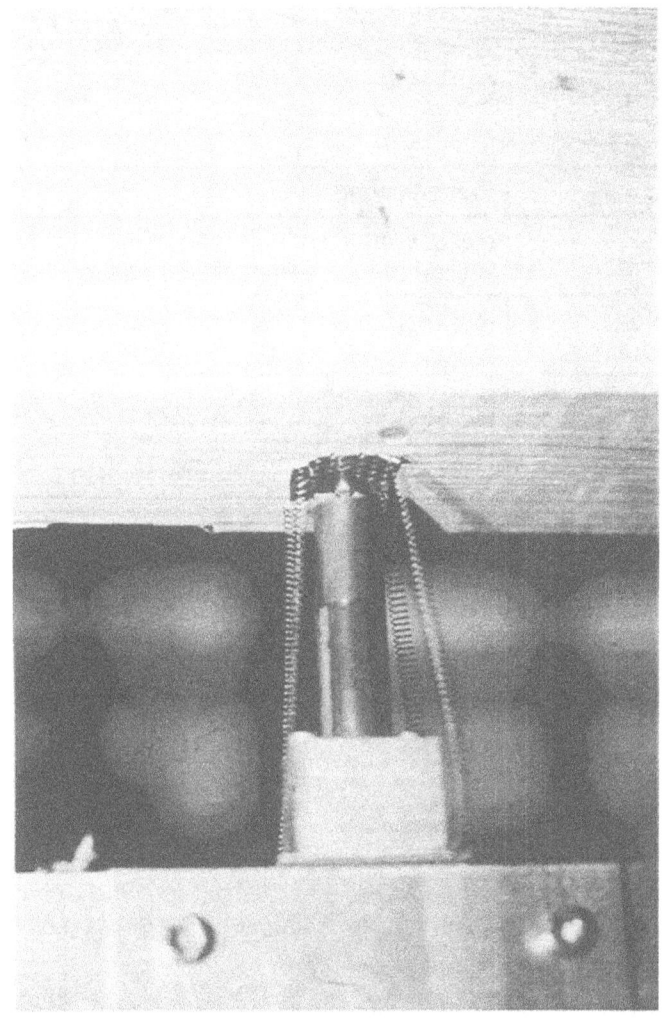

Bild 3.10: Auflagepunkt und vertikale Führung des Weggebers

Bezüglich der verwendeten Formeln zur Bestimmung der E-Moduli aus den Querschnittswerten der Balken und den Spannweitenverhältnissen der 4-Punkt-Biegeprüfung sei auf Anhang 1.1 verwiesen.

Die lokalen Einflüsse der Lasteinleitung auf die Winkelmessung oberkant Balken (abhängig von den schwer bestimmbaren Holz-Materialwerten Schubmodul G und Elastizitätsmodul senkrecht zur Faser $E_\perp$) wurden mittels eines Finit-Element-Modells für mögliche Kombinationen der Materialwerte von Fichte untersucht. Dasselbe Finit-Element-Modell diente auch zur Optimierung der Geberpositionen und zur Bestimmung der Korrekturfaktoren für die Ermittlung des E-Moduls aus den zwei Werten E_α und E_δ bezogen auf die Balkenachse. Weitere Angaben zum Finit-Element-Modell und zu den anzusetzenden Korrekturfaktoren gibt Anhang 1.2.

Die Ermittlung des Biege-Elastizitätsmoduls aus der Kraft-Verformungskurve erschien in Anbetracht der grossen Versuchsanzahl als wenig geeignete Methode. Ein speziell entwickeltes Computerprogramm (Ablaufdiagramm: siehe Anhang 9.2) sollte es daher ermöglichen, den E-Modul direkt während des laufenden Versuches anzuzeigen. Zwischen zwei vorgängig festzulegenden Spannungsgrenzen innerhalb des elastischen Bereiches wurde der E-Modul in vier Messintervallen bestimmt. Die untere Spannungsgrenze wurde zu 2 N/mm^2 und die obere zu 10 N/mm^2 festgelegt. Aus den vier E-Modulwerten wurde letztlich durch Mittelwertsbildung jedem Probekörper *ein* E-Modul zugeordnet.

3.1.6 Messgeräte

Die folgende Tabelle zeigt die verwendeten Messgeräte:

Tab. 3.2: Verwendete Messgeräte

Messgrösse	Gerät	Bemerkungen
Holzfeuchte	KRÜGER H-DI-3.10	elektr. Widerstandsmessgerät mit Holzarten- und Temperaturerfassung
Masse	Digitalwaage WT1 von K-TRON PESA	m_{max} = 150 kg
Schallaufzeit	STEINKAMP BP 5	Exponentialprüfköpfe 25 kHz
Kraft	Öldruckaufnehmer RIKENTA	Genauigkeit: ± 0.5 %
Durchbiegung	Präzisionsweggeber MHR 100 von SCHAEVITZ	Genauigkeit: ± 0.1 %
Winkeländerung	Inklinometer Typ 685B-060 von ROBINSON-HALPERN	Inklinometer-Nummer: 6741, 6742 Genauigkeit: ± 0.1 %

3.1.7 Graphische Darstellung der Versuchsresultate

Die Resultate werden nachfolgend graphisch unter Verwendung von Wahrscheinlichkeitsnetzen (vgl. 2.5.4) und Histogrammen dargestellt. Die Parameter *Dichte, Elastizitätsmodul* und *Schallgeschwindigkeit* werden in einem *Normal Plot* dargestellt. Für die *Festigkeit* wird ein *Log-Normal Plot* verwendet.

Die Güte der Anpassung der Versuchsdaten an die gewählte Verteilungsform (NV bzw. LNV) lässt sich rein optisch überprüfen, indem die Werte auf einer Geraden liegen müssen. Diese mittels der Methode der kleinsten Quadrate eingepasste Gerade ist gekennzeichnet durch eine Steigung, die der Streuung der Werte entspricht und durch einen Achsenabschnitt gegeben durch den 50 %-Wert. Der aus der Ermittlung der Geradengleichung resultierende Korrelationskoeffizient R ist ein Mass für die Güte der Anpassung der Versuchswerte an die Gerade.

Die Wahl der Normalverteilung für die Parameter Dichte, Schallgeschwindigkeit und E-Modul, bzw. einer Log-Normalverteilung für die Festigkeit ist zunächst physikalisch begründbar (siehe Abschnitt 2.5.2). Um Datenvergleich zu ermöglichen und zu vereinfachen ist es sinnvoller, anstelle einer Anpassungsoptimierung (Best-fitting Model), die zur Beschreibung eines Parameters anzuwendende Verteilungsform normativ festzulegen.

Das *Histogramm* 3.11 der beim Versuch gemessenen *Holzfeuchten* dient als Kontrolle der Konditionierung.

Die Dichtebestimmung wurde vorerst bezogen auf die Zielsetzung der Versuche als nicht wesentlich erachtet. Erst im späteren Verlauf der Versuche entschied man sich, auch die Dichte der Probekörper zu registrieren. Es existieren daher lediglich 185 Dichtewerte.

Ausführliche Angaben zu allen Versuchen dieser Versuchsreihe findet man im Anhang 2.1.

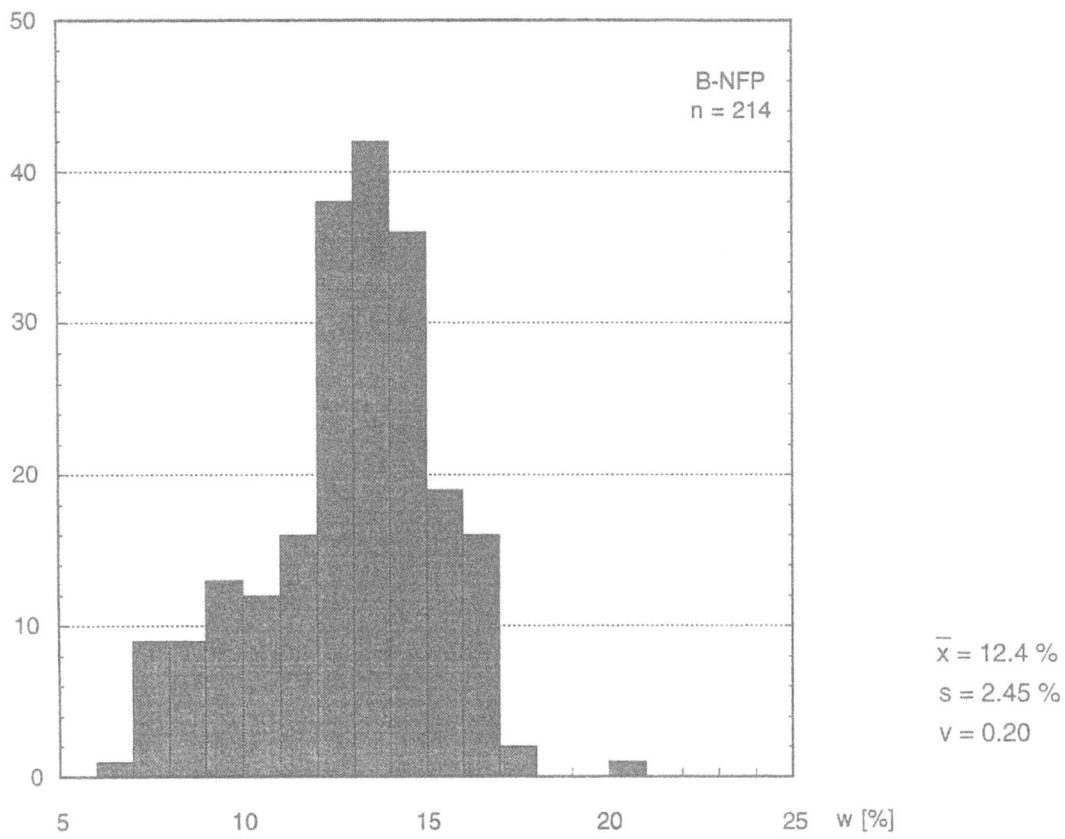

Bild 3.11: Verteilung der Holzfeuchte w, ermittelt mit elektrischer Widerstandsmessung

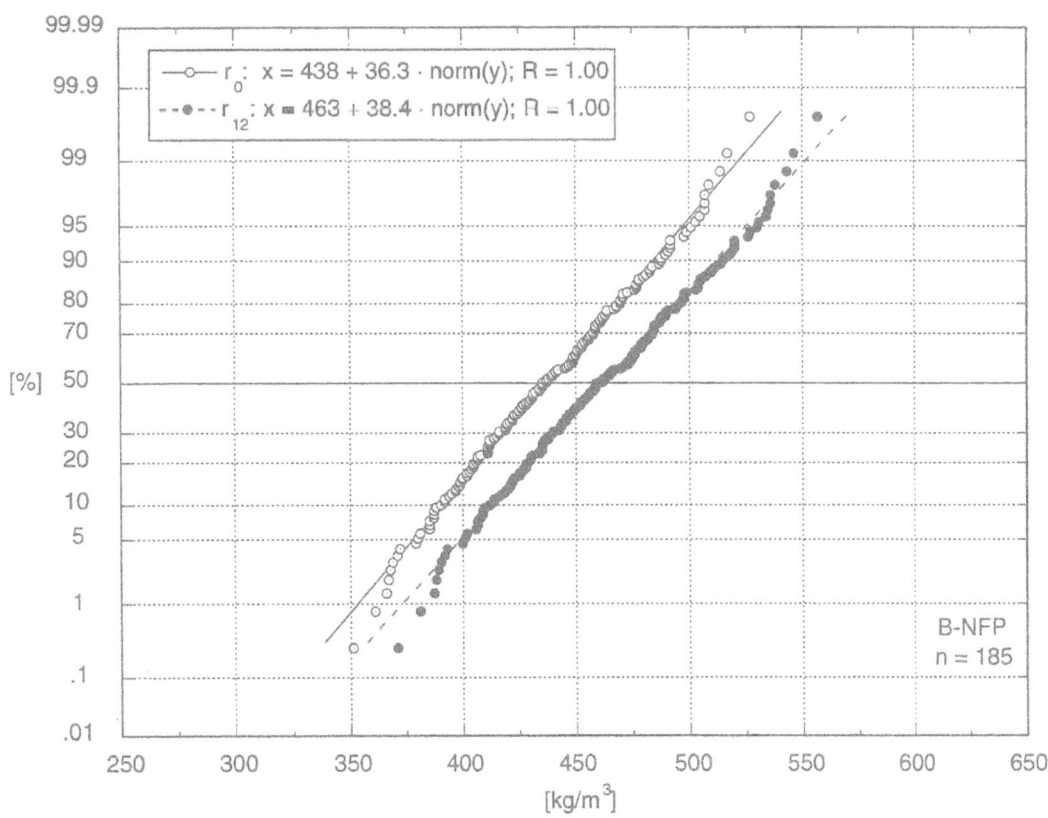

Bild 3.12: Verteilung von Feuchtdichte r_{12} (w = 12 %) und Darrdichte r_0

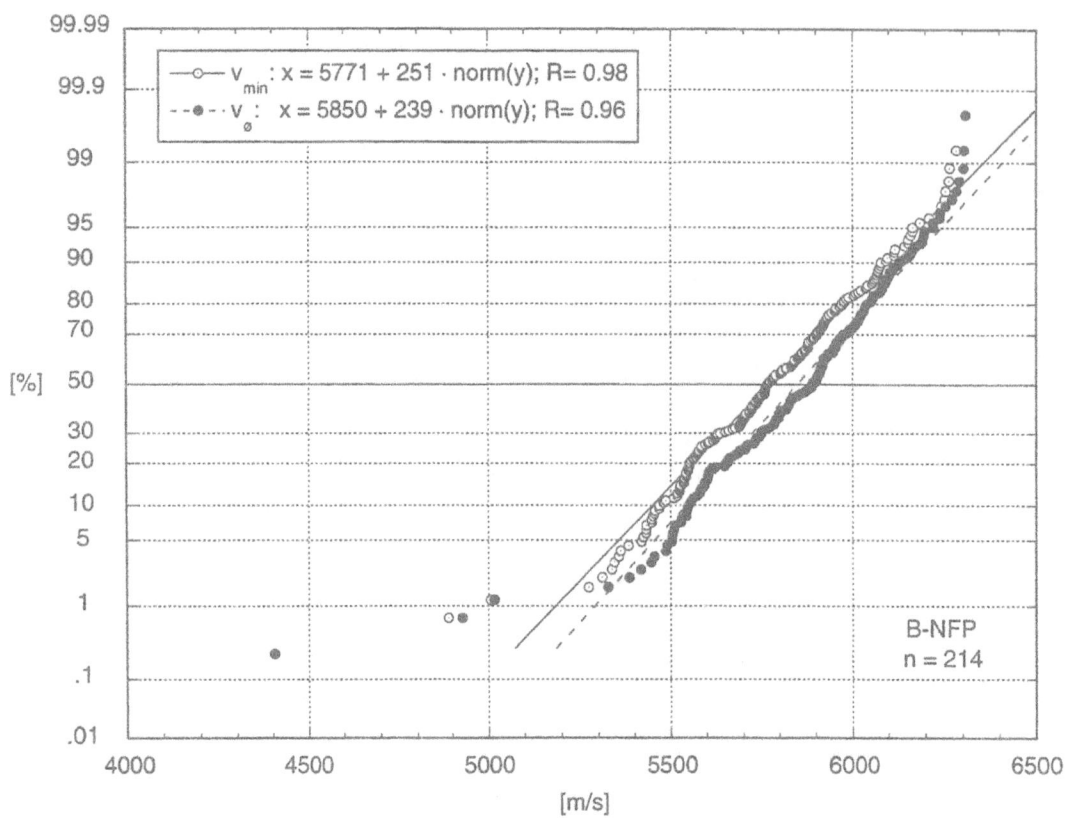

Bild 3.13: Verteilung der Schallgeschwindigkeiten v_{min} und $v_\varnothing$

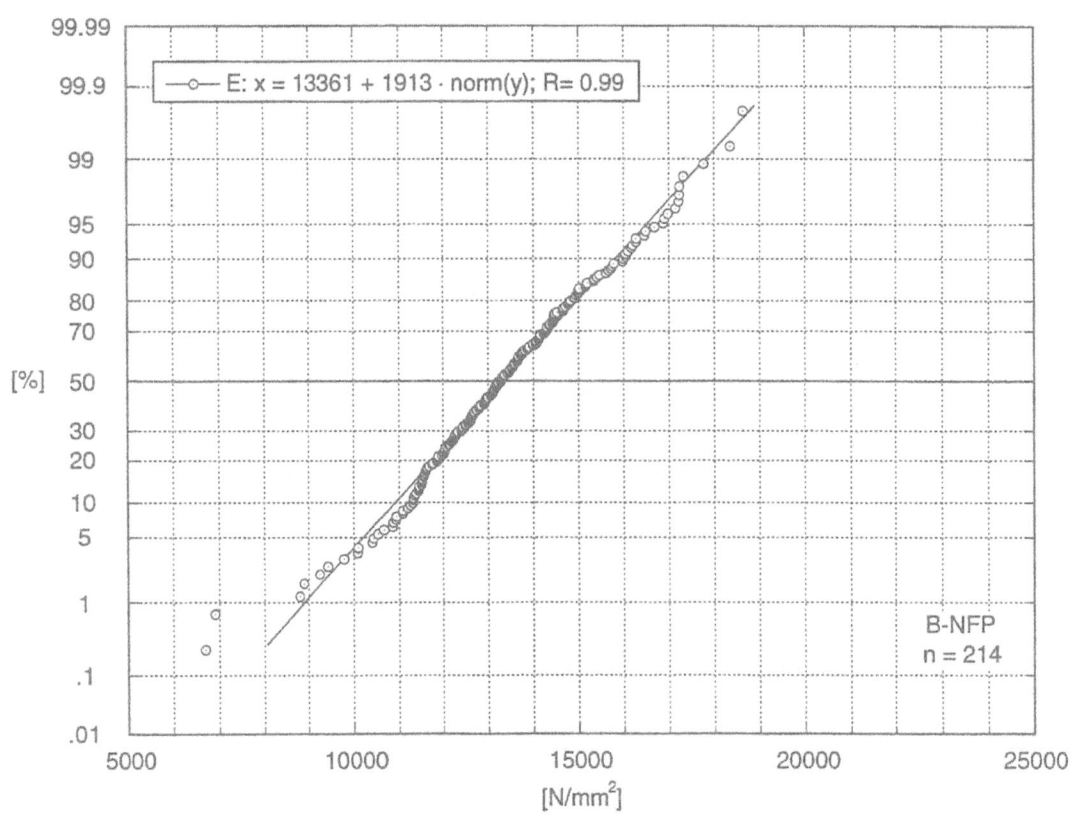

Bild 3.14: Verteilung des Biege-Elastizitätsmoduls E_m (aus E_α und E_δ errechneter Wert)

Entsprechend dem in Abschnitt 3.1.3 beschriebenen Versuchsablauf resultierten aus der Testserie von 214 Balken 58 Bruchwerte. Während man also die Verteilung der Bruchwerte bis zu einer Summenhäufigkeit von 27 % genau kennt, kann man weitere statistische Kennwerte (Mittelwert etc.) nur mittels Extrapolation schätzen. Es zeigt sich (siehe Bild 3.15), dass sich die Bruchwerte im Bereich unterhalb einer Summenhäufigkeit von 27 % mit geringen Abweichungen einer Normalverteilung anpassen:

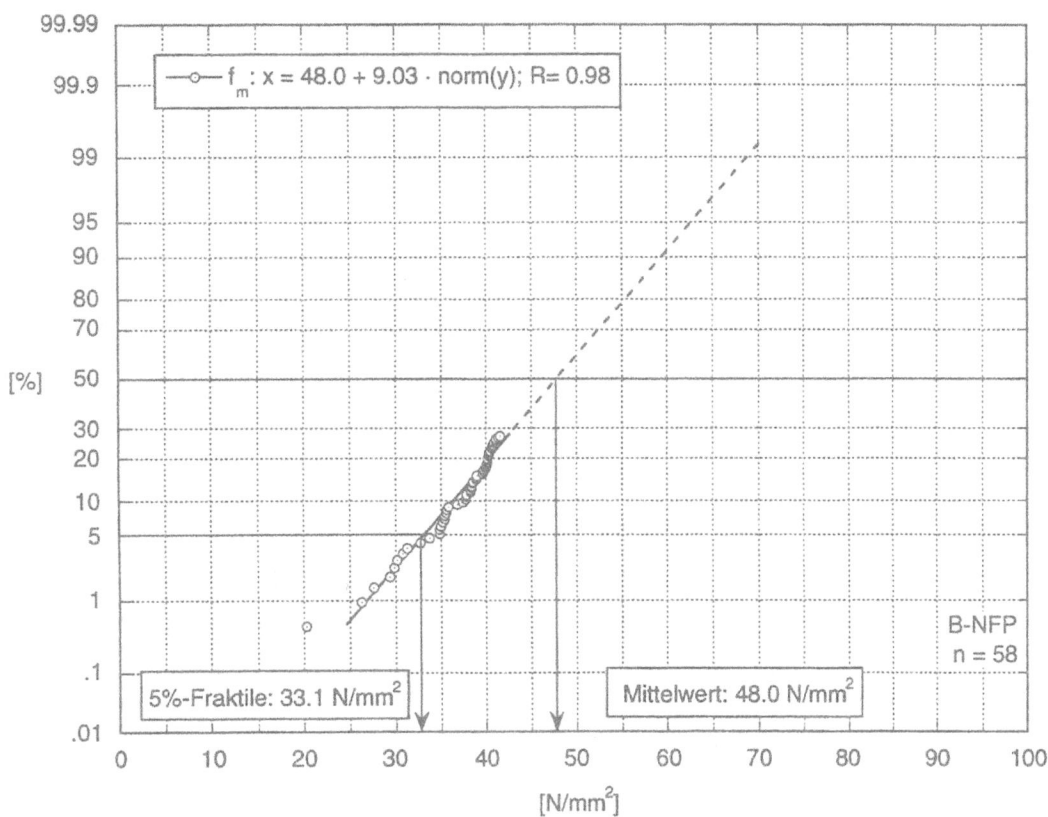

Bild 3.15: Verteilung der Biegefestigkeit f_m

Die Kontrolle der Extrapolation mittels einer Maximum-Log-Likelihood-Schätzung [79] ergab für den Mittelwert 47.7 N/mm² und für die Standardabweichung 7.7 N/mm².

3.1.8 Statistische Kennwerte der Versuchsdaten

Tab. 3.3: Parameter zur Beschreibung von Lage, Form und Streuung der emp. Verteilung

Stichprobe B-NFP	n	Mittelwert $\bar{x}$	Standardabweichung s	Schiefe γ_1	Exzess γ_2	Variation v
Holzfeuchte w [%]	214	12.4	2.45	-0.42	0.01	19.7 %
Darrdichte r_0 [kg/m³]	185	438	36.3	0.08	-0.52	8.30 %
Feuchtdichte r_{12} [kg/m³]	185	463	38.4	0.07	-0.52	8.31 %
Schallgeschwindigkeit:						
Minimalwert v_{min} [m/s]	214	5771	257	-0.81	3.29	4.45 %
Mittelwert $v_\varnothing$ [m/s]	214	5850	248	-1.29	5.15	4.25 %
Biege-E-Modul E_m [N/mm²]	214	13361	1921	-0.08	0.75	14.4 %
Biegefestigkeit f_m [N/mm²]	58	48.0	9.03	–	–	18.8 %

Tab. 3.4: p-Quantilen der empirischen Verteilung

Stichprobe B-NFP	Minimum	unteres Quartil	Median	oberes Quartil	Maximum
Holzfeuchte w [%]	6	11	13	14	20
Darrdichte r_0 [kg/m³]	351	411	435	462	527
Feuchtdichte r_{12} [kg/m³]	371	435	460	488	557
Schallgeschwindigkeit:					
Minimalwert v_{min} [m/s]	4404	5585	5767	5928	6307
Mittelwert $v_\varnothing$ [m/s]	4406	5706	5890	6018	6307
Biege-E-Modul E_m [N/mm²]	6689	12125	13285	14459	18633
Biegefestigkeit f_m [N/mm²]	20.3	41.0	48.0	54.1	–

Tab. 3.5: 5 %-Fraktilwerte

Stichprobe B-NFP	direkt [1]	n = ∞ [2]	n_{eff} [2] α = 5 %	n_{eff} [2] α = 10 %	n_{eff} [2] α = 15.9 %	Regr. [3]
Holzfeuchte w [%]	7.70	8.38	7.93	8.03	8.11	8.46
Darrdichte r_0 [kg/m³]	379	378	371	372	374	378
Feuchtdichte r_{12} [kg/m³]	401	399	392	393	395	400
Schallgeschwindigkeit:						
Minimalwert v_{min} [m/s]	5409	5348	5301	5312	5320	5358
Mittelwert $v_\varnothing$ [m/s]	5498	5442	5396	5407	5415	5457
Biege-E-Modul E_m [N/mm²]	10440	10200	9846	9929	9991	10217
Biegefestigkeit f_m [N/mm²]	34.5	33.1	31.5	31.9	32.2	33.1

[1] aus den Versuchen direkt (verteilungsfrei)
[2] Annahme einer Normalverteilung als mathematisches Modell
[3] Lineare Regression im Wahrscheinlichkeitsnetz (NV, auch für die Festigkeit)

Tab. 3.6: Vertrauensintervalle für α = 5 %

Stichprobe B-NFP	Mittelwert		Standardabweichung		Variationskoeffizient	
	μ_{min}	μ_{max}	σ_{min}	σ_{max}	γ_{min}	γ_{max}
Holzfeuchte w [%]	12.1	12.7	2.25	2.71	18.0 %	21.9 %
Darrdichte r_0 [kg/m³]	433	443	33.2	40.2	7.58 %	9.18 %
Feuchtdichte r_{12} [kg/m³]	457	468	35.1	42.5	7.58 %	9.19 %
Schallgeschwindigkeit:						
Minimalwert v_{min} [m/s]	5736	5806	235	284	4.07 %	4.92 %
Mittelwert $v_\varnothing$ [m/s]	5817	5884	227	275	3.88 %	4.69 %
Biege-E-Modul E_m [N/mm²]	13102	13619	1755	2123	13.1 %	15.9 %
Biegefestigkeit f_m [N/mm²]	46.8	49.2	8.25	9.99	17.1 %	20.9 %

Tab. 3.7: Vertrauensintervalle für α = 10 %

Stichprobe B-NFP	Mittelwert		Standardabweichung		Variationskoeffizient	
	μ_{min}	μ_{max}	σ_{min}	σ_{max}	γ_{min}	γ_{max}
Holzfeuchte w [%]	12.1	12.7	2.27	2.66	18.2 %	21.5 %
Darrdichte r_0 [kg/m³]	434	442	33.7	39.5	7.69 %	9.03 %
Feuchtdichte r_{12} [kg/m³]	458	467	35.6	41.8	7.69 %	9.03 %
Schallgeschwindigkeit:						
Minimalwert v_{min} [m/s]	5742	5800	238	279	4.12 %	4.84 %
Mittelwert $v_\varnothing$ [m/s]	5822	5878	230	270	3.93 %	4.62 %
Biege-E-Modul E_m [N/mm²]	13144	13578	1780	2089	13.3 %	15.7 %
Biegefestigkeit f_m [N/mm²]	47.0	49.0	8.37	9.83	17.4 %	20.5 %

3.2 Ergänzungsuntersuchungen an Kanthölzern des QS 6/12: März 91

Das im Rahmen der NFP 12-Versuche angewandte Proof Loading bis zu einer Grenz-Biegespannung von 40 N/mm² ist nur sinnvoll, wenn man ein In-Grade Testing macht, d. h. wenn die Probekörper derselben Festigkeitsklasse angehören. Will man jedoch Zusammenhänge zwischen der Ultraschall-Sortierung und den effektiv vorhandenen Festigkeitswerten aufzeigen, muss man zur zerstörenden Prüfung übergehen. Ausserdem sollte das getestete Material möglichst das gesamte Qualitätsspektrum repräsentieren. Man entschloss sich daher, Ergänzungsversuche an Kanthölzern des Querschnitts 6/12 durchzuführen.

3.2.1 Eigenschaften des Versuchsmaterials

Das Rohmaterial wurde bei der Sägerei als "Normales Bauholz" (FK II gemäss SIA 164) bestellt. Mittels Ultraschall wurde vor den eigentlichen Biegeversuchen die Qualität der auf eine Holzfeuchte von 12 % getrockneten Balken ermittelt. Es ergab sich folgendes Bild (ausführlichere Angaben siehe Anhang 2.2):

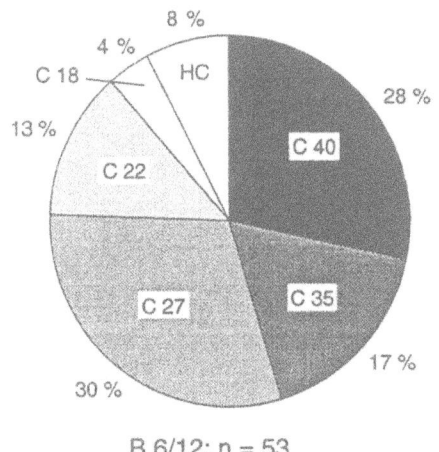

Bild 3.16: ENV 338-Klassierung der Balken 6/12 mittels Ultraschall im konditionierten Zustand

3.2.2 Versuchsablauf

Im Verlaufe der Biegeprüfung wurden die im Abschnitt 3.1.3 aufgeführten Messgrössen registriert. Im Gegensatz zur NFP 12-Versuchsserie wurden jedoch sämtliche Balken bis zum Bruch geprüft.

Ein Ablaufdiagramm des für die Bruchversuche leicht abgeänderten Messprogramms findet man im Anhang 9.1.

3.2.3 Statisches System und Belastung

Auch die Versuche der Ergänzungsserie wurden auf der 200 kN Biegeprüfmaschine MAN der ETH Zürich durchgeführt (Bild 3.4). Das den Biegeversuchen zugrundeliegende statische System und die Belastungsanordnung zeigt Bild 3.17:

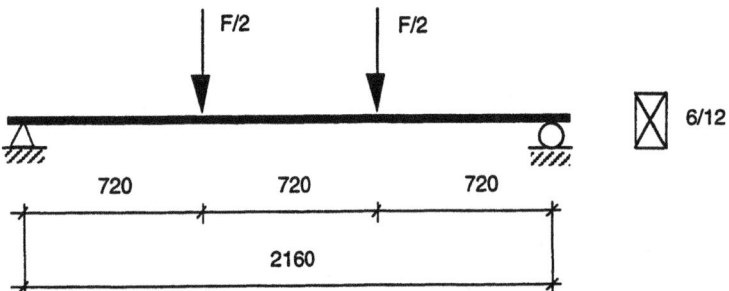

Bild 3.17: Biegeversuche an Balken des QS 6/12: Statisches System und Belastung

Die in der ENV 408 für die Biegeprüfung geforderten Spannweitenverhältnissen (vgl. 2.3.1) wurden erfüllt. Die Belastungsgeschwindigkeit entsprach dem Normwert aus der ENV 408, d. h. die Maximallast wurde nach 300 ± 120 s erreicht.

3.2.4 Bestimmung des Biege-Elastizitätsmoduls

Die Bestimmung des Elastizitätsmoduls erfolgte analog zu den Versuchen der NFP 12-Serie. Die zur Berechung des Elastizitätsmoduls aus den Messgrössen erforderlichen Formeln und Korrekturfaktoren findet man im Anhang 1.

3.2.5 Messgeräte

Es wurden diejenigen Messgeräte verwendet, welche bereits in der NFP 12-Serie zum Einsatz kamen (siehe 3.1.6).

3.2.6 Graphische Darstellung der Versuchsresultate

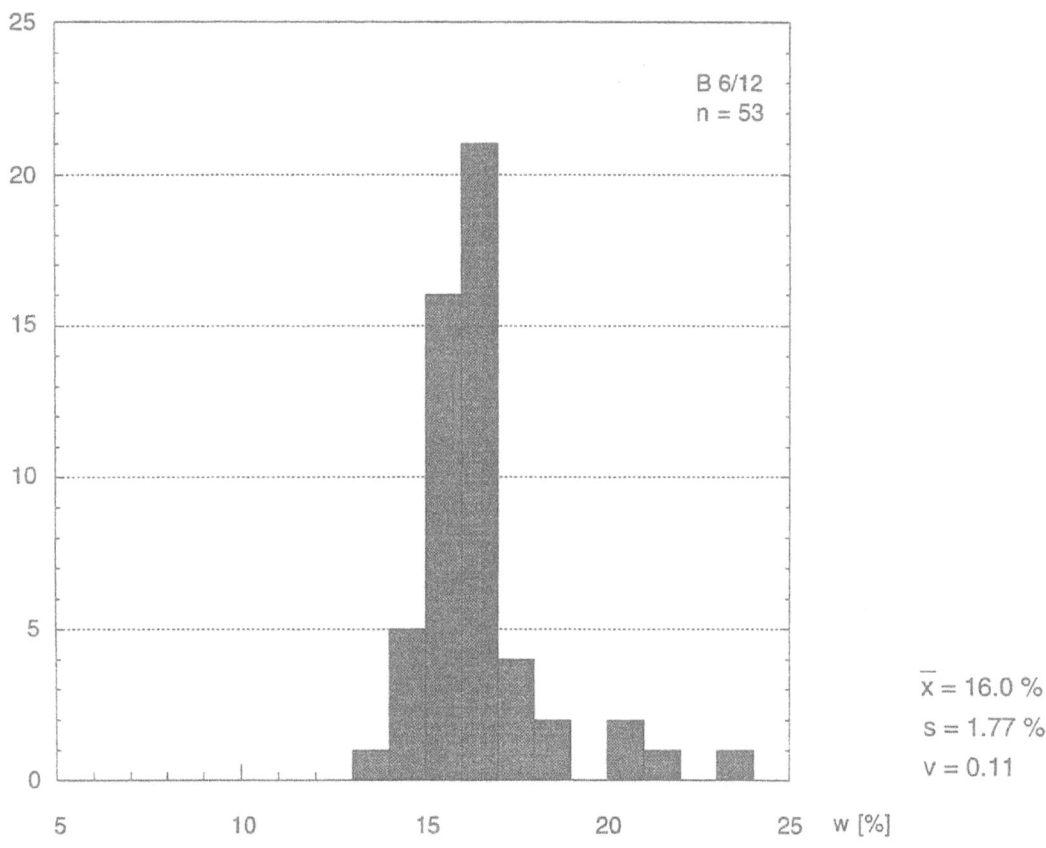

Bild 3.18: Verteilung der Holzfeuchte w, ermittelt mit elektrischer Widerstandsmessung

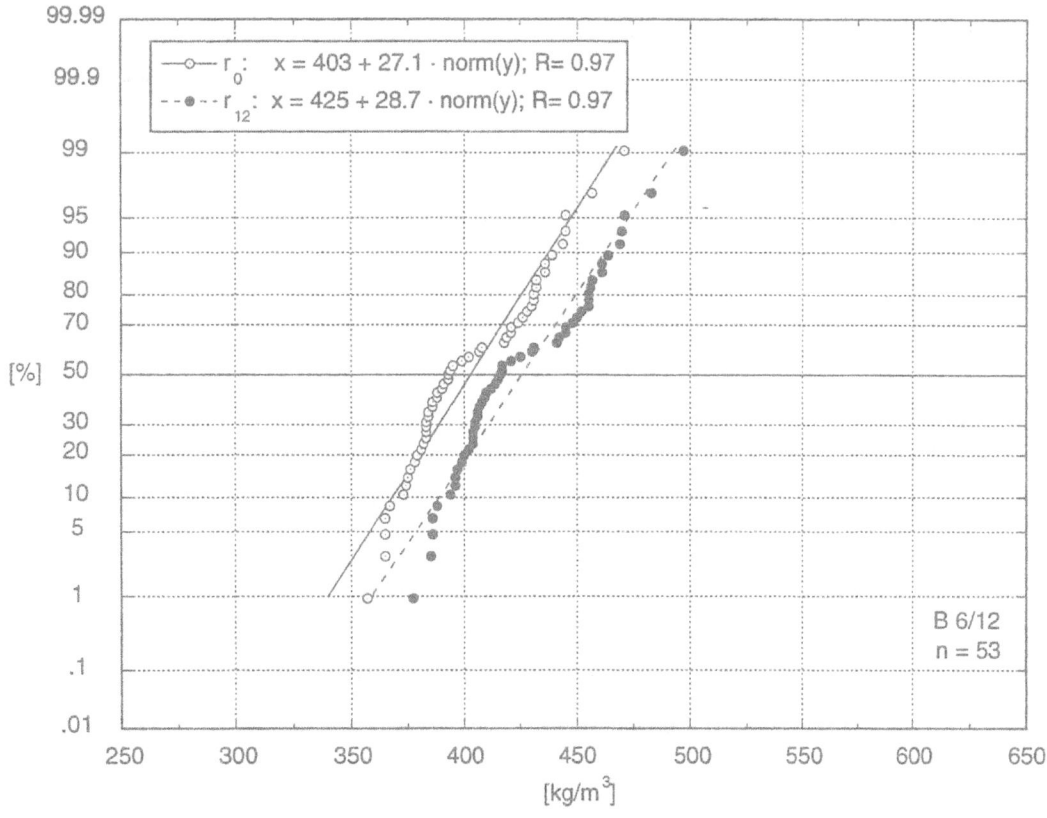

Bild 3.19: Verteilung von Feuchtdichte r_{12} (w = 12 %) und Darrdichte r_0

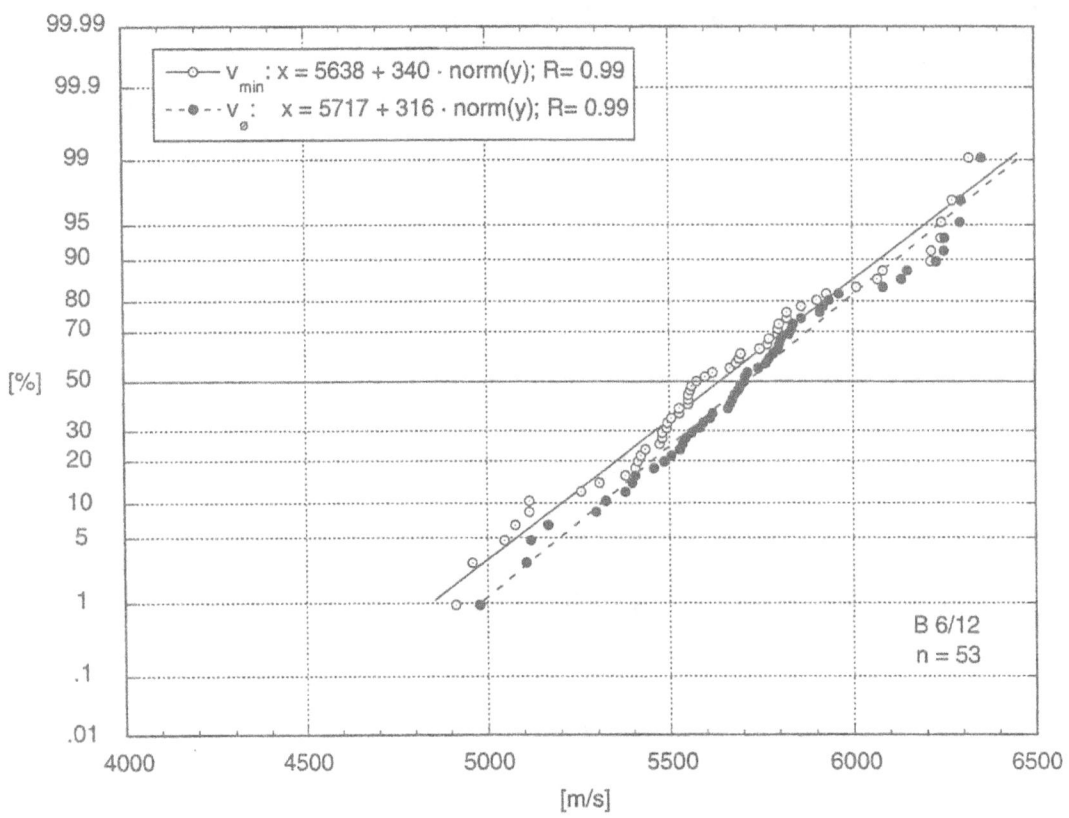

Bild 3.20: Verteilung der Schallgeschwindigkeiten v_{min} und $v_\varnothing$

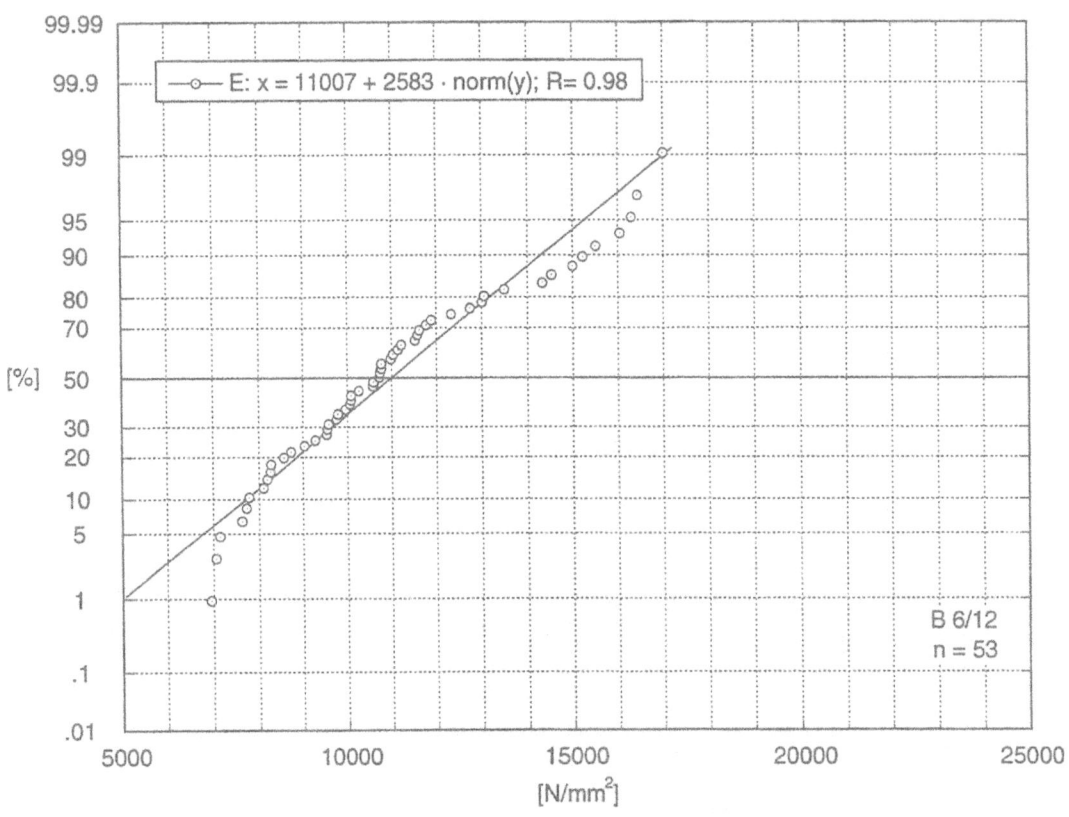

Bild 3.21: Verteilung des Biege-Elastizitätsmoduls E_m (aus E_α und E_δ errechneter Wert)

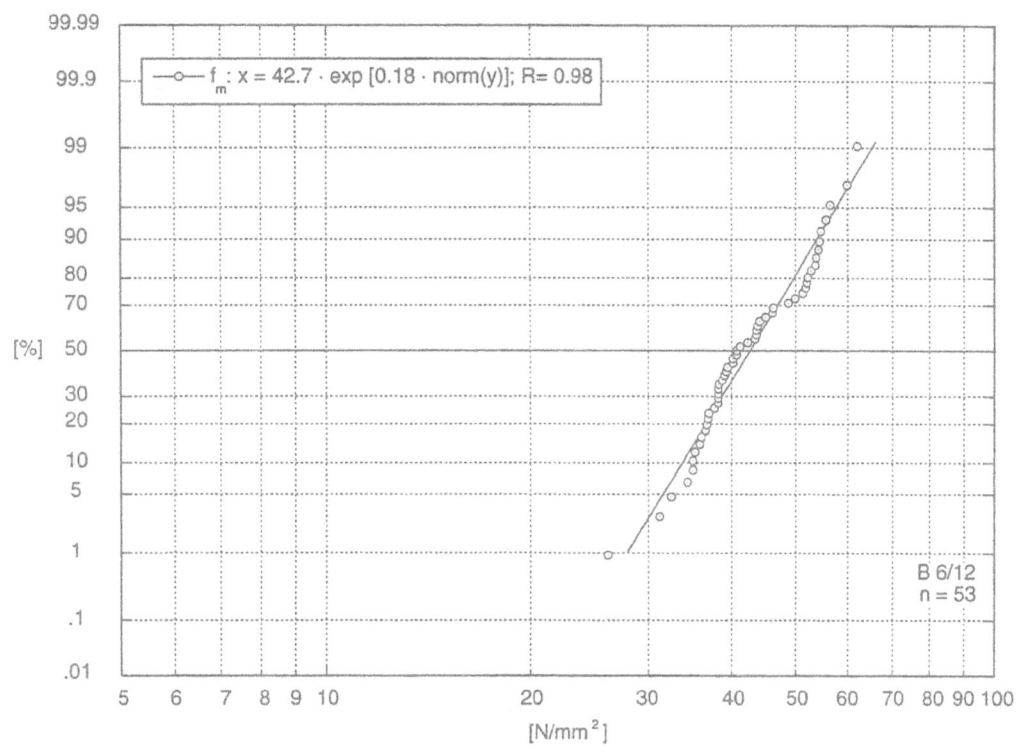

Bild 3.22: Verteilung der Biegefestigkeit f_m

3.2.7 Statistische Kennwerte der Versuchsdaten

Tab. 3.8: Parameter zur Beschreibung von Lage, Form und Streuung der emp. Verteilung

Stichprobe B 6/12	n	Mittelwert $\overline{x}$	Standardabweichung s	Schiefe γ_1	Exzess γ_2	Variation v
Holzfeuchte w [%]	53	16.0	1.77	1.90	4.57	11.1 %
Darrdichte r_0 [kg/m³]	53	403	27.8	0.44	-0.85	6.90 %
Feuchtdichte r_{12} [kg/m³]	53	425	29.4	0.44	-0.86	6.90 %
Schallgeschwindigkeit:						
Minimalwert v_{min} [m/s]	53	5638	343	0.08	-0.31	6.08 %
Mittelwert $v_\varnothing$ [m/s]	53	5717	318	0.02	-0.18	5.56 %
Biege-E-Modul E_m [N/mm²]	53	11007	2638	0.60	-0.41	24.0 %
Biegefestigkeit f_m [N/mm²]	53	43.4	8.10	0.42	-0.66	18.7 %

Tab. 3.9: p-Quantilen der empirischen Verteilung

Stichprobe B 6/12	Minimum	unteres Quartil	Median	oberes Quartil	Maximum
Holzfeuchte w [%]	13	15	16	16	23
Darrdichte r_0 [kg/m³]	357	383	393	428	471
Feuchtdichte r_{12} [kg/m³]	377	404	416	453	497
Schallgeschwindigkeit:					
Minimalwert v_{min} [m/s]	4913	5465	5575	5821	6321
Mittelwert $v_\varnothing$ [m/s]	4980	5534	5705	5874	6353
Biege-E-Modul E_m [N/mm²]	6923	9224	10728	12445	17011
Biegefestigkeit f_m [N/mm²]	26.2	37.5	40.7	51.4	62.1

Tab. 3.10: 5 %-Fraktilwerte

Stichprobe B 6/12	direkt [1]	n = ∞ [2]	n_{eff} [2] $\alpha = 5\%$	n_{eff} [2] $\alpha = 10\%$	n_{eff} [2] $\alpha = 15.9\%$	Regr. [3]
Holzfeuchte w [%]	14.0	13.1	12.4	12.5	12.7	13.4
Darrdichte r_0 [kg/m³]	365	357	346	349	351	358
Feuchtdichte r_{12} [kg/m³]	386	377	365	368	370	378
Schallgeschwindigkeit:						
Minimalwert v_{min} [m/s]	5017	5074	4937	4971	4996	5079
Mittelwert $v_\varnothing$ [m/s]	5114	5194	5067	5098	5121	5197
Biege-E-Modul E_m [N/mm²]	7112	6668	5613	5873	6063	6754
Biegefestigkeit f_m [N/mm²]	32.0	31.4	29.2	29.7	30.1	31.6

[1] aus den Versuchen direkt (verteilungsfrei)
[2] Annahme einer Normalverteilung (Log-Normalverteilung für Festigkeit) als mathematisches Modell
[3] Lineare Regression im Wahrscheinlichkeitsnetz

Tab. 3.11: Vertrauensintervalle für $\alpha = 5\%$

Stichprobe B 6/12	Mittelwert [1]		Standardabweichung [1]		Variationskoeffizient [1]	
	μ_{min}	μ_{max}	σ_{min}	σ_{max}	γ_{min}	γ_{max}
Holzfeuchte w [%]	15.5	16.5	1.49	2.19	9.27 %	13.8 %
Darrdichte r_0 [kg/m³]	395	410	23.3	34.4	5.78 %	8.55 %
Feuchtdichte r_{12} [kg/m³]	417	434	24.6	36.3	5.78 %	8.55 %
Schallgeschwindigkeit:						
Minimalwert v_{min} [m/s]	5544	5733	288	424	5.10 %	7.53 %
Mittelwert $v_\varnothing$ [m/s]	5629	5805	267	394	4.67 %	6.89 %
Biege-E-Modul E_m [N/mm²]	10280	11734	2214	3264	19.9 %	30.1 %
Biegefestigkeit f_m [N/mm²]	40.5	44.9	1.17	1.26	4.13 %	6.11 %

[1] Biegefestigkeit: Median bzw. Streufaktor bzw. Variationskoeffizient der Logarithmen

Tab. 3.12: Vertrauensintervalle für α = 10 %

Stichprobe B 6/12	Mittelwert [1]		Standardabweichung [1]		Variationskoeffizient [1]	
	μ_{min}	μ_{max}	σ_{min}	σ_{max}	γ_{min}	γ_{max}
Holzfeuchte w [%]	15.6	16.4	1.53	2.11	9.52 %	13.2 %
Darrdichte r_0 [kg/m³]	396	409	24.0	33.2	5.94 %	8.23 %
Feuchtdichte r_{12} [kg/m³]	419	432	25.3	35.1	5.94 %	8.24 %
Schallgeschwindigkeit:						
Minimalwert v_{min} [m/s]	5559	5717	296	410	5.23 %	7.26 %
Mittelwert $v_\varnothing$ [m/s]	5644	5790	275	380	4.79 %	6.64 %
Biege-E-Modul E_m [N/mm²]	10400	11614	2276	3151	20.5 %	28.9 %
Biegefestigkeit f_m [N/mm²]	40.9	44.5	1.17	1.25	4.24 %	5.88 %

[1] Biegefestigkeit: Median bzw. Streufaktor bzw. Variationskoeffizient der Logarithmen

Ausführliche Angaben zu sämtlichen Versuchen findet man im Anhang 2.2.

3.3 Ergänzungsuntersuchungen an Kanthölzern des QS 8/16: Juni 92

Die im Juni 1992 durchgeführten Biegeversuche an 30 Fichten-Kanthölzern des Querschnitts 8/16 sollten Forstingenieur-Studenten der ETH Zürich mit der Problematik der visuellen und der maschinellen Sortierung vertraut machen. Obwohl also die Holzsortierung im Vordergrund stand, entsprach der Versuchsablauf dem im Abschnitt 3.2 beschriebenen Vorgehen.

3.3.1 Eigenschaften des Versuchsmaterials

Gemäss Bestellung hätte die Sägerei je 10 Balken der Festigkeitsklassen I, II und III liefern sollen. Die Sortierung der im konditionierten Zustand (w = 12 %) gelieferten Balken mittels Ultraschall ergab jedoch ein völlig anderes Bild (ausführliche Angaben: Anhang 2.3):

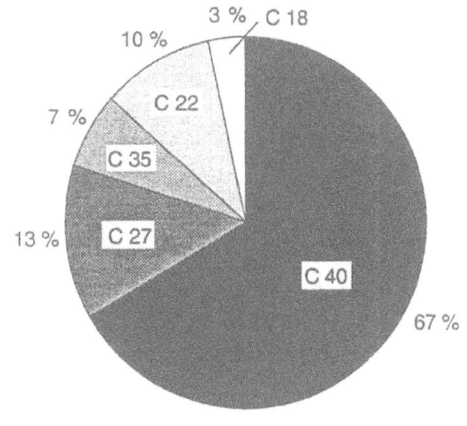

B 8/16: n = 30

Bild 3.23: ENV 338-Klassierung der Balken 8/16 mittels Ultraschall im konditionierten Zustand

3.3.2 Versuchsablauf

Die bei der Biegeprüfung erfassten Messgrössen sind im Abschnitt 3.1.3 beschrieben.

Ein Ablaufdiagramm des verwendeten Messprogramms findet man im Anhang 9.1.

3.3.3 Statisches System und Belastung

Die Versuche wurden wiederum auf der 200 kN Biegeprüfmaschine MAN der ETH Zürich durchgeführt (Bild 3.4). Das den Biegeversuchen zu Grunde liegende statische System und die Belastungsanordnung zeigt Bild 3.24:

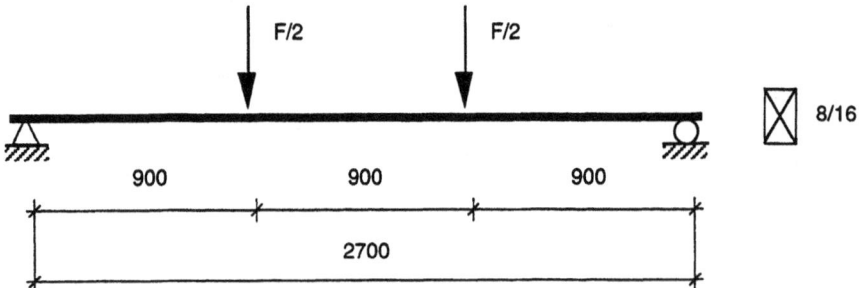

Bild 3.24: Biegversuche an Balken des QS 8/16: Statisches System und Belastung

Tab. 3.13 zeigt einen Vergleich zwischen den effektiven und den von der EN 408 geforderten Spannweitenverhältnissen (vgl. 2.3.1):

Tab. 3.13: Vergleich der effektiven mit der von der ENV 408 geforderten Prügeometrie

	Sollwert (ENV 408)	Istwert
Probenlänge	$\geq 19 \cdot h$	$19 \cdot h$
Spannweite	$\geq 18 \cdot h$	$16.9 \cdot h$
Abstand der Lasteinleitungspunkte	$6 \cdot h$	$5.6 \cdot h$
Abstand zwischen Auflager und Lasteinleitung	$6 \cdot h$	$5.6 \cdot h$

Die Belastungsgeschwindigkeit entsprach dem Normwert aus der ENV 408, d. h. die Maximallast wurde nach 300 ± 120 s erreicht.

3.3.4 Bestimmung des Biege-Elastizitätsmoduls

Zur Bestimmung des Biege-Elastizitätsmoduls verwendete man das im Abschnitt 3.1.5 beschriebene Verfahren.

3.3.5 Messgeräte

Die verwendeten Messgeräte sind in Tabelle 3.2 aufgelistet.

3.3.6 Graphische Darstellung der Versuchsresultate

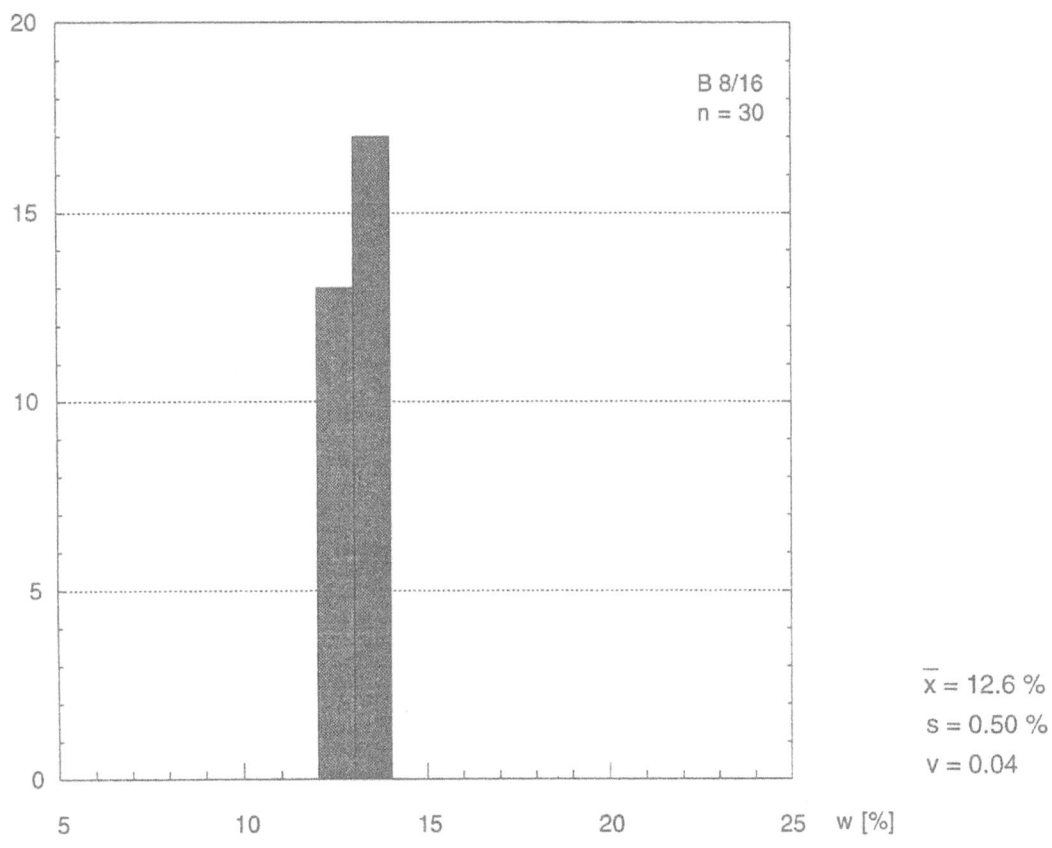

Bild 3.25: Verteilung der Holzfeuchte w, ermittelt mit elektrischer Widerstandsmessung

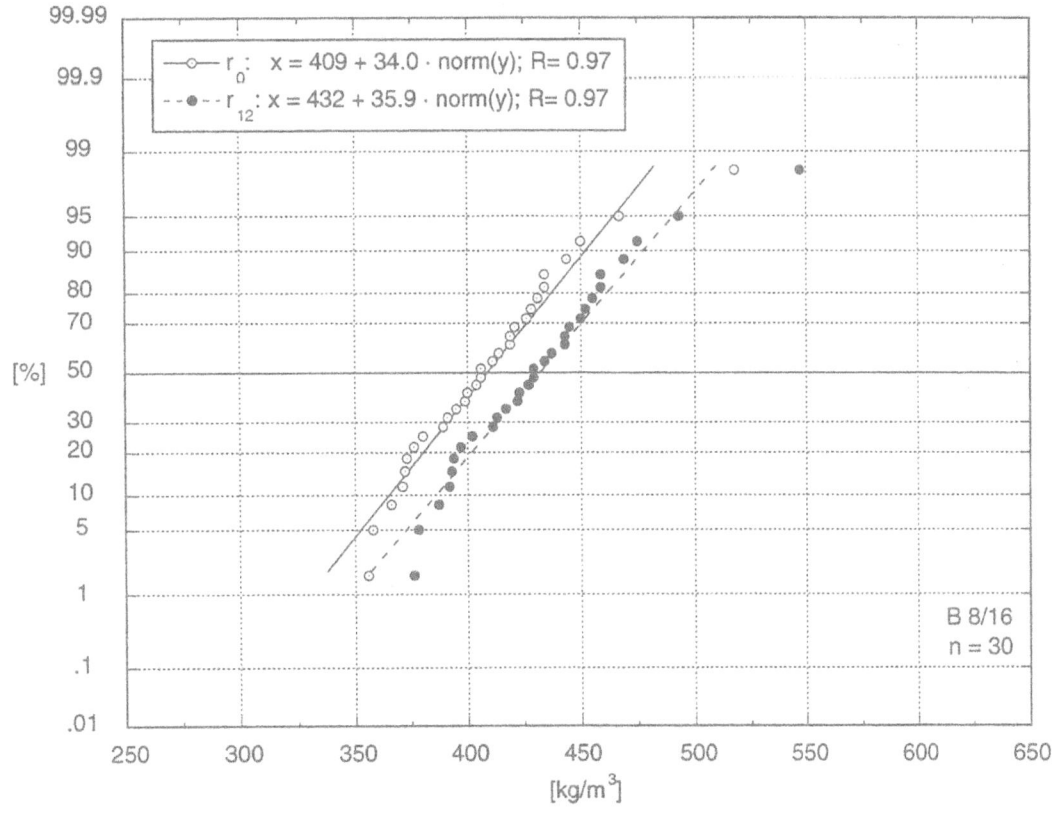

Bild 3.26: Verteilung von Feuchtdichte r_{12} (w = 12 %) und Darrdichte r_0

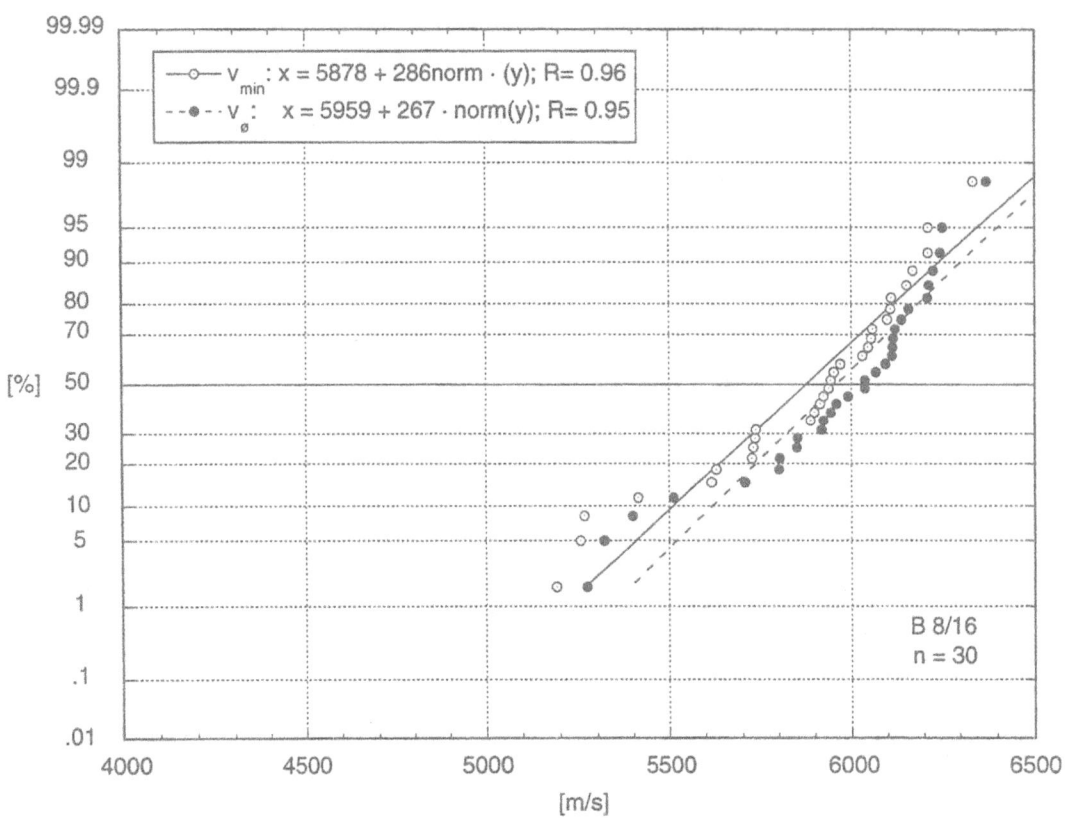

Bild 3.27: Verteilung der Schallgeschwindigkeiten v_{min} und $v_ø$

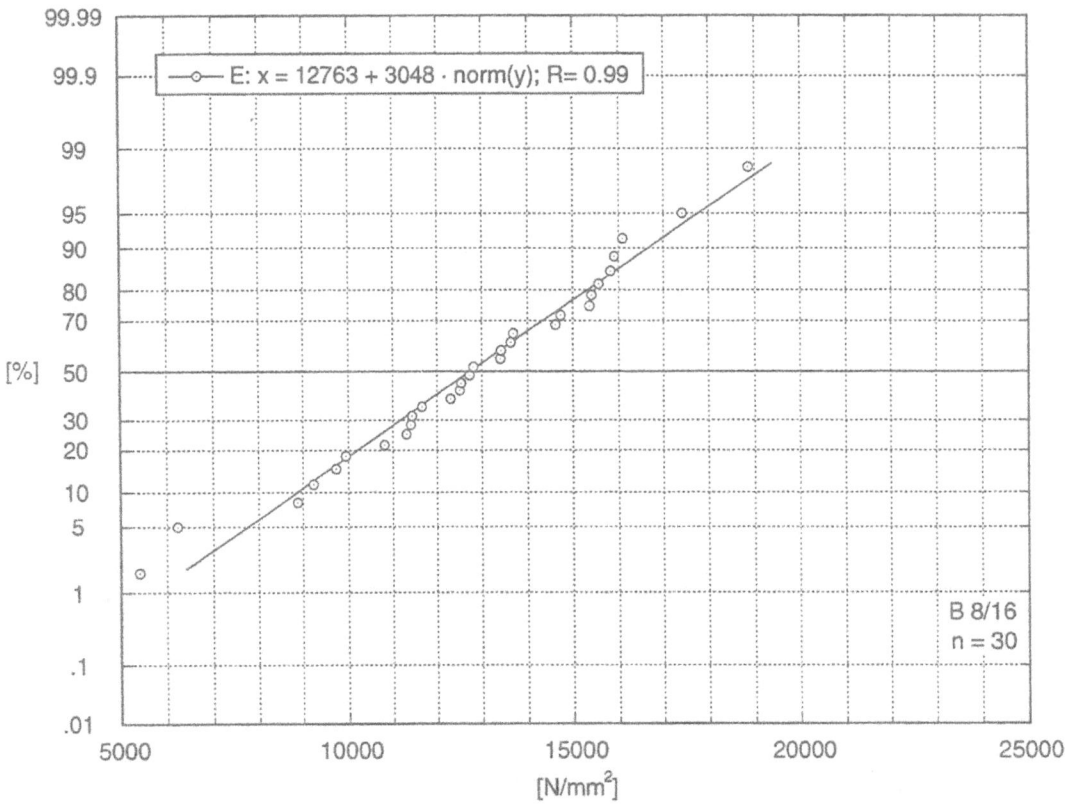

Bild 3.28: Verteilung des Biege-Elastizitätsmoduls E_m (aus $E_α$ und $E_δ$ errechneter Wert)

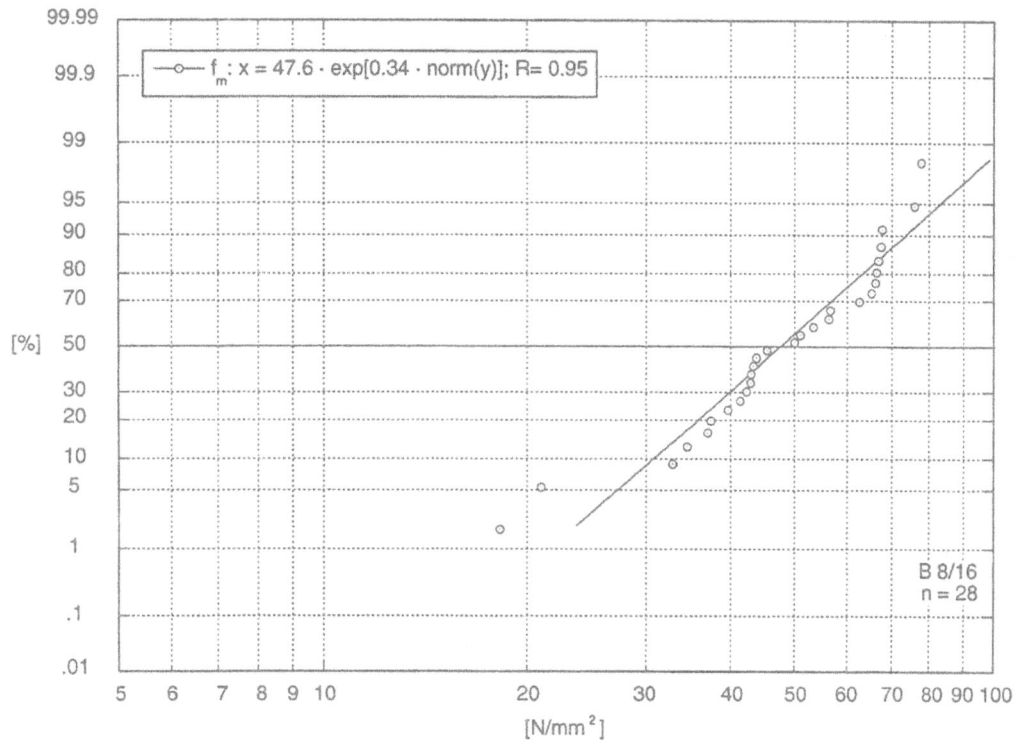

Bild 3.29: Verteilung der Biegefestigkeit f_m

3.3.7 Statistische Kennwerte der Versuchsdaten

Tab. 3.14: Parameter zur Beschreibung von Lage, Form und Streuung der emp. Verteilung

Stichprobe B 8/16	n	Mittelwert $\overline{x}$	Standardabweichung s	Schiefe γ_1	Exzess γ_2	Variation v
Holzfeuchte w [%]	30	12.6	0.50	-0.27	-1.93	4.01 %
Darrdichte r_0 [kg/m³]	30	409	34.9	0.92	1.46	8.54 %
Feuchtdichte r_{12} [kg/m³]	30	432	36.8	0.91	1.45	8.53 %
Schallgeschwindigkeit:						
Minimalwert v_{min} [m/s]	30	5878	297	-0.89	0.04	5.05 %
Mittelwert $v_\varnothing$ [m/s]	30	5959	280	-1.07	0.42	4.71 %
Biege-E-Modul E_m [N/mm²]	30	12764	3069	-0.43	0.08	24.0 %
Biegefestigkeit f_m [N/mm²]	28	50.2	15.5	-0.08	-0.70	30.9 %

Tab. 3.15: p-Quantilen der empirischen Verteilung

Stichprobe B 8/16	Minimum	unteres Quartil	Median	oberes Quartil	Maximum
Holzfeuchte w [%]	12	12	13	13	13
Darrdichte r_0 [kg/m³]	356	380	406	428	518
Feuchtdichte r_{12} [kg/m³]	376	402	429	452	547
Schallgeschwindigkeit:					
Minimalwert v_{min} [m/s]	5191	5731	5941	6099	6336
Mittelwert $v_ø$ [m/s]	5274	5851	6037	6138	6371
Biege-E-Modul E_m [N/mm²]	5401	11304	12776	15366	18849
Biegefestigkeit f_m [N/mm²]	18.3	40.6	47.8	65.7	77.8

Tab. 3.16: 5 %-Fraktilwerte

Stichprobe B 8/16	direkt [1]	n = ∞ [2]	n_{eff} [2] α = 5 %	n_{eff} [2] α = 10 %	n_{eff} [2] α = 15.9 %	Regr. [3]
Holzfeuchte w [%]	12.0	11.7	11.5	11.5	11.6	11.9
Darrdichte r_0 [kg/m³]	357	351	331	337	340	353
Feuchtdichte r_{12} [kg/m³]	377	371	350	356	359	373
Schallgeschwindigkeit:						
Minimalwert v_{min} [m/s]	5223	5390	5222	5265	5296	5408
Mittelwert $v_ø$ [m/s]	5297	5498	5340	5381	5409	5521
Biege-E-Modul E_m [N/mm²]	5809	7716	5986	6430	6747	7755
Biegefestigkeit f_m [N/mm²]	19.4	26.7	21.7	22.9	23.8	27.3

[1] aus den Versuchen direkt (verteilungsfrei)
[2] Annahme einer Normalverteilung (Log-Normalverteilung für Festigkeit) als mathematisches Modell
[3] Lineare Regression im Wahrscheinlichkeitsnetz

Tab. 3.17: Vertrauensintervalle für α = 5 %

Stichprobe B 8/16	Mittelwert [1]		Standardabweichung [1]		Variationskoeffizient [1]	
	μ_{min}	μ_{max}	σ_{min}	σ_{max}	γ_{min}	γ_{max}
Holzfeuchte w [%]	12.4	12.8	0.40	0.68	3.19 %	5.40 %
Darrdichte r_0 [kg/m³]	396	422	27.8	46.9	6.79 %	11.5 %
Feuchtdichte r_{12} [kg/m³]	418	445	29.3	49.5	6.77 %	11.5 %
Schallgeschwindigkeit:						
Minimalwert v_{min} [m/s]	5767	5988	236	399	4.01 %	6.80 %
Mittelwert $v_ø$ [m/s]	5855	6064	223	377	3.74 %	6.34 %
Biege-E-Modul E_m [N/mm²]	11618	13609	2444	4125	18.9 %	33.0 %
Biegefestigkeit f_m [N/mm²]	41.5	54.6	1.32	1.61	7.18 %	12.5 %

[1] Biegefestigkeit: Median bzw. Streufaktor bzw. Variationskoeffizient der Logarithmen

Tab. 3.18: Vertrauensintervalle für α = 10 %

Stichprobe B 8/16	Mittelwert [1])		Standardabweichung [1])		Variationskoeffizient [1])	
	μ_{min}	μ_{max}	σ_{min}	σ_{max}	γ_{min}	γ_{max}
Holzfeuchte w [%]	12.4	12.7	0.42	0.64	3.30 %	5.12 %
Darrdichte r_0 [kg/m³]	398	419	28.8	44.7	7.02 %	10.9 %
Feuchtdichte r_{12} [kg/m³]	420	443	30.4	47.1	7.01 %	10.9 %
Schallgeschwindigkeit: Minimalwert v_{min} [m/s]	5786	5970	245	380	4.15 %	6.44 %
Mittelwert $v_\varnothing$ [m/s]	5872	6046	231	359	3.87 %	6.01 %
Biege-E-Modul E_m [N/mm²]	11812	13715	2533	3927	19.6 %	31.1 %
Biegefestigkeit f_m [N/mm²]	42.5	53.3	1.33	1.58	7.43 %	11.8 %

[1]) Biegefestigkeit: Median bzw. Streufaktor bzw. Variationskoeffizient der Logarithmen

Ausführliche Angaben zu sämtlichen Versuchen findet man im Anhang 2.3.

3.4 Versuche zur Biegemoment-Normalkraft-Interaktion: August 93

Den Abschluss der umfangreichen Versuchsserie zum Thema "Mechanische Eigenschaften von Schweizer Fichtenholz" bildeten Versuche zum Studium der Biegemomenten-Normalkraft-Interaktion an Kanthölzern des Querschnitts 8/16. Die dazu zwangsläufig erforderlichen Versuche unter reiner Biegung (N = 0) ergänzen die in den Abschnitten 3.1, 3.2 und 3.3 aufgezeigten Biegeversuche. Die Untersuchungen zur M/N-Interaktion wurden an zwei Stichproben mit deutlich unterschiedlichen mechanischen Eigenschaften durchgeführt. Die Auswahl der 220 zu prüfenden Balken aus der Grundmenge von 300 Balken und die Zuteilung zu den zwei Gruppen erfolgte mittels Ultraschall (siehe Bild 3.30). Durch die Vorsortierung ergab sich auch die Gelegenheit, einige qualitativ besonders schlechte Balken, die man von den Interaktionsversuchen ausgeschlossen hätte, auf Biegung zu prüfen. Ausführliche Informationen zur M/N-Interaktion werden in einem späteren Bericht veröffentlicht.

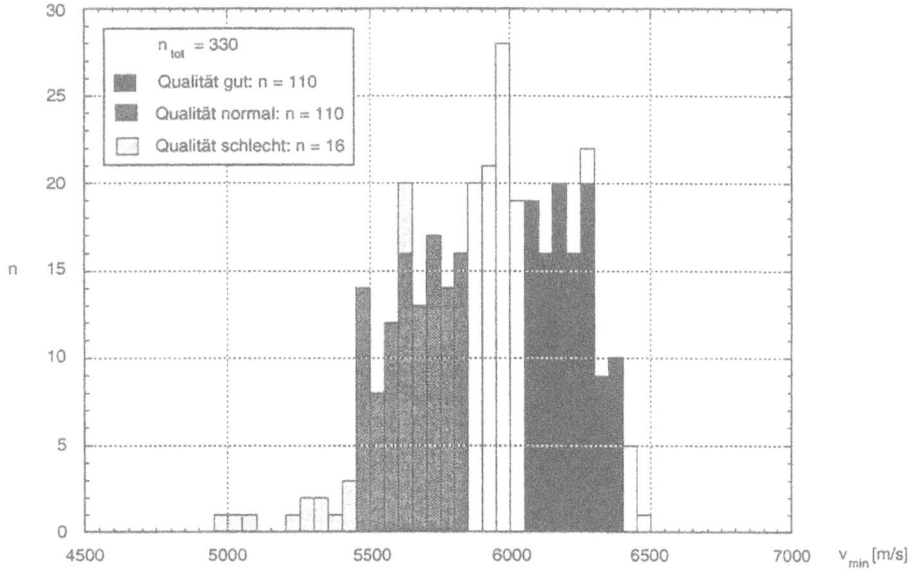

Bild 3.30: Versuche zur M/N-Interaktion: Stichprobenbildung mittels Ultraschall

3.4.1 Ultraschall-Sortierung im frisch eingeschnittenen Zustand

Am frisch eingeschnittenen Material wurden die im Abschnitt 3.1.1. aufgelisteten Messwerte erfasst. Sortiert wurden 332 Fichten-Kanthölzer mit Querschnitt 10/16. Die Länge der Balken betrug 3030 mm. Für die unter reiner Biegung geprüften Balken ergab sich die im Bild 3.31 gezeigte Zuordnung zu den Festigkeitsklassen gemäss ENV 338. Beim Vergleich der Resultate mit der Ultraschall-Klassierung im konditionierten Zustand (3.4.2) muss beachtet werden, dass von einem Balken der Qualität "schlecht" die Ultraschall-Messdaten im frisch eingeschnittenen Zustand fehlen.

Eine Tabelle mit allen Messdaten findet man im Anhang 2.4.

3.4.2 Ultraschall-Sortierung im konditionierten Zustand

Die Ergebnisse der Nachkontrolle der Klasseneinteilung im konditionierten Zustand (w ≈ 12 %) (dazu erforderliche Messgrössen siehe Abschnitt 3.4.3) sind in Bild 3.32 dargestellt.

Ausführlichere Angaben befinden sich im Anhang 2.4.

3.4.3 Versuchsablauf

Die Balken wurden in der Sägerei auf eine Holzfeuchte von 12 % konditioniert und anschliessend gruppenweise in Kunststoffolie dicht eingepackt. Auf diese Weise konnte man davon ausgehen, dass die Holzfeuchte von 12 % auch beim Biegeversuch noch vorhanden war. Die für die Auswertung der Biegeversuche relevanten registrierten Messgrössen sind:

- Abmessungen (Breite, Höhe, Länge) b, h, ℓ [mm]
- Masse m [kg]
- Ultraschall-Laufzeit in den Randzonen und in der Mitte t_o, t_u [µs]
- Relative Durchbiegungen an der Balkenunterseite $\Delta\delta$ [mm]
- Biegebruchlast F_u [kN]

Folgende Werte wurden daraus abgeleitet:

- Ultraschallgeschwindigkeit v_o, v_u [m/s]
-    $v_{12min}, v_{12\varnothing}$ [m/s]
- Klassierung gemäss EN 338 mittels Ultraschall
- Biege-Elastizitätsmodul E_m [N/mm²]
- Dichte für w = 12 % und w = 0 % r_{12}, r_0 [kg/m³]
- Biegebruchspannung f_m [N/mm²]

Qualität gut:

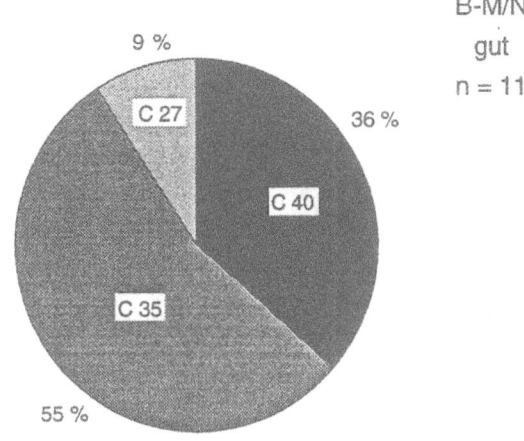
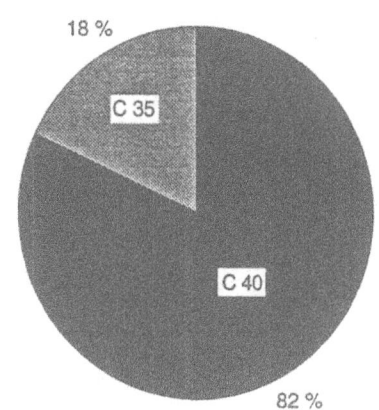

Annahme: w = 30 %   Annahme: w = 50 %

Qualität normal:

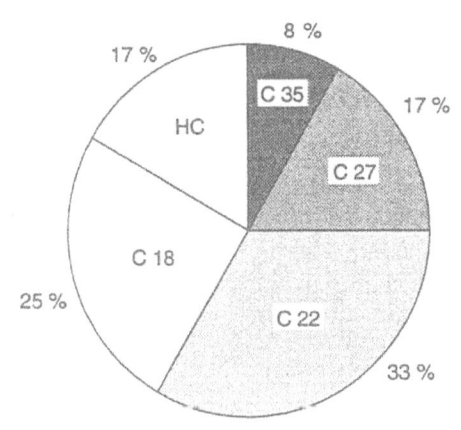
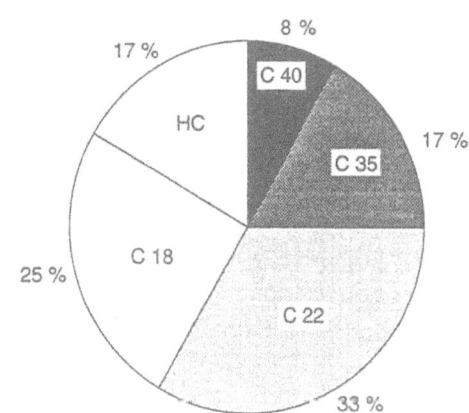

Annahme: w = 30 %   Annahme: w = 50 %

Qualität schlecht:

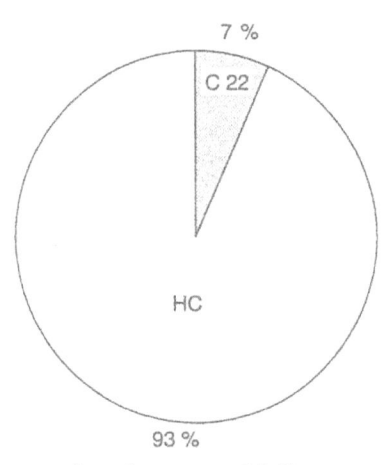
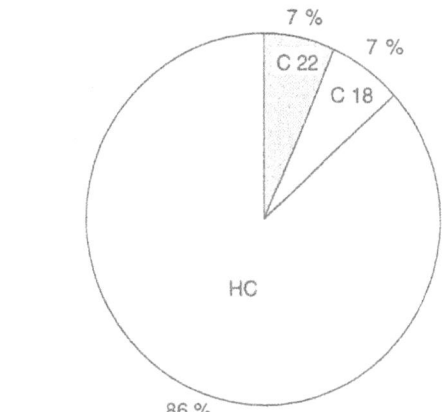

Annahme: w = 30 %   Annahme: w = 50 %

Bild 3.31: ENV 338-Klassierung QS 8/16 mittels Ultraschall im frisch eingeschnittenen Zustand

Qualität gut:

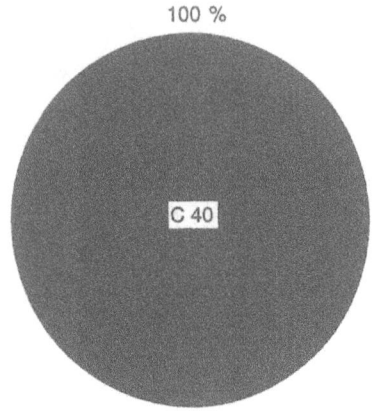

B-M/N gut: n = 11

Qualität normal:

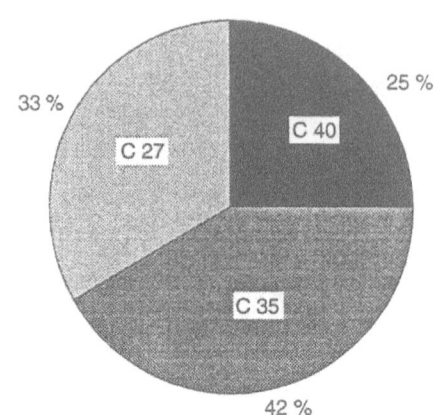

B-M/N normal: n = 12

Qualität schlecht:

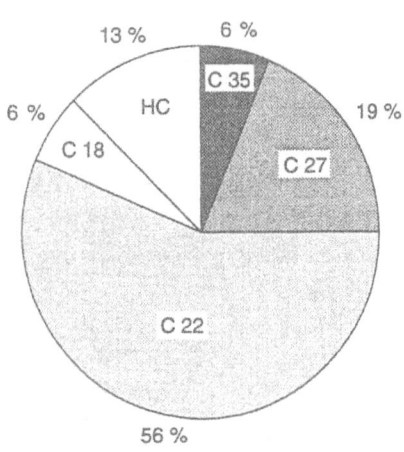

B-M/N schlecht: n = 16

Bild 3.32: ENV 338-Klassierung QS 8/16 mittels Ultraschall im konditionierten Zustand

3.4.4 Statisches System und Belastung

Die Versuche wurden auf einem speziell für die Interaktionsversuche aufgebauten Rahmen durchgeführt (Bild 3.34). Das den Biegeversuchen zugrundeliegende statische System und die Belastungsanordnung zeigt Bild 3.33:

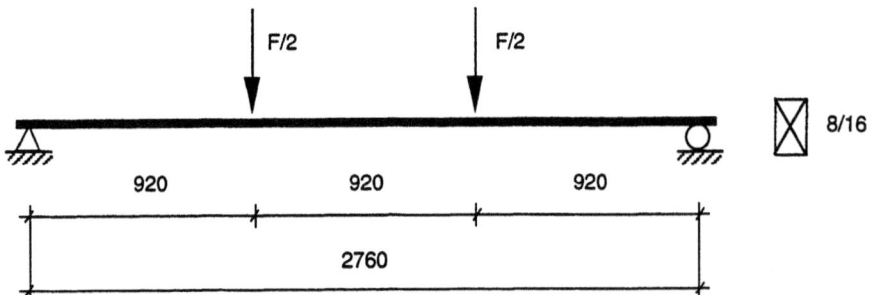

Bild 3.33: Statisches System und Belastungsanordnung

Bild 3.34: Versuchsaufbau zur Durchführung von M/N-Interaktionsversuchen

In Tabelle 3.19 werden die effektiven Spannweitenverhältnisse mit den durch die ENV 408 geforderten Abmessungen (vgl. 2.3.1) für Prüfkörper mit einer Höhe von 160 mm verglichen:

Tab. 3.19: Vergleich der effektiven mit der von der ENV 408 geforderten Prüfgeometrie

	Sollwert (ENV 408)	Istwert
Probenlänge	$\geq 19 \cdot h$	$18.9 \cdot h$
Spannweite	$\geq 18 \cdot h$	$17.3 \cdot h$
Abstand der Lasteinleitungspunkte	$6 \cdot h$	$5.8 \cdot h$
Abstand zwischen Auflager und Lasteinleitung	$6 \cdot h$	$5.8 \cdot h$

Die Belastungsgeschwindigkeit entsprach dem Normwert aus der ENV 408, d. h. die Maximallast wurde nach 300 ± 120 s erreicht.

3.4.5 Bestimmung des Biege-Elastizitätsmoduls

Der Biege-Elastizitätsmodul wurde durch eine Wegdifferenz-Messung in der Balkenachse zwischen den zwei Lasteinleitungspunkten bestimmt. Die Messlänge betrug 600 mm (entsprechend $3.8 \cdot h$) und es waren zwei Weggeber an den sich gegenüberliegenden Balkenseiten angeordnet. Die Formeln zur Ermittlung des E-Moduls aus den geometrischen Grössen und den Messgrössen Kraft und Weg findet man im Anhang 1.1. Zwischen den beiden Grenzwerten 2 und 10 N/mm^2 wurden vier E-Modulwerte bestimmt und anschliessend ausgemittelt.

3.4.6 Messgeräte

Die folgende Tabelle zeigt die verwendeten Messgeräte:

Tab. 3.20: Verwendete Messgeräte

Messgrösse	Gerät	Bemerkungen
Masse	Digitalwaage WT1 von K-TRON PESA	m_{max} = 150 kg
Schallaufzeit	STEINKAMP BP 5	Exponentialprüfköpfe 25 kHz
Kraft	Kraftmessdosen INTERFACE Typ 1210AF	Dosen-Nummer: 69647, 69715 Genauigkeit: ± 0.1 %
Durchbiegung	Präzisionsweggeber MHR 100 von SCHAEVITZ	Geber-Nummer: 6671, 6693 Genauigkeit: ± 0.1 %

3.4.7 Graphische Darstellung der Versuchsresultate

Um einen Vergleich zwischen den Datenreihen zu ermöglichen und bereits einen ersten Eindruck über das Potential der Ultraschall-Sortierung zu erhalten, sind die mechanischen Kennwerte der drei Versuchsreihen jeweils im *gleichen* Wahrscheinlichkeitsnetz dargestellt.

Die stichprobenweise Kontrolle der Holzfeuchte ergab stets einen Wert von 12 %, so dass sich eine graphische Darstellung und eine statistische Auswertung für diesen Parameter erübrigt.

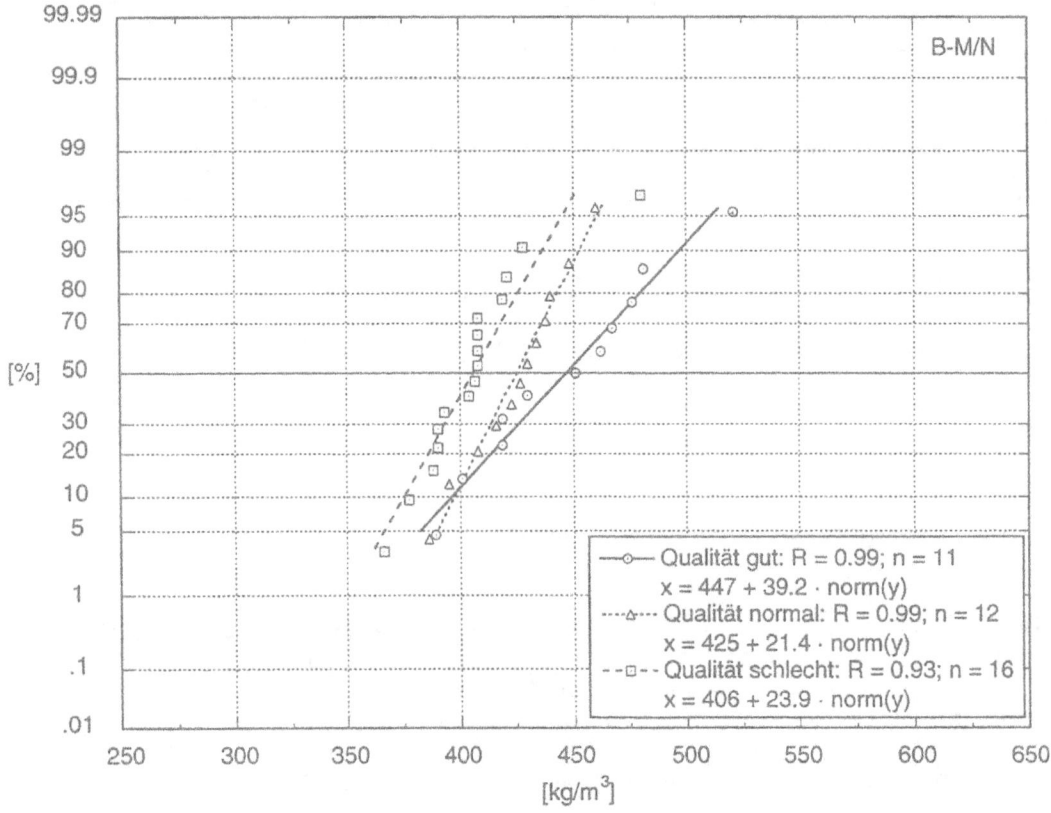

Bild 3.35: Verteilung der Darrdichte r_0

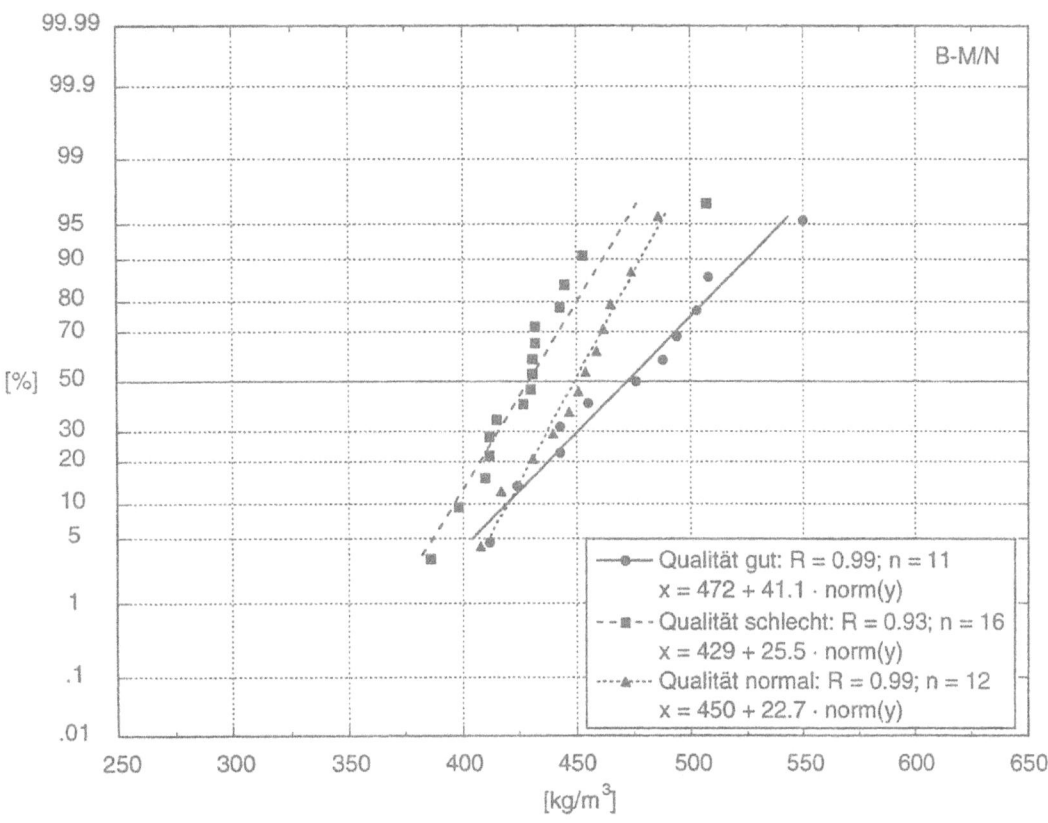

Bild 3.36: Verteilung der Feuchtdichte r_{12} (w = 12 %)

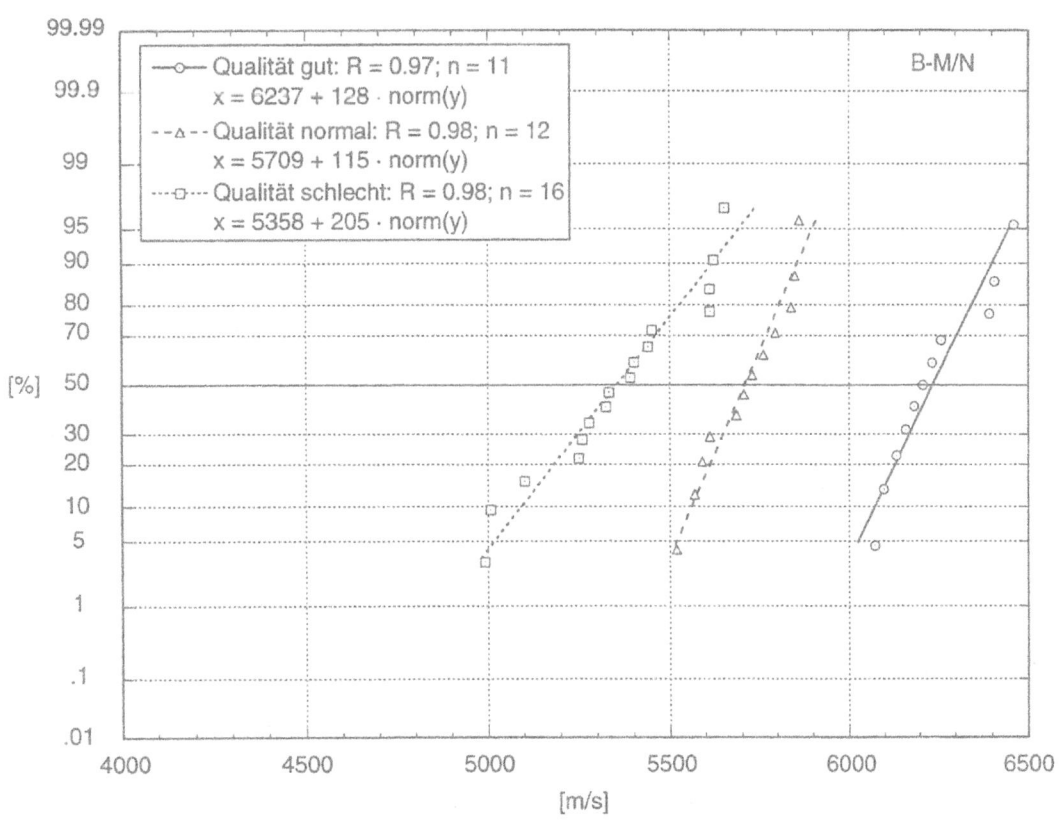

Bild 3.37: Verteilung der Schallgeschwindigkeit v_{min}

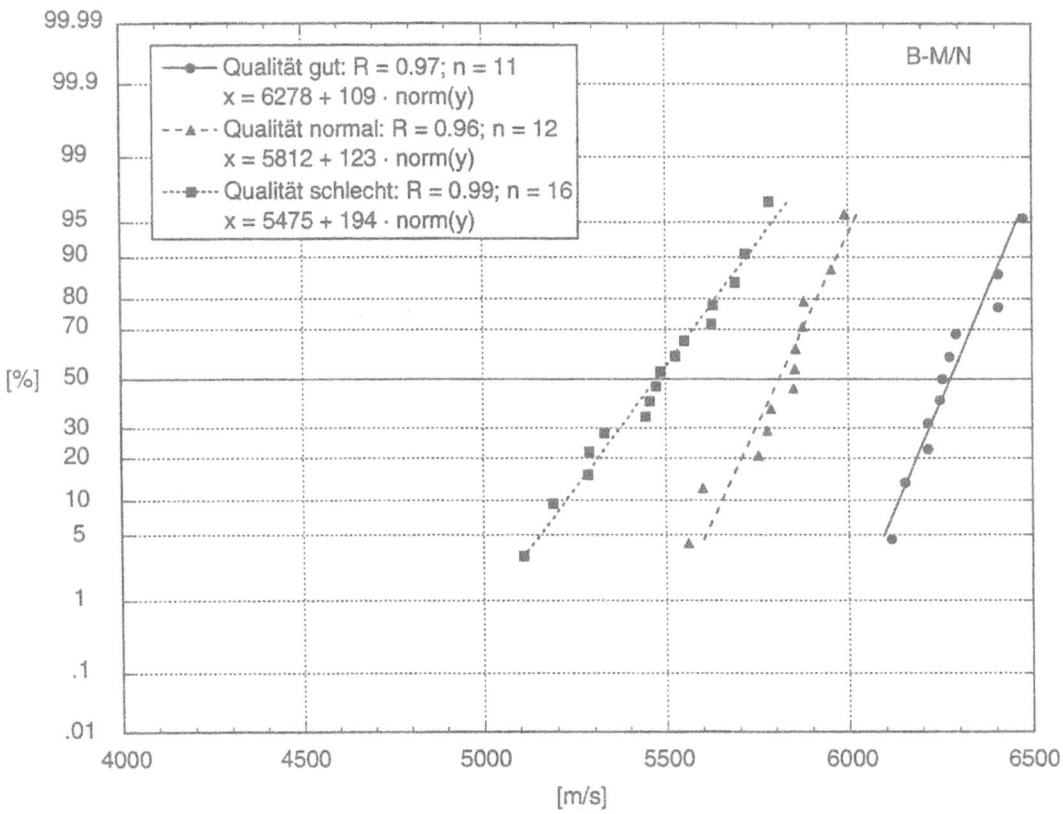

Bild 3.38: Verteilung der Schallgeschwindigkeit v_a

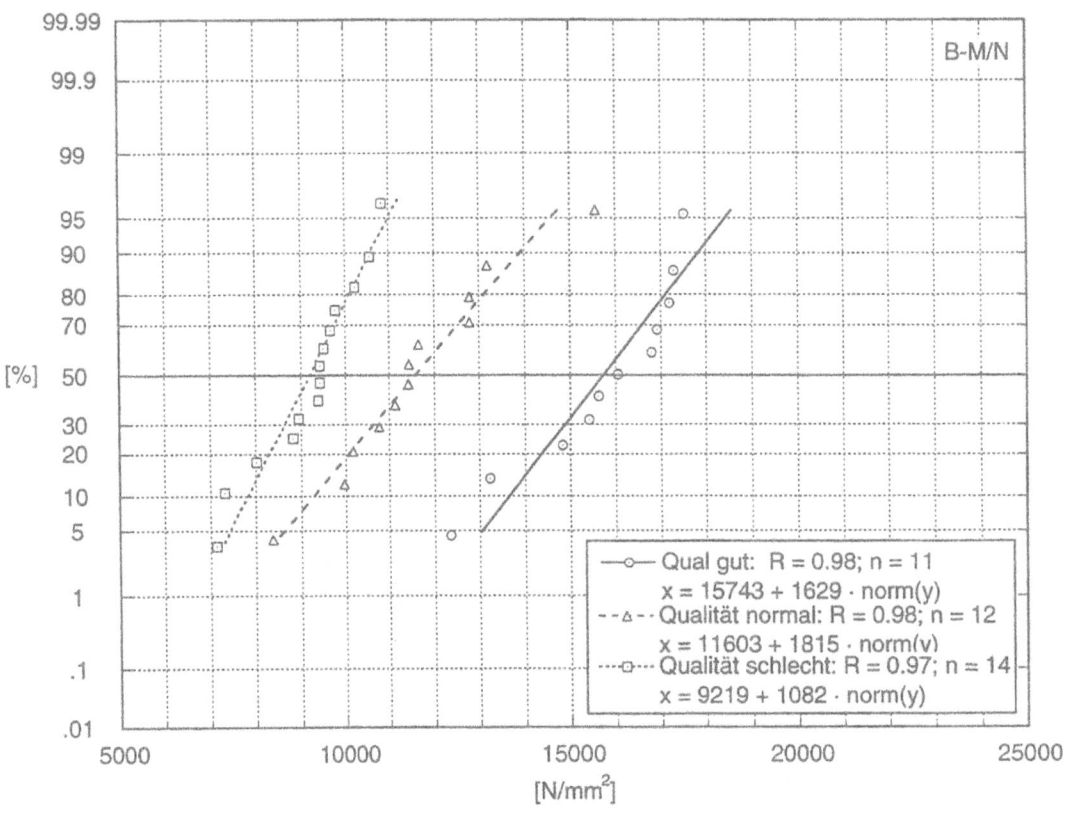

Bild 3.39: Verteilung des Biege-Elastizitätsmoduls E_m

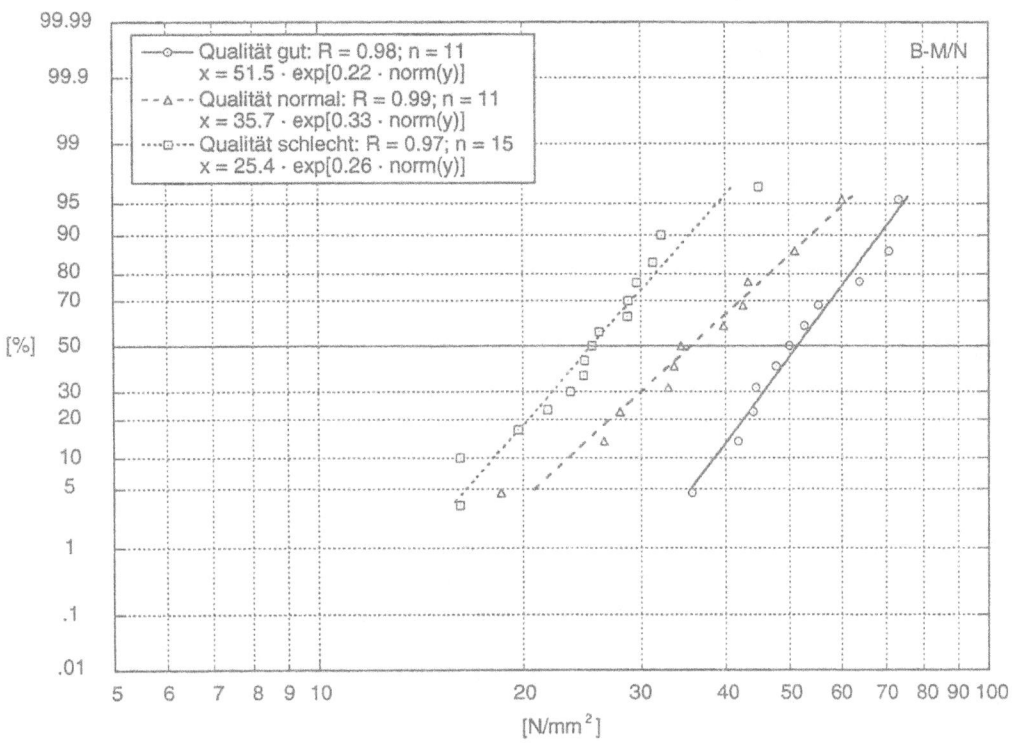

Bild 3.40: Verteilung der Biegefestigkeit f_m

3.4.8 Statistische Kennwerte der Versuchsdaten

Qualität gut

Tab. 3.21: Parameter zur Beschreibung von Lage, Form und Streuung der emp. Verteilung

Stichprobe B-M/N: gut		n	Mittelwert $\bar{x}$	Standardabweichung s	Schiefe γ_1	Exzess γ_2	Variation v
Darrdichte	r_0 [kg/m³]	11	447	39.3	0.25	-0.72	8.80 %
Feuchtdichte	r_{12} [kg/m³]	11	472	41.2	0.25	-0.73	8.72 %
Schallgeschwindigkeit:							
Minimalwert	v_{min} [m/s]	11	6237	131	0.51	-1.04	2.09 %
Mittelwert	$v_{ø}$ [m/s]	11	6278	111	0.39	-0.81	1.77 %
Biege-E-Modul	E_m [N/mm²]	11	15743	1702	-0.86	-0.44	10.8 %
Biegefestigkeit	f_m [N/mm²]	11	52.7	12.1	0.50	-0.90	23.0 %

Tab. 3.22: p-Quantilen der empirischen Verteilung

Stichprobe B-M/N: gut	Minimum	unteres Quartil	Median	oberes Quartil	Maximum
Darrdichte r_0 [kg/m³]	389	419	451	474	521
Feuchtdichte r_{12} [kg/m³]	412	443	476	501	550
Schallgeschwindigkeit:					
Minimalwert v_{min} [m/s]	6072	6140	6209	6359	6461
Mittelwert $v_{ø}$ [m/s]	6115	6216	6255	6378	6475
Biege-E-Modul E_m [N/mm²]	12353	14967	16039	17122	17518
Biegefestigkeit f_m [N/mm²]	35.7	44.2	50.0	61.8	73.3

Tab. 3.23: 5 %-Fraktilwerte

Stichprobe B-M/N: gut	direkt [1]	$n = \infty$ [2]	n_{eff} [2] $\alpha = 5\%$	n_{eff} [2] $\alpha = 10\%$	n_{eff} [2] $\alpha = 15.9\%$	Regr. [3]
Darrdichte r_0 [kg/m³]	n < 20	383	338	351	360	383
Feuchtdichte r_{12} [kg/m³]	n < 20	404	357	371	380	404
Schallgeschwindigkeit:						
Minimalwert v_{min} [m/s]	n < 20	6022	5873	5917	5946	6027
Mittelwert $v_{ø}$ [m/s]	n < 20	6095	5969	6007	6031	6098
Biege-E-Modul E_m [N/mm²]	n < 20	12944	11008	11581	11952	13066
Biegefestigkeit f_m [N/mm²]	n < 20	35.5	27.5	29.7	31.2	35.6

[1] aus den Versuchen direkt (verteilungsfrei)
[2] Annahme einer Normalverteilung (Log-Normalverteilung für Festigkeit) als mathematisches Modell
[3] Lineare Regression im Wahrscheinlichkeitsnetz

Tab. 3.24: Vertrauensintervalle für $\alpha = 5\%$

Stichprobe B-M/N: gut	Mittelwert [1]		Standardabweichung [1]		Variationskoeffizient [1]	
	μ_{min}	μ_{max}	σ_{min}	σ_{max}	γ_{min}	γ_{max}
Darrdichte r_0 [kg/m³]	421	473	27.5	69.0	6.10 %	15.8 %
Feuchtdichte r_{12} [kg/m³]	445	500	28.8	72.3	6.05 %	15.6 %
Schallgeschwindigkeit:						
Minimalwert v_{min} [m/s]	6149	6325	91.2	229	1.45 %	3.73 %
Mittelwert $v_{ø}$ [m/s]	6203	6352	77.5	195	1.23 %	3.15 %
Biege-E-Modul E_m [N/mm²]	14599	16886	1189	2987	7.49 %	19.4 %
Biegefestigkeit f_m [N/mm²]	44.3	59.9	1.17	1.48	3.96 %	10.2 %

[1] Biegefestigkeit: Median bzw. Streufaktor bzw. Variationskoeffizient der Logarithmen

Tab. 3.25: Vertrauensintervalle für α = 10 %

Stichprobe B-M/N: gut	Mittelwert [1]		Standardabweichung [1]		Variationskoeffizient [1]	
	μ_{min}	μ_{max}	σ_{min}	σ_{max}	γ_{min}	γ_{max}
Darrdichte r_0 [kg/m³]	425	468	29.1	62.6	6.42 %	14.0 %
Feuchtdichte r_{12} [kg/m³]	450	495	30.4	65.6	6.36 %	13.9 %
Schallgeschwindigkeit: Minimalwert v_{min} [m/s]	6166	6309	96.5	208	1.53 %	3.31 %
Mittelwert $v_\varnothing$ [m/s]	6217	6339	82.0	177	1.29 %	2.80 %
Biege-E-Modul E_m [N/mm²]	14812	16672	1258	2712	7.88 %	17.2 %
Biegefestigkeit f_m [N/mm²]	45.6	58.3	1.18	1.43	4.17 %	9.05 %

[1] Biegefestigkeit: Median bzw. Streufaktor bzw. Variationskoeffizient der Logarithmen

Qualität normal

Tab. 3.26: Parameter zur Beschreibung von Lage, Form und Streuung der emp. Verteilung

Stichprobe B-M/N: normal	n	Mittelwert $\overline{x}$	Standardabweichung s	Schiefe γ_1	Exzess γ_2	Variation v
Darrdichte r_0 [kg/m³]	12	425	21.4	-0.36	-0.58	5.04 %
Feuchtdichte r_{12} [kg/m³]	12	450	22.7	-0.35	-0.59	5.05 %
Schallgeschwindigkeit: Minimalwert v_{min} [m/s]	12	5709	116	-0.19	-1.26	2.04 %
Mittelwert $v_\varnothing$ [m/s]	12	5812	128	-0.74	-0.20	2.20 %
Biege-E-Modul E_m [N/mm²]	12	11603	1838	0.42	0.28	15.8 %
Biegefestigkeit f_m [N/mm²]	11	37.3	11.7	0.38	-0.37	31.4 %

Tab. 3.27: p-Quantilen der empirischen Verteilung

Stichprobe B-M/N: normal	Minimum	unteres Quartil	Median	oberes Quartil	Maximum
Darrdichte r_0 [kg/m³]	386	412	428	439	460
Feuchtdichte r_{12} [kg/m³]	408	436	453	464	486
Schallgeschwindigkeit: Minimalwert v_{min} [m/s]	5519	5601	5717	5816	5861
Mittelwert $v_\varnothing$ [m/s]	5560	5766	5852	5877	5991
Biege-E-Modul E_m [N/mm²]	8367	10476	11427	12791	15563
Biegefestigkeit f_m [N/mm²]	18.6	29.2	34.4	43.1	60.1

Tab. 3.28: 5 %-Fraktilwerte

Stichprobe B-M/N: normal		direkt [1]	$n = \infty$ [2]	n_{eff} [2] $\alpha = 5\%$	n_{eff} [2] $\alpha = 10\%$	n_{eff} [2] $\alpha = 15.9\%$	Regr. [3]
Darrdichte	r_0 [kg/m³]	n < 20	390	368	374	379	390
Feuchtdichte	r_{12} [kg/m³]	n < 20	412	388	395	400	412
Schallgeschwindigkeit:							
Minimalwert	v_{min} [m/s]	n < 20	5518	5394	5430	5454	5520
Mittelwert	$v_\emptyset$ [m/s]	n < 20	5602	5466	5506	5532	5609
Biege-E-Modul E_m [N/mm²]		n < 20	8581	6630	7198	7570	8623
Biegefestigkeit f_m [N/mm²]		n < 20	20.9	14.4	16.1	17.2	20.9

[1] aus den Versuchen direkt (verteilungsfrei)
[2] Annahme einer Normalverteilung (Log-Normalverteilung für Festigkeit) als mathematisches Modell
[3] Lineare Regression im Wahrscheinlichkeitsnetz

Tab. 3.29: Vertrauensintervalle für $\alpha = 5\%$

Stichprobe B-M/N: normal		Mittelwert [1]		Standardabweichung [1]		Variationskoeffizient [1]	
		μ_{min}	μ_{max}	σ_{min}	σ_{max}	γ_{min}	γ_{max}
Darrdichte	r_0 [kg/m³]	412	439	15.2	36.4	3.55 %	8.67 %
Feuchtdichte	r_{12} [kg/m³]	435	464	16.1	38.5	3.56 %	8.68 %
Schallgeschwindigkeit:							
Minimalwert	v_{min} [m/s]	5635	5783	82.5	198	1.44 %	3.50 %
Mittelwert	$v_\emptyset$ [m/s]	5731	5893	90.4	217	1.55 %	3.77 %
Biege-E-Modul E_m [N/mm²]		10436	12771	1302	3120	11.1 %	27.7 %
Biegefestigkeit f_m [N/mm²]		28.6	44.4	1.26	1.77	6.33 %	16.3 %

[1] Biegefestigkeit: Median bzw. Streufaktor bzw. Variationskoeffizient der Logarithmen

Tab. 3.30: Vertrauensintervalle für $\alpha = 10\%$

Stichprobe B-M/N: normal		Mittelwert [1]		Standardabweichung [1]		Variationskoeffizient [1]	
		μ_{min}	μ_{max}	σ_{min}	σ_{max}	γ_{min}	γ_{max}
Darrdichte	r_0 [kg/m³]	414	437	16.0	33.2	3.73 %	7.77 %
Feuchtdichte	r_{12} [kg/m³]	438	461	17.0	35.2	3.73 %	7.78 %
Schallgeschwindigkeit:							
Minimalwert	v_{min} [m/s]	5649	5770	87.1	181	1.51 %	3.14 %
Mittelwert	$v_\emptyset$ [m/s]	5746	5878	95.4	198	1.63 %	3.38 %
Biege-E-Modul E_m [N/mm²]		10651	12556	1374	2849	11.6 %	24.7 %
Biegefestigkeit f_m [N/mm²]		29.8	42.6	1.27	1.68	6.65 %	14.5 %

[1] Biegefestigkeit: Median bzw. Streufaktor bzw. Variationskoeffizient der Logarithmen

Qualität schlecht

Tab. 3.31: Parameter zur Beschreibung von Lage, Form und Streuung der emp. Verteilung

Stichprobe B-M/N: schlecht	n	Mittelwert $\bar{x}$	Standardabweichung s	Schiefe γ_1	Exzess γ_2	Variation v
Darrdichte r_0 [kg/m³]	16	406	25.6	1.31	2.63	6.30 %
Feuchtdichte r_{12} [kg/m³]	16	429	27.2	1.26	2.48	6.34 %
Schallgeschwindigkeit:						
Minimalwert v_{min} [m/s]	16	5358	209	-0.26	-0.82	3.90 %
Mittelwert $v_ø$ [m/s]	16	5475	194	-0.24	-0.83	3.55 %
Biege-E-Modul E_m [N/mm²]	14	9219	1107	-0.58	-0.46	12.0 %
Biegefestigkeit f_m [N/mm²]	15	26.3	7.14	0.92	1.36	27.2 %

Tab. 3.32: p-Quantilen der empirischen Verteilung

Stichprobe B-M/N: schlecht	Minimum	unteres Quartil	Median	oberes Quartil	Maximum
Darrdichte r_0 [kg/m³]	366	390	407	414	480
Feuchtdichte r_{12} [kg/m³]	386	412	430	437	507
Schallgeschwindigkeit:					
Minimalwert v_{min} [m/s]	4992	5296	5363	5530	5653
Mittelwert $v_ø$ [m/s]	5110	5309	5480	5629	5785
Biege-E-Modul E_m [N/mm²]	7132	8817	9436	9784	10839
Biegefestigkeit f_m [N/mm²]	16.2	22.3	25.5	29.4	45.0

Tab. 3.33: 5 %-Fraktilwerte

Stichprobe B-M/N: schlecht	direkt [1]	$n = \infty$ [2]	n_{eff} [2] $\alpha = 5$ %	n_{eff} [2] $\alpha = 10$ %	n_{eff} [2] $\alpha = 15.9$ %	Regr. [3]
Darrdichte r_0 [kg/m³]	n < 20	364	342	348	352	366
Feuchtdichte r_{12} [kg/m³]	n < 20	384	361	367	372	387
Schallgeschwindigkeit:						
Minimalwert v_{min} [m/s]	n < 20	5015	4836	4885	4919	5021
Mittelwert $v_ø$ [m/s]	n < 20	5155	4989	5035	5066	5156
Biege-E-Modul E_m [N/mm²]	n < 20	7398	6353	6649	6847	7442
Biegefestigkeit f_m [N/mm²]	n < 20	16.4	13.0	13.8	14.5	16.6

[1] aus den Versuchen direkt (verteilungsfrei)
[2] Annahme einer Normalverteilung (Log-Normalverteilung für Festigkeit) als mathematisches Modell
[3] Lineare Regression im Wahrscheinlichkeitsnetz

Tab. 3.34: Vertrauensintervalle für α = 5 %

Stichprobe B-M/N: schlecht	Mittelwert [1)		Standardabweichung [1)		Variationskoeffizient [1)	
	μ_{min}	μ_{max}	σ_{min}	σ_{max}	γ_{min}	γ_{max}
Darrdichte r_0 [kg/m^3]	392	420	18.9	39.6	4.64 %	9.84 %
Feuchtdichte r_{12} [kg/m^3]	415	443	20.1	42.1	4.66 %	9.89 %
Schallgeschwindigkeit:						
Minimalwert v_{min} [m/s]	5247	5469	154	323	2.87 %	6.08 %
Mittelwert $v_{\varnothing}$ [m/s]	5371	5578	143	300	2.61 %	5.53 %
Biege-E-Modul E_m [N/mm^2]	8580	9858	803	1784	8.64 %	19.7 %
Biegefestigkeit f_m [N/mm^2]	22.0	29.5	1.21	1.52	5.96 %	13.1 %

[1)] Biegefestigkeit: Median bzw. Streufaktor bzw. Variationskoeffizient der Logarithmen

Tab. 3.35: Vertrauensintervalle für α = 10 %

Stichprobe B-M/N: schlecht	Mittelwert [1)		Standardabweichung [1)		Variationskoeffizient [1)	
	μ_{min}	μ_{max}	σ_{min}	σ_{max}	γ_{min}	γ_{max}
Darrdichte r_0 [kg/m^3]	395	417	19.8	36.8	4.84 %	9.02 %
Feuchtdichte r_{12} [kg/m^3]	417	441	21.1	39.1	4.87 %	9.07 %
Schallgeschwindigkeit:						
Minimalwert v_{min} [m/s]	5267	5450	162	300	3.00 %	5.57 %
Mittelwert $v_{\varnothing}$ [m/s]	5390	5560	150	279	2.73 %	5.07 %
Biege-E-Modul E_m [N/mm^2]	8695	9743	844	1645	9.05 %	17.8 %
Biegefestigkeit f_m [N/mm^2]	22.5	28.7	1.23	1.47	6.24 %	11.9 %

[1)] Biegefestigkeit: Median bzw. Streufaktor bzw. Variationskoeffizient der Logarithmen

Ausführliche Angaben zu sämtlichen Versuchen findet man im Anhang 2.4.

3.5 Typische Bruchbilder

Während bei qualitativ schlechtem Holz sich immer ein Bruch auf der Zugseite des Balkens ausgehend von einer Störungszone (Ast, Schrägfasrigkeit) (siehe Bild 3.41) einstellte, konnte bei Balken höherer Festigkeit in seltenen Fällen eine Stauchung der Druckzone festgestellt werden (Bild 3.42). Allerdings versagten solche Balken infolge Verlagerung der neutralen Achse letzlich ebenfalls durch Überschreiten der Festigkeit in der Zugzone (Bild 3.43).

Bild 3.41: Biege-Zugbruch ausgehend von einem Ast (lokale Schrägfasrigkeit)

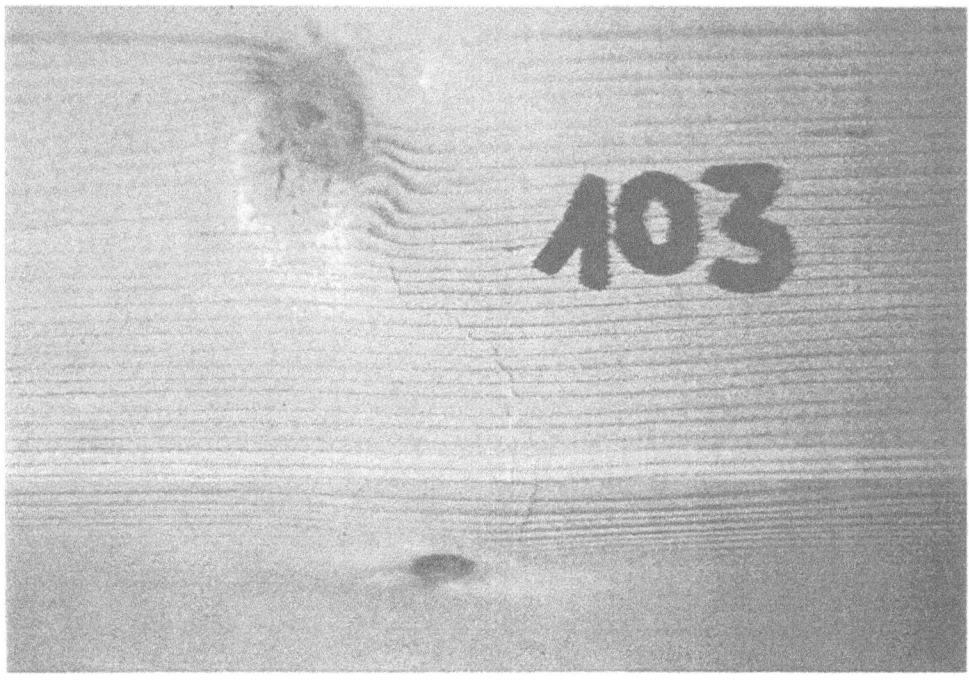

Bild 3.42: Stauchung in der Biegedruckzone

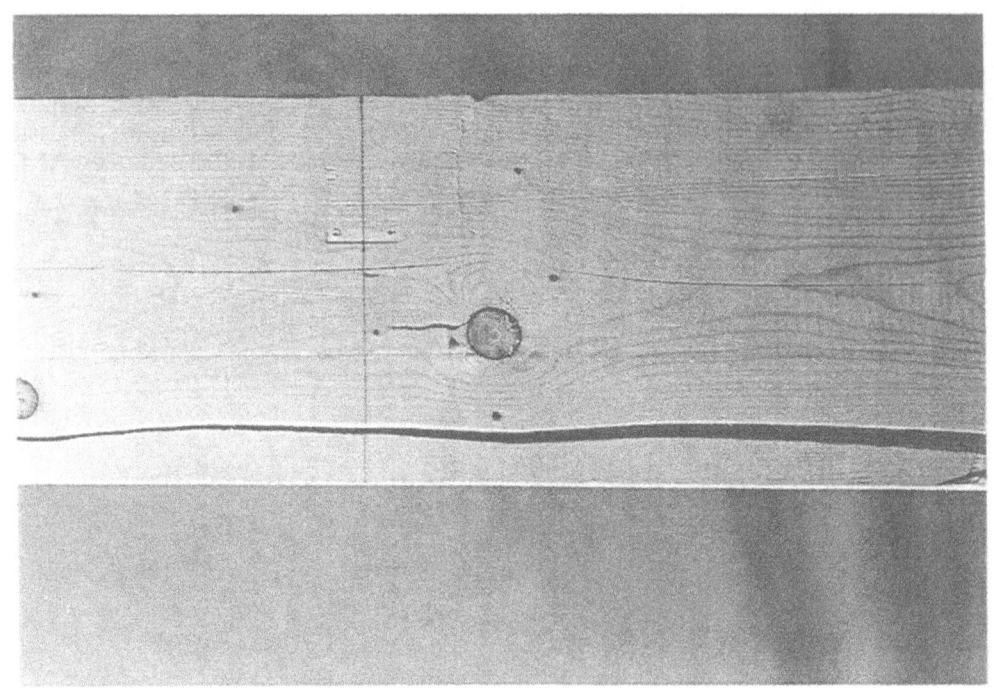

Bild 3.43: Stauchung in der Biegedruckzone, anschliessend Biege-Zugbruch

4. Zugversuche

4.1 Zielsetzungen

Die Klassierung des Bauholzes in die Festigkeitsklassen C14 - C40 erfolgt gemäss ENV 338 [2] aufgrund der Biegefestigkeit, der Dichte und des Biege-E-Moduls (siehe Abschnitt 2.1.3). Alle andern Festigkeitskennwerte (Zug-, Druck-, Schubfestigkeit) werden entweder aus der Biegefestigkeit oder aus der Dichte abgeleitet. Für den charakteristischen Wert der Zugfestigkeit gilt dabei gemäss ENV 384 [3]:

$$f_{t,0,k} = 0.6 \cdot f_{m,k}$$

Ausgehend von Zugversuchen an Proben in Bauteilgrösse sollten folgende Problemkreise untersucht werden:

- Zugfestigkeit und -steifigkeit von Schweizer Fichtenholz als Anhaltspunkt zur Einstufung in die Festigkeitsklassen der ENV 338
- Gewährleistung der nominellen Zugfestigkeits- und steifigkeitswerte bei einer sich an Kriterien aus Biegeversuchen orientierenden Festigkeitssortierung mittels Ultraschall
- Überprüfung des vorgenannten durch die ENV 384 gegebenen formelmässigen Zusammenhangs zwischen Biege- und Zugfestigkeit
- Einfluss von Volumen, Querschnitt und Schnittart auf die Zugfestigkeit.

4.2 Einspannvorrichtung für Zugversuche an Proben in Bauteilgrösse

Die in den meisten europäischen Holzbaunormen angegebenen Bemessungwerte für Zugbeanspruchung leiten sich aus Versuchen an strukturstörungsfreien Kleinproben ab [15], [109], [118]. Bei Biege- und bei Druckbelastung sind auch Versuche an Proben in Bauteilgrösse durchgeführt worden. Für Zugbelastung liegen jedoch wegen der versuchstechnisch schwierig zu realisierenden Krafteinleitung nur vereinzelte Resultate von Versuchen in Bauteilgrösse vor.

Bis anhin wurde das Problem der Krafteinleitung (in Analogie zu den Versuchen an den Kleinproben) meist dadurch gelöst, dass man den Prüfkörper im eigentlichen Prüfbereich durch Verjüngung künstlich schwächte und gleichzeitig die Einspannbereiche verstärkte. Diese Massnahmen sind erforderlich, weil die vorhandenen Prüfmaschinen in der Regel auf die Prüfung von Stahl oder Beton und nicht auf Holz ausgerichtet sind. Die Klemmbacken sind für Zugversuche an Kanthölzern zu klein und deren Reibungswiderstand ist gering. Ausserdem ist sehr oft die Klemmkraft zu wenig genau dosierbar, so dass die in Querrichtung weichen Holzproben in den Klemmbacken zerquetscht oder beschädigt werden. Die Versuchsresultate werden beeinflusst, und es stellt sich eine Häufung von Einspannbrüchen ein.

In den USA, in Kanada, aber auch in Europa sind zwar seit geraumer Zeit Anstrengungen unternommen worden, das Problem der Krafteinleitung zu lösen [103], [105], [113] und es wurden auch entsprechende Einspannvorrichtungen [106], [107] und Spezial-Prüfmaschinen [108], [114], [115] entwickelt. Die Maschinen basieren alle auf der Idee einer Verlängerung des Klemmbereiches und einer Verbesserung der Haftreibung (bzw. Verzahnung) in den Klemmbacken. Für Zugversuche an Kanthölzern sind die Maschinen allerdings nicht geeignet, da sie auf die Prüfung von Brettquerschnitten ausgerichtet sind [104], [110], [111], [112].

Im den Jahren 1989 - 1992 wurde am Institut für Baustatik und Stahlbau der ETH Zürich basierend auf Reibungsversuchen zur Optimierung der Krafteinleitung und auf Vorversuchen mit einem Prototypen eine Einspannvorrichtung zur Durchführung von Zugversuchen in Bauteilgrösse auf der vorhandenen Universalprüfmaschine SCHENCK entwickelt [117]. Die Einspannvorrichtung (Bild 4.1) ermöglicht die Einleitung von Zugkräften bis 1400 kN in Kantholzquerschnitte mit den Maximalabmessungen 120 x 200 mm ohne aufwendige Bearbeitung der Probekörper.

Bild 4.1: Einspannvorrichtung für Zugversuche an Holzproben grösseren Querschnitts

4.3 Zugversuche an Kanthölzern

Um den Einfluss des Prüfkörper-Querschnitts auf die Zugfestigkeit zu untersuchen, wurden Kanthölzer mit den Abmessungen 8/8, 8/12, 8/18 und 6/18 geprüft.

Ergänzt wurden diese Daten durch im Rahmen von Biegemoment-Normalkraft-Interaktionsversuchen an Kanthölzern des Querschnitts 8/16 gewonnene Werte (siehe Abschnitt 3.4). Die Auswahl der anlässlich der M/N-Interaktions-Versuchsserie geprüften Balken und die Stichprobenbildung (Einteilung in zwei qualitativ deutlich unterschiedliche Gruppen) erfolgte mittels Ultraschall (siehe Bild 3.30). Ausführlichere Informationen zu den M/N-Interaktionsversuchen werden in einem späteren Bericht veröffentlicht.

4.3.1 Eigenschaften des Versuchsmaterials

Alle Kanthölzer, mit Ausnahme des Querschnitts 8/16, wurden in Stichprobengrössen von ca. 40 Proben als normales Bauholz der Festigkeitsklasse FK II bei der gleichen Sägerei eingekauft. Im Verlauf der Versuche stellte man fest, dass die Bestimmung der Schallgeschwindigkeit lediglich in den Randzonen des Querschnitts nicht genügt, um dessen mechanische Eigenschaften bei Zugbelastung vorauszusagen. Da die Schnittart (Markhaltiger Querschnitt, markfreier Querschnitt) einen wesentlichen Einfluss auf die Zugfestigkeit ausübt, sollte man auch die Schallgeschwindigkeit in Balkenmitte kennen (siehe Abschnitt 2.2.3). Die spätere Datenauswertung soll zeigen, ob ein Schluss aus dem Ultraschallprofil auf die Schnittart des Balkens möglich ist. Die solchermassen mittels Ultraschall anhand der aus den Biegeversuchen ermittelten Kriterien vorgenommene Klassierung in die von der ENV 338 vorgesehenen Festigkeitsklassen ist in den Bildern 4.2 und 4.3 dargestellt:

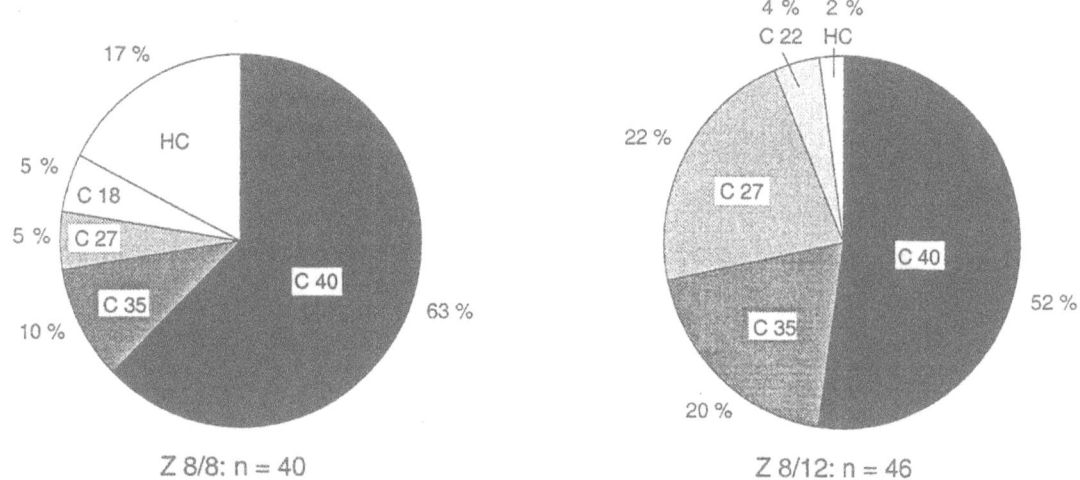

Bild 4.2: *ENV 338-Klassierung der Kanthölzer 8/8 und 8/12 mittels Ultraschall im konditionierten Zustand*

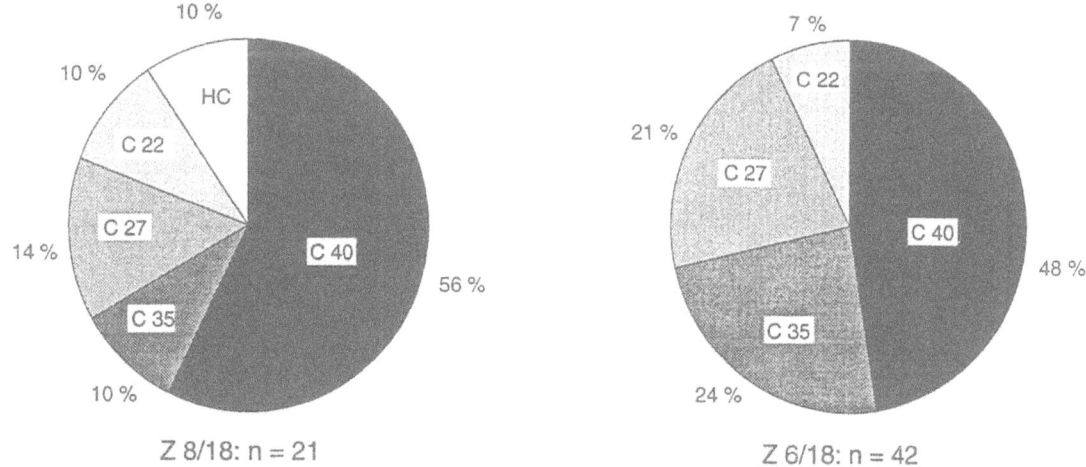

Bild 4.3: *ENV 338-Klassierung der Kanthölzer 8/18 und 6/18 mittels Ultraschall im konditionierten Zustand*

Die im Rahmen der M/N-Interaktionsversuche durchgeführten Zugprüfungen von Kantholz des Querschnitts 8/16 unterscheiden sich insofern von den vorgängig erwähnten Versuchen, als einerseits das Material vorsortiert wurde (siehe Abschnitt 3.4.1) und anderseits die Stichprobengrösse auf 10 Proben pro Holzqualität beschränkt war. Die Auswahl der in der Interaktions-Versuchsserie zu prüfenden 220 Balken aus einer Grundmenge von 300 Balken und die Zuteilung zu zwei Gruppen mit deutlich unterschiedlichen Eigenschaften erfolgte mittels Ultraschall (siehe Bild 3.30). Aus beiden Gruppen wurden jeweils 11 Untergruppen à 10 Prüfkörper gebildet. Ausgehend von den Ultraschallmessungen wurden die Streuungen in den 10er-Gruppen möglichst einheitlich gestaltet. Für die auf Zug geprüften Probekörper ergab die Sortierung mittels Ultraschall die unten dargestellte Einteilung in die Festigkeitsklassen der ENV 338 (von einem Balken der schlechteren Qualität fehlen die Daten im frisch eingeschnittenen Zustand):

- Klassierung im frisch eingeschnittenen Zustand, Annahme: w = 30 %

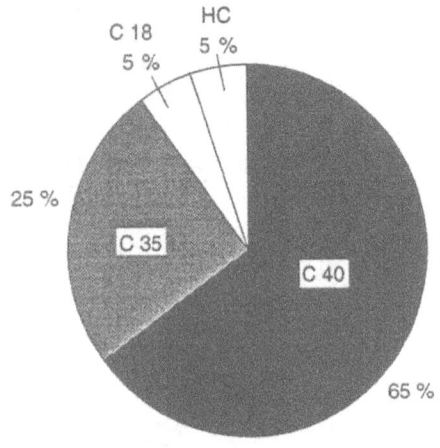 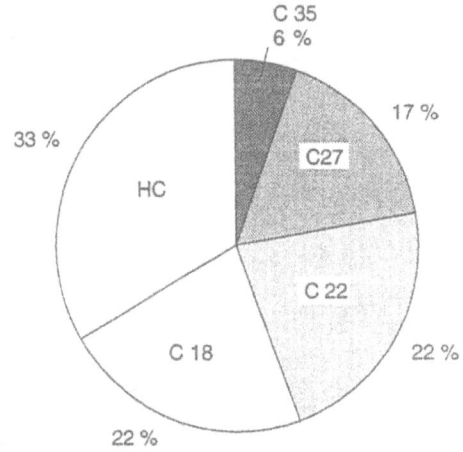

- Klassierung im frisch eingeschnittenen Zustand, Annahme: w = 50 %

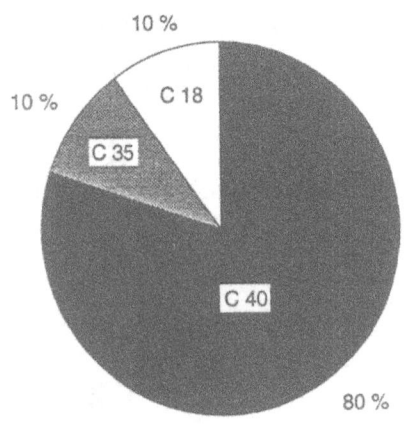 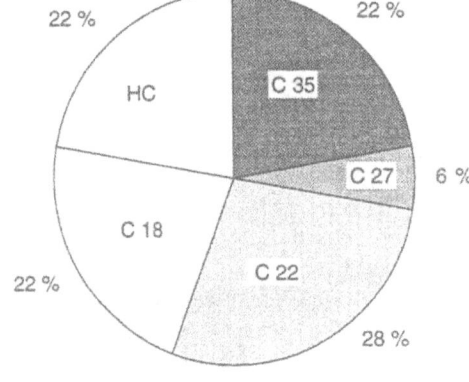

- Klassierung im konditionierten Zustand (w = 12 %)

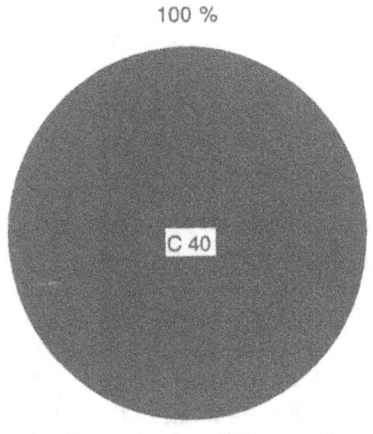 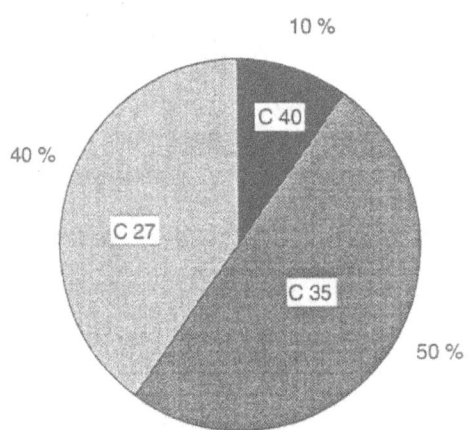

Bild 4.4: ENV 338-Klassierung der Kanthölzer 8/16 mittels Ultraschall

Ausführliche Angaben zur Ultraschall-Klassierung von sämtlichen Probekörpern findet man im Anhang 4.

4.3.2 Versuchsablauf

Die in der Sägerei auf eine Holzfeuchte von 12 % getrockneten Balken wurden bis zum Versuch in einem Klimaraum bei einer Temperatur von 20 ° C und einer relativen Luftfeuchtigkeit von 65 % gelagert.

Die im Verlaufe der Zugversuche registrierten Messgrössen waren:

- Schnittart (S: Seitenholz, m: marknah, M: markhaltig)   S, m, M
- Abmessungen (Breite, Höhe, Länge) b, h, ℓ [mm]
- Masse m [kg]
- Holzfeuchte (elektrische Widerstandsmessung) w [%]
- Schall-Laufzeit in den Balkenrandzonen und in der Mitte t_1, t_2, t_m [μs]
- Dehnung unter Zuglast ε_t [‰]
- Zugbruchlast F_u [kN]

Folgende Grössen wurden daraus abgeleitet:

- Ultraschallgeschwindigkeit v_1, v_2, v_m [m/s]
    $v_{12min}, v_{12\varnothing}$ [m/s]
- Klassierung gemäss ENV 338 mittels Ultraschall
- Zug-Elastizitätsmodul $E_{t,0}$ [N/mm²]
- Dichte für w = 12 % und w = 0 % r_{12}, r_0 [kg/m³]
- Zugbruchspannung $f_{t,0}$ [N/mm²]

Ein Ablaufdiagramm des zur Datenerfassung verwendeten Computerprogramms findet man im Anhang 9.3.

4.3.3 Statisches System und Belastung

Die Art der statischen Lagerung der Klemmvorrichtung in der Prüfmaschine beeinflusst die Versuchsresultate in erheblichem Masse:

> Bei gelenkiger Lagerung ergibt sich nach dem Anriss bei der schwächsten Stelle (z.B. bei einem Flügelast) im Prüfstab ein Moment aus Exzentrizität. Dieses Moment verursacht einen Bruch bei entsprechend tieferer Zugspannung. Eigentlich müsste man in diesen Fällen die Spannung aus Biegung berücksichtigen. Die messtechnische Erfassung dieser Spannungen aus den Exzentrizitätsmomenten ist allerdings schwierig.

> Bei verhinderter Rotation der Klemmplatten in der Prüfmaschine ist die Bestimmung der effektiv vorhandenen Spannung kurz vor dem Bruch infolge des Zustandes von praktisch reiner Normalspannung (nur geringes Moment aus Exzentrizität) einfach.

Sämtliche Zugversuche wurden bei *verhinderter* Rotation der Klemmplatten durchgeführt.

Das den Versuchen zugrundeliegende statische System mit den kennzeichnenden Abmessungen zeigt Bild 4.5:

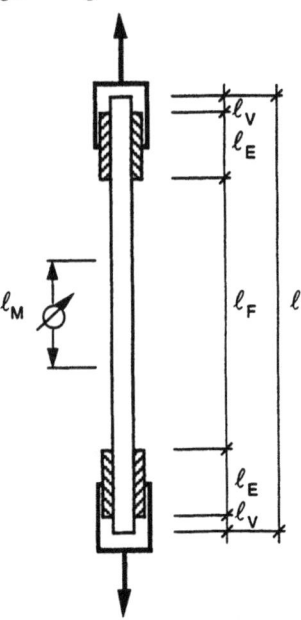

Bild 4.5: Statisches System für die Zugversuche

Der über den Einspannbereich ℓ_E herausragende Teil der Prüfkörper (nachfolgend als Vorholz bezeichnet) hat einen sehr grossen Einfluss auf die in der Klemmzone übertragbare Schubspannung [117]. Um die Leistungsfähigkeit der Einspannvorrichtung optimal auszunutzen, sollte die Vorholzlänge ℓ_V nicht kleiner als 50 bis 100 mm sein. Gemäss ENV 408 [4] muss die freie Prüflänge ℓ_F mindestens das 9-fache der Prüfkörperbreite (grösseres Querschnittsmass h) betragen (siehe 2.3.2). Für die Messlänge zur Ermittlung des Elastizitätsmoduls gilt entsprechend: $\ell_M = 5 \cdot h$. Ein Einhalten der EN-Vorgaben war jedoch infolge beschränkter Maschinengrösse nicht immer möglich. Die bei der Prüfung der verschiedenen Querschnitte effektiv vorhandenen Abmessungen und ein Vergleich mit der ENV 408 sind nachfolgend zusammengestellt:

Tab. 4.1: Für den Zugversuch bedeutsame Abmessungen der Prüfkörper

QS	ℓ	ℓ_V	ℓ_E	ℓ_F	ℓ_M
8/8	2500	50	600	1200	900
8/12	2500	50	600	1200	900
8/16	3030	65	900	1100	900
8/18	2500	50	600	1200	900
6/18	2500	50	600	1200	900

Tab 4.2: Vergleich der effektiven Abmessungen mit den von der ENV 408 geforderten Werten

QS	ℓ_F	ℓ_M	Sollwerte gemäss ENV 408
8/8	$15 \cdot h$	$11.3 \cdot h$	
8/12	$10 \cdot h$	$7.50 \cdot h$	$\ell_F = 9 \cdot h$
8/16	$6.88 \cdot h$	$5.63 \cdot h$	$\ell_M = 5 \cdot h$
8/18	$6.67 \cdot h$	$5 \cdot h$	
6/18	$6.67 \cdot h$	$5 \cdot h$	

4.3.4 Messgeräte

Tab. 4.3: Verwendete Messgeräte

Messgrösse	Gerät	Bemerkungen
Holzfeuchte	KRÜGER H-DI-3.10	elektr. Widerstandsmessgerät mit Holzarten- und Temperaturerfassung
Masse	Digitalwaage WT1 von K-TRON PESA	m_{max} = 150 kg
Schallaufzeit	STEINKAMP BP 5	Exponentialprüfköpfe 25 kHz
Kraft	Kraftmessdose SCHENCK	Genauigkeit: ± 0.1 %
Längenänderung	Präzisionsweggeber Vibrometer	Geber-Nummer: 3690, 5359 Genauigkeit: ± 0.1 %

4.3.5 Bestimmung des Zug-Elastizitätsmoduls

Der Zug-E-Modul wurde unter Anwendung des HOOKE'schen Gesetzes (siehe Anhang 3) in vier Laststufen (2 N/mm² ≤ σ ≤ 10 N/mm²) unterhalb der Proportionalitätsgrenze bestimmt. Aus den vier E-Modulwerten wurde durch Mittelwertsbildung jedem Probekörper *ein* E-Modul zugeordnet. Um Torsionseinflüsse möglichst gering zu halten, wurden jeweils an zwei sich gegenüberliegenden Balkenseiten Weggeber montiert (E-Modulwerte E_1 und E_2 in Anhang 4 und 5).

4.3.6 Graphische Darstellung der Versuchsresultate

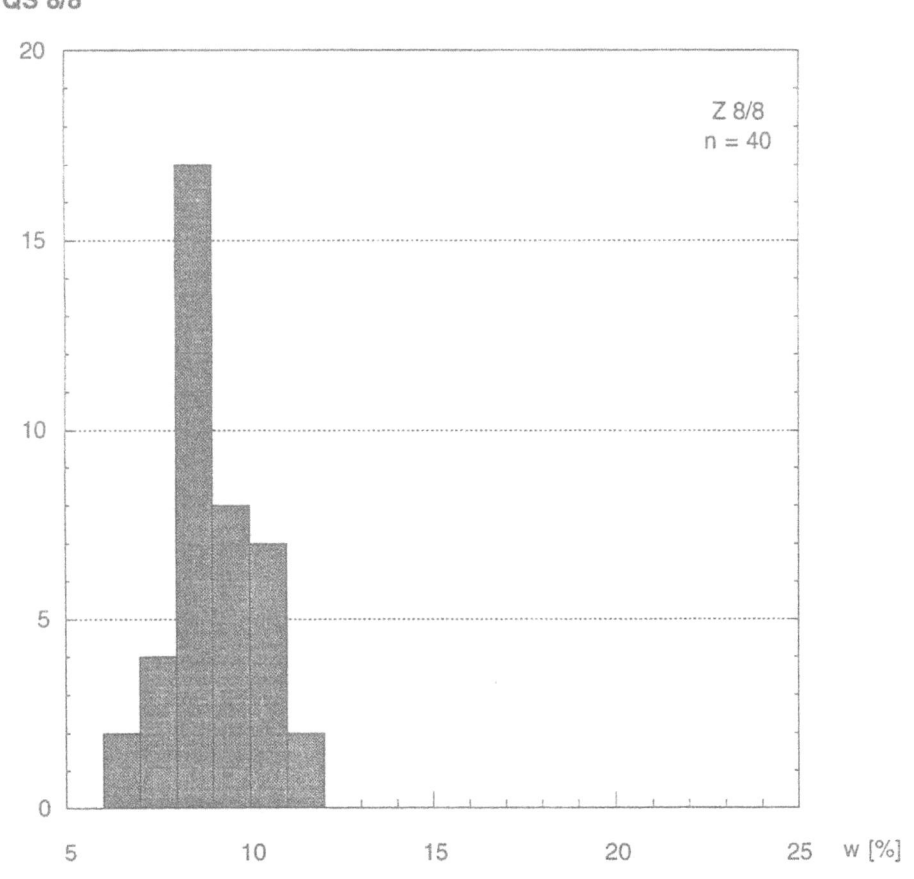

Bild 4.6: *Verteilung der Holzfeuchte, ermittelt mit elektrischer Widerstandsmessung*

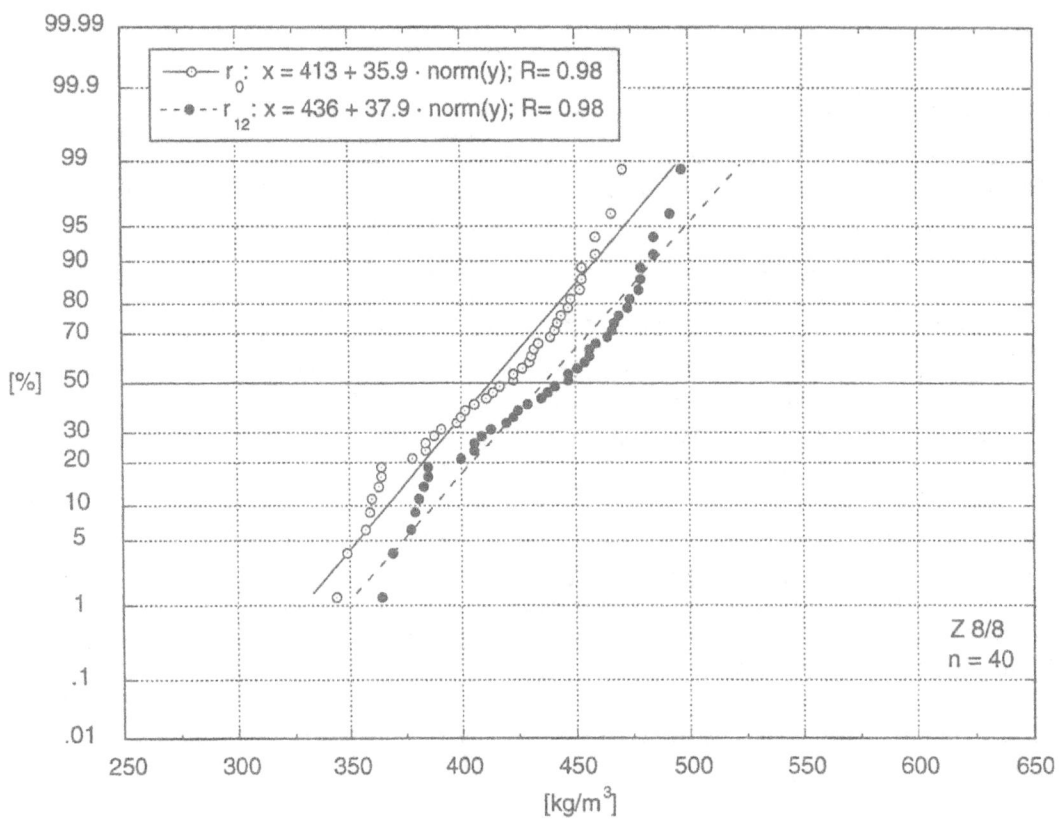

Bild 4.7: Verteilung von Feuchtdichte r_{12} (w = 12 %) und Darrdichte r_0

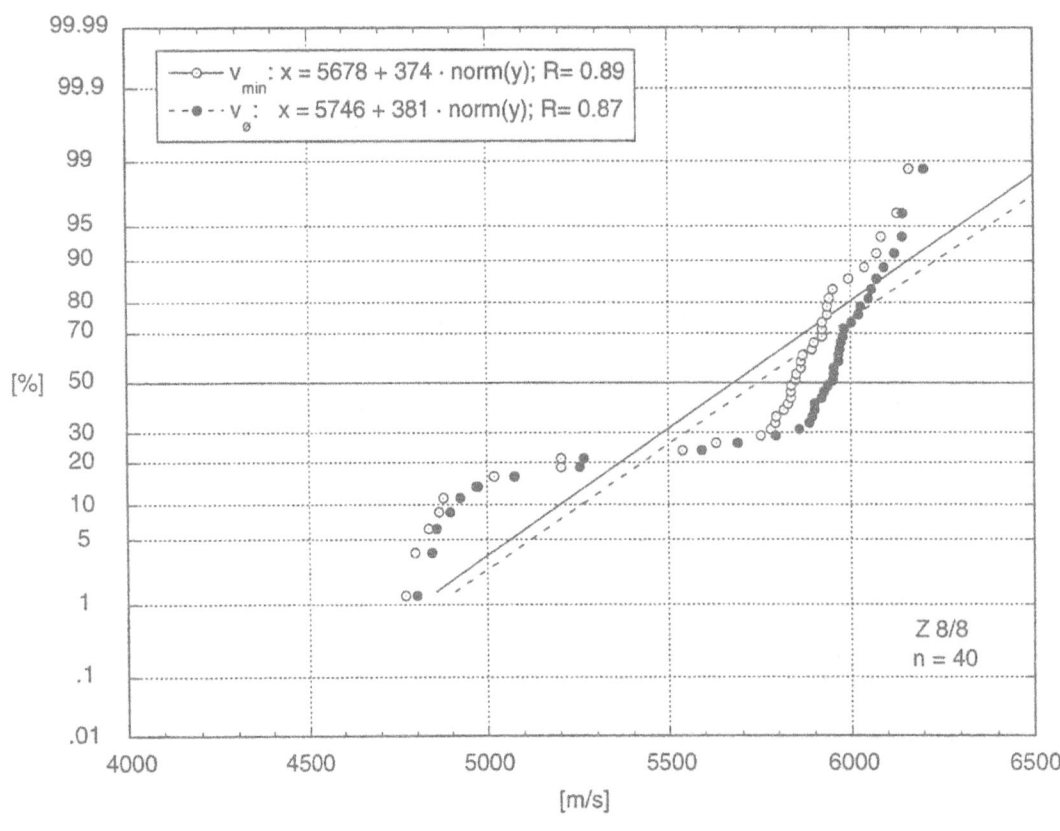

Bild 4.8: Verteilung der Schallgeschwindigkeiten v_{min} und $v_\varnothing$

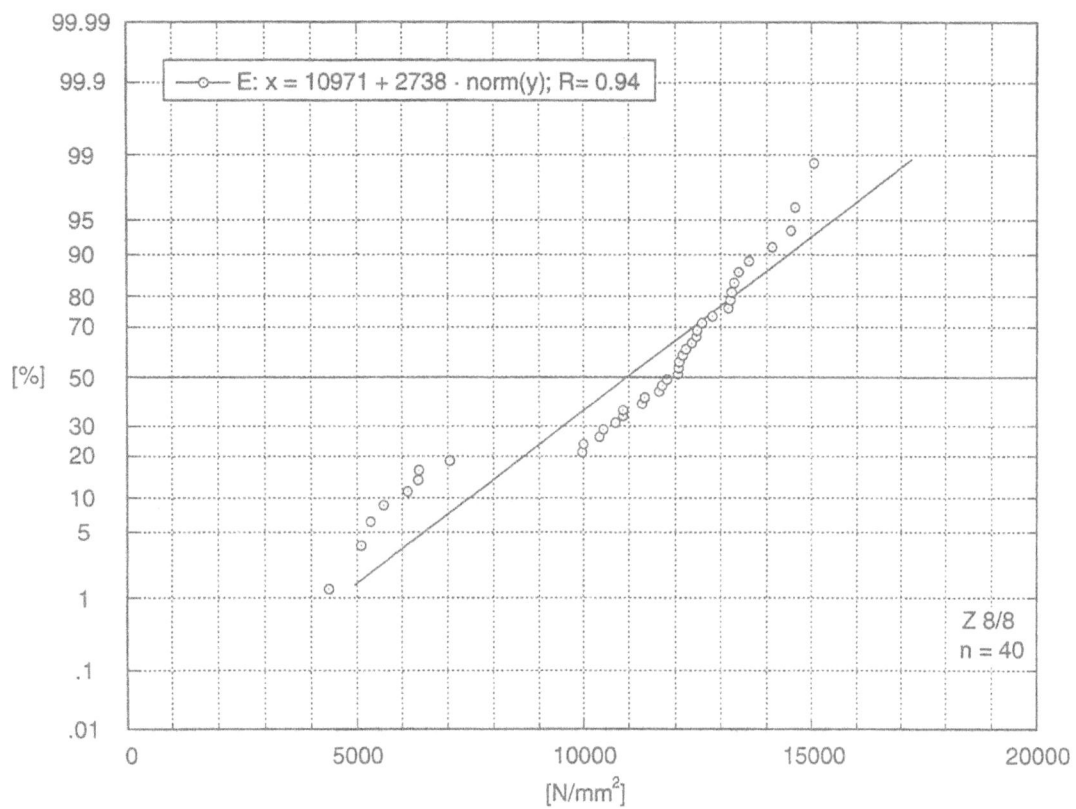

Bild 4.9: Verteilung des Zug-Elastizitätsmoduls $E_{t,0}$

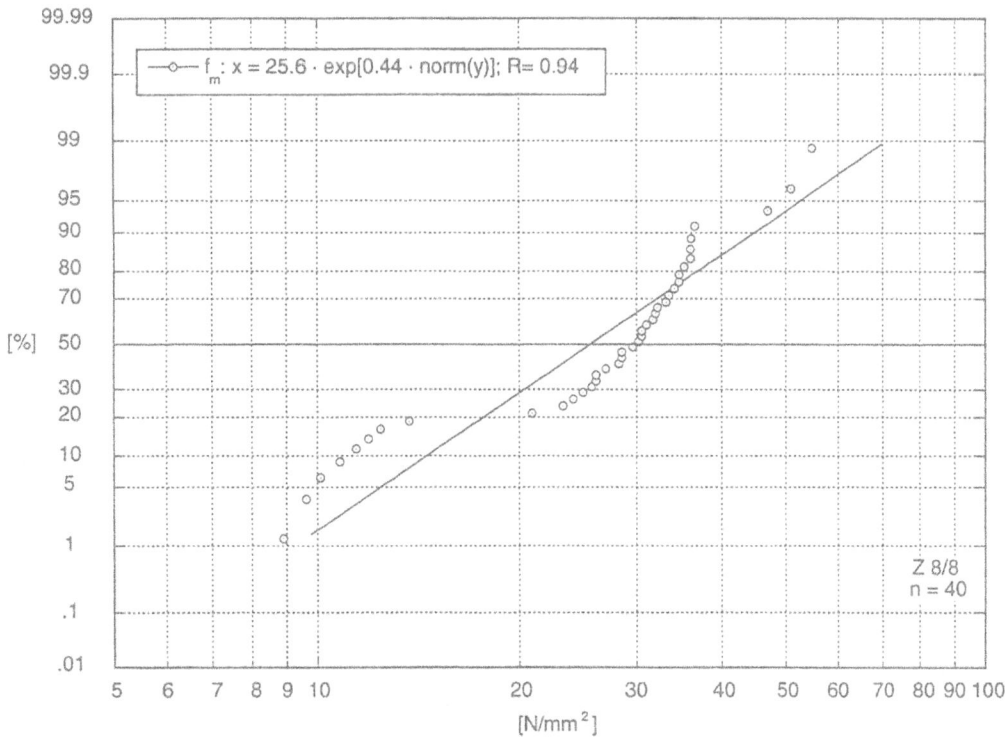

Bild 4.10: Verteilung der Zugfestigkeit $f_{t,0}$

QS 8/12

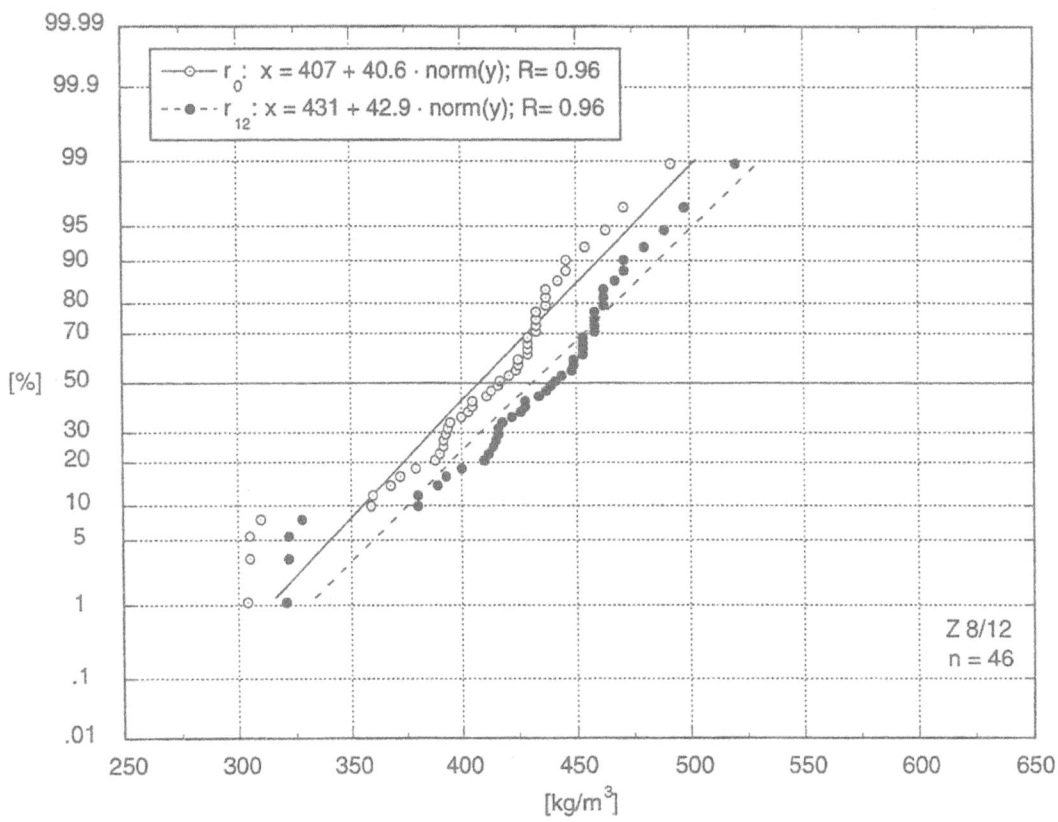

Bild 4.11: Verteilung von Feuchtdichte r_{12} (w = 12 %) und Darrdichte r_0

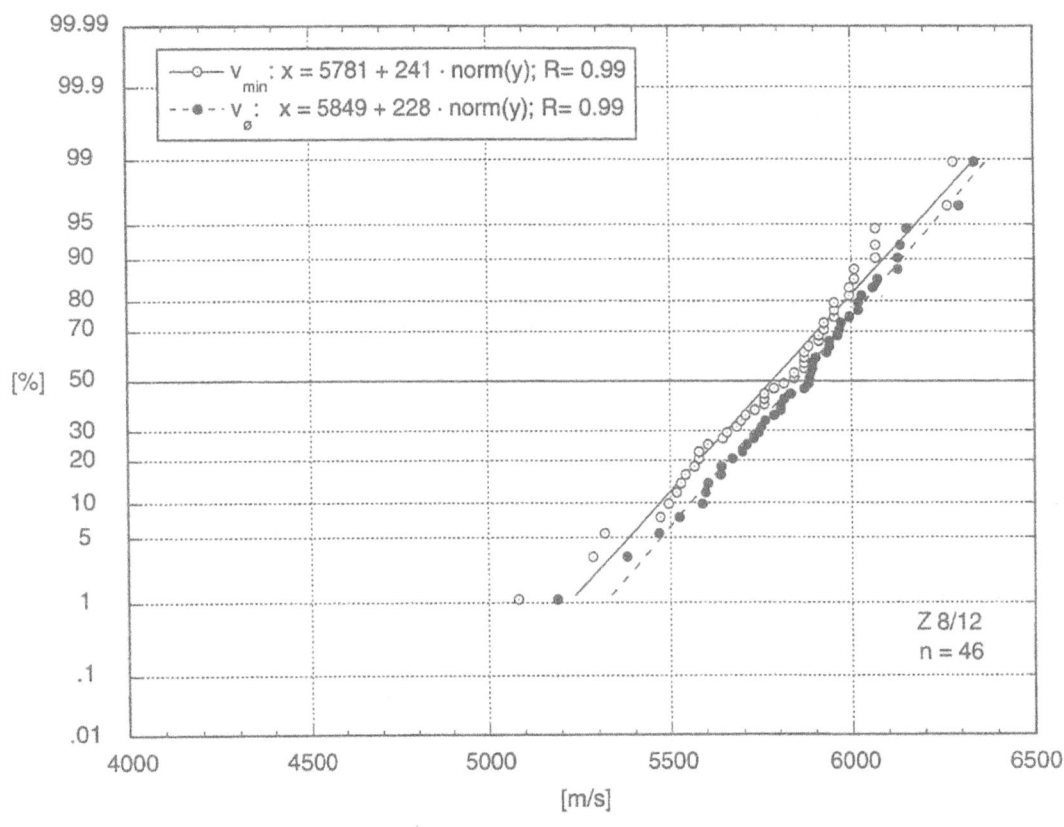

Bild 4.12: Verteilung der Schallgeschwindigkeiten v_{min} und $v_ø$

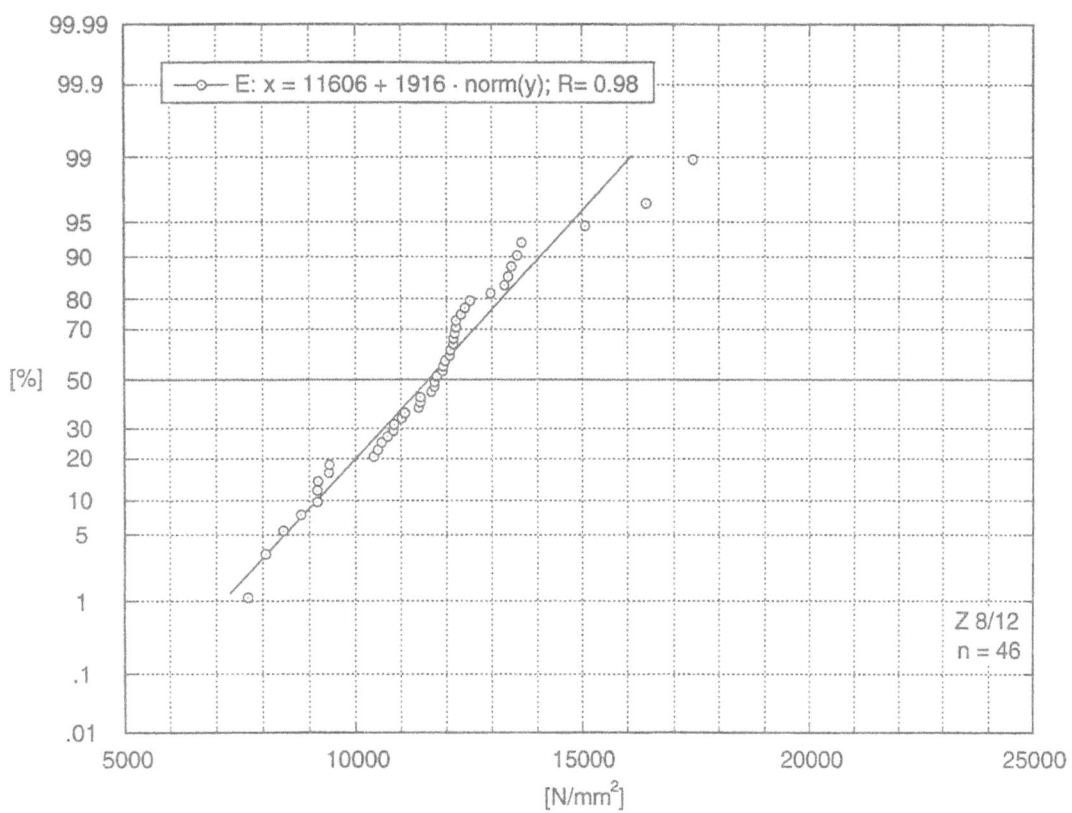

Bild 4.13: Verteilung des Zug-Elastizitätsmoduls $E_{t,0}$

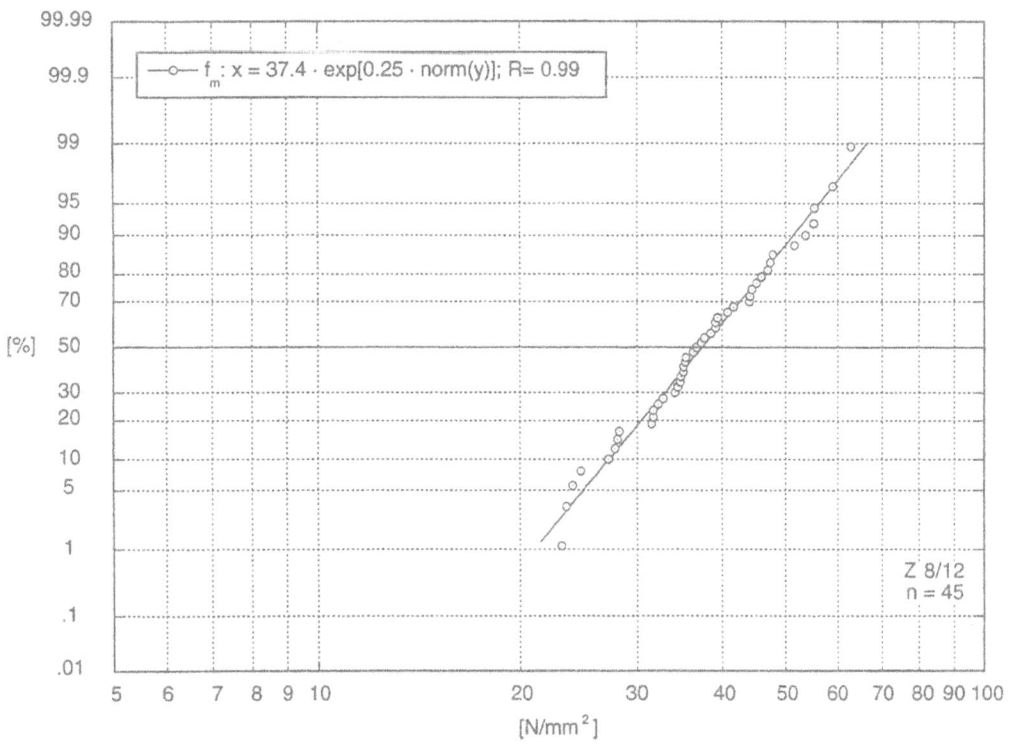

Bild 4.14: Verteilung der Zugfestigkeit $f_{t,0}$

QS 8/18

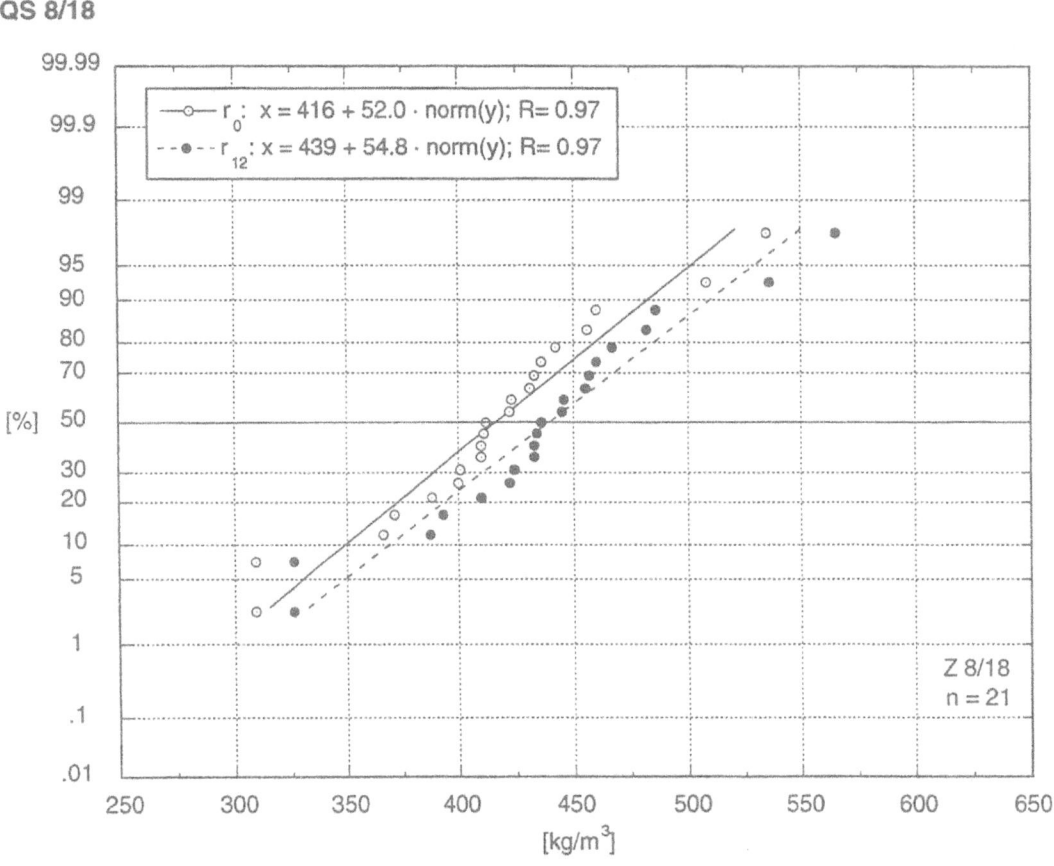

Bild 4.15: Verteilung von Feuchtdichte r_{12} (w = 12 %) und Darrdichte r_0

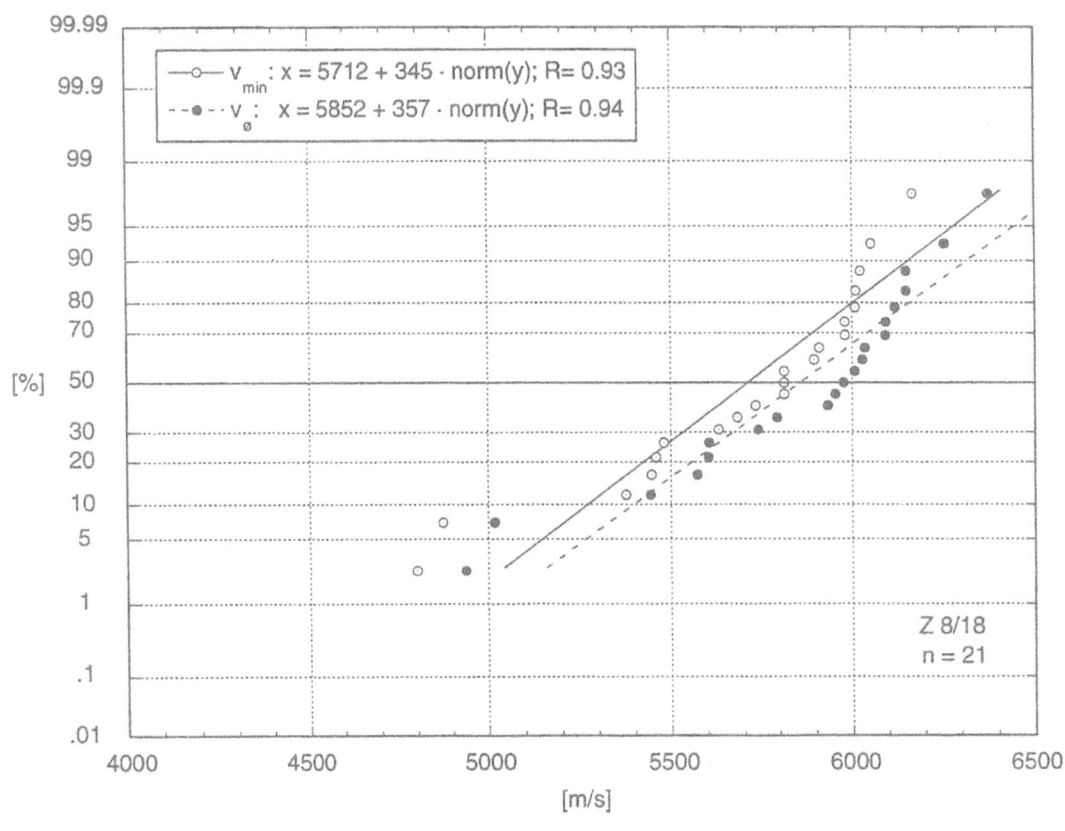

Bild 4.16: Verteilung der Schallgeschwindigkeiten v_{min} und $v_\varnothing$

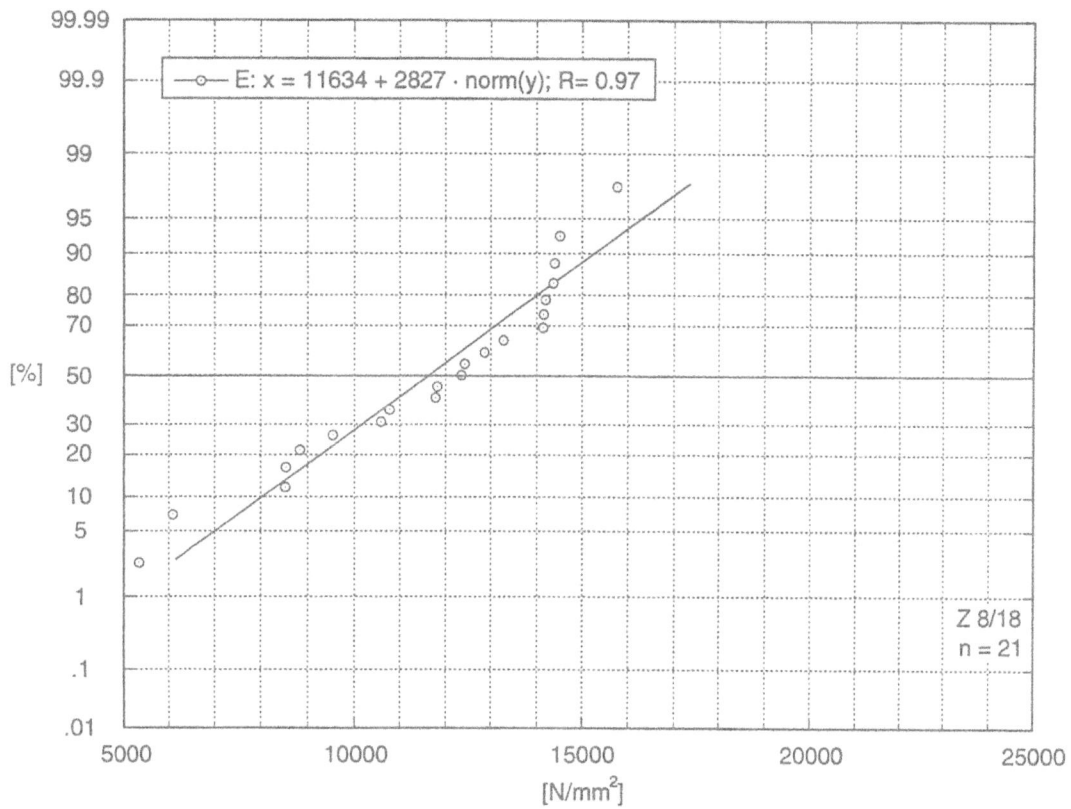

Bild 4.17: Verteilung des Zug-Elastizitätsmoduls $E_{t,0}$

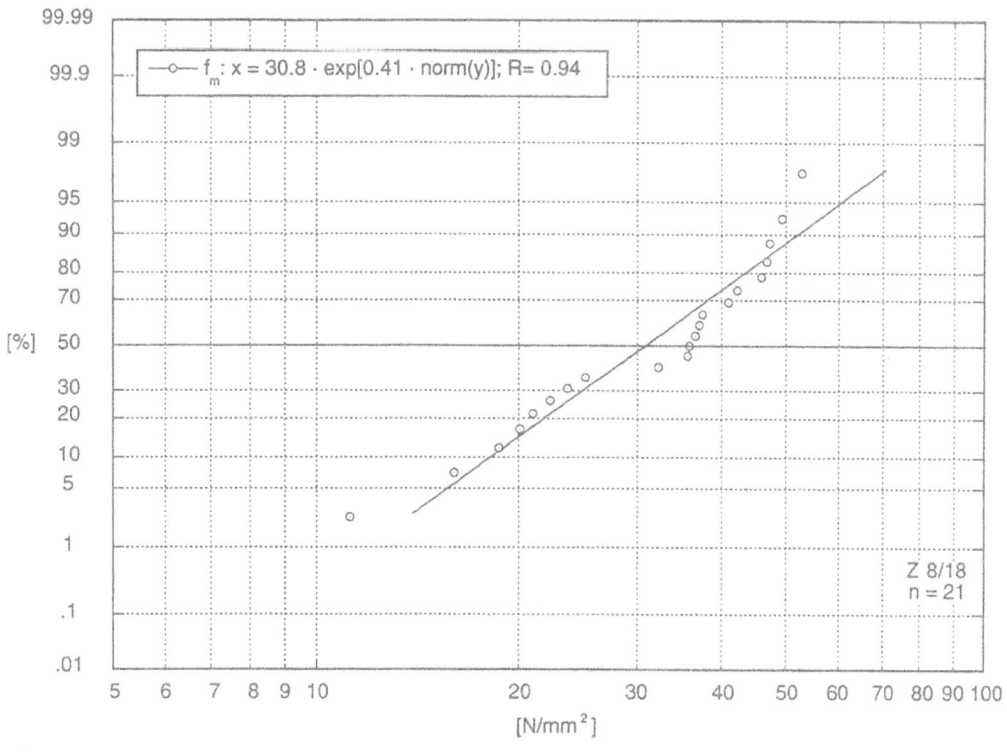

Bild 4.18: Verteilung der Zugfestigkeit $f_{t,0}$

QS 6/18

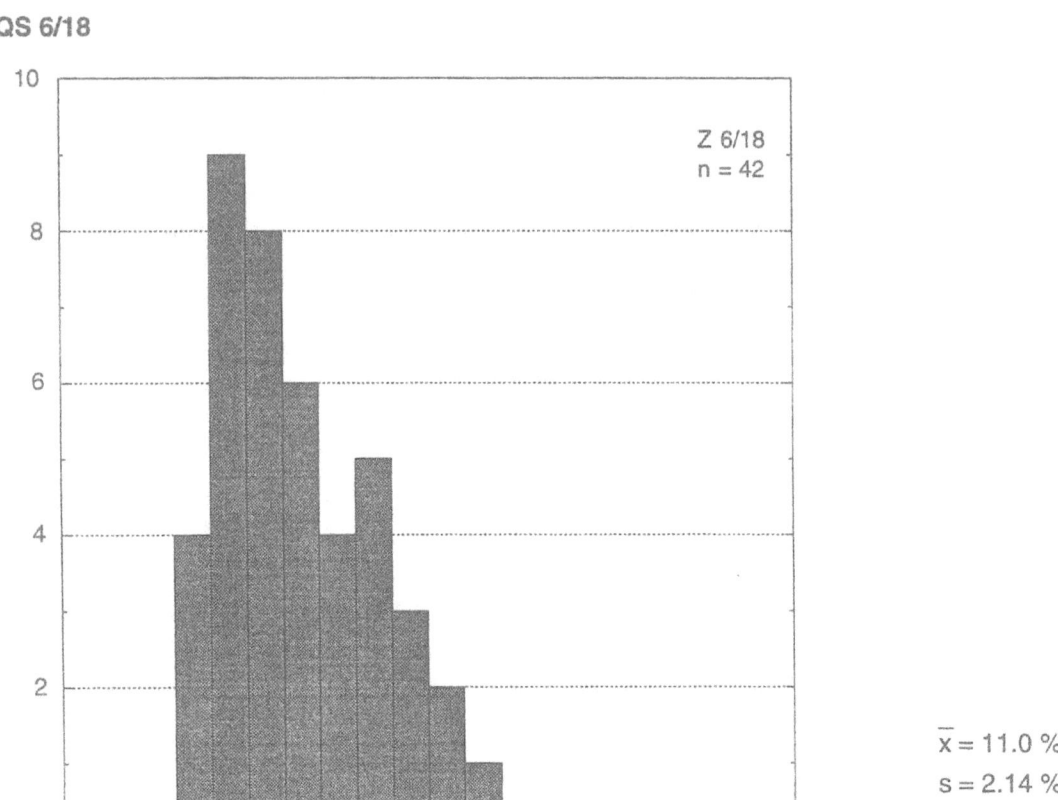

Bild 4.19: Verteilung der Holzfeuchte, ermittelt mit elektrischer Widerstandsmessung

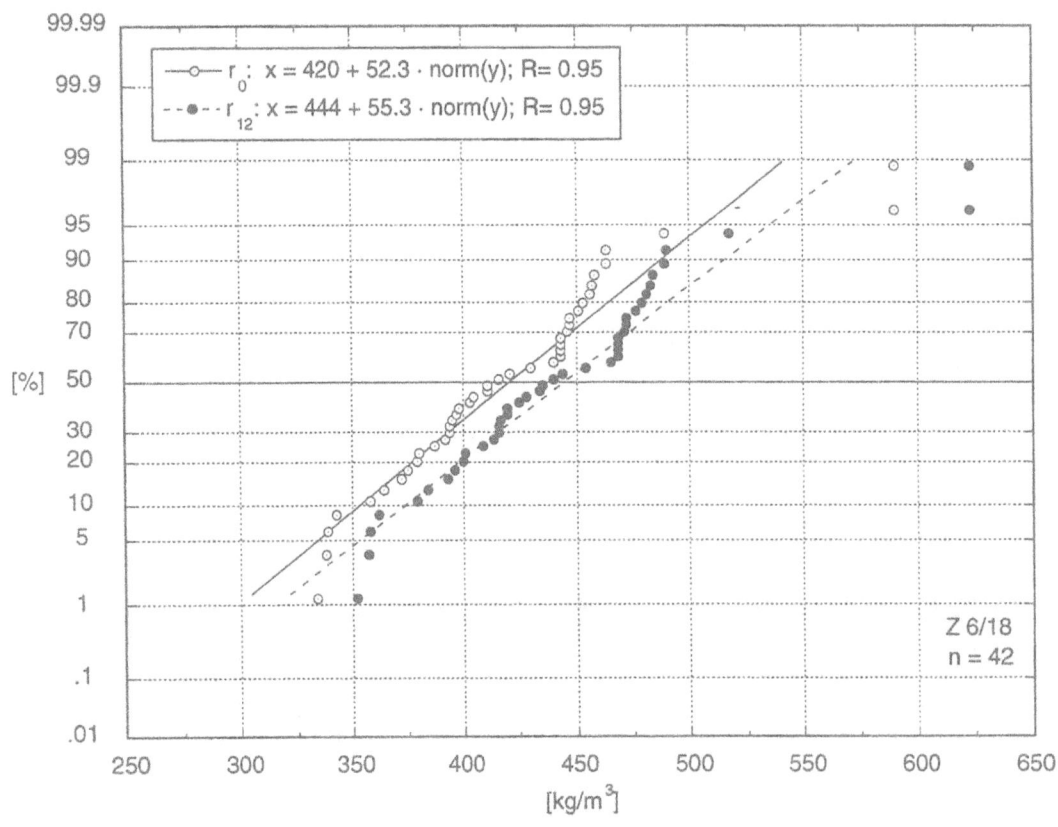

Bild 4.20: Verteilung von Feuchtdichte r_{12} (w = 12 %) und Darrdichte r_0

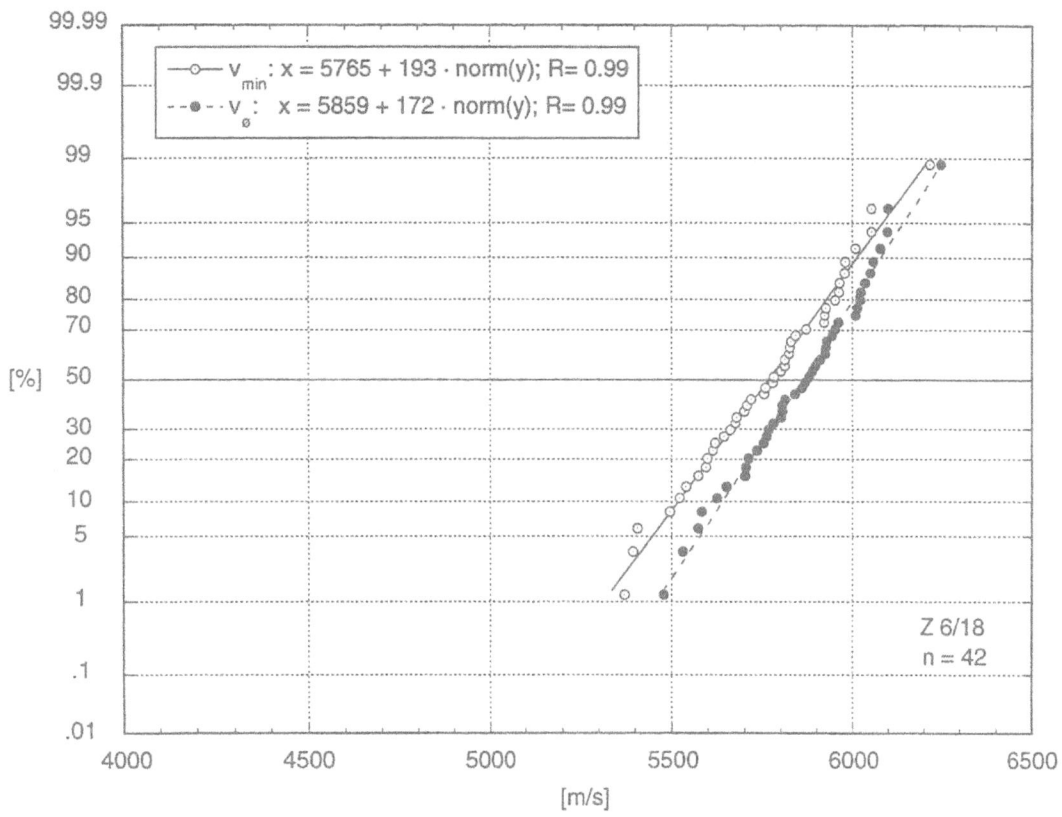

Bild 4.21: Verteilung der Schallgeschwindigkeiten v_{min} und $v_\emptyset$

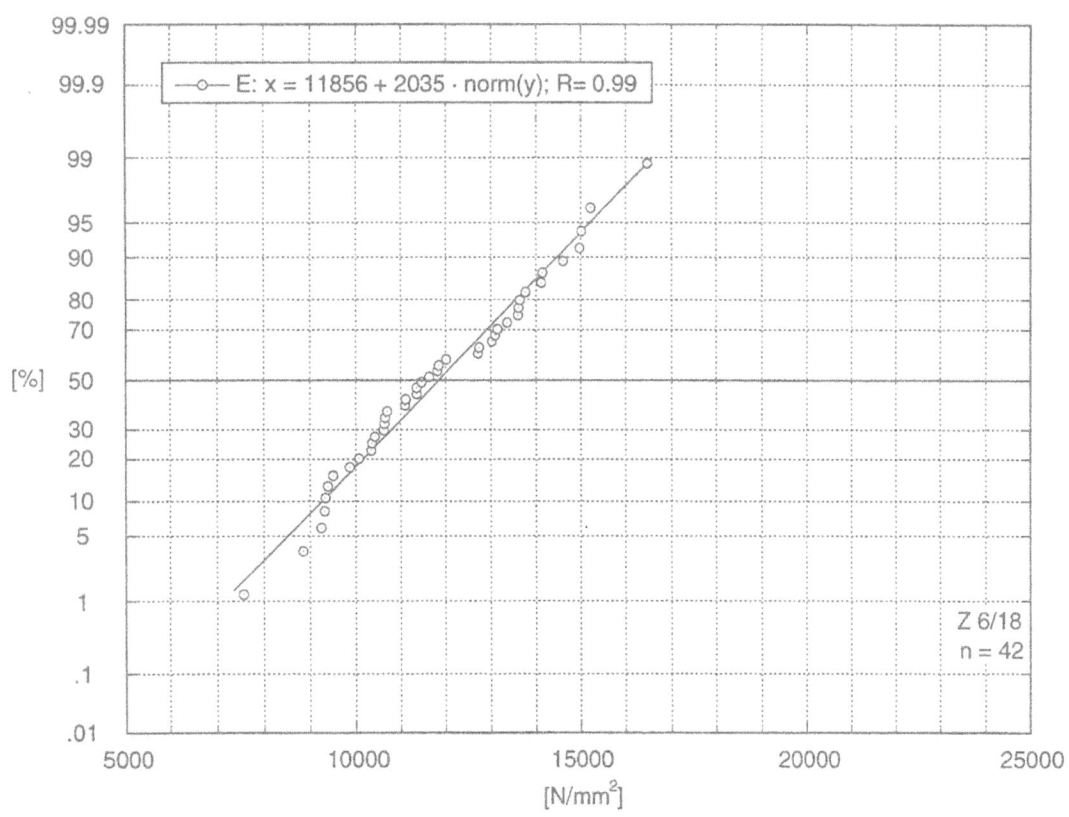

Bild 4.22: Verteilung des Zug-Elastizitätsmoduls $E_{t,0}$

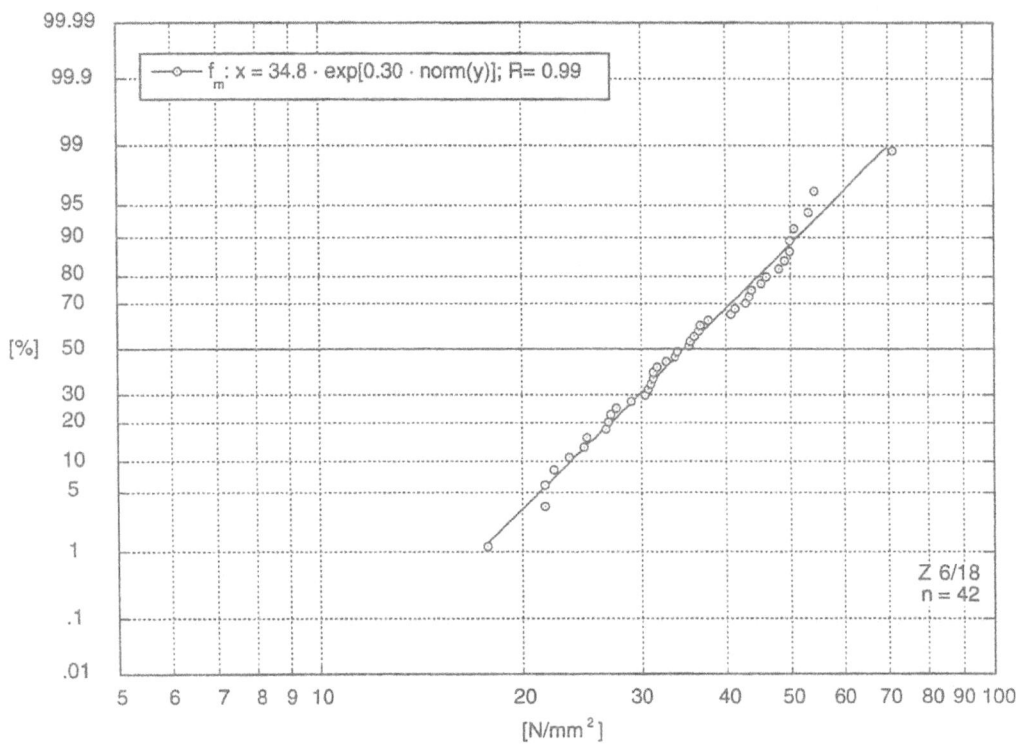

Bild 4.23: Verteilung der Zugfestigkeit $f_{t,0}$

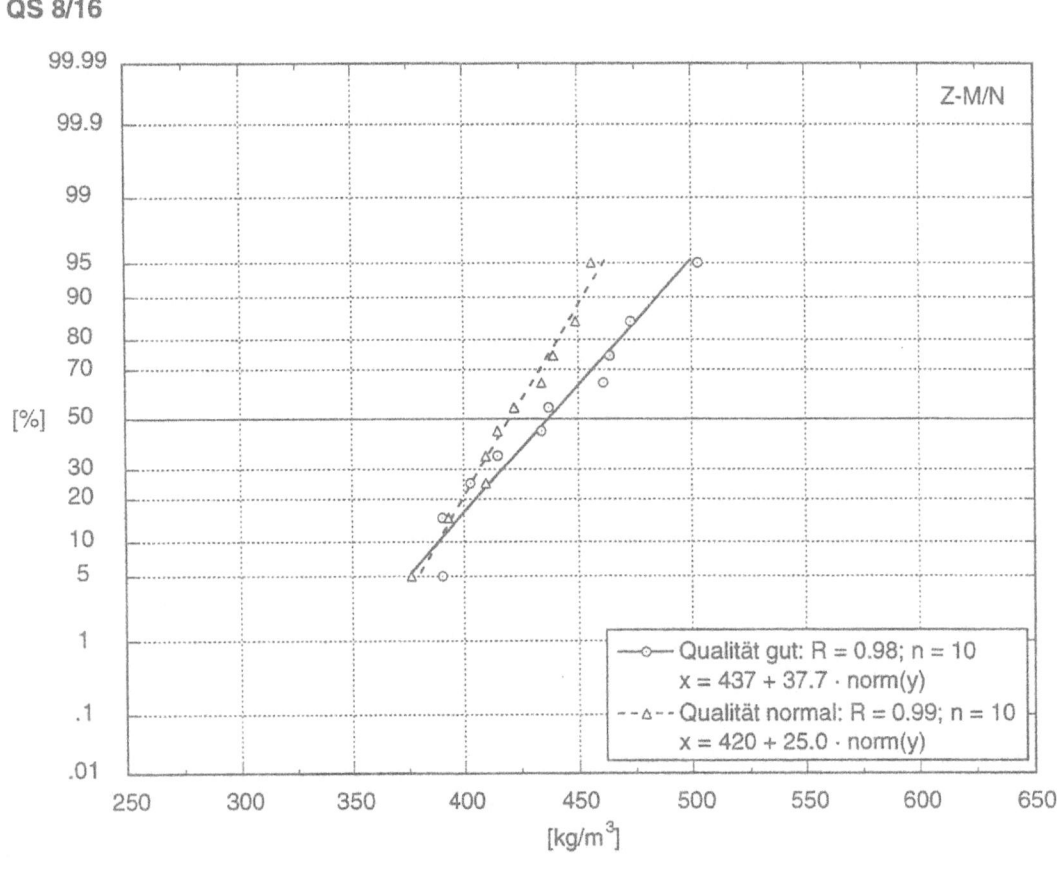

Bild 4.24: Verteilung der Darrdichte r_0

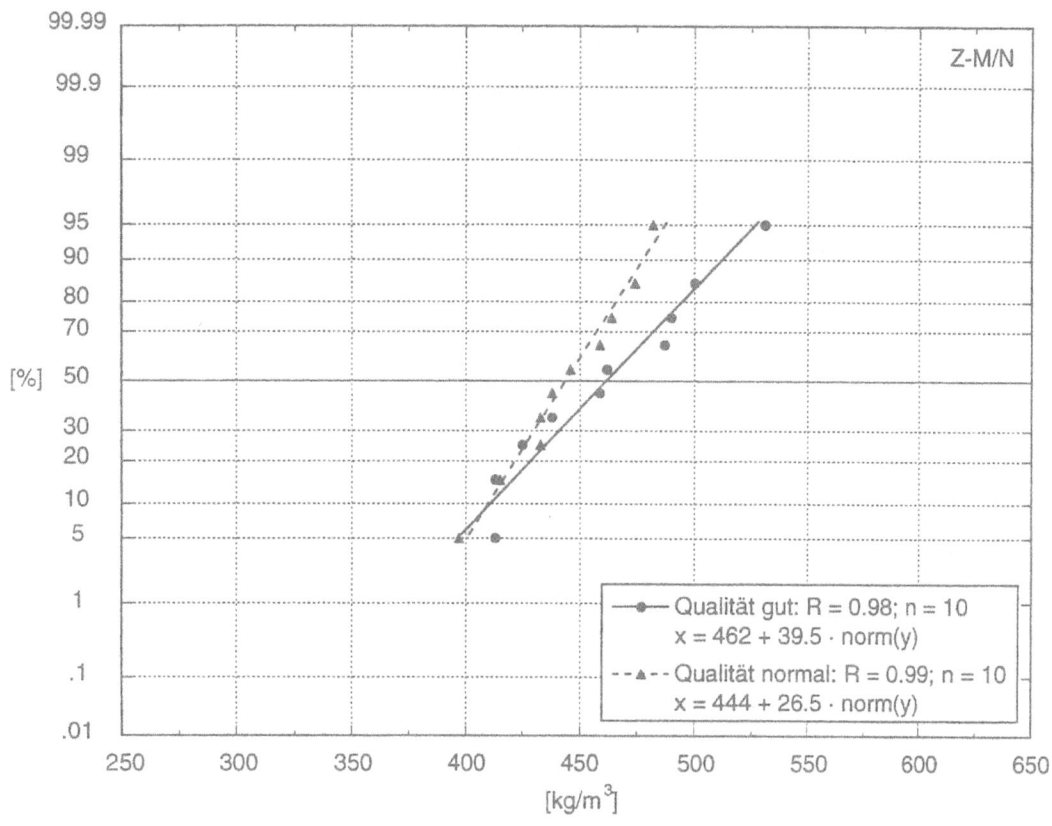

Bild 4.25: Verteilung der Feuchtdichte r_{12} (w = 12 %)

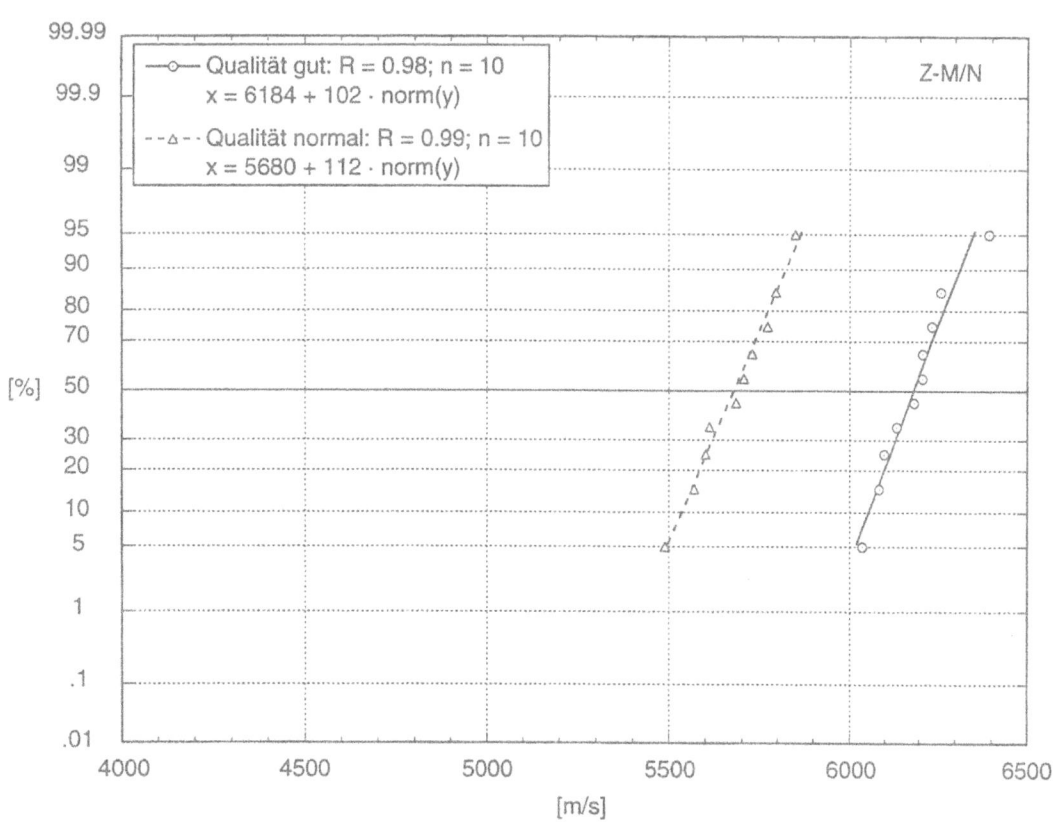

Bild 4.26: Verteilung der Schallgeschwindigkeit v_{min}

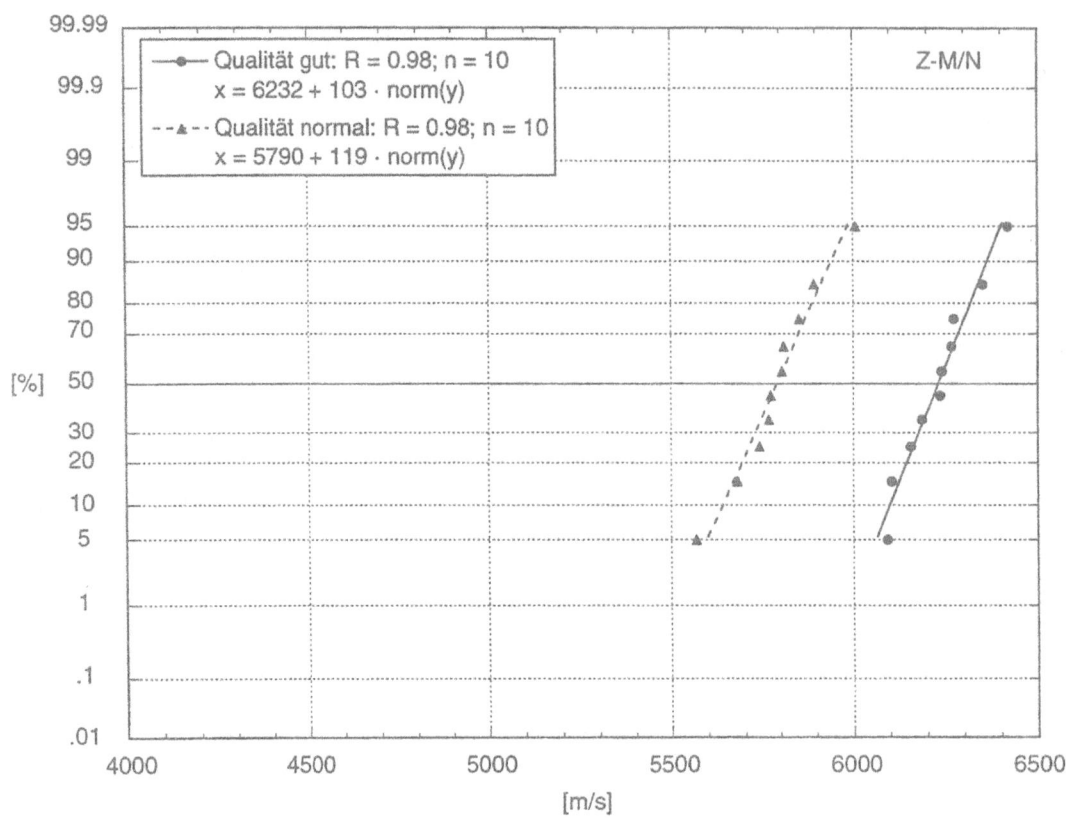

Bild 4.27: Verteilung der Schallgeschwindigkeit $v_ø$

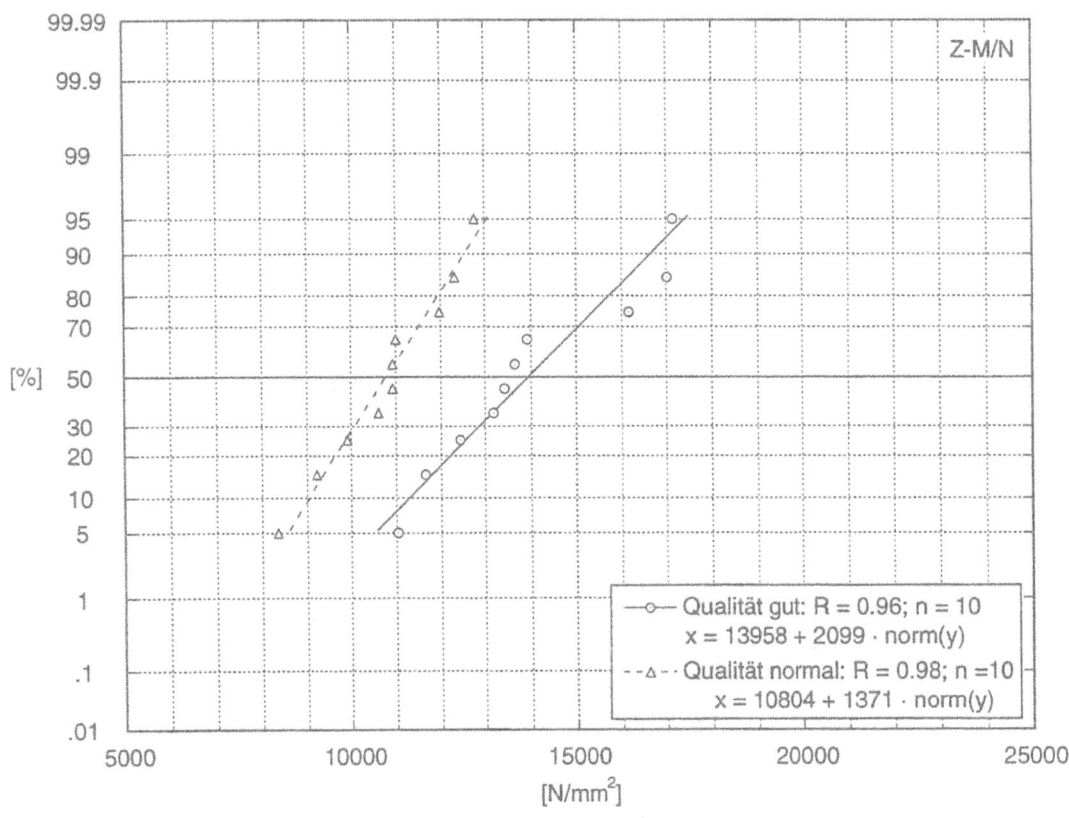

Bild 4.28: Verteilung des Zug-Elastizitätsmoduls $E_{t,0}$

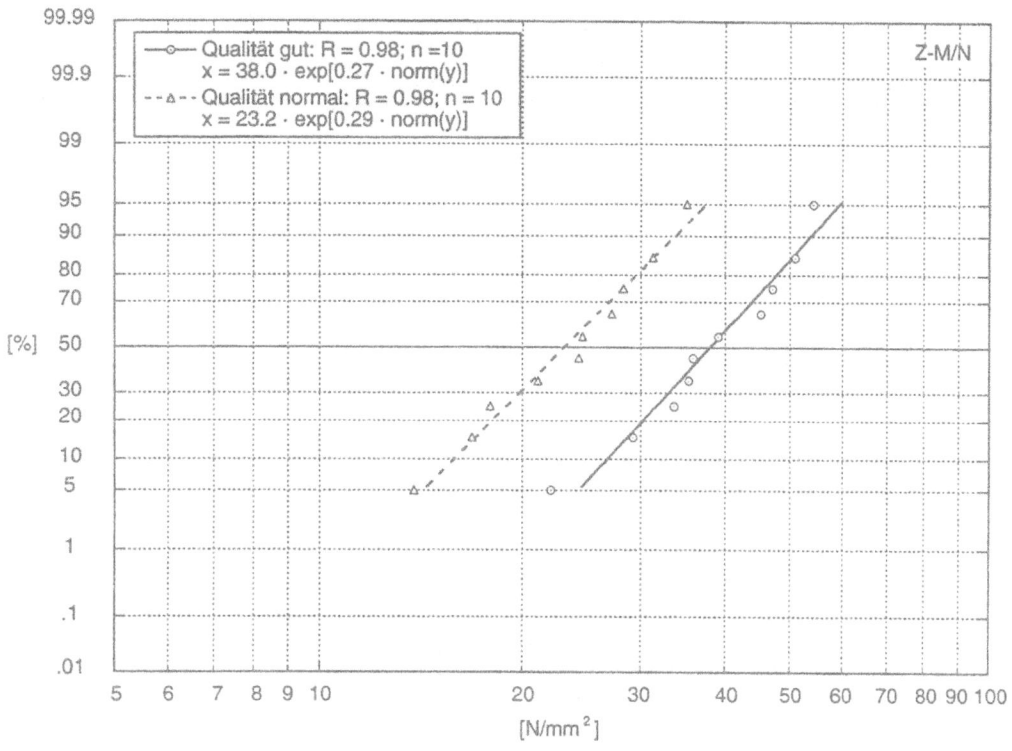

Bild 4.29: Verteilung der Zugfestigkeit $f_{t,0}$

4.3.7 Statistische Kennwerte der Versuchsdaten

QS 8/8

Tab. 4.4: Parameter zur Beschreibung von Lage, Form und Streuung der emp. Verteilung

Stichprobe Z 8/8		n	Mittelwert $\bar{x}$	Standardabweichung s	Schiefe γ_1	Exzess γ_2	Variation v
Holzfeuchte w [%]		40	8.50	1.20	0.14	-0.28	14.1 %
Darrdichte r_0 [kg/m³]		40	413	36.6	-0.30	-1.12	8.85 %
Feuchtdichte r_{12} [kg/m³]		40	436	38.6	-0.31	-1.13	8.85 %
Schallgeschwindigkeit:							
Minimalwert v_{min} [m/s]		40	5678	421	-1.16	-0.14	7.41 %
Mittelwert $v_{\varnothing}$ [m/s]		40	5746	435	-1.21	-0.12	7.57 %
Zug-E-Modul $E_{t,0}$ [N/mm²]		40	10971	2910	-0.95	-0.21	26.5 %
Zugfestigkeit $f_{t,0}$ [N/mm²]		40	28.1	10.9	0.03	0.11	38.7 %

Tab. 4.5: p-Quantilen der empirischen Verteilung

Stichprobe Z 8/8	Minimum	unteres Quartil	Median	oberes Quartil	Maximum
Holzfeuchte w [%]	6.00	8.00	8.00	9.00	11.0
Darrdichte r_0 [kg/m³]	344	384	420	443	471
Feuchtdichte r_{12} [kg/m³]	364	406	444	468	497
Schallgeschwindigkeit: Minimalwert v_{min} [m/s]	4769	5586	5844	5930	6163
Mittelwert $v_\varnothing$ [m/s]	4801	5641	5946	6011	6203
Zug-E-Modul $E_{t,0}$ [N/mm²]	4378	10177	11941	12986	15061
Zugfestigkeit $f_{t,0}$ [N/mm²]	8.90	23.7	29.9	34.4	54.9

Tab. 4.6: 5 %-Fraktilwerte

Stichprobe Z 8/8	direkt [1]	n = ∞ [2]	n_{eff} [2] α = 5 %	n_{eff} [2] α = 10 %	n_{eff} [2] α = 15.9 %	Regr. [3]
Holzfeuchte w [%]	6.00	6.53	5.96	6.10	6.21	6.60
Darrdichte r_0 [kg/m³]	349	357	335	340	343	354
Feuchtdichte r_{12} [kg/m³]	369	373	354	359	362	374
Schallgeschwindigkeit: Minimalwert v_{min} [m/s]	4796	4986	4787	4837	4873	5063
Mittelwert $v_\varnothing$ [m/s]	4844	5030	4825	4876	4914	5120
Zug-E-Modul $E_{t,0}$ [N/mm²]	5099	6184	4808	5153	5403	6472
Zugfestigkeit $f_{t,0}$ [N/mm²]	9.60	11.8	9.44	10.0	10.4	12.4

[1] aus den Versuchen direkt (verteilungsfrei)
[2] Annahme einer Normalverteilung (Log-Normalverteilung für Festigkeit) als mathematisches Modell
[3] Lineare Regression im Wahrscheinlichkeitsnetz

Tab. 4.7: Vertrauensintervalle für α = 5 %

Stichprobe Z 8/8	Mittelwert [1]		Standardabweichung [1]		Variationskoeffizient [1]	
	μ_{min}	μ_{max}	σ_{min}	σ_{max}	γ_{min}	γ_{max}
Holzfeuchte w [%]	8.12	8.88	0.98	1.54	11.5 %	18.2 %
Darrdichte r_0 [kg/m³]	401	424	30.0	47.0	7.24 %	11.4 %
Feuchtdichte r_{12} [kg/m³]	424	449	31.6	49.6	7.24 %	11.4 %
Schallgeschwindigkeit: Minimalwert v_{min} [m/s]	5543	5812	345	540	6.06 %	9.54 %
Mittelwert $v_\varnothing$ [m/s]	5607	5885	356	559	6.19 %	9.75 %
Zug-E-Modul $E_{t,0}$ [N/mm²]	10040	11902	2384	3737	21.4 %	34.8 %
Zugfestigkeit $f_{t,0}$ [N/mm²]	22.0	29.7	1.47	1.83	11.8 %	18.7 %

[1] Zugfestigkeit: Median bzw. Streufaktor bzw. Variationskoeffizient der Logarithmen

Tab. 4.8: Vertrauensintervalle für $\alpha = 10\%$

Stichprobe Z 8/8	Mittelwert [1]		Standardabweichung [1]		Variationskoeffizient [1]	
	μ_{min}	μ_{max}	σ_{min}	σ_{max}	γ_{min}	γ_{max}
Holzfeuchte w [%]	8.18	8.82	1.01	1.48	11.8 %	17.4 %
Darrdichte r_0 [kg/m³]	403	422	30.9	45.1	7.46 %	10.9 %
Feuchtdichte r_{12} [kg/m³]	426	446	32.7	47.6	7.46 %	10.9 %
Schallgeschwindigkeit:						
Minimalwert v_{min} [m/s]	5566	5790	356	518	6.24 %	9.12 %
Mittelwert $v_{\emptyset}$ [m/s]	5630	5862	368	536	6.38 %	9.32 %
Zug-E-Modul $E_{t,0}$ [N/mm²]	10195	11746	2460	3585	22.1 %	33.1 %
Zugfestigkeit $f_{t,0}$ [N/mm²]	22.6	29.0	1.49	1.78	12.2 %	17.9 %

[1] Zugfestigkeit: Median bzw. Streufaktor bzw. Variationskoeffizient der Logarithmen

QS 8/12

Tab. 4.9: Parameter zur Beschreibung von Lage, Form und Streuung der emp. Verteilung

Stichprobe Z 8/12	n	Mittelwert $\bar{x}$	Standardabweichung s	Schiefe γ_1	Exzess γ_2	Variation v
Darrdichte r_0 [kg/m³]	46	407	42.2	-0.92	0.82	10.4 %
Feuchtdichte r_{12} [kg/m³]	46	431	44.6	-0.92	0.83	10.4 %
Schallgeschwindigkeit:						
Minimalwert v_{min} [m/s]	46	5781	244	-0.49	0.43	4.21 %
Mittelwert $v_{\emptyset}$ [m/s]	46	5849	229	-0.39	0.48	3.92 %
Zug-E-Modul $E_{t,0}$ [N/mm²]	46	11606	1957	0.48	1.04	16.9 %
Zugfestigkeit $f_{t,0}$ [N/mm²]	45	38.6	9.64	0.55	-0.18	25.0 %

Tab. 4.10: p-Quantilen der empirischen Verteilung

Stichprobe Z 8/12	Minimum	unteres Quartil	Median	oberes Quartil	Maximum
Darrdichte r_0 [kg/m³]	304	392	416	433	492
Feuchtdichte r_{12} [kg/m³]	321	414	440	458	520
Schallgeschwindigkeit:					
Minimalwert v_{min} [m/s]	5081	5605	5828	5952	6281
Mittelwert $v_{\emptyset}$ [m/s]	5190	5711	5883	5996	6340
Zug-E-Modul $E_{t,0}$ [N/mm²]	7678	10577	11761	12334	17422
Zugfestigkeit $f_{t,0}$ [N/mm²]	23.1	32.1	36.7	44.6	62.9

Tab. 4.11: 5 %-Fraktilwerte

Stichprobe Z 8/12		direkt [1]	n = ∞ [2]	n_{eff} [2] $\alpha = 5\%$	n_{eff} [2] $\alpha = 10\%$	n_{eff} [2] $\alpha = 15.9\%$	Regr. [3]
Darrdichte	r_0 [kg/m³]	305	338	320	324	328	341
Feuchtdichte	r_{12} [kg/m³]	322	357	338	343	346	360
Schallgeschwindigkeit:							
Minimalwert	v_{min} [m/s]	5296	5380	5274	5300	5319	5384
Mittelwert	$v_\varnothing$ [m/s]	5405	5472	5372	5397	5415	5474
Zug-E-Modul	$E_{t,0}$ [N/mm²]	8169	8387	7537	7748	7902	8459
Zugfestigkeit	$f_{t,0}$ [N/mm²]	23.6	24.9	22.3	22.9	23.4	24.9

[1] aus den Versuchen direkt (verteilungsfrei)
[2] Annahme einer Normalverteilung (Log-Normalverteilung für Festigkeit) als mathematisches Modell
[3] Lineare Regression im Wahrscheinlichkeitsnetz

Tab. 4.12: Vertrauensintervalle für $\alpha = 5\%$

Stichprobe Z 8/12		Mittelwert [1]		Standardabweichung [1]		Variationskoeffizient [1]	
		μ_{min}	μ_{max}	σ_{min}	σ_{max}	γ_{min}	γ_{max}
Darrdichte	r_0 [kg/m³]	395	420	35.0	53.2	8.57 %	13.1 %
Feuchtdichte	r_{12} [kg/m³]	417	444	37.0	56.2	8.58 %	13.1 %
Schallgeschwindigkeit:							
Minimalwert	v_{min} [m/s]	5708	5853	202	307	3.49 %	5.32 %
Mittelwert	$v_\varnothing$ [m/s]	5781	5917	190	289	3.25 %	4.94 %
Zug-E-Modul	$E_{t,0}$ [N/mm²]	11025	12187	1623	2465	13.9 %	21.4 %
Zugfestigkeit	$f_{t,0}$ [N/mm²]	34.7	40.3	1.23	1.37	5.66 %	8.67 %

[1] Zugfestigkeit: Median bzw. Streufaktor bzw. Variationskoeffizient der Logarithmen

Tab. 4.13: Vertrauensintervalle für $\alpha = 10\%$

Stichprobe Z 8/12		Mittelwert [1]		Standardabweichung [1]		Variationskoeffizient [1]	
		μ_{min}	μ_{max}	σ_{min}	σ_{max}	γ_{min}	γ_{max}
Darrdichte	r_0 [kg/m³]	397	418	36.1	51.2	8.81 %	12.6 %
Feuchtdichte	r_{12} [kg/m³]	420	442	38.1	54.1	8.82 %	12.6 %
Schallgeschwindigkeit:							
Minimalwert	v_{min} [m/s]	5720	5841	208	295	3.59 %	5.10 %
Mittelwert	$v_\varnothing$ [m/s]	5792	5906	196	278	3.34 %	4.74 %
Zug-E-Modul	$E_{t,0}$ [N/mm²]	11122	12091	1672	2373	14.3 %	20.5 %
Zugfestigkeit	$f_{t,0}$ [N/mm²]	35.2	39.8	1.24	1.35	5.82 %	8.31 %

[1] Zugfestigkeit: Median bzw. Streufaktor bzw. Variationskoeffizient der Logarithmen

QS 8/18

Tab. 4.14: Parameter zur Beschreibung von Lage, Form und Streuung der emp. Verteilung

Stichprobe Z 8/18		n	Mittelwert $\bar{x}$	Standardabweichung s	Schiefe γ_1	Exzess γ_2	Variation v
Darrdichte	r_0 [kg/m³]	21	416	53.2	-0.01	0.62	12.8 %
Feuchtdichte	r_{12} [kg/m³]	21	439	56.1	-0.02	0.64	12.8 %
Schallgeschwindigkeit:							
Minimalwert	v_{min} [m/s]	21	5712	367	-1.21	0.80	6.43 %
Mittelwert	$v_\varnothing$ [m/s]	21	5852	376	-1.09	0.53	6.43 %
Zug-E-Modul	$E_{t,0}$ [N/mm²]	21	11634	2909	-0.67	-0.50	25.0 %
Zugfestigkeit	$f_{t,0}$ [N/mm²]	21	33.2	12.2	-0.16	-1.17	36.7 %

Tab. 4.15: p-Quantilen der empirischen Verteilung

Stichprobe Z 8/18		Minimum	unteres Quartil	Median	oberes Quartil	Maximum
Darrdichte	r_0 [kg/m³]	309	397	412	437	535
Feuchtdichte	r_{12} [kg/m³]	326	419	436	462	565
Schallgeschwindigkeit:						
Minimalwert	v_{min} [m/s]	4798	5476	5814	5988	6169
Mittelwert	$v_\varnothing$ [m/s]	4938	5605	5977	6100	6373
Zug-E-Modul	$E_{t,0}$ [N/mm²]	5326	9368	12357	14173	15755
Zugfestigkeit	$f_{t,0}$ [N/mm²]	11.2	22.0	35.9	43.1	52.8

Tab. 4.16: 5 %-Fraktilwerte

Stichprobe Z 8/18		direkt [1]	n = ∞ [2]	n_{eff} [2] α = 5 %	n_{eff} [2] α = 10 %	n_{eff} [2] α = 15.9 %	Regr. [3]
Darrdichte	r_0 [kg/m³]	309	328	290	301	308	330
Feuchtdichte	r_{12} [kg/m³]	326	347	307	318	325	349
Schallgeschwindigkeit:							
Minimalwert	v_{min} [m/s]	4802	5108	4848	4917	4966	5146
Mittelwert	$v_\varnothing$ [m/s]	4942	5232	4965	5036	5086	5264
Zug-E-Modul	$E_{t,0}$ [N/mm²]	5364	6849	4784	5335	5719	6989
Zugfestigkeit	$f_{t,0}$ [N/mm²]	11.4	15.3	11.3	12.3	13.0	15.7

[1] aus den Versuchen direkt (verteilungsfrei)
[2] Annahme einer Normalverteilung (Log-Normalverteilung für Festigkeit) als mathematisches Modell
[3] Lineare Regression im Wahrscheinlichkeitsnetz

Tab. 4.17: Vertrauensintervalle für α = 5 %

Stichprobe Z 8/18		Mittelwert [1]		Standardabweichung [1]		Variationskoeffizient [1]	
		μ_{min}	μ_{max}	σ_{min}	σ_{max}	γ_{min}	γ_{max}
Darrdichte	r_0 [kg/m³]	392	440	40.7	76.8	9.73 %	18.7 %
Feuchtdichte	r_{12} [kg/m³]	414	465	43.0	81.1	9.72 %	18.7 %
Schallgeschwindigkeit:							
Minimalwert	v_{min} [m/s]	5545	5880	281	530	4.90 %	9.33 %
Mittelwert	$v_\varnothing$ [m/s]	5680	6023	288	544	4.91 %	9.34 %
Zug-E-Modul	$E_{t,0}$ [N/mm²]	10310	12958	2226	4201	18.8 %	37.2 %
Zugfestigkeit	$f_{t,0}$ [N/mm²]	25.4	37.4	1.38	1.85	9.43 %	18.1 %

[1] Zugfestigkeit: Median bzw. Streufaktor bzw. Variationskoeffizient der Logarithmen

Tab. 4.18: Vertrauensintervalle für α = 10 %

Stichprobe Z 8/18		Mittelwert [1]		Standardabweichung [1]		Variationskoeffizient [1]	
		μ_{min}	μ_{max}	σ_{min}	σ_{max}	γ_{min}	γ_{max}
Darrdichte	r_0 [kg/m³]	396	436	42.5	72.2	10.1 %	17.4 %
Feuchtdichte	r_{12} [kg/m³]	418	460	44.8	76.2	10.1 %	17.4 %
Schallgeschwindigkeit:							
Minimalwert	v_{min} [m/s]	5574	5851	293	499	5.10 %	8.70 %
Mittelwert	$v_\varnothing$ [m/s]	5710	5993	300	511	5.10 %	8.71 %
Zug-E-Modul	$E_{t,0}$ [N/mm²]	10539	12729	2321	3949	19.6 %	34.5 %
Zugfestigkeit	$f_{t,0}$ [N/mm²]	26.2	36.1	1.40	1.78	9.81 %	16.9 %

[1] Zugfestigkeit: Median bzw. Streufaktor bzw. Variationskoeffizient der Logarithmen

QS 6/18

Tab. 4.19: Parameter zur Beschreibung von Lage, Form und Streuung der emp. Verteilung

Stichprobe Z 6/18		n	Mittelwert $\overline{x}$	Standardabweichung s	Schiefe γ_1	Exzess γ_2	Variation v
Holzfeuchte	w [%]	42	11.0	2.14	0.55	-0.65	19.5 %
Darrdichte	r_0 [kg/m³]	42	420	55.0	1.10	2.25	13.1 %
Feuchtdichte	r_{12} [kg/m³]	42	444	58.1	1.09	2.22	13.1 %
Schallgeschwindigkeit:							
Minimalwert	v_{min} [m/s]	42	5765	194	-0.07	-0.42	3.36 %
Mittelwert	$v_\varnothing$ [m/s]	42	5859	172	-0.18	-0.40	2.94 %
Zug-E-Modul	$E_{t,0}$ [N/mm²]	42	11856	2046	0.17	-0.71	17.3 %
Zugfestigkeit	$f_{t,0}$ [N/mm²]	42	36.4	11.1	0.74	0.57	30.5 %

Tab. 4.20: p-Quantilen der empirischen Verteilung

Stichprobe Z 6/18	Minimum	unteres Quartil	Median	oberes Quartil	Maximum
Holzfeuchte w [%]	8.00	9.00	10.5	13.0	16.0
Darrdichte r_0 [kg/m³]	334	387	414	447	590
Feuchtdichte r_{12} [kg/m³]	352	409	437	472	623
Schallgeschwindigkeit:					
Minimalwert v_{min} [m/s]	5371	5618	5778	5923	6217
Mittelwert $v_\varnothing$ [m/s]	5477	5751	5872	6009	6248
Zug-E-Modul $E_{t,0}$ [N/mm²]	7560	10360	11552	13610	16460
Zugfestigkeit $f_{t,0}$ [N/mm²]	17.8	27.5	34.7	43.7	71.1

Tab 4.21: 5 %-Fraktilwerte

Stichprobe Z 6/18	direkt [1)	n = ∞ [2)	n_{eff} [2) $\alpha = 5\%$	n_{eff} [2) $\alpha = 10\%$	n_{eff} [2) $\alpha = 15.9\%$	Regr. [3)
Holzfeuchte w [%]	8.00	7.43	6.45	6.69	6.87	7.53
Darrdichte r_0 [kg/m³]	338	330	305	311	316	334
Feuchtdichte r_{12} [kg/m³]	358	349	322	329	333	353
Schallgeschwindigkeit:						
Minimalwert v_{min} [m/s]	5397	5446	5358	5380	5396	5447
Mittelwert $v_\varnothing$ [m/s]	5535	5576	5497	5516	5531	5576
Zug-E-Modul $E_{t,0}$ [N/mm²]	8888	8490	7551	7785	7956	8512
Zugfestigkeit $f_{t,0}$ [N/mm²]	21.6	21.2	18.4	19.1	19.6	21.2

[1) aus den Versuchen direkt (verteilungsfrei)
[2) Annahme einer Normalverteilung (Log-Normalverteilung für Festigkeit) als mathematisches Modell
[3) Lineare Regression im Wahrscheinlichkeitsnetz

Tab. 4.22: Vertrauensintervalle für $\alpha = 5\%$

Stichprobe Z 6/18	Mittelwert [1)		Standardabweichung [1)		Variationskoeffizient [1)	
	μ_{min}	μ_{max}	σ_{min}	σ_{max}	γ_{min}	γ_{max}
Holzfeuchte w [%]	10.3	11.6	1.76	2.73	16.0 %	25.2 %
Darrdichte r_0 [kg/m³]	403	438	45.2	70.1	10.7 %	16.8 %
Feuchtdichte r_{12} [kg/m³]	426	462	47.8	74.1	10.7 %	16.8 %
Schallgeschwindigkeit:						
Minimalwert v_{min} [m/s]	5705	5825	159	247	2.76 %	4.29 %
Mittelwert $v_\varnothing$ [m/s]	5805	5912	142	219	2.41 %	3.75 %
Zug-E-Modul $E_{t,0}$ [N/mm²]	11218	12494	1684	2609	14.1 %	22.2 %
Zugfestigkeit $f_{t,0}$ [N/mm²]	31.7	38.2	1.28	1.47	6.99 %	10.9 %

[1) Zugfestigkeit: Median bzw. Streufaktor bzw. Variationskoeffizient der Logarithmen

Tab. 4.23: Vertrauensintervalle für α = 10 %

Stichprobe Z 6/18		Mittelwert [1)]		Standardabweichung [1)]		Variationskoeffizient [1)]	
		μ_{min}	μ_{max}	σ_{min}	σ_{max}	γ_{min}	γ_{max}
Holzfeuchte w	[%]	10.4	11.5	1.82	2.62	16.4 %	24.1 %
Darrdichte r_0	[kg/m³]	406	435	46.6	67.3	11.0 %	16.0 %
Feuchtdichte r_{12}	[kg/m³]	429	459	49.3	71.2	11.0 %	16.1 %
Schallgeschwindigkeit:							
Minimalwert v_{min}	[m/s]	5715	5815	164	237	2.84 %	4.11 %
Mittelwert $v_\varnothing$	[m/s]	5814	5903	146	211	2.49 %	3.59 %
Zug-E-Modul $E_{t,0}$	[N/mm²]	11324	12387	1736	2507	14.5 %	21.2 %
Zugfestigkeit $f_{t,0}$	[N/mm²]	32.2	37.6	1.29	1.45	7.19 %	10.4 %

[1)] Zugfestigkeit: Median bzw. Streufaktor bzw. Variationskoeffizient der Logarithmen

QS 8/16: gute Qualität

Tab. 4.24: Parameter zur Beschreibung von Lage, Form und Streuung der emp. Verteilung

Stichprobe Z-M/N: gut		n	Mittelwert $\bar{x}$	Standardabweichung s	Schiefe γ_1	Exzess γ_2	Variation v
Darrdichte r_0	[kg/m³]	10	437	38.0	0.23	-1.06	8.68 %
Feuchtdichte r_{12}	[kg/m³]	10	462	40.0	0.24	-1.08	8.68 %
Schallgeschwindigkeit:							
Minimalwert v_{min}	[m/s]	10	6184	103	0.50	-0.16	1.66 %
Mittelwert $v_\varnothing$	[m/s]	10	6232	103	0.33	-0.69	1.66 %
Zug-E-Modul $E_{t,0}$	[N/mm²]	10	13958	2149	0.35	-1.14	15.4 %
Zugfestigkeit $f_{t,0}$	[N/mm²]	10	39.3	10.1	-0.08	-0.92	25.6 %

Tab. 4.25: p-Quantilen der empirischen Verteilung

Stichprobe Z-M/N: gut		Minimum	unteres Quartil	Median	oberes Quartil	Maximum
Darrdichte r_0	[kg/m³]	390	403	436	464	503
Feuchtdichte r_{12}	[kg/m³]	413	425	460	490	531
Schallgeschwindigkeit:						
Minimalwert v_{min}	[m/s]	6036	6097	6196	6235	6392
Mittelwert $v_\varnothing$	[m/s]	6093	6155	6237	6273	6420
Zug-E-Modul $E_{t,0}$	[N/mm²]	11021	12437	13534	16148	17142
Zugfestigkeit $f_{t,0}$	[N/mm²]	22.1	33.6	37.5	47.0	54.3

Tab. 4.26: 5 %-Fraktilwerte

Stichprobe Z-M/N: gut		direkt [1]	$n = \infty$ [2]	n_{eff} [2] $\alpha = 5\%$	n_{eff} [2] $\alpha = 10\%$	n_{eff} [2] $\alpha = 15.9\%$	Regr. [3]
Darrdichte	r_0 [kg/m³]	n < 20	375	328	342	351	375
Feuchtdichte	r_{12} [kg/m³]	n < 20	396	347	361	371	397
Schallgeschwindigkeit:							
Minimalwert	v_{min} [m/s]	n < 20	6015	5888	5927	5951	6017
Mittelwert	$v_{\emptyset}$ [m/s]	n < 20	6062	5935	5974	5998	6063
Zug-E-Modul	$E_{t,0}$ [N/mm²]	n < 20	10424	7780	8580	9090	10510
Zugfestigkeit	$f_{t,0}$ [N/mm²]	n < 20	24.2	17.3	19.1	20.4	24.3

[1] aus den Versuchen direkt (verteilungsfrei)
[2] Annahme einer Normalverteilung (Log-Normalverteilung für Festigkeit) als mathematisches Modell
[3] Lineare Regression im Wahrscheinlichkeitsnetz

Tab. 4.27: Vertrauensintervalle für $\alpha = 5\%$

Stichprobe Z-M/N: gut		Mittelwert [1]		Standardabweichung [1]		Variationskoeffizient [1]	
		μ_{min}	μ_{max}	σ_{min}	σ_{max}	γ_{min}	γ_{max}
Darrdichte	r_0 [kg/m³]	410	464	26.2	69.5	5.94 %	16.3 %
Feuchtdichte	r_{12} [kg/m³]	433	490	27.5	73.0	5.90 %	16.2 %
Schallgeschwindigkeit:							
Minimalwert	v_{min} [m/s]	6111	6257	70.6	187	1.14 %	3.09 %
Mittelwert	$v_{\emptyset}$ [m/s]	6158	6306	70.9	188	1.13 %	3.08 %
Zug-E-Modul	$E_{t,0}$ [N/mm²]	12421	15495	1478	3923	10.5 %	29.2 %
Zugfestigkeit	$f_{t,0}$ [N/mm²]	31.2	46.2	1.21	1.65	5.14 %	14.1 %

[1] Zugfestigkeit: Median bzw. Streufaktor bzw. Variationskoeffizient der Logarithmen

Tab. 4.28: Vertrauensintervalle für $\alpha = 10\%$

Stichprobe Z-M/N: gut		Mittelwert [1]		Standardabweichung [1]		Variationskoeffizient [1]	
		μ_{min}	μ_{max}	σ_{min}	σ_{max}	γ_{min}	γ_{max}
Darrdichte	r_0 [kg/m³]	415	459	27.7	62.6	6.26 %	14.3 %
Feuchtdichte	r_{12} [kg/m³]	439	485	29.1	65.7	6.22 %	14.2 %
Schallgeschwindigkeit:							
Minimalwert	v_{min} [m/s]	6124	6244	74.9	169	1.20 %	2.71 %
Mittelwert	$v_{\emptyset}$ [m/s]	6172	6292	75.2	170	1.19 %	2.70 %
Zug-E-Modul	$E_{t,0}$ [N/mm²]	12713	15204	1567	3535	11.0 %	25.5 %
Zugfestigkeit	$f_{t,0}$ [N/mm²]	32.4	44.6	1.22	1.57	5.42 %	12.3 %

[1] Zugfestigkeit: Median bzw. Streufaktor bzw. Variationskoeffizient der Logarithmen

QS 8/16: normale Qualität

Tab. 4.29: Parameter zur Beschreibung von Lage, Form und Streuung der emp. Verteilung

Stichprobe Z-M/N: normal	n	Mittelwert $\bar{x}$	Standardabweichung s	Schiefe γ_1	Exzess γ_2	Variation v
Darrdichte r_0 [kg/m³]	10	420	24.9	-0.25	-0.79	5.96 %
Feuchtdichte r_{12} [kg/m³]	10	444	26.5	-0.25	-0.80	5.96 %
Schallgeschwindigkeit:						
Minimalwert v_{min} [m/s]	10	5680	112	-0.17	-0.94	1.97 %
Mittelwert $v_ø$ [m/s]	10	5790	119	-0.05	0.03	2.06 %
Zug-E-Modul $E_{t,0}$ [N/mm²]	10	10804	1374	-0.30	-0.72	12.7 %
Zugfestigkeit $f_{t,0}$ [N/mm²]	10	24.0	6.73	0.05	-0.99	28.0 %

Tab. 4.30: p-Quantilen der empirischen Verteilung

Stichprobe Z-M/N: normal	Minimum	unteres Quartil	Median	oberes Quartil	Maximum
Darrdichte r_0 [kg/m³]	376	410	419	439	456
Feuchtdichte r_{12} [kg/m³]	397	433	442	464	482
Schallgeschwindigkeit:					
Minimalwert v_{min} [m/s]	5489	5601	5696	5771	5849
Mittelwert $v_ø$ [m/s]	5568	5741	5789	5854	6007
Zug-E-Modul $E_{t,0}$ [N/mm²]	8344	9921	10928	11968	12784
Zugfestigkeit $f_{t,0}$ [N/mm²]	13.8	17.9	24.5	28.3	35.1

Tab. 4.31: 5 %-Fraktilwerte

Stichprobe Z-M/N: normal	direkt [1]	n = ∞ [2]	n_{eff} [2] α = 5 %	n_{eff} [2] α = 10 %	n_{eff} [2] α = 15.9 %	Regr. [3]
Darrdichte r_0 [kg/m³]	n < 20	379	348	358	364	379
Feuchtdichte r_{12} [kg/m³]	n < 20	401	368	378	384	401
Schallgeschwindigkeit:						
Minimalwert v_{min} [m/s]	n < 20	5496	5359	5400	5427	5496
Mittelwert $v_ø$ [m/s]	n < 20	5594	5447	5491	5520	5595
Zug-E-Modul $E_{t,0}$ [N/mm²]	n < 20	8543	6852	7363	7690	8553
Zugfestigkeit $f_{t,0}$ [N/mm²]	n < 20	14.3	9.92	11.1	11.9	14.3

[1] aus den Versuchen direkt (verteilungsfrei)
[2] Annahme einer Normalverteilung (Log-Normalverteilung für Festigkeit) als mathematisches Modell
[3] Lineare Regression im Wahrscheinlichkeitsnetz

Tab. 4.32: Vertrauensintervalle für α = 5 %

Stichprobe Z-M/N: normal		Mittelwert [1]		Standardabweichung [1]		Variationskoeffizient [1]	
		μ_{min}	μ_{max}	σ_{min}	σ_{max}	γ_{min}	γ_{max}
Darrdichte	r_0 [kg/m³]	403	438	17.1	45.5	4.05 %	11.0 %
Feuchtdichte	r_{12} [kg/m³]	425	463	18.2	48.3	4.07 %	11.1 %
Schallgeschwindigkeit:							
Minimalwert v_{min}	[m/s]	5600	5760	76.8	204	1.34 %	3.65 %
Mittelwert $v_\varnothing$	[m/s]	5705	5875	81.9	217	1.41 %	3.82 %
Zug-E-Modul	$E_{t,0}$ [N/mm²]	9821	11787	945	2509	8.66 %	24.0 %
Zugfestigkeit	$f_{t,0}$ [N/mm²]	18.7	28.6	1.22	1.71	6.40 %	17.6 %

[1] Zugfestigkeit: Median bzw. Streufaktor bzw. Variationskoeffizient der Logarithmen

Tab. 4.33: Vertrauensintervalle für α = 10 %

Stichprobe Z-M/N: normal		Mittelwert [1]		Standardabweichung [1]		Variationskoeffizient [1]	
		μ_{min}	μ_{max}	σ_{min}	σ_{max}	γ_{min}	γ_{max}
Darrdichte	r_0 [kg/m³]	406	435	18.2	41.0	4.27 %	9.70 %
Feuchtdichte	r_{12} [kg/m³]	429	459	19.3	43.5	4.29 %	9.75 %
Schallgeschwindigkeit:							
Minimalwert v_{min}	[m/s]	5616	5745	81.4	184	1.42 %	3.21 %
Mittelwert $v_\varnothing$	[m/s]	5721	5859	86.9	196	1.48 %	3.36 %
Zug-E-Modul	$E_{t,0}$ [N/mm²]	10007	11601	1002	2261	9.13 %	21.0 %
Zugfestigkeit	$f_{t,0}$ [N/mm²]	19.5	27.5	1.24	1.62	6.75 %	15.4 %

[1] Zugfestigkeit: Median bzw. Streufaktor bzw. Variationskoeffizient der Logarithmen

Ausführliche Angaben zu sämtlichen Zugversuchen an Kanthölzern findet man im Anhang 4.

4.4 Zugversuche an Brettern

Da mit dünner werdendem Querschnitt der Einfluss von Schnittart, Astigkeit und Schrägfasrigkeit auf die Zugfestigkeit deutlich zunimmt, wollte man auch eine, allerdings in ihrem Umfang beschränkte, Serie von Zugversuchen an Brettquerschnitten durchführen. Im Verlaufe dieser Versuchsserie wurden Bretter der Querschnitte 1/18, 2/18, 3/18, 4/18 und 3/15 geprüft.

4.4.1 Eigenschaften des Versuchsmaterials

Die Bretter wurden, mit Ausnahme des Querschnitts 3/15, als normales Bauholz der Festigkeitsklasse FK II (bzw. L2 für Lamellen) bei der gleichen Sägerei eingekauft, wobei man die Bretter der Querschnitte 1/18, 2/18 und 4/18 aus Kanthölzern 8/18 gewann. Bei den Brettern des Querschnitts 3/15 handelt es sich um Nordische Fichte, welche in der Schweiz häufig als Rohmaterial zur BSH-Herstellung importiert wird. Diese Versuchsserie wurde durchgeführt, um einen Qualitätsvergleich zwischen Schweizer und Nordischer Fichte zu erhalten und um den

Einfluss der Schnittart auf die mechanischen Eigenschaften unter Zugbelastung genauer zu untersuchen. Die mittels Ultraschall anhand der aus den Biegeversuchen ermittelten Kriterien vorgenommene Klassierung im konditionierten Zustand in die von der ENV 338 [2] vorgesehenen Festigkeitsklassen ergab folgendes Bild (ausführlichere Angaben siehe Anhang 5):

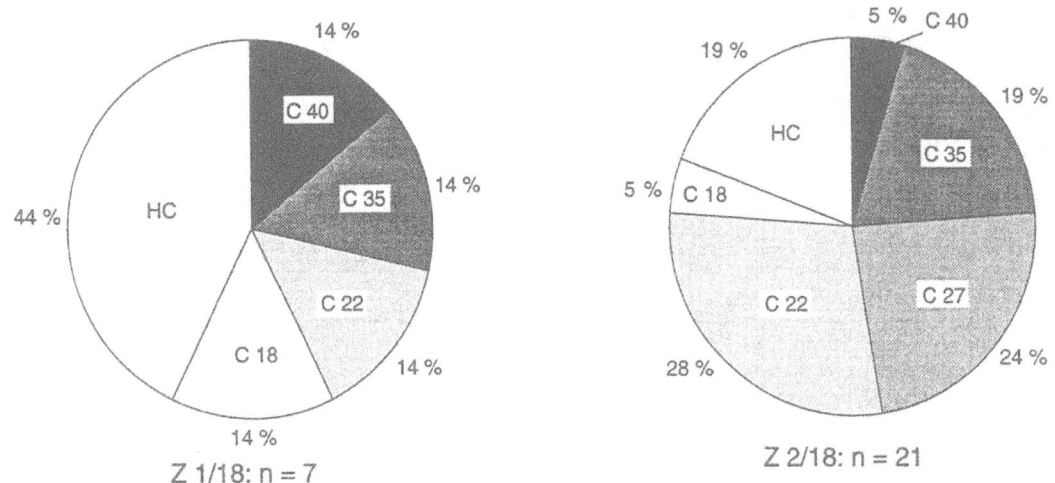

Bild 4.30: ENV 338-Klassierung der Bretter 1/18 und 2/18 mittels Ultraschall

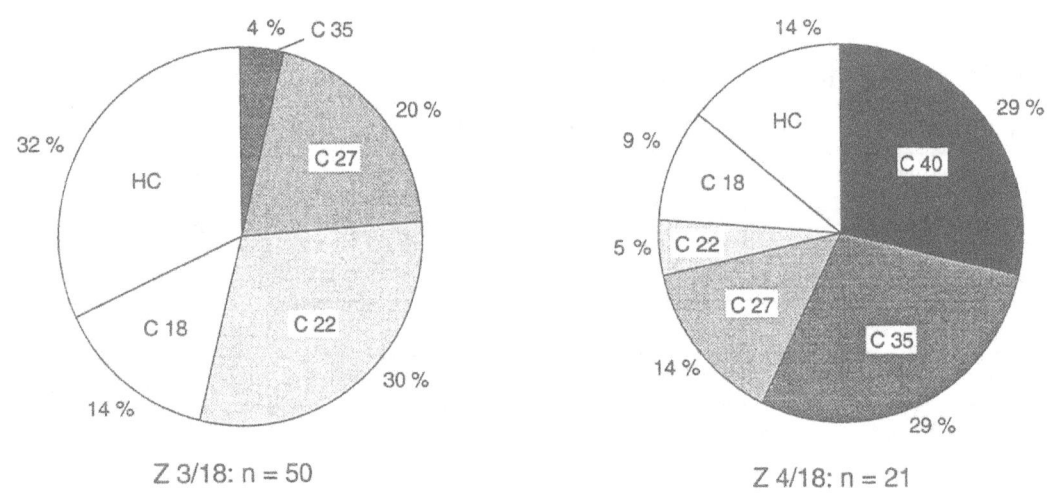

Bild 4.31: ENV 338-Klassierung der Bretter 3/18 und 4/18 mittels Ultraschall

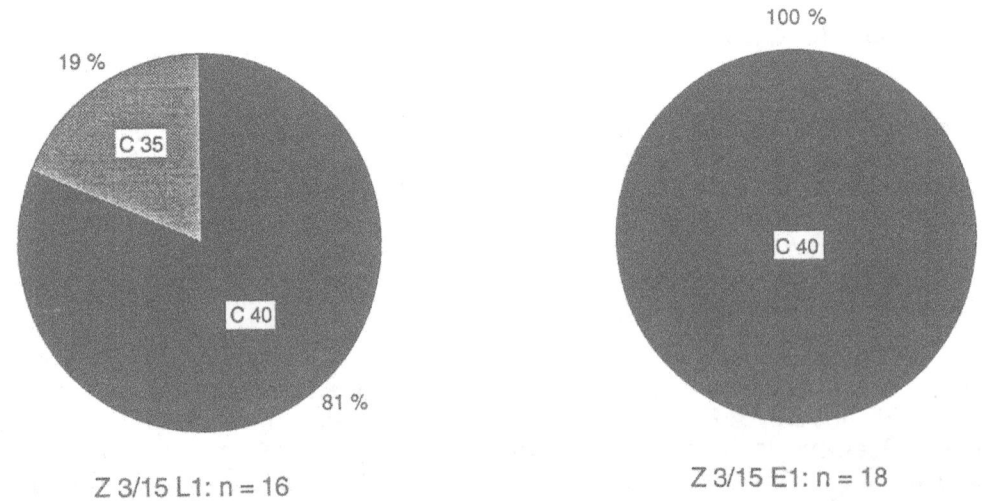

Bild 4.32: ENV 338-Klassierung der Bretter 3/15 (Qualität L1 und E1) mittels Ultraschall

4.4.2 Versuchsablauf

Die Prüfung der Brettquerschnitte erfolgte in Analogie zu der bereits in Abschnitt 4.3.2 beschriebenen Kantholzprüfung.

Ein Ablaufdiagramm des zur Datenerfassung verwendeten Computerprogramms findet man im Anhang 9.3.

4.4.3 Statisches System und Belastung

Sämtliche Zugversuche wurden bei verhinderter Rotation der Klemmplatten mit der im Abschnitt 4.2 beschriebenen Einspannvorrichtung durchgeführt. Das den Versuchen zugrundeliegende statische System mit den kennzeichnenden Abmessungen zeigt Bild 4.5.

Gemäss ENV 408 [4] muss die freie Prüflänge ℓ_F mindestens das 9-fache der Prüfkörperbreite (grösseres Querschnittsmass h) betragen. Für die Messlänge zur Ermittlung des Elastizitätsmoduls gilt entsprechend: $\ell_M = 5 \cdot h$ (siehe Abschnitt 2.3.2).

Die bei der Prüfung der verschiedenen Querschnitte effektiv vorhandenen Abmessungen und ein Vergleich mit der ENV 408 sind in den folgenden Tabellen zusammengestellt:

Tab. 4.34: Für den Zugversuch bedeutsame Abmessungen der Prüfkörper

QS	ℓ	ℓ_V	ℓ_E	ℓ_F	ℓ_M
1/18	1670 - 1980	0	380	910 - 1220	900
2/18	2500	50	380	1640	900
3/18	2500	50	380	1640	900
4/18	2500	50	380	1640	900
3/15	2700	50	490	1620	900

Tab. 4.35: Vergleich der effektiven Abmessungen mit den von der ENV 408 verlangten Werten

QS	ℓ_F	ℓ_M	Sollwerte gemäss ENV 408
1/18	5.06 - 6.78 · h	5 · h	
2/18	9.11 · h	5 · h	$\ell_F = 9 \cdot h$
3/18	9.11 · h	5 · h	$\ell_M = 5 \cdot h$
4/18	9.11 · h	5 · h	
3/15	10.8 · h	6 · h	

4.4.4 Messgeräte

Für die Zugversuche an den Brettern wurden die in Abschnitt 4.3.4 (Tab.4.3) aufgelisteten Messgeräte verwendet.

4.4.5 Bestimmung des Zug-Elastizitätsmoduls

Die Ermittlung des Zug-Elastizitätsmoduls erfolgte nach dem im Abschnitt 4.3.5 beschriebenen Vorgehen.

4.4.6 Graphische Darstellung der Versuchsresultate

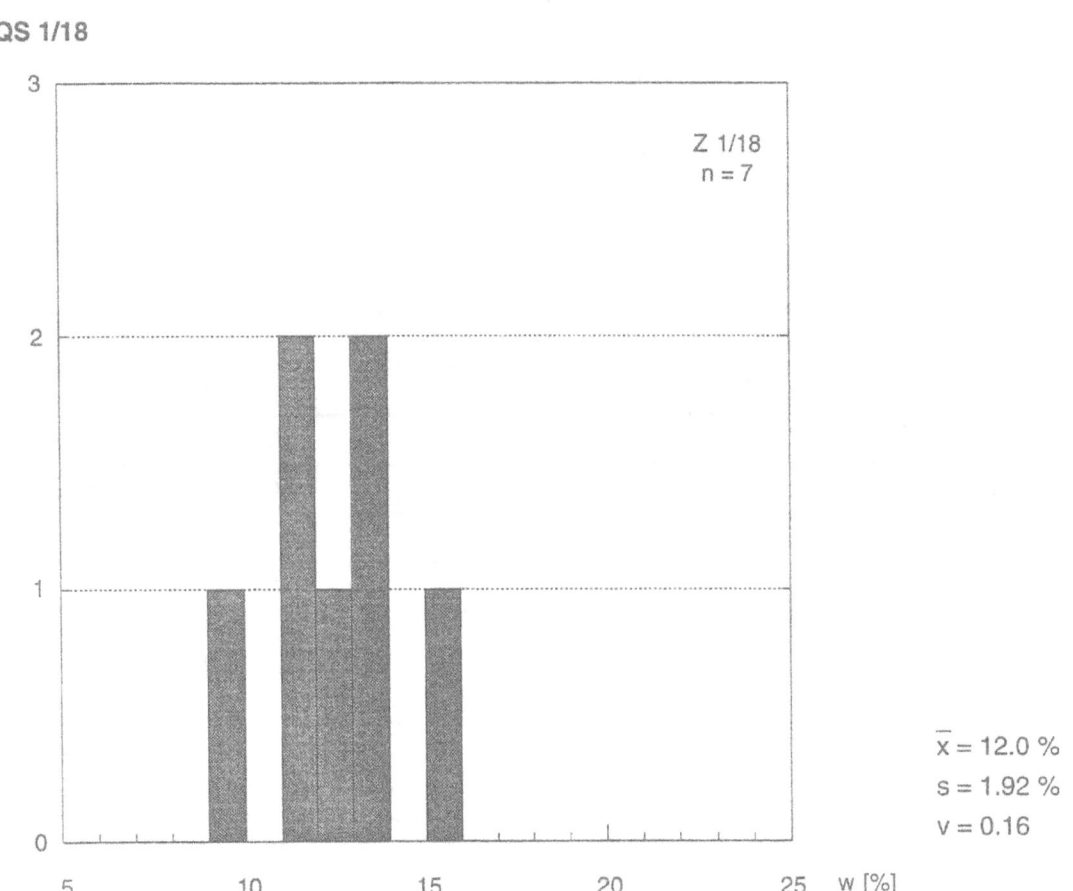

Bild 4.33: Verteilung der Holzfeuchte, ermittelt mit elektrischer Widerstandsmessung

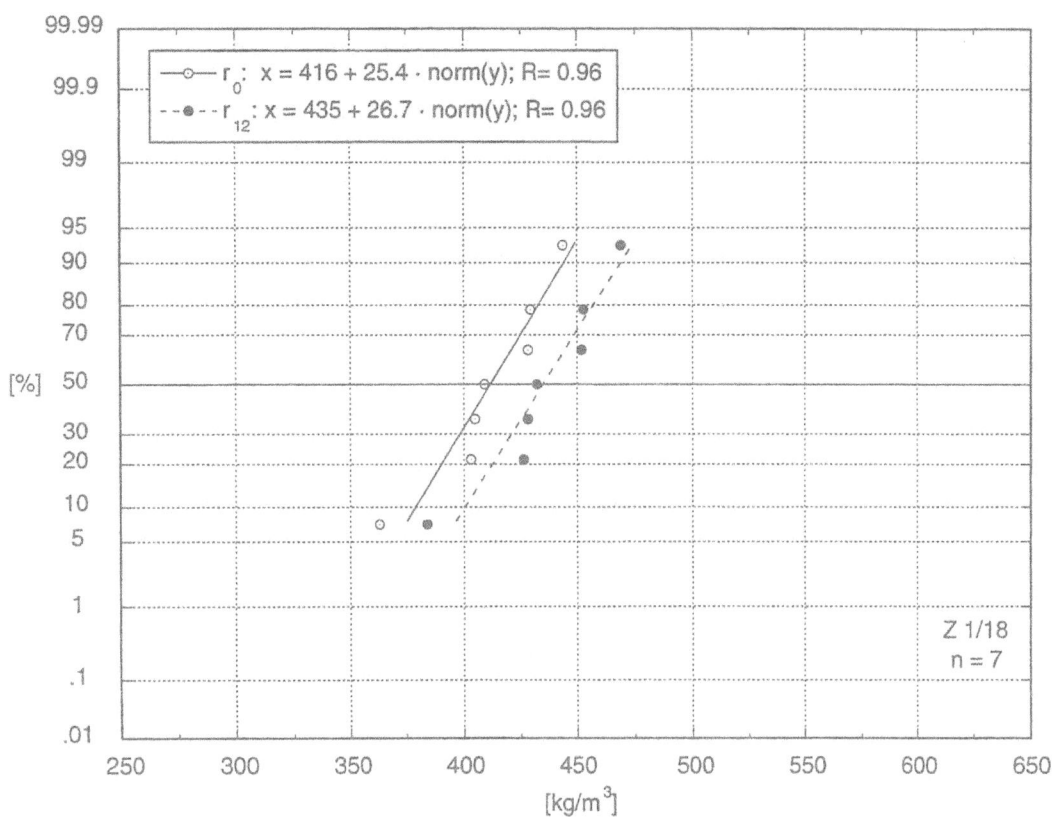

Bild 4.34: Verteilung von Feuchtdichte r_{12} (w = 12 %) und Darrdichte r_0

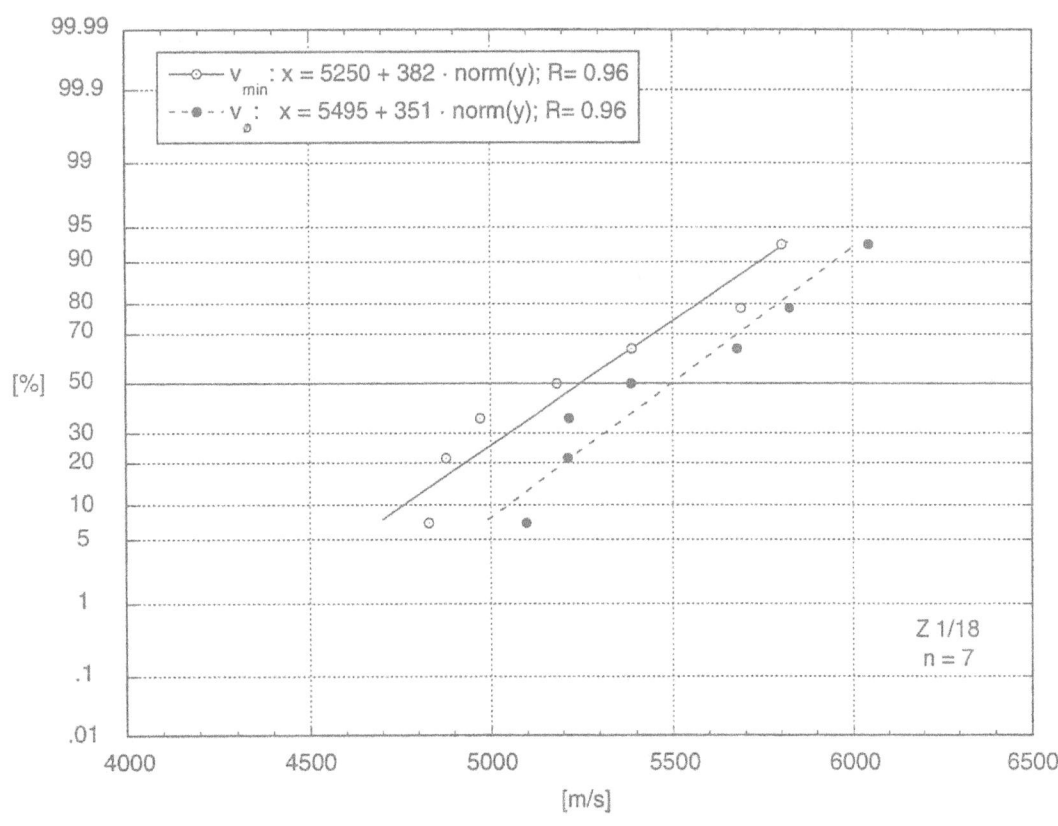

Bild 4.35: Verteilung der Schallgeschwindigkeiten v_{min} und $v_ø$

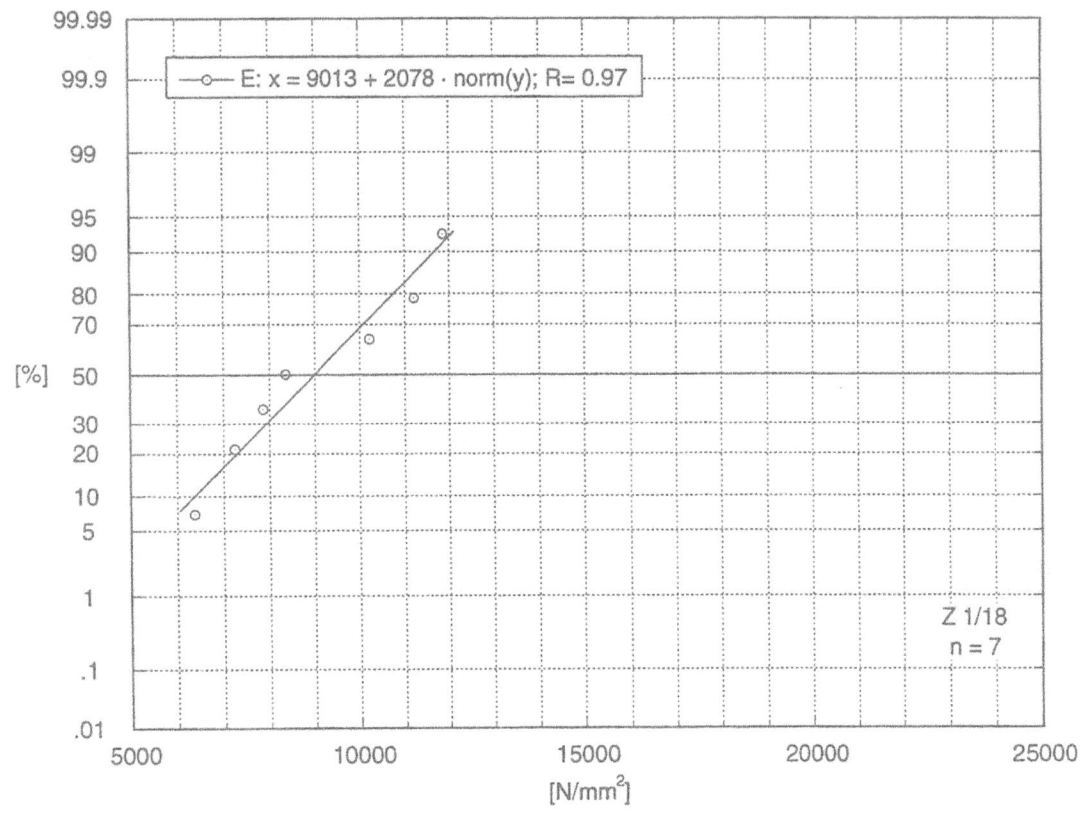

Bild 4.36: Verteilung des Zug-Elastizitätsmoduls $E_{t,0}$

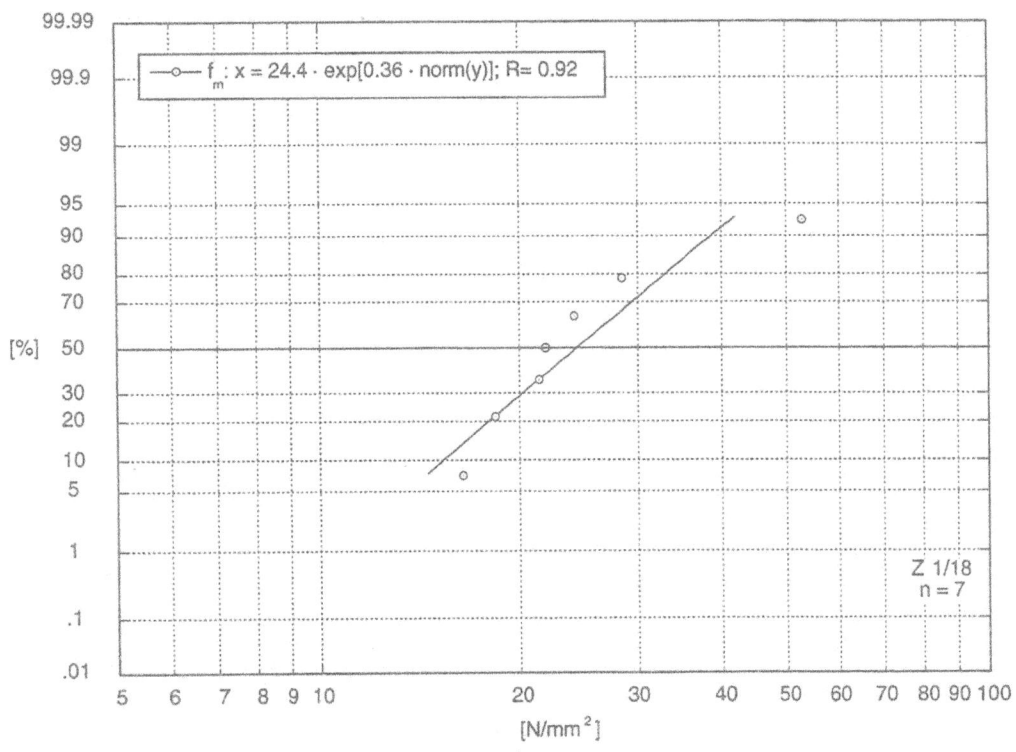

Bild 4.37: Verteilung der Zugfestigkeit $f_{t,0}$

QS 2/18

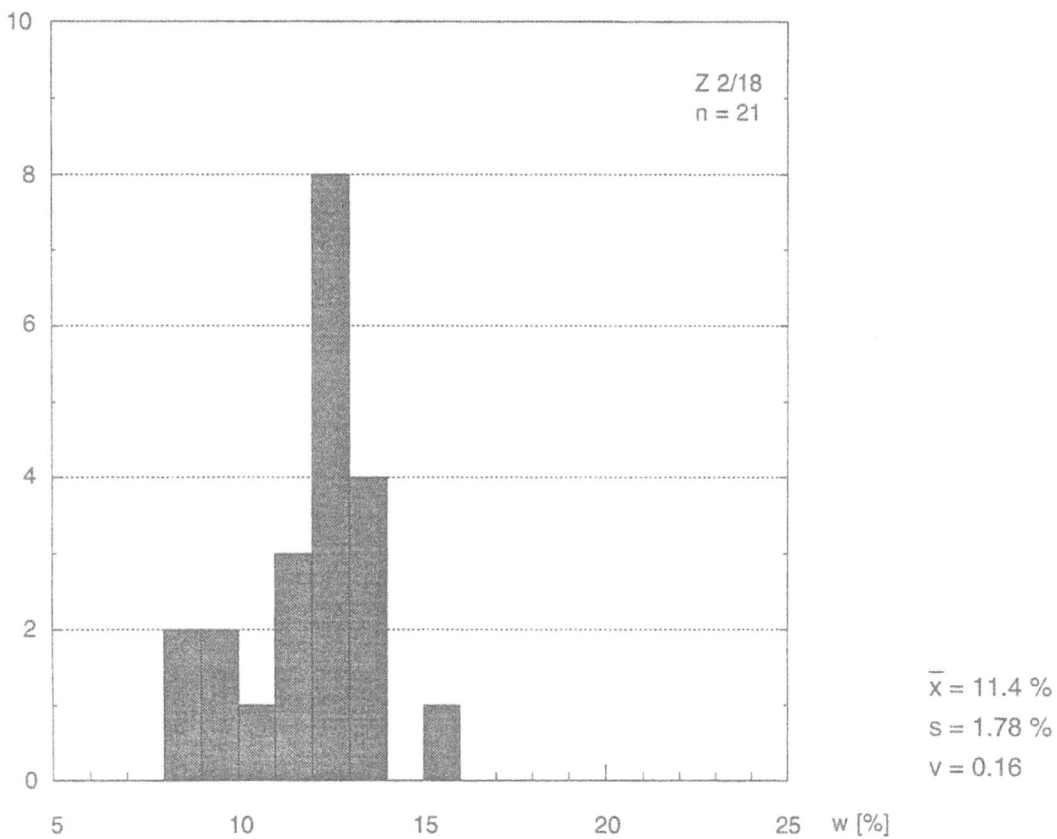

Bild 4.38: Verteilung der Holzfeuchte, ermittelt mit elektrischer Widerstandsmessung

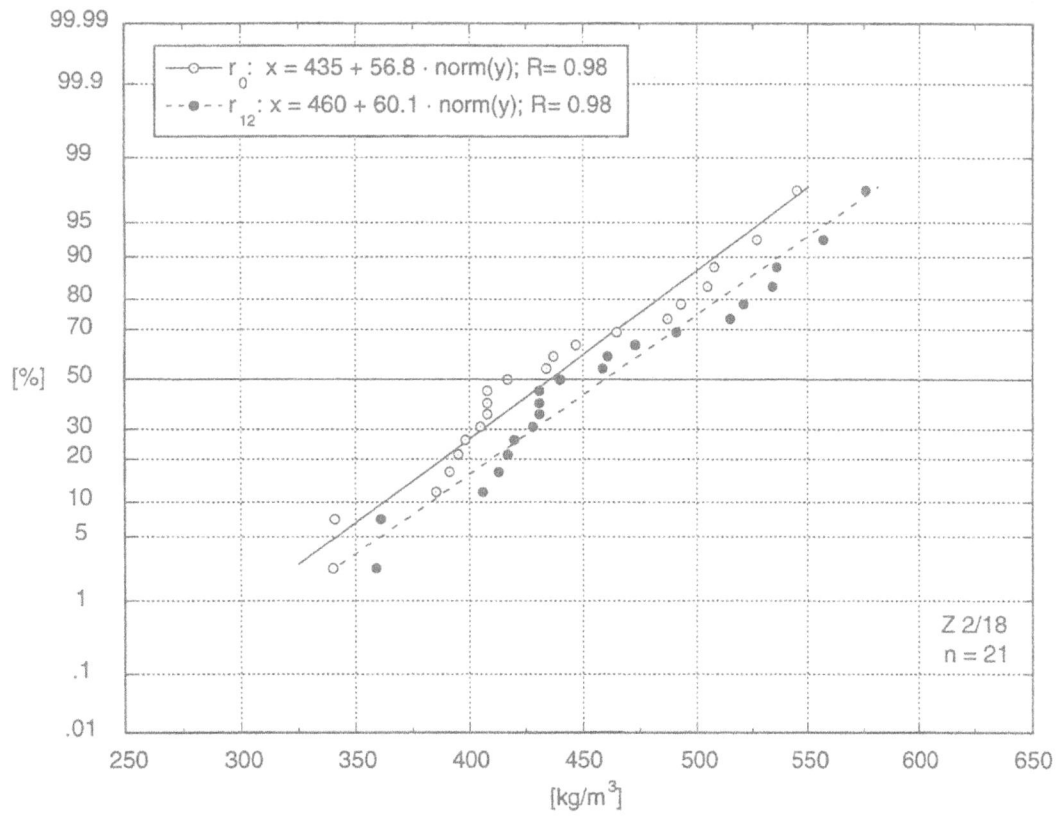

Bild 4.39: Verteilung von Feuchtdichte r_{12} (w = 12 %) und Darrdichte r_0

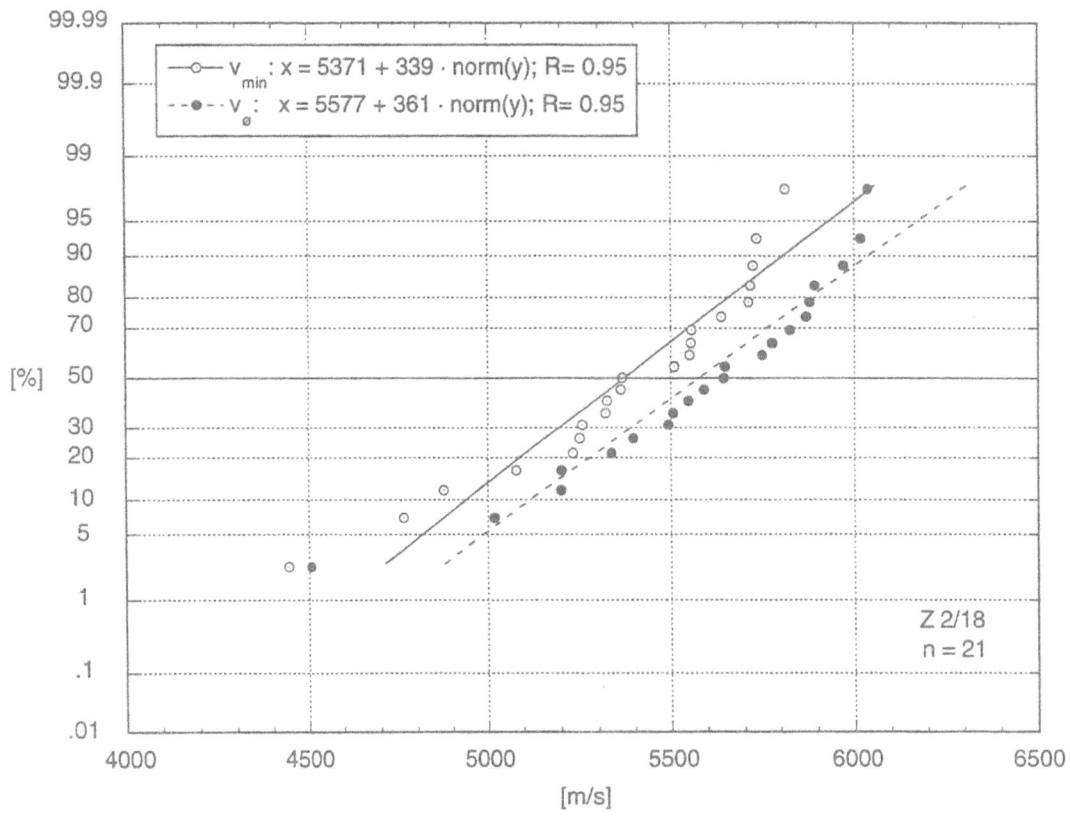

Bild 4.40: Verteilung der Schallgeschwindigkeiten v_{min} und $v_{\varnothing}$

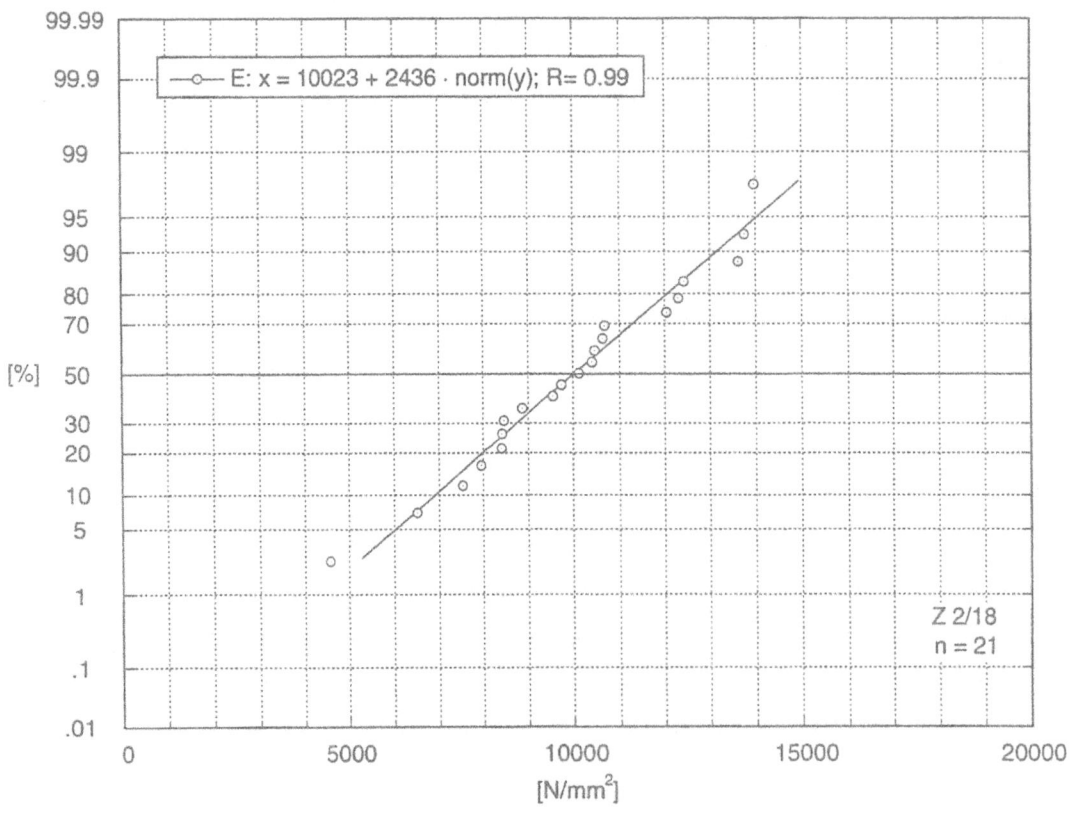

Bild 4.41: Verteilung des Zug-Elastizitätsmoduls $E_{t,0}$

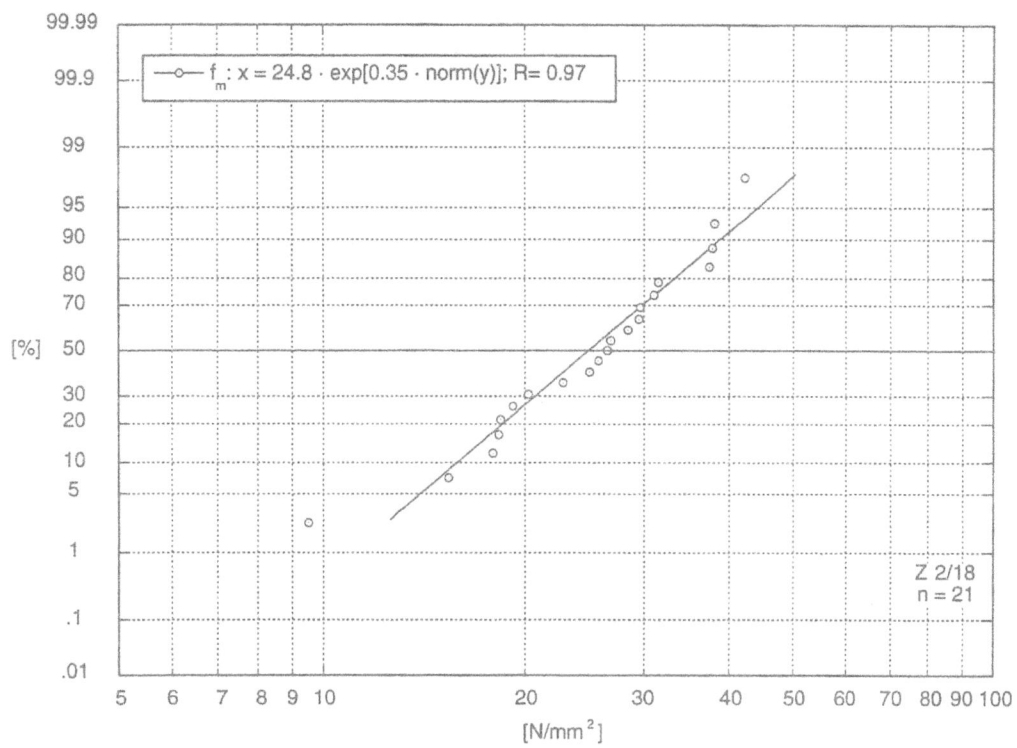

Bild 4.42: Verteilung der Zugfestigkeit $f_{t,0}$

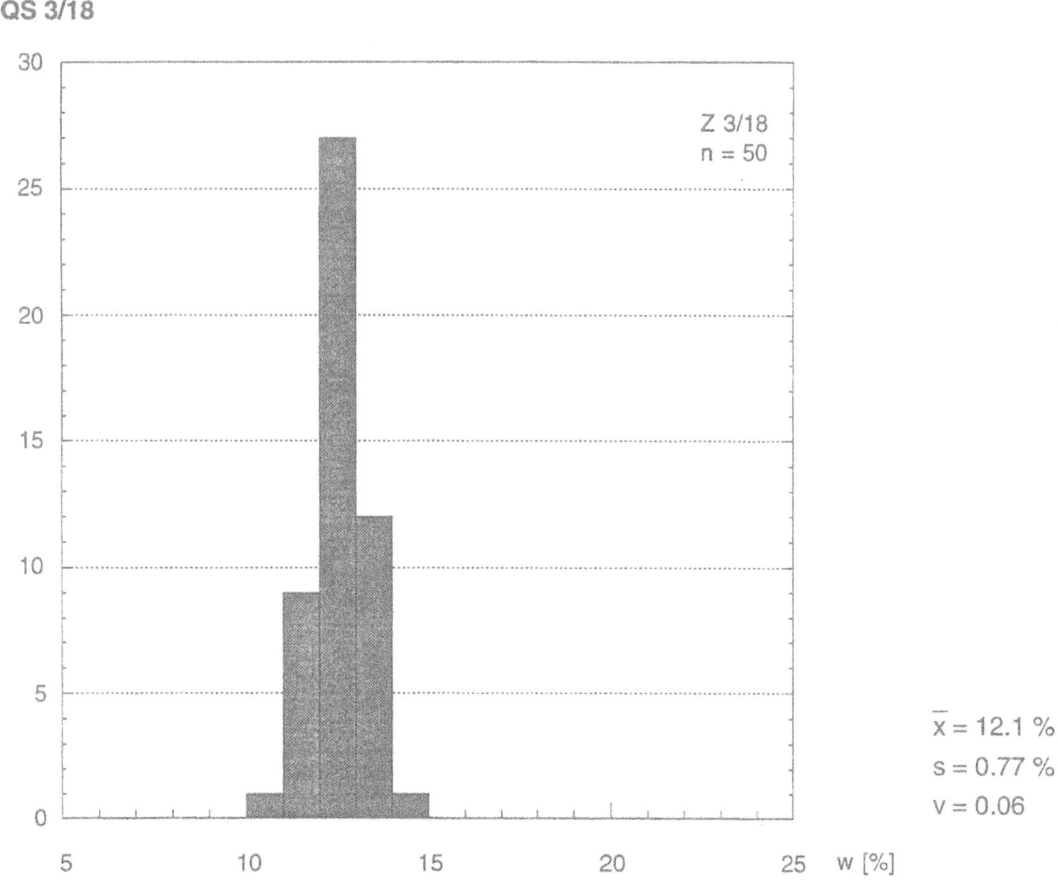

Bild 4.43: Verteilung der Holzfeuchte, ermittelt mit elektrischer Widerstandsmessung

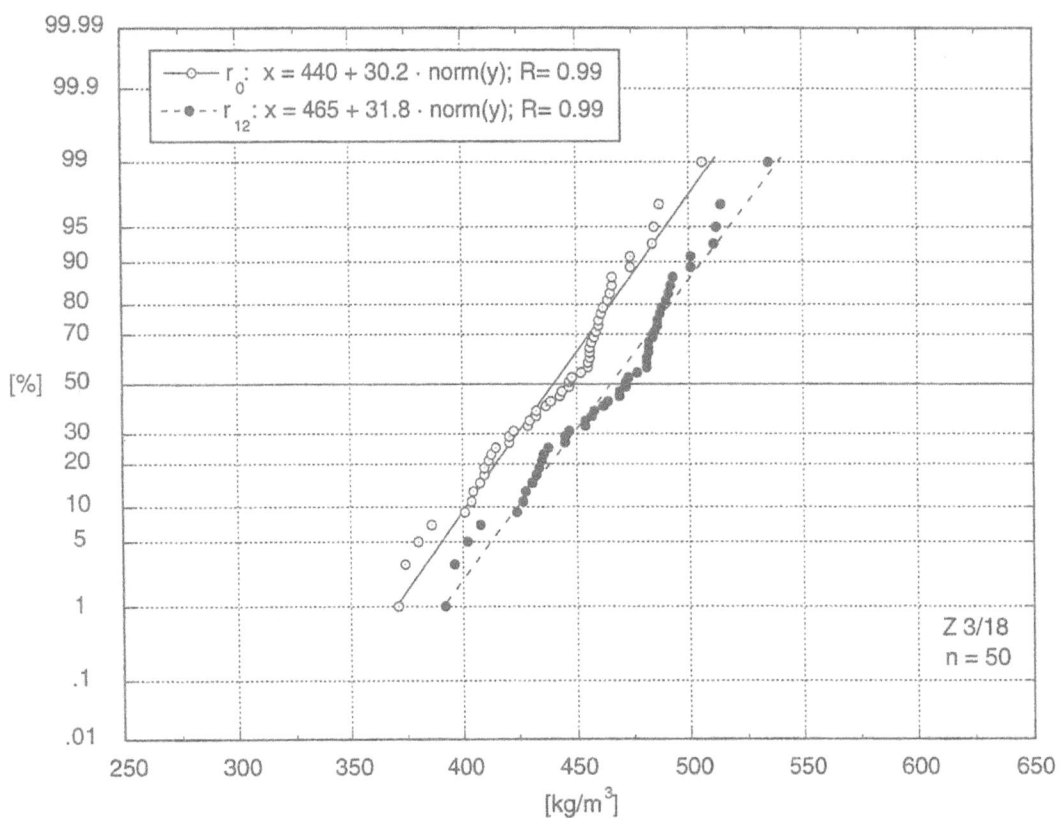

Bild 4.44: Verteilung von Feuchtdichte r_{12} (w = 12 %) und Darrdichte r_0

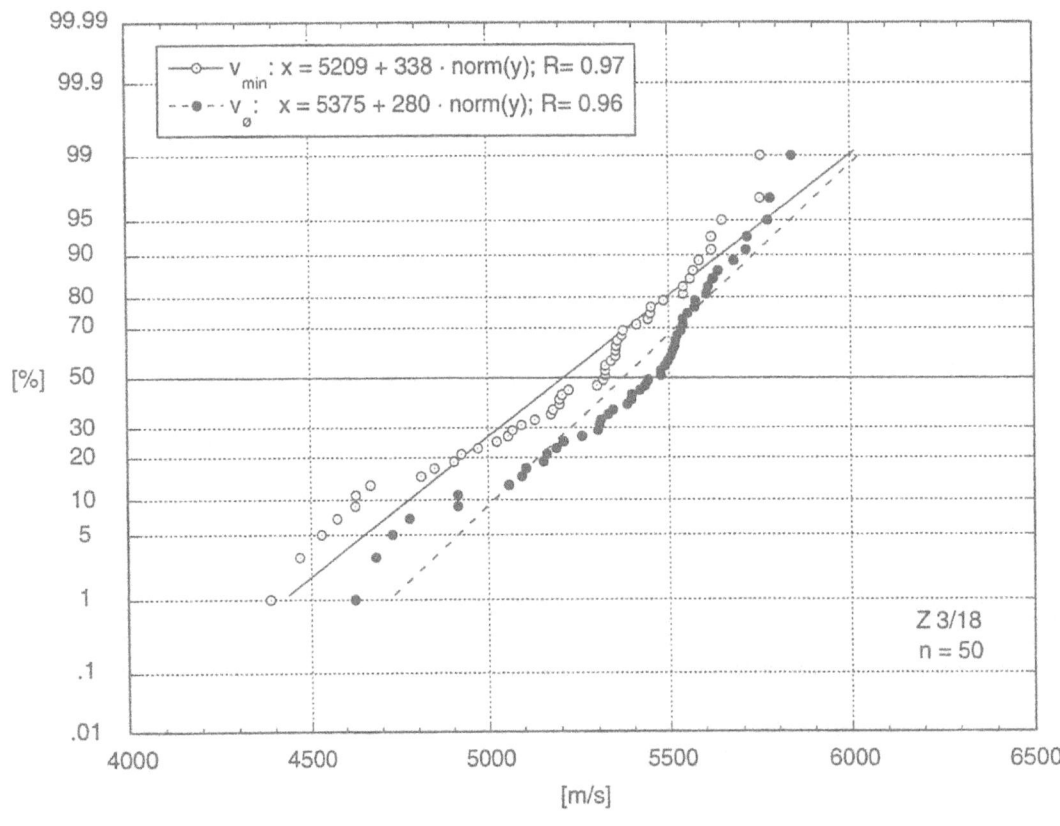

Bild 4.45: Verteilung der Schallgeschwindigkeiten v_{min} und $v_ø$

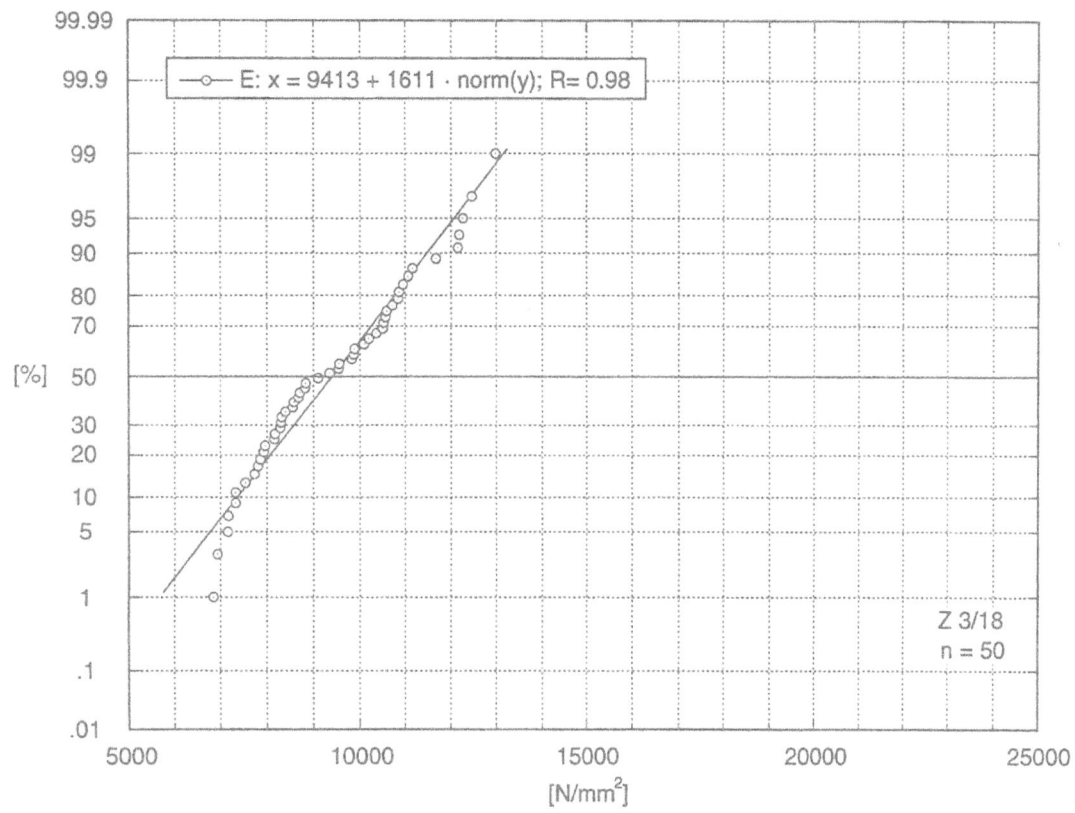

Bild 4.46: Verteilung des Zug-Elastizitätsmoduls $E_{t,0}$

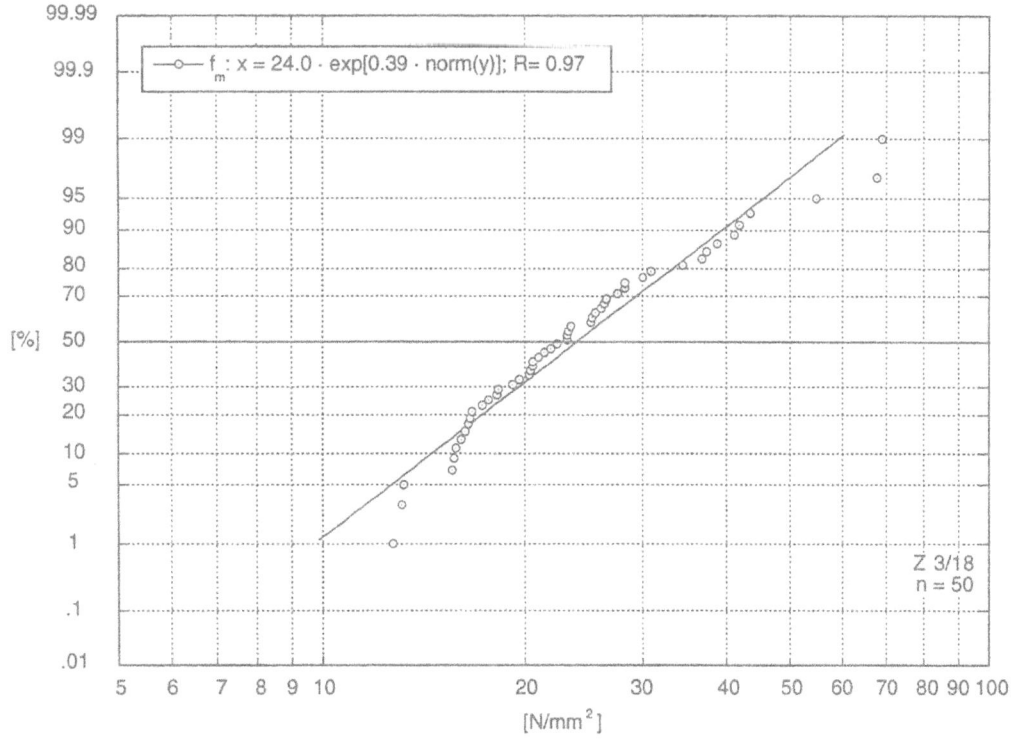

Bild 4.47: Verteilung der Zugfestigkeit $f_{t,0}$

QS 4/18

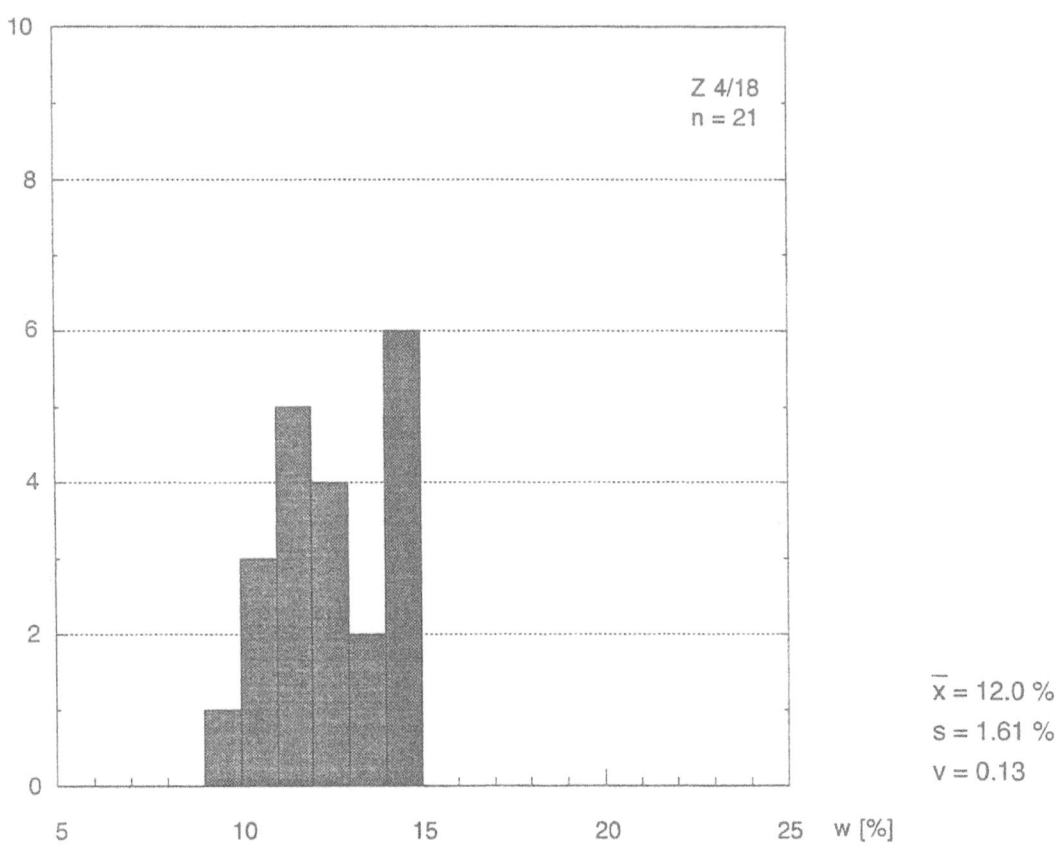

Bild 4.48: Verteilung der Holzfeuchte, ermittelt mit elektrischer Widerstandsmessung

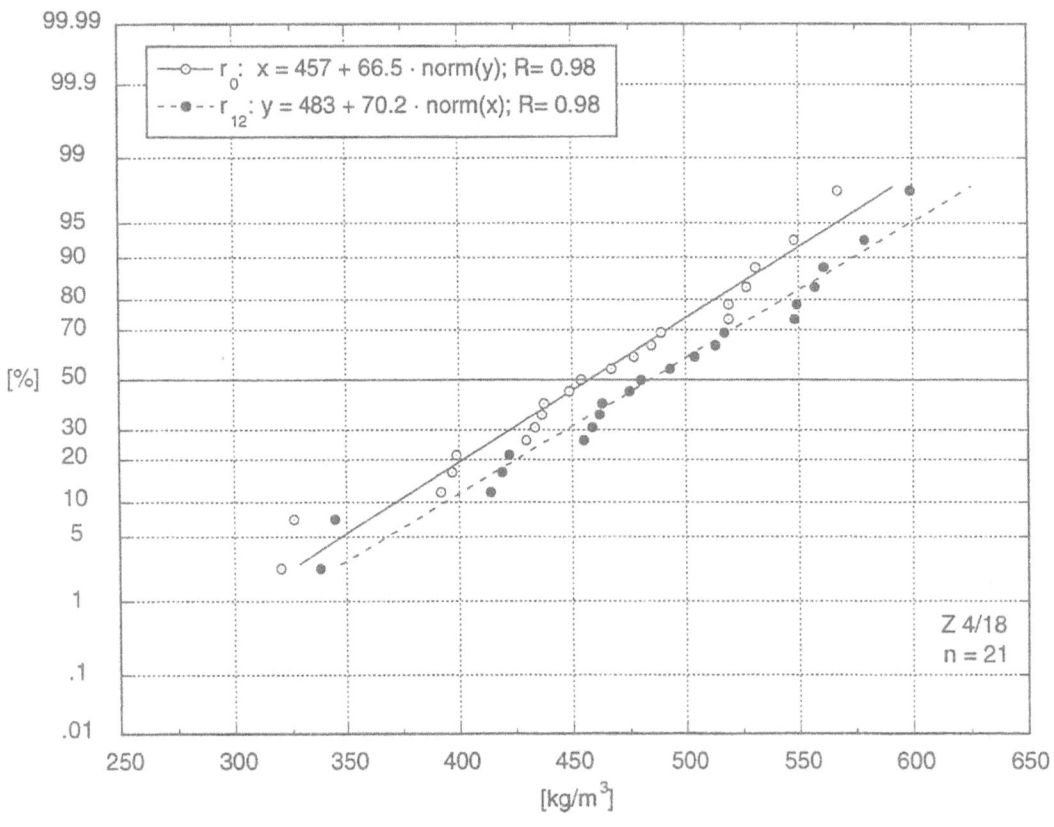

Bild 4.49: Verteilung von Feuchtdichte r_{12} (w = 12 %) und Darrdichte r_0

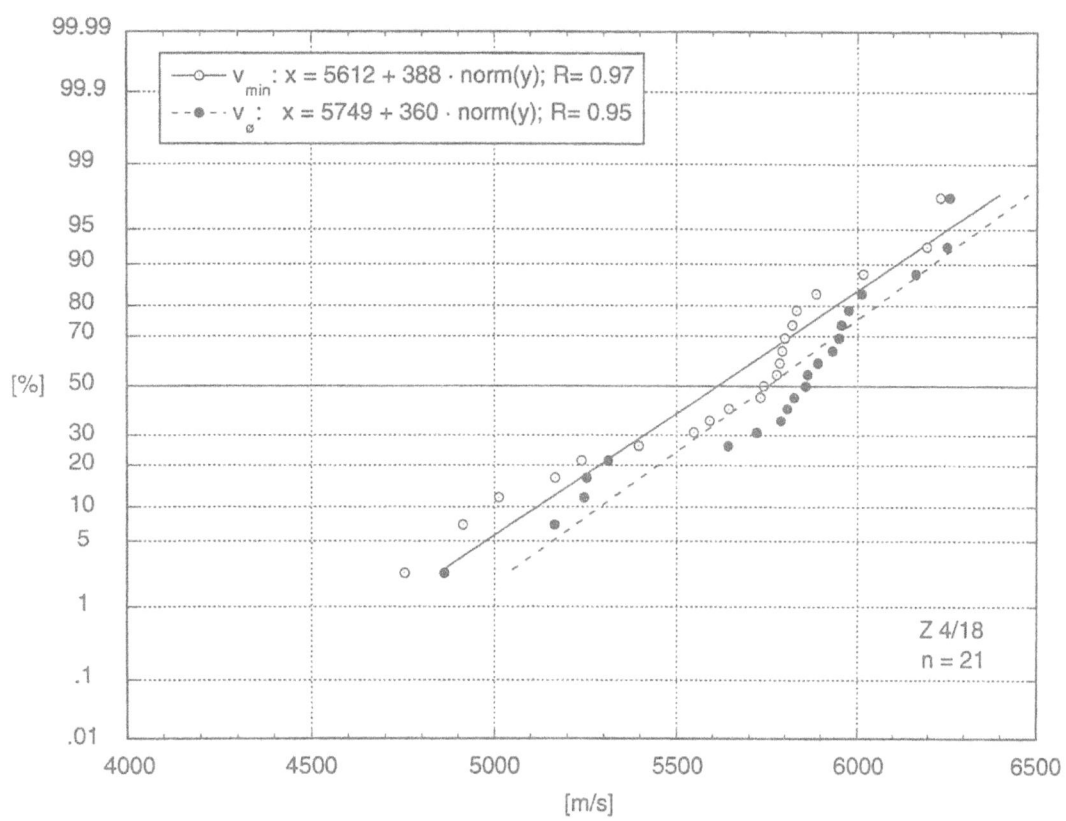

Bild 4.50: Verteilung der Schallgeschwindigkeiten v_{min} und $v_{ø}$

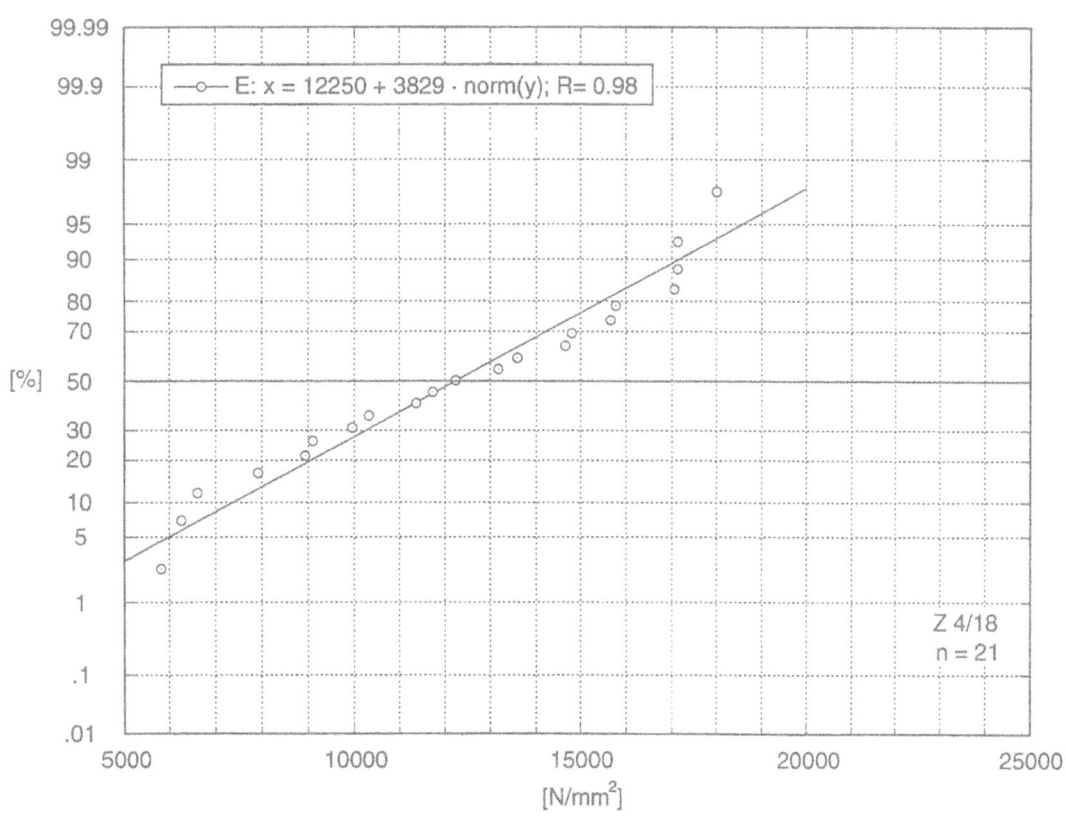

Bild 4.51: Verteilung des Zug-Elastizitätsmoduls $E_{t,0}$

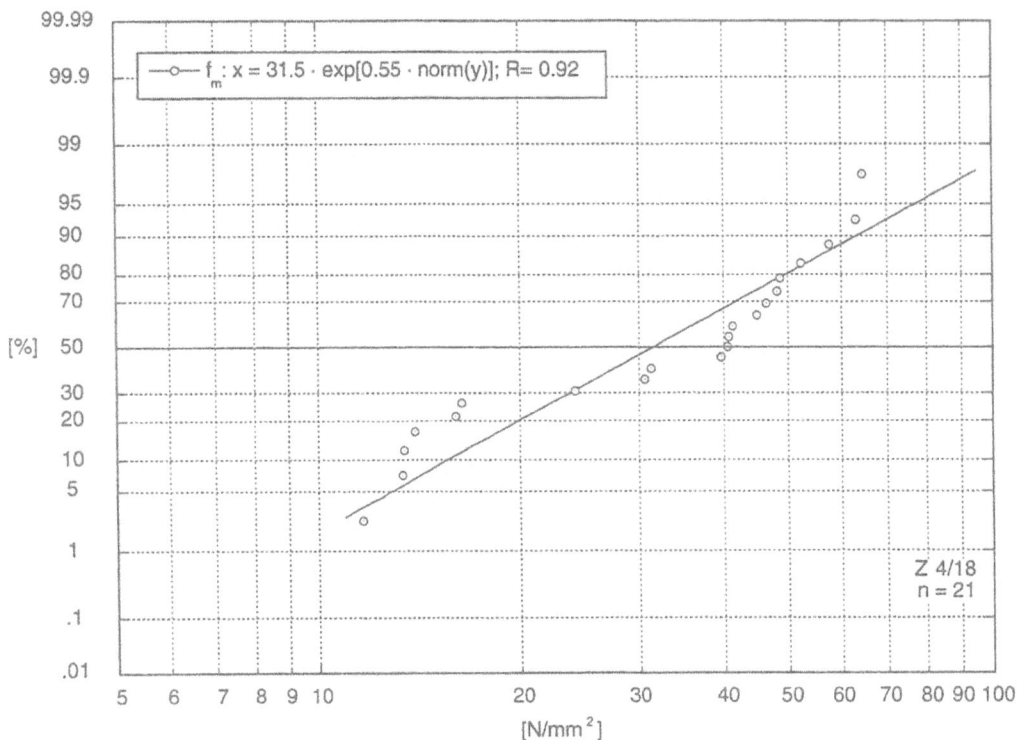

Bild 4.52: Verteilung der Zugfestigkeit $f_{t,0}$

QS 3/15: Qualität L1 und E1

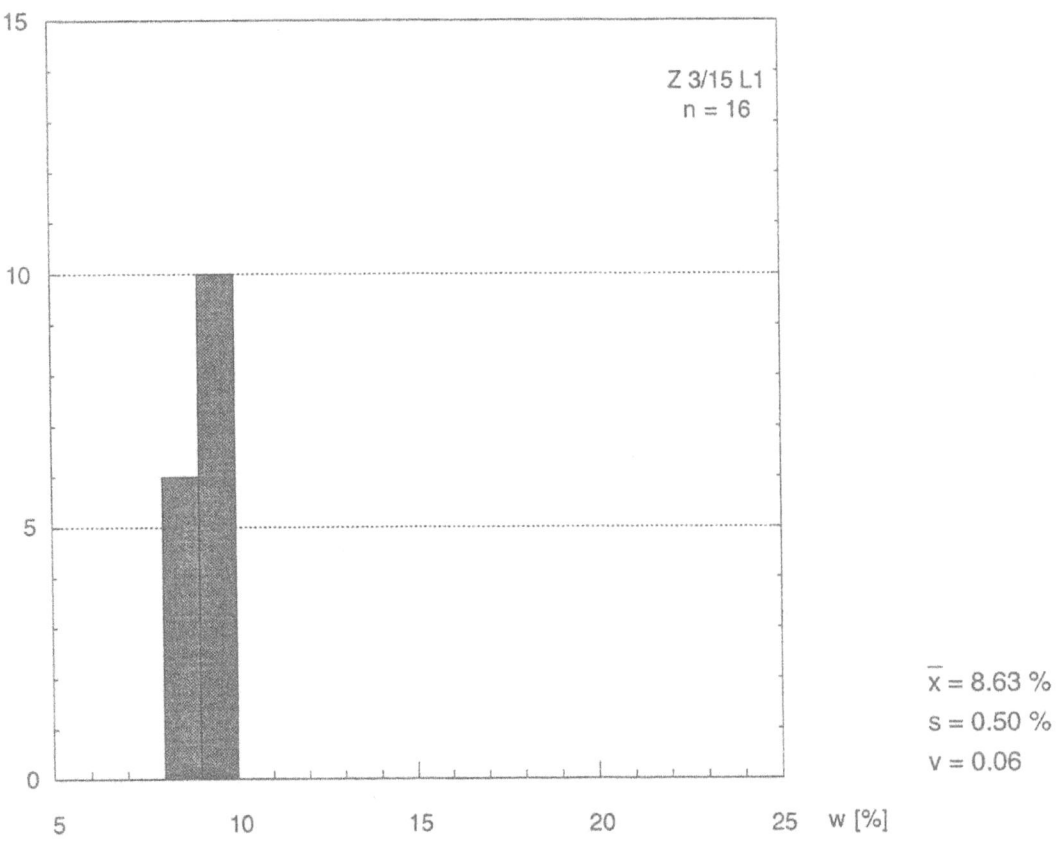

Bild 4.53: Verteilung der Holzfeuchte der Stichprobe 3/15 L1 (elektrische Widerstandsmessung)

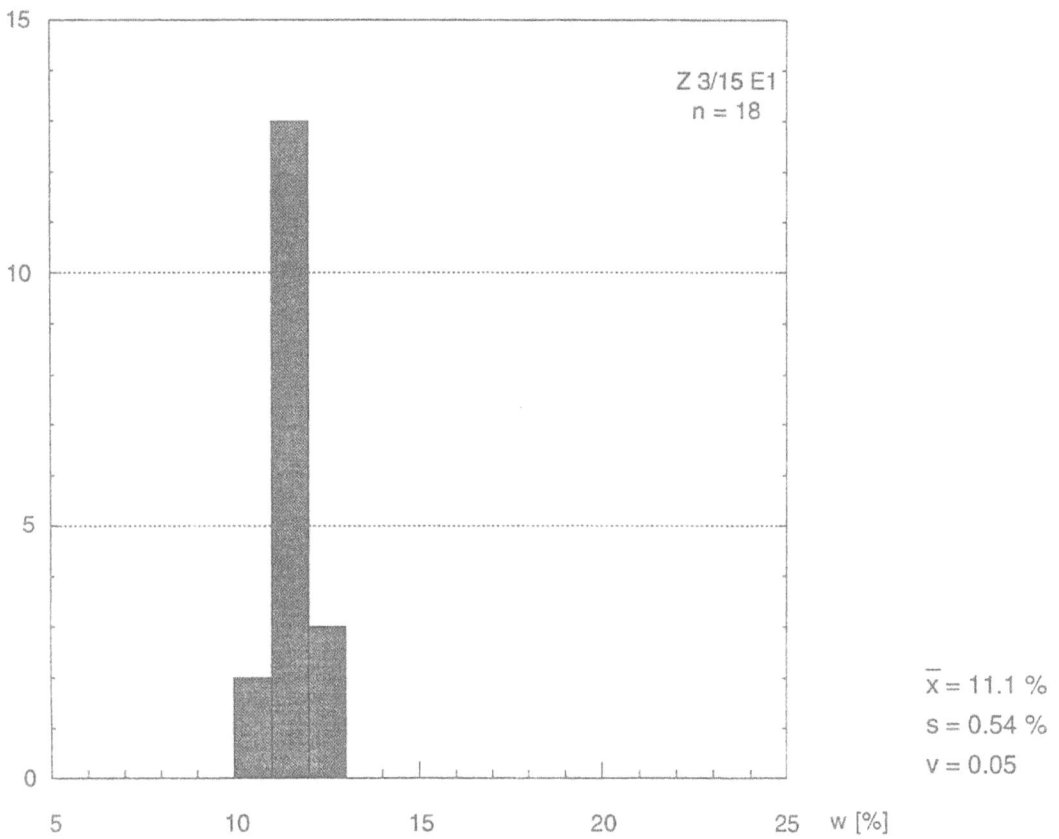

Bild 4.54: Verteilung der Holzfeuchte der Stichprobe 3/15 E1 (elektrische Widerstandsmessung)

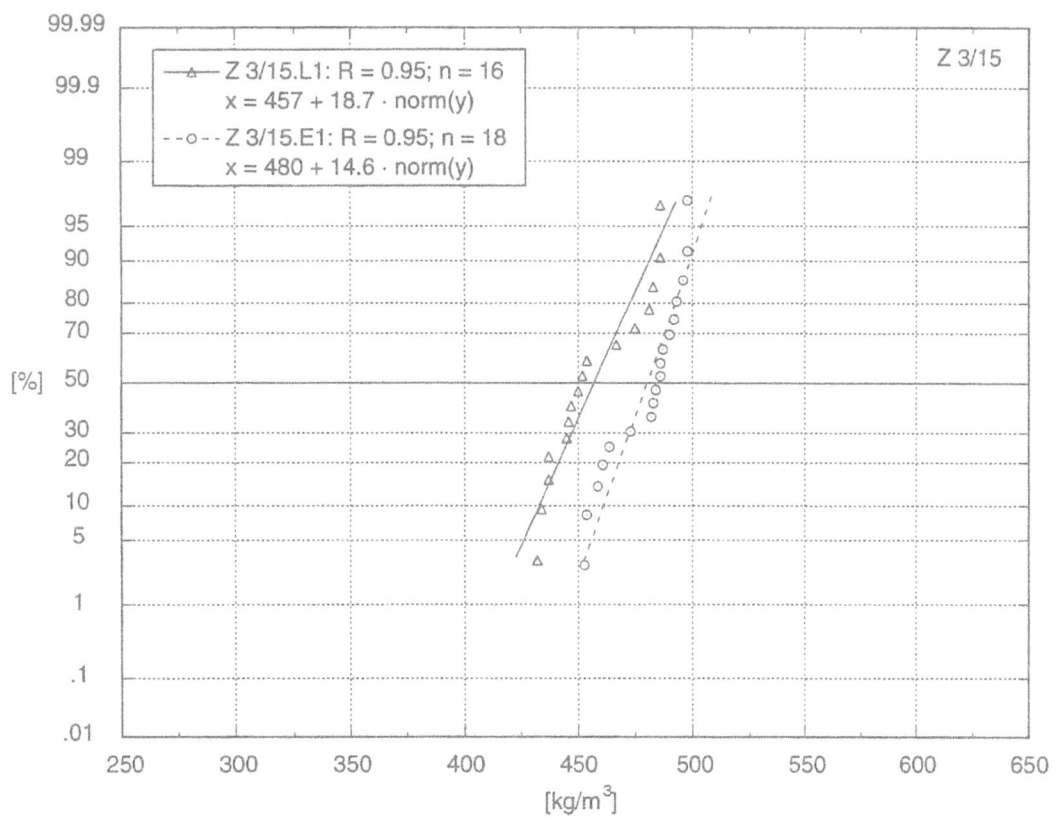

Bild 4.55: Verteilung der Darrdichte r_0

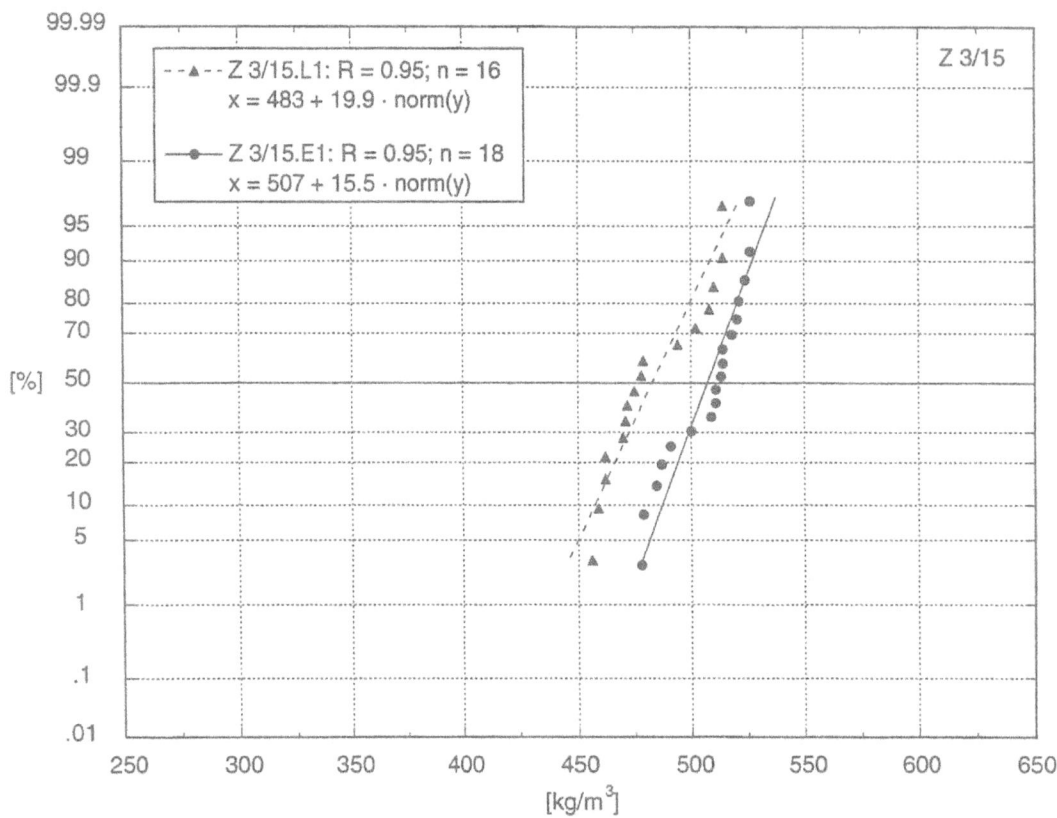

Bild 4.56: Verteilung der Feuchtdichte r_{12} (w = 12 %)

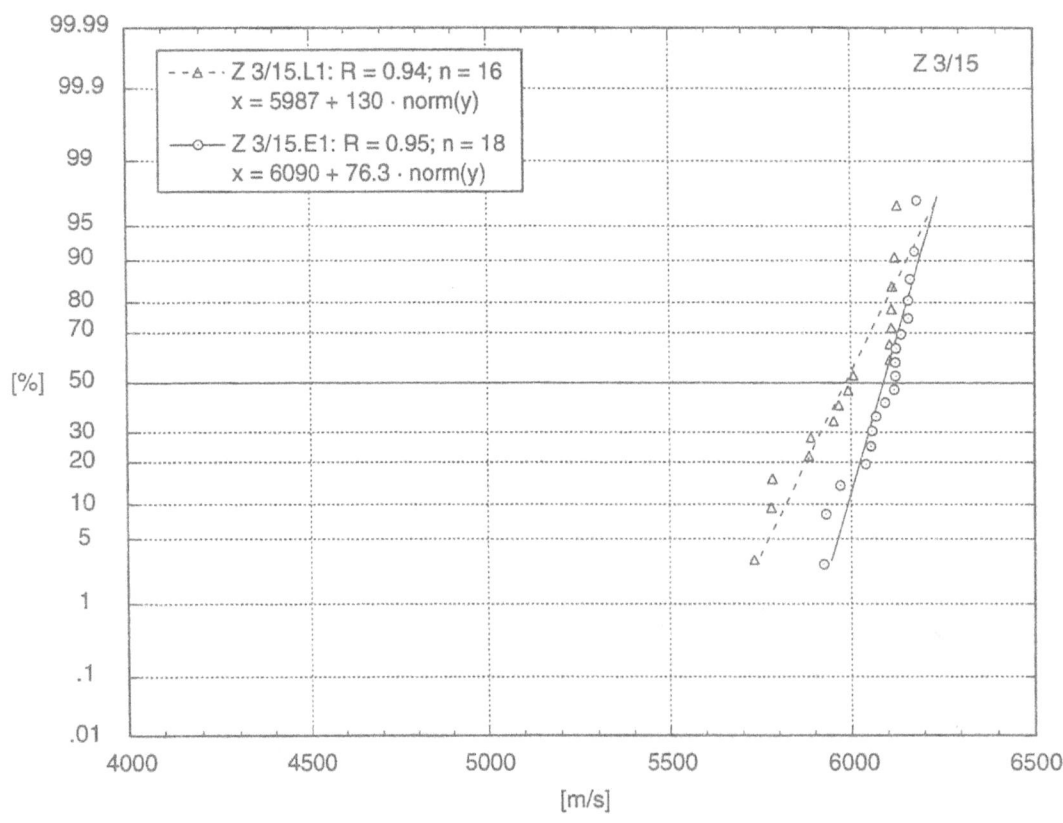

Bild 4.57: Verteilung der Schallgeschwindigkeit v_{min}

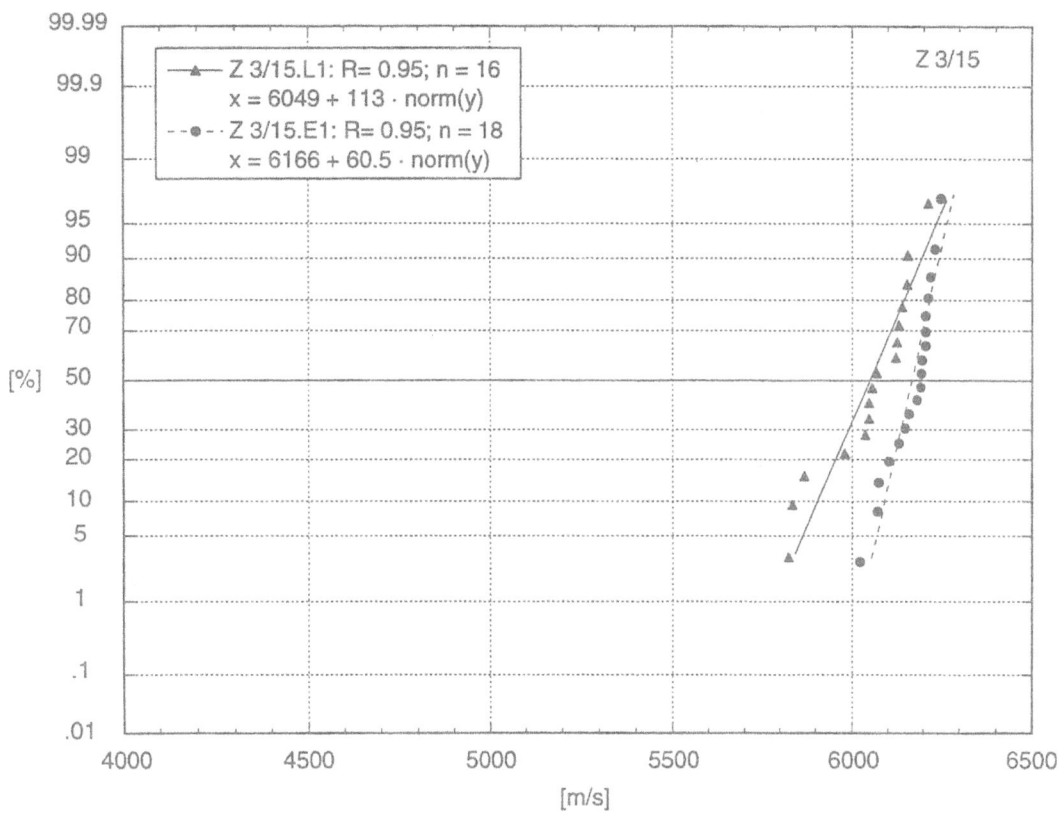

Bild 4.58: Verteilung der Schallgeschwindigkeit $v_ø$

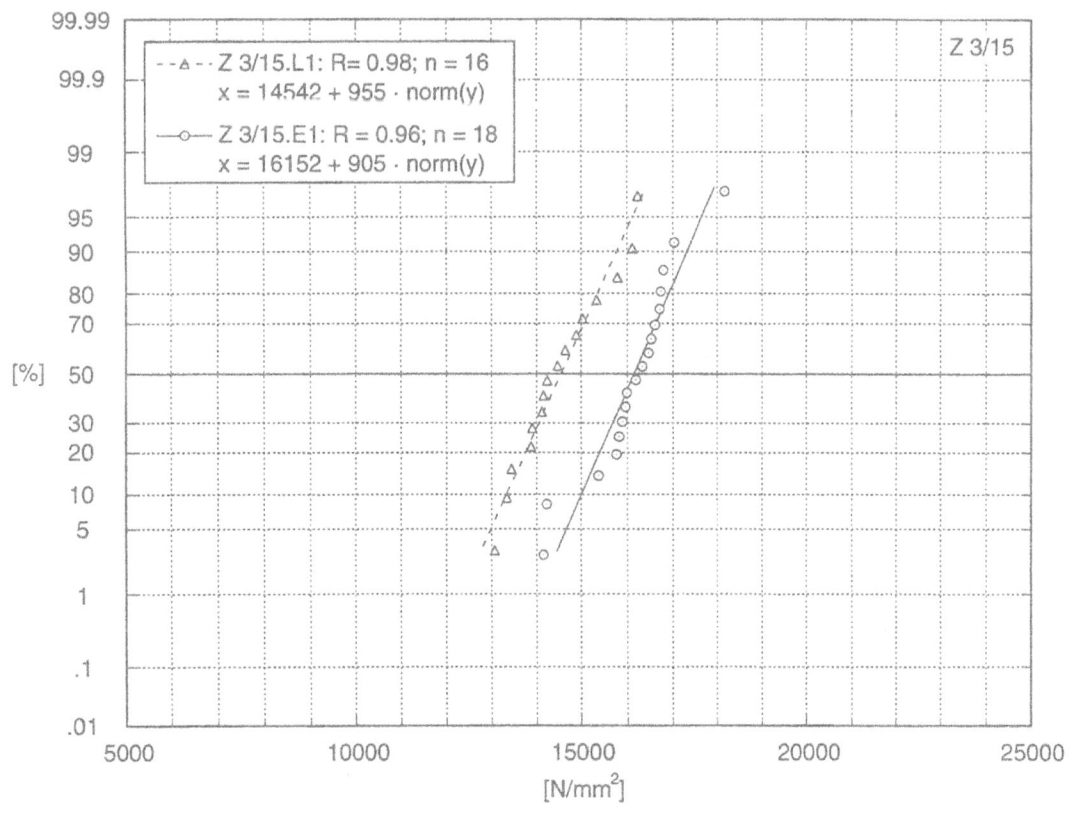

Bild 4.59: Verteilung des Zug-Elastizitätsmoduls $E_{t,0}$

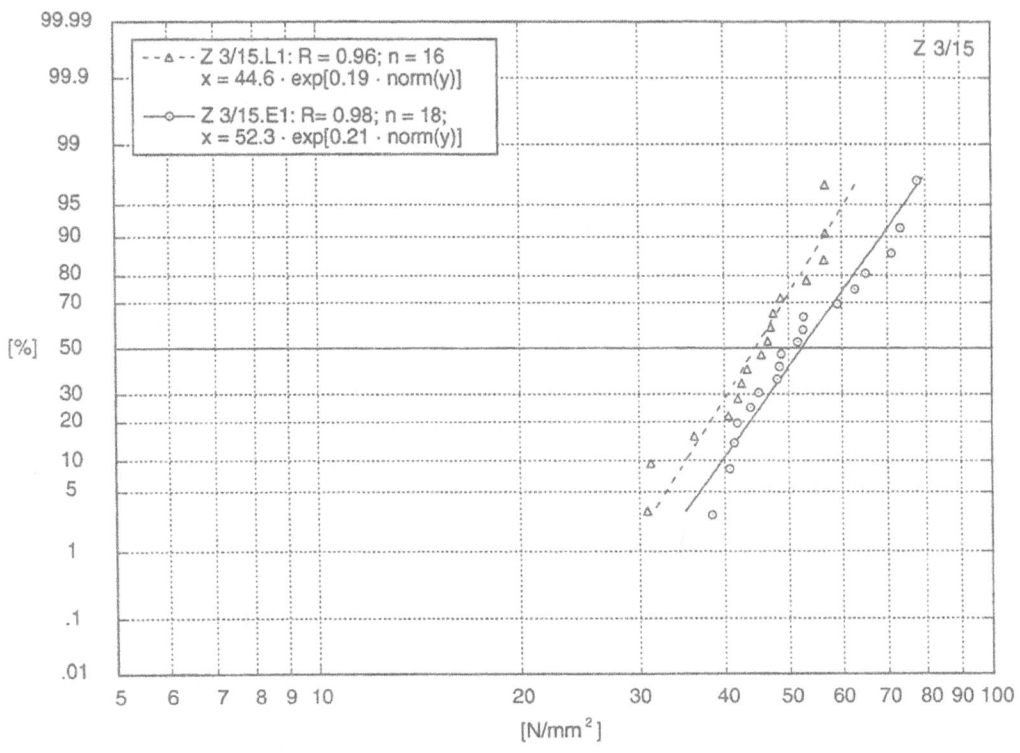

Bild 4.60: Verteilung der Zugfestigkeit $f_{t,0}$

4.4.7 Statistische Kennwerte der Versuchsdaten

QS 1/18

Tab. 4.36: Parameter zur Beschreibung von Lage, Form und Streuung der emp. Verteilung

Stichprobe Z 1/18		n	Mittelwert $\overline{x}$	Standardabweichung s	Schiefe γ_1	Exzess γ_2	Variation v
Holzfeuchte w	[%]	7	12.0	1.92	0.00	-0.60	16.0 %
Darrdichte r_0	[kg/m³]	7	412	26.2	-0.72	-0.16	6.32 %
Feuchtdichte r_{12}	[kg/m³]	7	435	27.4	-0.72	-0.16	6.32 %
Schallgeschwindigkeit:							
Minimalwert v_{min}	[m/s]	7	5250	390	0.34	-1.43	7.43 %
Mittelwert $v_\varnothing$	[m/s]	7	5495	358	0.39	-1.33	6.51 %
Zug-E-Modul $E_{t,0}$	[N/mm²]	7	9013	2096	0.18	-1.47	23.3 %
Zugfestigkeit $f_{t,0}$	[N/mm²]	7	26.2	12.3	1.64	1.30	47.1 %

Tab. 4.37: p-Quantilen der empirischen Verteilung

Stichprobe Z 1/18			Minimum	unteres Quartil	Median	oberes Quartil	Maximum
Holzfeuchte	w	[%]	9.00	11.0	12.0	13.0	15.0
Darrdichte	r_0	[kg/m³]	363	404	409	428	444
Feuchtdichte	r_{12}	[kg/m³]	384	426	432	453	469
Schallgeschwindigkeit:							
Minimalwert	v_{min}	[m/s]	4831	4902	5184	5615	5803
Mittelwert	$v_\emptyset$	[m/s]	5097	5215	5387	5787	6044
Zug-E-Modul	$E_{t,0}$	[N/mm²]	6364	7388	8347	10964	11860
Zugfestigkeit	$f_{t,0}$	[N/mm²]	16.4	19.2	21.9	27.4	52.8

Tab. 4.38: 5 %-Fraktilwerte

Stichprobe Z 1/18			direkt [1]	$n = \infty$ [2]	n_{eff} [2] $\alpha = 5\%$	n_{eff} [2] $\alpha = 10\%$	n_{eff} [2] $\alpha = 15.9\%$	Regr. [3]
Holzfeuchte	w	[%]	n < 20	8.85	5.57	6.67	7.32	8.86
Darrdichte	r_0	[kg/m³]	n < 20	369	324	339	348	370
Feuchtdichte	r_{12}	[kg/m³]	n < 20	390	343	358	368	391
Schallgeschwindigkeit:								
Minimalwert	v_{min}	[m/s]	n < 20	4608	3940	4164	4295	4622
Mittelwert	$v_\emptyset$	[m/s]	n < 20	4906	4294	4499	4620	4918
Zug-E-Modul	$E_{t,0}$	[N/mm²]	n < 20	5565	1979	3178	3886	5599
Zugfestigkeit	$f_{t,0}$	[N/mm²]	n < 20	13.0	6.72	8.37	9.53	13.5

[1] aus den Versuchen direkt (verteilungsfrei)
[2] Annahme einer Normalverteilung (Log-Normalverteilung für Festigkeit) als mathematisches Modell
[3] Lineare Regression im Wahrscheinlichkeitsnetz

Tab. 4.39: Vertrauensintervalle für $\alpha = 5\%$

Stichprobe Z 1/18			Mittelwert [1]		Standardabweichung [1]		Variationskoeffizient [1]	
			μ_{min}	μ_{max}	σ_{min}	σ_{max}	γ_{min}	γ_{max}
Holzfeuchte	w	[%]	10.2	13.8	1.23	4.22	10.1 %	38.0 %
Darrdichte	r_0	[kg/m³]	387	436	16.9	57.6	4.05 %	14.7 %
Feuchtdichte	r_{12}	[kg/m³]	410	460	17.7	60.4	4.02 %	14.6 %
Schallgeschwindigkeit:								
Minimalwert	v_{min}	[m/s]	4889	5610	251	859	4.74 %	17.2 %
Mittelwert	$v_\emptyset$	[m/s]	5164	5826	231	788	4.15 %	15.1 %
Zug-E-Modul	$E_{t,0}$	[N/mm²]	7074	10952	1351	4617	14.6 %	57.5 %
Zugfestigkeit	$f_{t,0}$	[N/mm²]	17.1	34.8	1.28	2.33	7.64 %	28.2 %

[1] Zugfestigkeit: Median bzw. Streufaktor bzw. Variationskoeffizient der Logarithmen

Tab. 4.40: Vertrauensintervalle für α = 10 %

Stichprobe Z 1/18	Mittelwert [1]		Standardabweichung [1]		Variationskoeffizient [1]	
	μ_{min}	μ_{max}	σ_{min}	σ_{max}	γ_{min}	γ_{max}
Holzfeuchte w [%]	10.6	13.4	1.32	3.67	10.7 %	31.1 %
Darrdichte r_0 [kg/m³]	392	431	18.1	50.1	4.30 %	12.2 %
Feuchtdichte r_{12} [kg/m³]	415	455	18.9	52.5	4.27 %	12.0 %
Schallgeschwindigkeit:						
Minimalwert v_{min} [m/s]	4963	5536	269	748	5.03 %	14.2 %
Mittelwert $v_\varnothing$ [m/s]	5232	5758	247	686	4.41 %	12.5 %
Zug-E-Modul $E_{t,0}$ [N/mm²]	7474	10553	1447	4016	15.5 %	46.5 %
Zugfestigkeit $f_{t,0}$ [N/mm²]	18.4	32.3	1.30	2.09	8.11 %	23.2 %

[1] Zugfestigkeit: Median bzw. Streufaktor bzw. Variationskoeffizient der Logarithmen

QS 2/18

Tab. 4.41: Parameter zur Beschreibung von Lage, Form und Streuung der emp. Verteilung

Stichprobe Z 2/18	n	Mittelwert $\bar{x}$	Standardabweichung s	Schiefe γ_1	Exzess γ_2	Variation v
Holzfeuchte w [%]	21	11.4	1.78	-0.46	-0.17	15.5 %
Darrdichte r_0 [kg/m³]	21	435	57.7	0.27	-0.80	13.3 %
Feuchtdichte r_{12} [kg/m³]	21	460	61.0	0.28	-0.81	13.3 %
Schallgeschwindigkeit:						
Minimalwert v_{min} [m/s]	21	5371	353	-1.02	0.57	6.58 %
Mittelwert $v_\varnothing$ [m/s]	21	5577	375	-1.13	1.19	6.73 %
Zug-E-Modul $E_{t,0}$ [N/mm²]	21	10023	2450	-0.17	-0.40	24.4 %
Zugfestigkeit $f_{t,0}$ [N/mm²]	21	26.3	8.45	0.08	-0.63	32.2 %

Tab. 4.42: p-Quantilen der empirischen Verteilung

Stichprobe Z 2/18	Minimum	unteres Quartil	Median	oberes Quartil	Maximum
Holzfeuchte w [%]	8.00	10.8	12.0	12.3	15.0
Darrdichte r_0 [kg/m³]	340	397	417	489	545
Feuchtdichte r_{12} [kg/m³]	359	420	440	516	576
Schallgeschwindigkeit:					
Minimalwert v_{min} [m/s]	4442	5248	5366	5657	5814
Mittelwert $v_\varnothing$ [m/s]	4508	5381	5644	5872	6038
Zug-E-Modul $E_{t,0}$ [N/mm²]	4586	8427	10117	12106	13969
Zugfestigkeit $f_{t,0}$ [N/mm²]	9.50	19.0	26.5	31.1	42.2

Tab. 4.43: 5 %-Fraktilwerte

Stichprobe Z 2/18			direkt [1]	n = ∞ [2]	n_{eff} [2] $\alpha = 5\%$	n_{eff} [2] $\alpha = 10\%$	n_{eff} [2] $\alpha = 15.9\%$	Regr. [3]
Holzfeuchte	w	[%]	8.00	8.51	7.24	7.58	7.82	8.63
Darrdichte	r_0	[kg/m³]	340	340	299	310	318	342
Feuchtdichte	r_{12}	[kg/m³]	360	360	316	328	336	361
Schallgeschwindigkeit:								
Minimalwert	v_{min}	[m/s]	4458	4790	4539	4606	4652	4814
Mittelwert	$v_{\varnothing}$	[m/s]	4534	4959	4692	4764	4813	4984
Zug-E-Modul	$E_{t,0}$	[N/mm²]	4682	5994	4254	4718	5041	6021
Zugfestigkeit	$f_{t,0}$	[N/mm²]	9.80	13.8	10.7	11.4	12.0	14.0

[1] aus den Versuchen direkt (verteilungsfrei)
[2] Annahme einer Normalverteilung (Log-Normalverteilung für Festigkeit) als mathematisches Modell
[3] Lineare Regression im Wahrscheinlichkeitsnetz

Tab. 4.44: Vertrauensintervalle für $\alpha = 5\%$

Stichprobe Z 2/18 (Fussnote siehe Tab. 4.45)			Mittelwert [1]		Standardabweichung [1]		Variationskoeffizient [1]	
			μ_{min}	μ_{max}	σ_{min}	σ_{max}	γ_{min}	γ_{max}
Holzfeuchte	w	[%]	10.6	12.2	1.36	2.57	11.8 %	22.8 %
Darrdichte	r_0	[kg/m³]	409	462	44.1	83.3	10.1 %	19.4 %
Feuchtdichte	r_{12}	[kg/m³]	432	488	46.7	88.1	10.1 %	19.4 %
Schallgeschwindigkeit:								
Minimalwert	v_{min}	[m/s]	5210	5532	270	510	5.02 %	9.55 %
Mittelwert	$v_{\varnothing}$	[m/s]	5406	5748	287	542	5.13 %	9.78 %
Zug-E-Modul	$E_{t,0}$	[N/mm²]	8908	11138	1874	3537	18.4 %	36.4 %
Zugfestigkeit	$f_{t,0}$	[N/mm²]	21.1	29.2	1.32	1.68	8.48 %	16.2 %

Tab. 4.45: Vertrauensintervalle für $\alpha = 10\%$

Stichprobe Z 2/18			Mittelwert [1]		Standardabweichung [1]		Variationskoeffizient [1]	
			μ_{min}	μ_{max}	σ_{min}	σ_{max}	γ_{min}	γ_{max}
Holzfeuchte	w	[%]	10.8	12.1	1.42	2.41	12.3 %	21.2 %
Darrdichte	r_0	[kg/m³]	414	457	46.0	78.3	10.5 %	18.0 %
Feuchtdichte	r_{12}	[kg/m³]	437	483	48.7	82.9	10.5 %	18.0 %
Schallgeschwindigkeit:								
Minimalwert	v_{min}	[m/s]	5238	5504	282	480	5.22 %	8.91 %
Mittelwert	$v_{\varnothing}$	[m/s]	5435	5718	300	510	5.34 %	9.11 %
Zug-E-Modul	$E_{t,0}$	[N/mm²]	9101	10945	1955	3326	19.2 %	33.7 %
Zugfestigkeit	$f_{t,0}$	[N/mm²]	21.7	28.4	1.33	1.63	8.82 %	15.1 %

[1] Zugfestigkeit: Median bzw. Streufaktor bzw. Variationskoeffizient der Logarithmen

QS 3/18

Tab. 4.46: Parameter zur Beschreibung von Lage, Form und Streuung der emp. Verteilung

Stichprobe Z 3/18		n	Mittelwert $\bar{x}$	Standardabweichung s	Schiefe γ_1	Exzess γ_2	Variation v
Holzfeuchte w [%]		50	12.1	0.77	-0.10	0.19	6.36 %
Darrdichte r_0 [kg/m³]		50	440	30.5	-0.38	-0.34	6.92 %
Feuchtdichte r_{12} [kg/m³]		50	465	32.1	-0.37	-0.34	6.92 %
Schallgeschwindigkeit:							
Minimalwert v_{min} [m/s]		50	5209	347	-0.69	-0.32	6.66 %
Mittelwert $v_{\varnothing}$ [m/s]		50	5375	290	-0.92	0.29	5.39 %
Zug-E-Modul $E_{t,0}$ [N/mm²]		50	9413	1635	0.33	-0.87	17.4 %
Zugfestigkeit $f_{t,0}$ [N/mm²]		50	26.1	12.5	1.86	3.51	47.7 %

Tab. 4.47: p-Quantilen der empirischen Verteilung

Stichprobe Z 3/18	Minimum	unteres Quartil	Median	oberes Quartil	Maximum
Holzfeuchte w [%]	10.0	12.0	12.0	13.0	14.0
Darrdichte r_0 [kg/m³]	371	415	447	460	506
Feuchtdichte r_{12} [kg/m³]	392	438	472	486	535
Schallgeschwindigkeit:					
Minimalwert v_{min} [m/s]	4388	5026	5321	5449	5754
Mittelwert $v_{\varnothing}$ [m/s]	4626	5209	5461	5553	5838
Zug-E-Modul $E_{t,0}$ [N/mm²]	6851	8151	9226	10583	12996
Zugfestigkeit $f_{t,0}$ [N/mm²]	12.7	17.7	22.8	28.3	69.0

Tab 4.48: 5 %-Fraktilwerte

Stichprobe Z 3/18	direkt [1]	n = ∞ [2]	n_{eff} [2] $\alpha = 5\%$	n_{eff} [2] $\alpha = 10\%$	n_{eff} [2] $\alpha = 15.9\%$	Regr. [3]
Holzfeuchte w [%]	11.0	10.8	10.5	10.6	10.6	10.9
Darrdichte r_0 [kg/m³]	377	390	377	380	383	390
Feuchtdichte r_{12} [kg/m³]	399	412	399	402	404	413
Schallgeschwindigkeit:						
Minimalwert v_{min} [m/s]	4499	4638	4494	4530	4556	4652
Mittelwert $v_{\varnothing}$ [m/s]	4708	4898	4778	4808	4830	4915
Zug-E-Modul $E_{t,0}$ [N/mm²]	7038	6724	6048	6215	6337	6765
Zugfestigkeit $f_{t,0}$ [N/mm²]	13.2	12.5	10.6	11.0	11.3	12.6

[1] aus den Versuchen direkt (verteilungsfrei)
[2] Annahme einer Normalverteilung (Log-Normalverteilung für Festigkeit) als mathematisches Modell
[3] Lineare Regression im Wahrscheinlichkeitsnetz

Tab. 4.49: Vertrauensintervalle für α = 5 %

Stichprobe Z 3/18		Mittelwert [1)]		Standardabweichung [1)]		Variationskoeffizient [1)]	
		μ_{min}	μ_{max}	σ_{min}	σ_{max}	γ_{min}	γ_{max}
Holzfeuchte	w [%]	11.8	12.3	0.64	0.96	5.31 %	7.94 %
Darrdichte	r_0 [kg/m³]	431	449	25.5	38.0	5.78 %	8.66 %
Feuchtdichte	r_{12} [kg/m³]	456	474	26.8	40.0	5.76 %	8.62 %
Schallgeschwindigkeit:							
Minimalwert	v_{min} [m/s]	5110	5307	290	432	5.56 %	8.32 %
Mittelwert	$v_\varnothing$ [m/s]	5293	5457	242	361	4.50 %	6.73 %
Zug-E-Modul	$E_{t,0}$ [N/mm²]	8949	9878	1365	2037	14.4 %	21.8 %
Zugfestigkeit	$f_{t,0}$ [N/mm²]	21.4	26.8	1.39	1.64	10.4 %	15.7 %

[1)] Zugfestigkeit: Median bzw. Streufaktor bzw. Variationskoeffizient der Logarithmen

Tab. 4.50: Vertrauensintervalle für α = 10 %

Stichprobe Z 3/18		Mittelwert [1)]		Standardabweichung [1)]		Variationskoeffizient [1)]	
		μ_{min}	μ_{max}	σ_{min}	σ_{max}	γ_{min}	γ_{max}
Holzfeuchte	w [%]	11.9	12.2	0.66	0.92	5.45 %	7.63 %
Darrdichte	r_0 [kg/m³]	433	447	26.2	36.7	5.94 %	8.32 %
Feuchtdichte	r_{12} [kg/m³]	457	473	27.6	38.6	5.92 %	8.29 %
Schallgeschwindigkeit:							
Minimalwert	v_{min} [m/s]	5126	5291	298	417	5.71 %	8.00 %
Mittelwert	$v_\varnothing$ [m/s]	5306	5444	249	348	4.62 %	6.47 %
Zug-E-Modul	$E_{t,0}$ [N/mm²]	9025	9801	1405	1964	14.8 %	20.9 %
Zugfestigkeit	$f_{t,0}$ [N/mm²]	21.8	26.3	1.41	1.61	10.7 %	15.1 %

[1)] Zugfestigkeit: Median bzw. Streufaktor bzw. Variationskoeffizient der Logarithmen

QS 4/18

Tab. 4.51: Parameter zur Beschreibung von Lage, Form und Streuung der emp. Verteilung

Stichprobe Z 4/18		n	Mittelwert $\overline{x}$	Standardabweichung s	Schiefe γ_1	Exzess γ_2	Variation v
Holzfeuchte	w [%]	21	12.0	1.61	-0.07	-1.20	13.4 %
Darrdichte	r_0 [kg/m³]	21	457	67.1	-0.39	-0.42	14.6 %
Feuchtdichte	r_{12} [kg/m³]	21	483	70.8	-0.39	-0.42	14.6 %
Schallgeschwindigkeit:							
Minimalwert	v_{min} [m/s]	21	5612	399	-0.63	-0.35	7.10 %
Mittelwert	$v_\varnothing$ [m/s]	21	5749	375	-0.81	-0.15	6.52 %
Zug-E-Modul	$E_{t,0}$ [N/mm²]	21	12250	3884	-0.16	-1.21	31.7 %
Zugfestigkeit	$f_{t,0}$ [N/mm²]	21	36.1	17.2	-0.05	-1.22	47.7 %

Tab. 4.52: p-Quantilen der empirischen Verteilung

Stichprobe Z 4/18		Minimum	unteres Quartil	Median	oberes Quartil	Maximum
Holzfeuchte w [%]		9.00	11.0	12.0	14.0	14.0
Darrdichte r_0 [kg/m³]		320	423	454	519	567
Feuchtdichte r_{12} [kg/m³]		338	446	480	548	599
Schallgeschwindigkeit:						
Minimalwert v_{min} [m/s]		4753	5357	5739	5822	6233
Mittelwert $v_\varnothing$ [m/s]		4862	5560	5856	5962	6261
Zug-E-Modul $E_{t,0}$ [N/mm²]		5814	9058	12243	15687	18001
Zugfestigkeit $f_{t,0}$ [N/mm²]		11.6	16.3	40.6	48.3	64.4

Tab. 4.53: 5 %-Fraktilwerte

Stichprobe Z 4/18	direkt [1]	$n = \infty$ [2]	n_{eff} [2] $\alpha = 5\%$	n_{eff} [2] $\alpha = 10\%$	n_{eff} [2] $\alpha = 15.9\%$	Regr. [3]
Holzfeuchte w [%]	9.05	9.35	8.20	8.51	8.72	9.45
Darrdichte r_0 [kg/m³]	320	347	300	312	321	348
Feuchtdichte r_{12} [kg/m³]	338	367	317	330	339	368
Schallgeschwindigkeit:						
Minimalwert v_{min} [m/s]	4761	4956	4673	4749	4801	4975
Mittelwert $v_\varnothing$ [m/s]	4877	5132	4866	4937	4987	5158
Zug-E-Modul $E_{t,0}$ [N/mm²]	5836	5861	3102	3838	4351	5957
Zugfestigkeit $f_{t,0}$ [N/mm²]	11.7	12.2	8.13	9.06	9.77	12.8

[1] aus den Versuchen direkt (verteilungsfrei)
[2] Annahme einer Normalverteilung (Log-Normalverteilung für Festigkeit) als mathematisches Modell
[3] Lineare Regression im Wahrscheinlichkeitsnetz

Tab. 4.54: Vertrauensintervalle für $\alpha = 5\%$

Stichprobe Z 4/18	Mittelwert [1]		Standardabweichung [1]		Variationskoeffizient [1]	
	μ_{min}	μ_{max}	σ_{min}	σ_{max}	γ_{min}	γ_{max}
Holzfeuchte w [%]	11.3	12.7	1.23	2.33	10.2 %	19.6 %
Darrdichte r_0 [kg/m³]	427	488	51.3	96.8	11.1 %	21.5 %
Feuchtdichte r_{12} [kg/m³]	451	516	54.2	102	11.1 %	21.4 %
Schallgeschwindigkeit:						
Minimalwert v_{min} [m/s]	5431	5794	305	576	5.42 %	10.3 %
Mittelwert $v_\varnothing$ [m/s]	5578	5920	287	541	4.97 %	9.47 %
Zug-E-Modul $E_{t,0}$ [N/mm²]	10482	14018	2972	5609	23.7 %	48.0 %
Zugfestigkeit $f_{t,0}$ [N/mm²]	24.2	40.9	1.55	2.29	12.6 %	24.5 %

[1] Zugfestigkeit: Median bzw. Streufaktor bzw. Variationskoeffizient der Logarithmen

Tab. 4.55: Vertrauensintervalle für α = 10 %

Stichprobe Z 4/18			Mittelwert [1)]		Standardabweichung [1)]		Variationskoeffizient [1)]	
			μ_{min}	μ_{max}	σ_{min}	σ_{max}	γ_{min}	γ_{max}
Holzfeuchte	w	[%]	11.4	12.6	1.29	2.19	10.6 %	18.3 %
Darrdichte	r_0	[kg/m³]	432	483	53.5	91.1	11.6 %	20.0 %
Feuchtdichte	r_{12}	[kg/m³]	457	510	56.5	96.2	11.6 %	19.9 %
Schallgeschwindigkeit:								
Minimalwert	v_{min}	[m/s]	5462	5762	318	541	5.63 %	9.62 %
Mittelwert	$v_\varnothing$	[m/s]	5608	5890	299	509	5.17 %	8.83 %
Zug-E-Modul	$E_{t,0}$	[N/mm²]	10788	13712	3100	5273	24.7 %	44.4 %
Zugfestigkeit	$f_{t,0}$	[N/mm²]	25.3	39.1	1.58	2.18	13.2 %	22.8 %

[1)] Zugfestigkeit: Median bzw. Streufaktor bzw. Variationskoeffizient der Logarithmen

QS 3/15: Qualität L1

Tab. 4.56: Parameter zur Beschreibung von Lage, Form und Streuung der emp. Verteilung

Stichprobe Z 3/15 L1			n	Mittelwert $\bar{x}$	Standardabweichung s	Schiefe γ_1	Exzess γ_2	Variation v
Holzfeuchte	w	[%]	16	8.63	0.50	-0.52	-1.73	5.80 %
Darrdichte	r_0	[kg/m³]	16	457	19.6	0.35	-1.38	4.30 %
Feuchtdichte	r_{12}	[kg/m³]	16	483	20.8	0.36	-1.38	4.30 %
Schallgeschwindigkeit:								
Minimalwert	v_{min}	[m/s]	16	5987	138	-0.56	-1.06	2.30 %
Mittelwert	$v_\varnothing$	[m/s]	16	6049	118	-0.80	-0.46	1.95 %
Zug-E-Modul	$E_{t,0}$	[N/mm²]	16	14542	962	0.34	-0.88	6.61 %
Zugfestigkeit	$f_{t,0}$	[N/mm²]	16	45.3	8.19	-0.23	-0.71	18.1 %

Tab. 4.57: p-Quantilen der empirischen Verteilung

Stichprobe Z 3/15 L1			Minimum	unteres Quartil	Median	oberes Quartil	Maximum
Holzfeuchte	w	[%]	8.00	8.00	9.00	9.00	9.00
Darrdichte	r_0	[kg/m³]	432	441	451	478	486
Feuchtdichte	r_{12}	[kg/m³]	456	466	476	505	514
Schallgeschwindigkeit:							
Minimalwert	v_{min}	[m/s]	5732	5886	6001	6111	6128
Mittelwert	$v_\varnothing$	[m/s]	5823	6008	6062	6134	6213
Zug-E-Modul	$E_{t,0}$	[N/mm²]	13075	13897	14357	15180	16230
Zugfestigkeit	$f_{t,0}$	[N/mm²]	30.8	41.3	46.0	50.9	56.7

Tab. 4.58: 5 %-Fraktilwerte

Stichprobe Z 3/15 L1	direkt 1)	n = ∞ 2)	n_{eff} 2) $\alpha = 5\%$	n_{eff} 2) $\alpha = 10\%$	n_{eff} 2) $\alpha = 15.9\%$	Regr. 3)
Holzfeuchte w [%]	n < 20	7.80	7.37	7.49	7.57	7.96
Darrdichte r_0 [kg/m³]	n < 20	425	408	412	416	426
Feuchtdichte r_{12} [kg/m³]	n < 20	449	431	436	439	450
Schallgeschwindigkeit:						
Minimalwert v_{min} [m/s]	n < 20	5760	5642	5675	5697	5773
Mittelwert $v_{ø}$ [m/s]	n < 20	5855	5754	5782	5801	5864
Zug-E-Modul $E_{t,0}$ [N/mm²]	n < 20	12960	12136	12364	12519	12974
Zugfestigkeit $f_{t,0}$ [N/mm²]	n < 20	32.6	27.7	28.9	29.8	32.8

1) aus den Versuchen direkt (verteilungsfrei)
2) Annahme einer Normalverteilung (Log-Normalverteilung für Festigkeit) als mathematisches Modell
3) Lineare Regression im Wahrscheinlichkeitsnetz

Tab. 4.59: Vertrauensintervalle für $\alpha = 5\%$

Stichprobe Z 3/15 L1	Mittelwert 1)		Standardabweichung 1)		Variationskoeffizient 1)	
Fussnote siehe Tab. 4.60	μ_{min}	μ_{max}	σ_{min}	σ_{max}	γ_{min}	γ_{max}
Holzfeuchte w [%]	8.36	8.89	0.37	0.77	4.27 %	9.04 %
Darrdichte r_0 [kg/m³]	447	467	14.5	30.3	3.16 %	6.68 %
Feuchtdichte r_{12} [kg/m³]	472	494	15.4	32.2	3.17 %	6.71 %
Schallgeschwindigkeit:						
Minimalwert v_{min} [m/s]	5913	6060	102	213	1.70 %	3.59 %
Mittelwert $v_{ø}$ [m/s]	5986	6112	87.3	183	1.44 %	3.04 %
Zug-E-Modul $E_{t,0}$ [N/mm²]	14030	15055	711	1489	4.87 %	10.3 %
Zugfestigkeit $f_{t,0}$ [N/mm²]	40.3	49.3	1.15	1.34	3.68 %	7.80 %

Tab. 4.60: Vertrauensintervalle für $\alpha = 10\%$

Stichprobe Z 3/15 L1	Mittelwert 1)		Standardabweichung 1)		Variationskoeffizient 1)	
	μ_{min}	μ_{max}	σ_{min}	σ_{max}	γ_{min}	γ_{max}
Holzfeuchte w [%]	8.41	8.84	0.39	0.72	4.45 %	8.30 %
Darrdichte r_0 [kg/m³]	448	466	15.2	28.2	3.30 %	6.13 %
Feuchtdichte r_{12} [kg/m³]	474	492	16.1	29.9	3.31 %	6.13 %
Schallgeschwindigkeit:						
Minimalwert v_{min} [m/s]	5926	6047	107	198	1.77 %	3.29 %
Mittelwert $v_{ø}$ [m/s]	5997	6101	91.5	170	1.50 %	2.79 %
Zug-E-Modul $E_{t,0}$ [N/mm²]	14121	14964	745	1383	5.08 %	9.47 %
Zugfestigkeit $f_{t,0}$ [N/mm²]	41.0	48.4	1.16	1.31	3.85 %	7.16 %

1) Zugfestigkeit: Median bzw. Streufaktor bzw. Variationskoeffizient der Logarithmen

QS 3/15: Qualität E1

Tab. 4.61: Parameter zur Beschreibung von Lage, Form und Streuung der emp. Verteilung

Stichprobe Z 3/15 E1		n	Mittelwert $\bar{x}$	Standardabweichung s	Schiefe γ_1	Exzess γ_2	Variation v
Holzfeuchte w [%]		18	11.1	0.54	0.07	0.59	4.88 %
Darrdichte r_0 [kg/m³]		18	480	15.3	-0.60	-1.05	3.18 %
Feuchtdichte r_{12} [kg/m³]		18	507	16.2	-0.63	-1.00	3.18 %
Schallgeschwindigkeit: Minimalwert v_{min} [m/s]		18	6090	80.0	-0.89	-0.28	1.31 %
Mittelwert $v_\varnothing$ [m/s]		18	6166	63.2	-0.89	-0.25	1.02 %
Zug-E-Modul $E_{t,0}$ [N/mm²]		18	16152	938	-0.43	0.77	5.80 %
Zugfestigkeit $f_{t,0}$ [N/mm²]		18	53.5	12.1	0.67	-0.76	22.6 %

Tab. 4.62: p-Quantilen der empirischen Verteilung

Stichprobe Z 3/15 E1		Minimum	unteres Quartil	Median	oberes Quartil	Maximum
Holzfeuchte w [%]		10.0	11.0	11.0	11.0	12.0
Darrdichte r_0 [kg/m³]		453	464	485	492	498
Feuchtdichte r_{12} [kg/m³]		478	491	512	520	526
Schallgeschwindigkeit: Minimalwert v_{min} [m/s]		5925	6055	6120	6158	6183
Mittelwert $v_\varnothing$ [m/s]		6021	6130	6192	6206	6248
Zug-E-Modul $E_{t,0}$ [N/mm²]		14170	15812	16257	16708	18162
Zugfestigkeit $f_{t,0}$ [N/mm²]		38.3	43.8	50.2	62.8	77.7

Tab. 4.63: 5 %-Fraktilwerte

Stichprobe Z 3/15 E1		direkt [1]	n = ∞ [2]	n_{eff} [2] α = 5 %	n_{eff} [2] α = 10 %	n_{eff} [2] α = 15.9 %	Regr. [3]
Holzfeuchte w [%]		n < 20	10.2	9.74	9.86	9.94	10.3
Darrdichte r_0 [kg/m³]		n < 20	455	443	446	448	456
Feuchtdichte r_{12} [kg/m³]		n < 20	481	468	471	474	482
Schallgeschwindigkeit: Minimalwert v_{min} [m/s]		n < 20	5958	5895	5912	5924	5964
Mittelwert $v_\varnothing$ [m/s]		n < 20	6062	6012	6026	6035	6067
Zug-E-Modul $E_{t,0}$ [N/mm²]		n < 20	14610	13871	14072	14210	14666
Zugfestigkeit $f_{t,0}$ [N/mm²]		n < 20	36.6	30.8	32.3	33.3	36.8

[1] aus den Versuchen direkt (verteilungsfrei)
[2] Annahme einer Normalverteilung (Log-Normalverteilung für Festigkeit) als mathematisches Modell
[3] Lineare Regression im Wahrscheinlichkeitsnetz

Tab. 4.64: Vertrauensintervalle für $\alpha = 5\ \%$

Stichprobe Z 3/15 E1	Mittelwert [1]		Standardabweichung [1]		Variationskoeffizient [1]	
	μ_{min}	μ_{max}	σ_{min}	σ_{max}	γ_{min}	γ_{max}
Holzfeuchte w [%]	10.8	11.3	0.40	0.81	36.5 %	7.35 %
Darrdichte r_0 [kg/m³]	472	488	11.5	22.9	2.39 %	4.80 %
Feuchtdichte r_{12} [kg/m³]	499	515	12.2	24.3	2.40 %	4.83 %
Schallgeschwindigkeit:						
Minimalwert v_{min} [m/s]	6050	6129	60.0	120	0.98 %	1.98 %
Mittelwert $v_\varnothing$ [m/s]	6134	6197	47.4	94.8	0.77 %	1.54 %
Zug-E-Modul $E_{t,0}$ [N/mm²]	15686	16619	704	1406	4.34 %	8.76 %
Zugfestigkeit $f_{t,0}$ [N/mm²]	46.9	58.2	1.18	1.38	4.10 %	8.28 %

[1] Zugfestigkeit: Median bzw. Streufaktor bzw. Variationskoeffizient der Logarithmen

Tab. 4.65: Vertrauensintervalle für $\alpha = 10\ \%$

Stichprobe Z 3/15 E1	Mittelwert [1]		Standardabweichung [1]		Variationskoeffizient [1]	
	μ_{min}	μ_{max}	σ_{min}	σ_{max}	γ_{min}	γ_{max}
Holzfeuchte w [%]	10.8	11.3	0.42	0.75	3.80 %	6.80 %
Darrdichte r_0 [kg/m³]	474	486	12.0	21.4	2.49 %	4.44 %
Feuchtdichte r_{12} [kg/m³]	500	514	12.7	22.7	2.50 %	4.46 %
Schallgeschwindigkeit:						
Minimalwert v_{min} [m/s]	6057	6122	62.8	112	1.02 %	1.83 %
Mittelwert $v_\varnothing$ [m/s]	6140	6122	49.6	88.5	0.80 %	1.43 %
Zug-E-Modul $E_{t,0}$ [N/mm²]	15768	16537	736	1313	4.52 %	8.10 %
Zugfestigkeit $f_{t,0}$ [N/mm²]	47.8	57.1	1.19	1.36	4.28 %	7.65 %

[1] Zugfestigkeit: Median bzw. Streufaktor bzw. Variationskoeffizient der Logarithmen

4.5 Typische Bruchbilder

Holz zeigt bei grosser Zugbeanspruchung ein schlagartiges sprödes Bruchverhalten. Ausgangspunkt von Anrissen waren meistens markante Äste, Zonen mit stärkerer Schrägfasrigkeit, aber auch Schwachzonen innerhalb des Querschnitts (Mark, Reaktionsholz). Bei optimaler Einleitung der Zugkraft in den Probekörper erfolgte der Bruch stets ausserhalb der Klemmzonen. Einspannbrüche ereigneten sich nur, wenn entweder der Klemmdruck zu hoch eingestellt wurde, oder aber der schwächste Teil des Prüfkörpers tatsächlich im Bereich der Einspannzone lag.

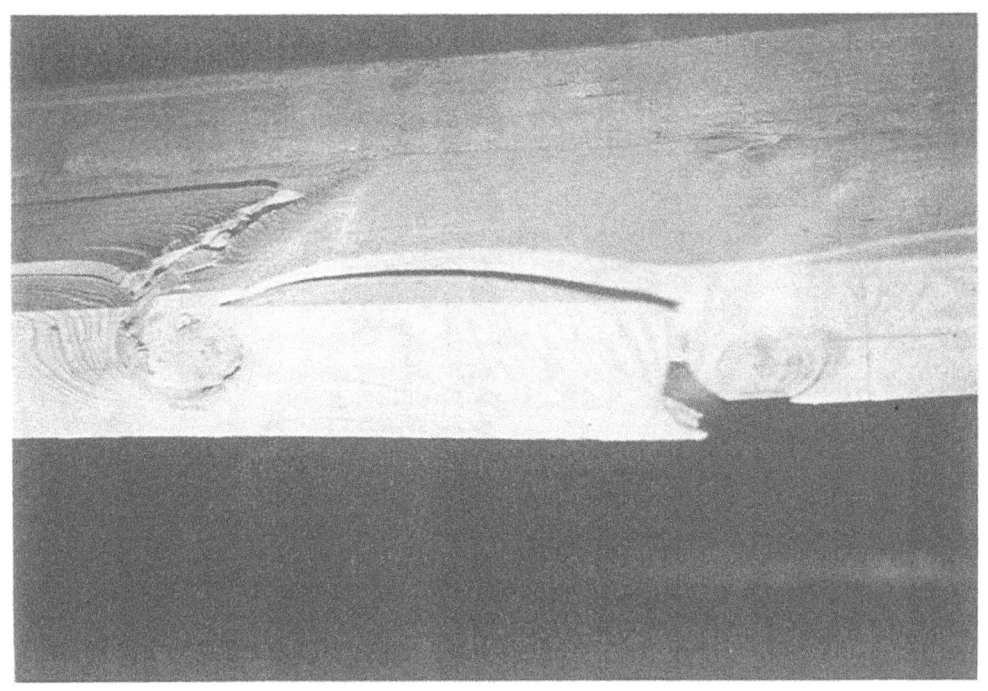

Bild 4.61: Anriss in Zonen mit grosser Schrägfasrigkeit und bei Flügelästen

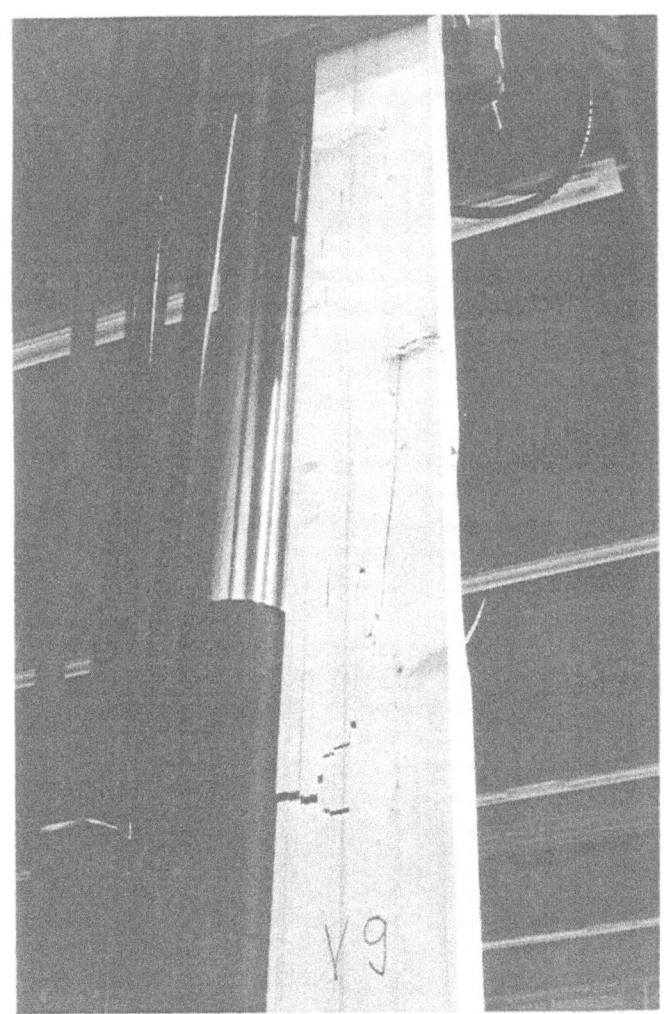

Bild 4.62: Sprödbruch im Reaktionsholz

Bild 4.63: Sprödbruch an der schwächsten Stelle (Astansammlung, Markbereich)

5. Druckversuche

5.1 Zielsetzungen

Die Klassierung des Bauholzes in die Festigkeitsklassen C14 - C40 gemäss ENV 338 [2] erfolgt, wie bereits in Kapitel 4 erwähnt, aufgrund der Biegefestigkeit, der Dichte und des Biege-E-Moduls. Die Kennwerte für die Zug-, Druck-, Schubfestigkeit sind entweder aus der Biegefestigkeit oder aus der Dichte abgeleitete Grössen. Für den charakteristischen Wert der Druckfestigkeit gilt gemäss ENV 384 [3]:

$$f_{c,0,k} = 5 \cdot f_{m,k}^{0.45}$$

Ausgehend von Druckversuchen an Proben in Bauteilgrösse sollten folgende Problemkreise untersucht werden:

- Druckfestigkeit und -steifigkeit von Schweizer Fichtenholz als Anhaltspunkt zur Einstufung in die Festigkeitsklassen der ENV 338
- Gewährleistung der nominellen Druckfestigkeits- und steifigkeitswerte bei einer sich an Kriterien aus Biegeversuchen orientierenden Festigkeitssortierung mittels Ultraschall
- Überprüfung des vorgenannten durch die ENV 384 gegebenen formelmässigen Zusammenhangs zwischen Biege- und Druckfestigkeit
- Bewertung des Einflusses von Volumen und Querschnitt auf die Druckfestigkeit durch vergleichende Untersuchungen an Kleinproben.

5.2 Versuchseinrichtung für Druckversuche an Stäben

Obwohl Druckversuche an Proben in Bauteilgrösse im Vergleich zu Zugversuchen bedeutend einfacher durchzuführen sind, basieren die in verschiedenen Holzbaunormen [7], [24] angegebenen Bemessungswerte zum Teil immer noch auf Druckversuchen an Kleinproben [13], [122] oder auf Erfahrungswerten.

Das Versagen des Holzes auf Druck stellt sich durch örtliches Knicken der einzelnen Fasern bei Fehlstellen (Äste, Schrägfasrigkeit, Harztaschen, etc.) und allenfalls durch Spaltkeilbildung ein [17]. Das Bruchverhalten ist dabei im Vergleich zu den spröden Zug- und Biegebrüchen eher duktil. Daraus kann man ableiten, dass der Volumeneinfluss im Vergleich zu Zugversuchen nicht so markant ausfallen wird. Trotzdem sind die aus Druckversuchen an Proben in Bauteilgrösse gewonnenen Festigkeitswerte mit Sicherheit aussagekräftiger als die an strukturstörungsfreien Kleinproben ermittelten Werte.

Bei Druckversuchen an Proben in Bauteilgrösse (Stäbe) können folgende Versagensformen auftreten:

- Knicken des Stabes infolge zu grosser Schlankheit bzw. zu geringer Festigkeit
- Lokales Faserknicken im Bereich von Fehlstellen und anschliessend Bildung einer Druckstauchung über den ganzen Querschnitt.

Bei Versuchen die der Ermittlung der *Druckfestigkeit* dienen, muss also das Knickversagen des Stabes ausgeschlossen werden. Dies kann durch Gewährleistung einer ausreichend kleinen Schlankheit (gedrungene Stäbe) und / oder durch Anordnung von Stabilisierungselementen erreicht werden. Die in Bild 5.1 dargestellte Versuchseinrichtung ermöglicht die seitliche Stützung der Stäbe in der Mitte und verhindert so ein Knicken um die schwache Achse (kleineres Trägheitsmoment). Aufgrund der Höhe des verfügbaren Stützrahmens beträgt die maximale Probenlänge 1.5 m.

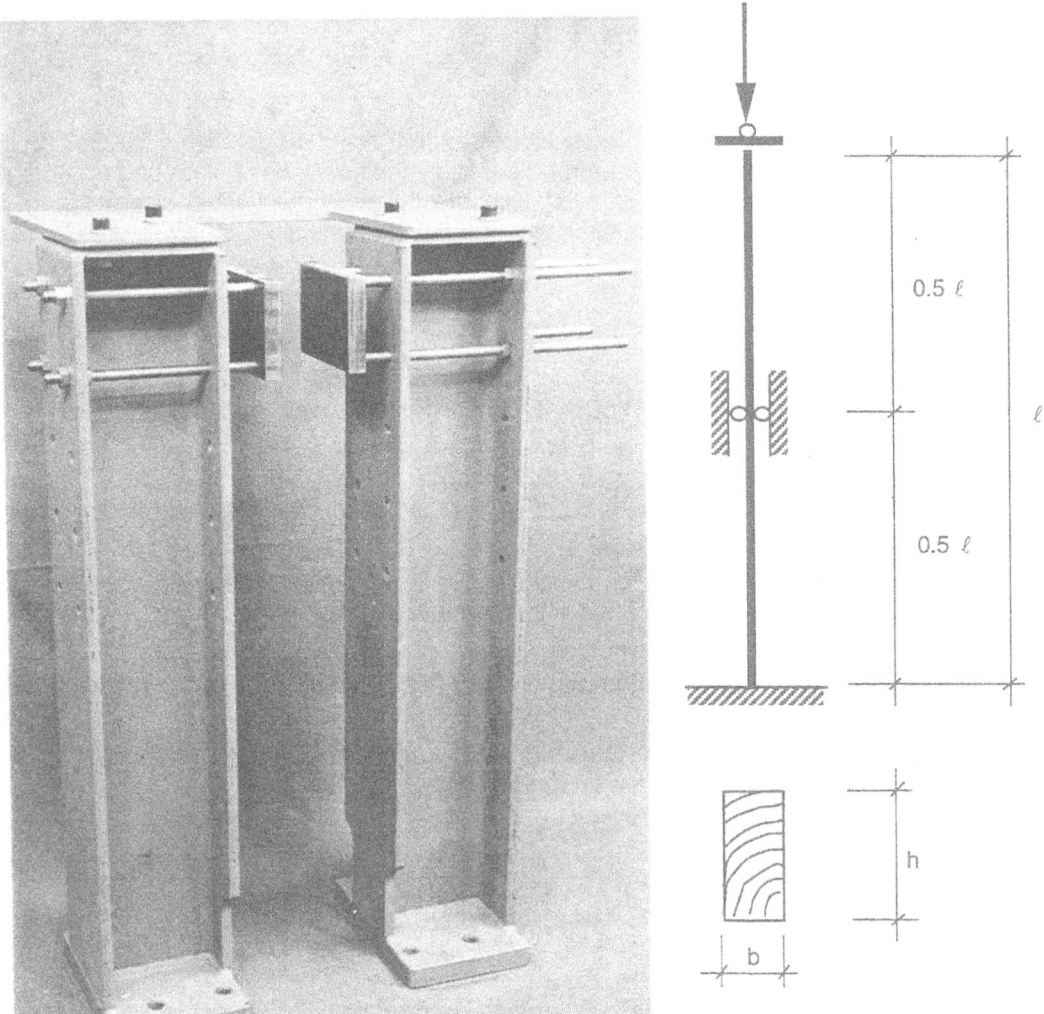

Bild 5.1: Knickhalterung für Druckversuche an Stäben und resultierendes statisches System

Gemäss dem in der SIA 164 (Art. 3 32 2) [24] angebenen Verlauf des Knickbeiwertes κ_K in Funktion der Stabschlankheit λ_K tritt für Schlankheiten $\lambda_K \leq 22$ kein Knickversagen mehr auf. Daraus kann man bei gegebenem (Rechteck-) Querschnitt die maximal mögliche Prüfkörperlänge wiefolgt berechnen:

$$\lambda_K = \frac{\ell_K}{i} \qquad \text{mit} \qquad i = \sqrt{\frac{I}{A}} = \frac{h}{\sqrt{12}}$$

Für $\lambda_K \leq 22$ ergibt sich somit folgende Knicklänge: $\qquad \ell_K = \frac{22}{\sqrt{12}} \cdot h = 6.4 \cdot h$

Die Knicklänge ist abhängig von der Lagerung des Stabes in der Prüfmaschine. Auch bei Einleitung der Druckkraft über ein Kugelgelenk, wie dies bei Druckversuchen normalerweise gemacht wird (z.B. [13]), ergibt sich infolge des grossen Querschnitts und der Reibung zwischen

Prüfkörper und Druckplatte eine gewisse, allerdings schwierig zu quantifizierende Einspannung [121]. Die effektiv vorhandene Knicklänge und die daraus resultierenden maximalen Prüfkörperlängen bewegen sich also zwischen den folgenden Grenzwerten:

für $\quad \ell_K = \ell \quad\quad\quad \ell \leq 6.4 \cdot h$

für $\quad \ell_K = 0.7 \cdot \ell \quad\quad \ell \leq 9.1 \cdot h$

5.3 Druckversuche an Stäben

Die Druckversuche wurden an Stäben des Querschnitts 6/12, 8/16, 10/16 und 14/24 durchgeführt. Die folgende Tabelle zeigt einen Vergleich zwischen der Probenlänge und den aus der Stabilitätsbedingung $\lambda < 22$ resultierenden Grenzlängen:

Tab. 5.1: Vergleich zwischen Probenlänge und stabilitätsbedingten Grenzlängen

QS	Maximale Prüfkörperlänge für		Probenlänge
	$\ell_K = \ell$	$\ell_K = 0.7 \cdot \ell$	
6/12	768	1092	1000
8/16 und 10/16	1024	1456	1500
14/24	1536	2184	1500

5.3.1 Eigenschaften des Versuchsmaterials

Die Kanthölzer wurden mit Ausnahme des Querschnitts 8/16 in Stichprobengrössen von ca. 40 Proben als normales Bauholz der Festigkeitsklasse FK II bei der gleichen Sägerei eingekauft. Die mittels Ultraschall anhand der aus den Biegeversuchen ermittelten Kritereien vorgenommene Klassierung in die von der EN 338 vorgesehenen Festigkeitsklassen ergab folgendes Bild:

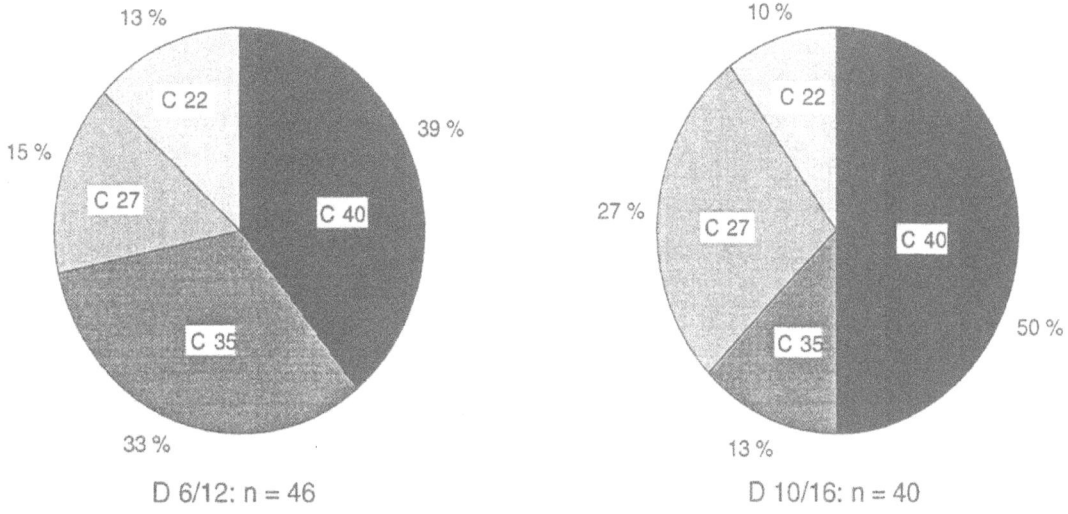

Bild 5.2: ENV 338-Klassierung mittels Ultraschall im konditionierten Zustand (QS 6/12, 10/16)

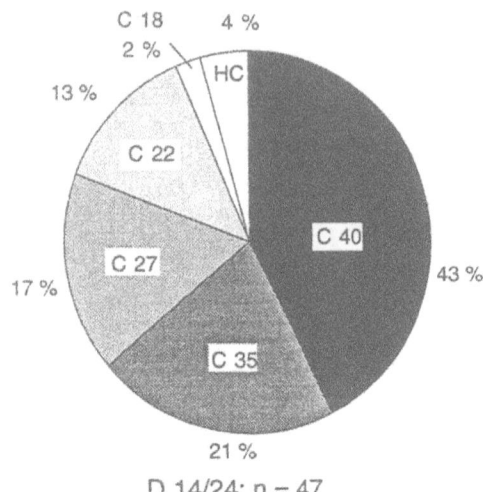

Bild 5.3: ENV 338-Klassierung QS 14/24 mittels Ultraschall im konditionierten Zustand

Die im Rahmen der M/N-Interaktionsversuche (vgl Abschnitt 3.4) durchgeführten Druckprüfungen an Kantholz des Querschnitts 8/16 unterscheiden sich insofern von den vorgängig erwähnten Versuchen, als einerseits das Material vorsortiert wurde (siehe Abschnitt 3.4.1) und anderseits die Stichprobengrösse auf 10 Proben pro Holzqualität beschränkt war. Die Auswahl der in der Interaktions-Versuchsserie zu prüfenden 220 Balken aus einer Grundmenge von 300 Balken und die Zuteilung zu zwei Gruppen mit deutlich unterschiedlichen Eigenschaften erfolgte mittels Ultraschall (siehe Bild 3.30).

Aus beiden Gruppen wurden jeweils 11 Untergruppen à 10 Prüfkörper gebildet. Ausgehend von den Ultraschallmessungen wurden die Streuungen in den 10er-Gruppen möglichst einheitlich gestaltet. Die 3 m langen Probekörper wurden für die Druckprüfung in zwei 1.5 m lange Teile getrennt. Auf diese Weise entstand ein Stichprobenumfang von 2 x 20 Proben. Die gemäss ENV 338 vorgenommene Klassierung der Probekörper mittels Ultraschall sowohl im frisch eingeschnittenen als auch im konditionierten Zustand ist in Bild 5.4 dargestellt. (Von einem Balken der schlechteren Qualität fehlen die Messdaten im frisch eingeschnittenen Zustand.)

Ausführliche Angaben zur Ultraschall-Klassierung von sämtlichen Probekörpern findet man im Anhang 6.

- Klassierung im frisch eingeschnittenen Zustand, Annahme: w = 30 %

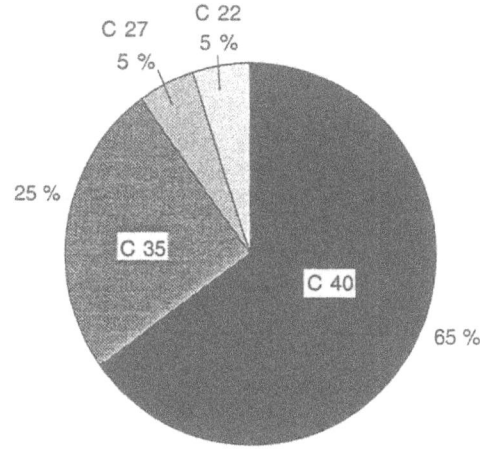

D-M/N: gute Qualität: n = 10

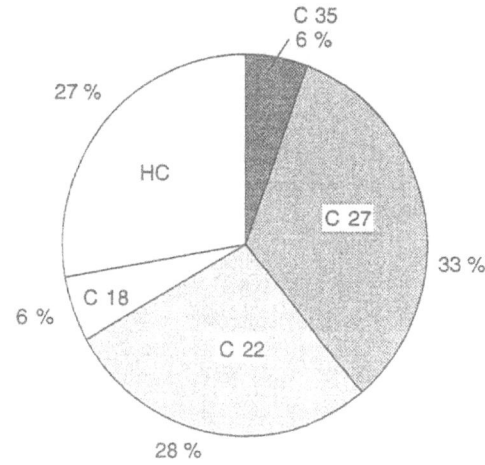

D-M/N: normale Qualität: n = 9

- Klassierung im frisch eingeschnittenen Zustand, Annahme: w = 50 %

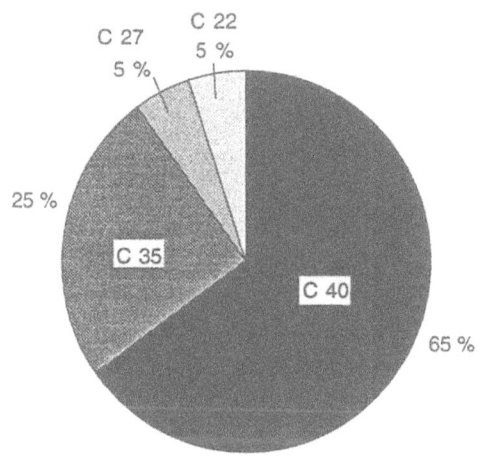

D-M/N: gute Qualität: n = 10

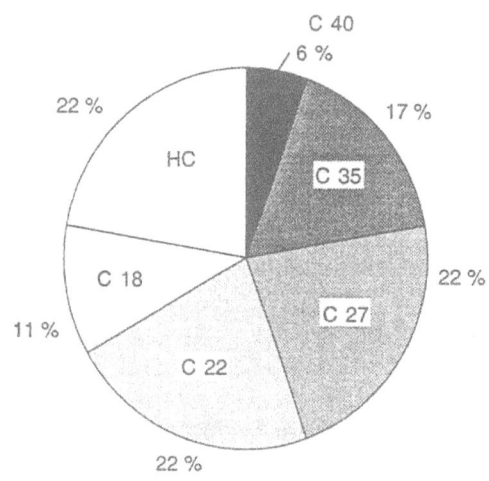

D-M/N: normale Qualität: n = 9

- Klassierung im konditionierten Zustand (w = 12 %)

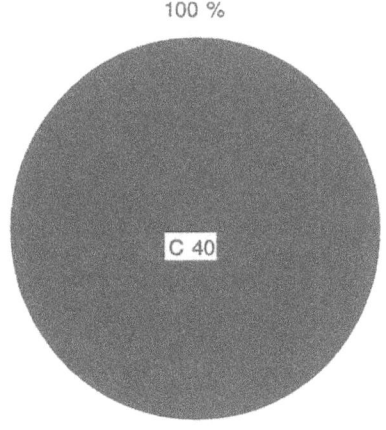

D-M/N: gute Qualität: n = 20

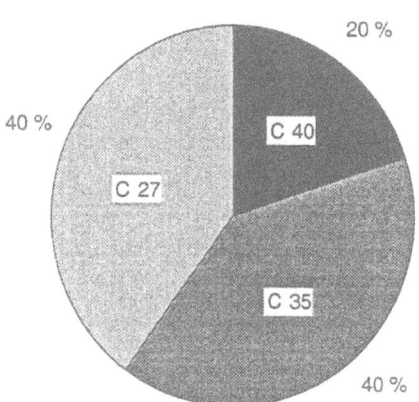

D-M/N: normale Qualität: n = 20

Bild 5.4: ENV 338-Klassierung der Kanthölzer 8/16 mittels Ultraschall

5.3.2 Versuchsablauf

Die auf eine Holzfeuchte von 12 % getrockneten Balken wurden bis zum Versuch in einem Klimaraum bei einer Temperatur von 20 ° C und einer relativen Luftfeuchte von 65 % gelagert.

Im Verlaufe der Druckversuche wurden folgende Messgrössen registriert:

- Abmessungen (Breite, Höhe, Länge)	b, h, ℓ	[mm]
- Masse	m	[kg]
- Holzfeuchte (elektrische Widerstandsmessung)	w	[%]
- Schall-Laufzeit in den Balkenrandzonen (und in der Mitte)	$t_1, t_2, (t_m)$	[µs]
- Stauchung unter Drucklast	ε_c	[‰]
- Druckbruchlast	F_u	[kN]

Folgende Grössen wurden daraus abgeleitet:

- Ultraschallgeschwindigkeit	$v_1, v_2, (v_m)$	[m/s]
	$v_{12min}, v_{12\varnothing}$	[m/s]
- KLassierung gemäss ENV 338 mittels Ultraschall		
- Druck-Elastizitätsmodul	$E_{c,0}$	[N/mm²]
- Dichte für w = 12 % und w = 0 %	r_{12}, r_0	[kg/m³]
- Druckbruchspannung	$f_{c,0}$	[N/mm²]

Ein Ablaufdiagramm des zur Datenerfassung verwendeten Computerprogramms findet man im Anhang 9.3.

5.3.3 Statisches System und Belastung

Sämtliche Druckversuche wurden auf der Universalprüfmaschine SCHENCK 1600 kN bei eingespannter Lagerung des oberen Drucktellers durchgeführt. Das den Versuchen zugrundeliegende statische System mit den kennzeichnenden Abmessungen ist in Bild 5.5 dargestellt.

Gemäss ENV 408 [4] muss die Probekörperlänge ℓ mindestens das 6-fache der Prüfkörperbreite (grösseres Querschnittsmass h) betragen. Damit Knicken als Versagensform ausgeschlossen werden kann, sollte die freie Länge zwischen den vorhandenen Abstützungen nicht grösser als das 6-fache der Prüfkörperdicke (kleineres Querschnittsmass b) sein. Für die Messlänge zur Ermittlung des Elastizitätsmoduls gilt: $\ell_M = 4 \cdot h$.

Ein Vergleich zwischen den von der ENV 408 geforderten und den effektiv vorhandenen Abmessungen zeigen die Tabellen 5.2 und 5.3 auf der folgenden Seite.

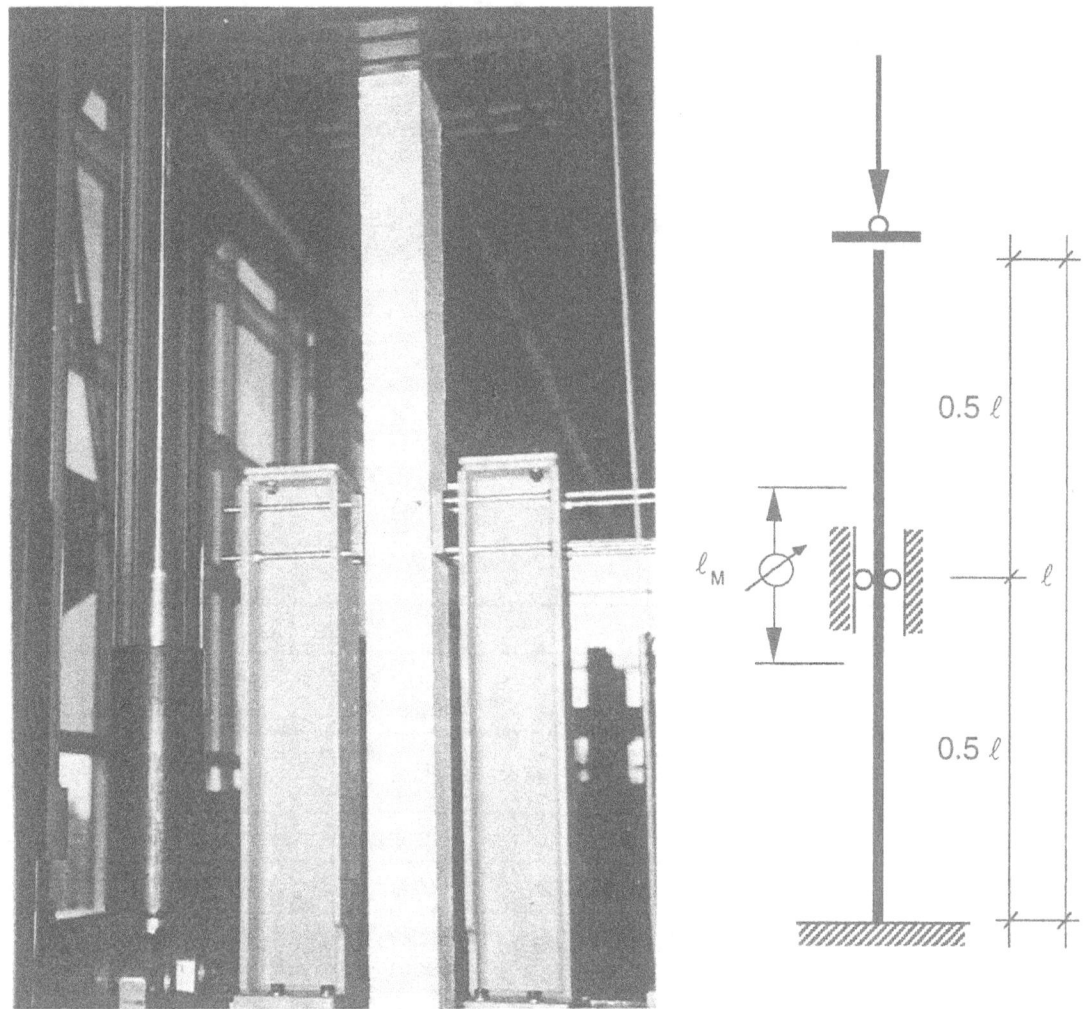

Bild 5.5: Druckversuche an Stäben: Versuchsaufbau und resultierendes statisches System

Tab. 5.2: Für die Druckversuche kennzeichnende Abmessungen der Probekörper

QS	Prüfkörperlänge ℓ	Ungestützte Länge	E-Modul-Messlänge ℓ_M
6/12	1000	500	600
8/16	1500	750	900
10/16	1500	750	Kolbenweg
14/24	1500	750	700

Tab 5.3: Vergleich der effektiven Abmessungen mit den von der ENV 408 geforderten Werten

QS	Prüfkörperlänge ℓ	Ungestützte Länge	E-Modul-Messlänge ℓ_M
6/12	8.33 · h	8.33 · b	5.00 · h
8/16	9.38 · h	9.38 · b	5.63 · h
10/16	9.38 · h	7.50 · b	Kolbenweg
14/24	6.25 · h	5.36 · b	2.92 · h

Offensichtlich sind die Bedingungen der ENV 408 nicht eingehalten. Dies rührt daher, dass die verwendete Knickhalterung eine Abstützung der Probekörper lediglich auf einer Höhe von 500, 625 oder 750 mm zuliess. Geht man allerdings, wie in Abschnitt 5.2 aufgezeigt, von einer gewissen Einspannungwirkung bei der Lasteinleitung, also von Knicklängen in der Grössenordnung von $\ell_k = 0.7\ \ell$ aus, so darf die ungestützte Prüfkörperbreite maximal $9.1 \cdot b$ betragen.

Bei den Versuchen wurde kein vorzeitiges Knickversagen festgestellt.

5.3.4 Messgeräte

Die folgende Tabelle zeigt die verwendeten Messgeräte.

Tab. 5.4: Verwendete Messgeräte

Messgrösse	Gerät	Bemerkungen
Holzfeuchte	KRÜGER H-DI-3.10	elektr. Widerstandsmessgerät mit Holzarten- und Temperaturerfassung
Masse	Digitalwaage WT1 von K-TRON PESA	$m_{max} = 150$ kg
Schallaufzeit	STEINKAMP BP 5	Exponentialprüfköpfe 25 kHz
Kraft	Kraftmessdose SCHENCK	Genauigkeit: ± 0.1 %
Längenänderung	Präzisionsweggeber Vibrometer	Geber-Nummer: 3690, 5359 Genauigkeit: ± 0.1 %

5.3.5 Bestimmung des Druck-Elastizitätsmoduls

Bei der Stichprobe 10/16, welche als erste geprüft wurde, stützte man sich auf die Wegmessung der Maschine (Kolbenweg) ab (E-Modulwert E_S im Anhang 6) und stellte bei der Auswertung fest, dass die errechneten E-Modulwerte unrealistisch klein waren. Die Deformation der Maschine hatte somit einen nicht zu vernachlässigenden Einfluss auf die Messresultate ausgeübt. Bei sämtlichen weiteren Versuchen wurde in der Folge zusätzlich zur Messung des Maschinenweges, die Längenänderung mittels zweier an den Probekörpern befestigten Weggebern (Messlänge siehe Tab. 5.2) bestimmt (E-Modulwerte E_1 und E_2 im Anhang 6). Die auf die Messlänge bezogene Wegänderung (Stauchung ε_c) wurde ausgemittelt und mittels des Gesetzes von HOOKE der Elastizitätsmodul bestimmt (siehe Anhang 3.1).

Um den Probekörpern der Stichprobe 10/16 trotzdem einen E-Modulwert zuordnen zu können, wurde der Elastizitätsmoduli E_S (aus dem Kolbenweg) und E (aus der Weggebermessung) in der 40 Versuche umfassenden Stichprobe 8/16 verglichen. Daraus ergab sich ein Korrekturfaktor zur Umrechnung der E_S-Werte der Stichprobe 10/16 in die effektiven E-Modulwerte (siehe Anhang 6.2).

Die Spannungsgrenzen zur Ermittlung des E-Moduls wurden wie bereits in Abschnitt 4.3.5 beschrieben festgelegt.

5.3.6 Graphische Darstellung der Versuchsresultate
QS 6/12

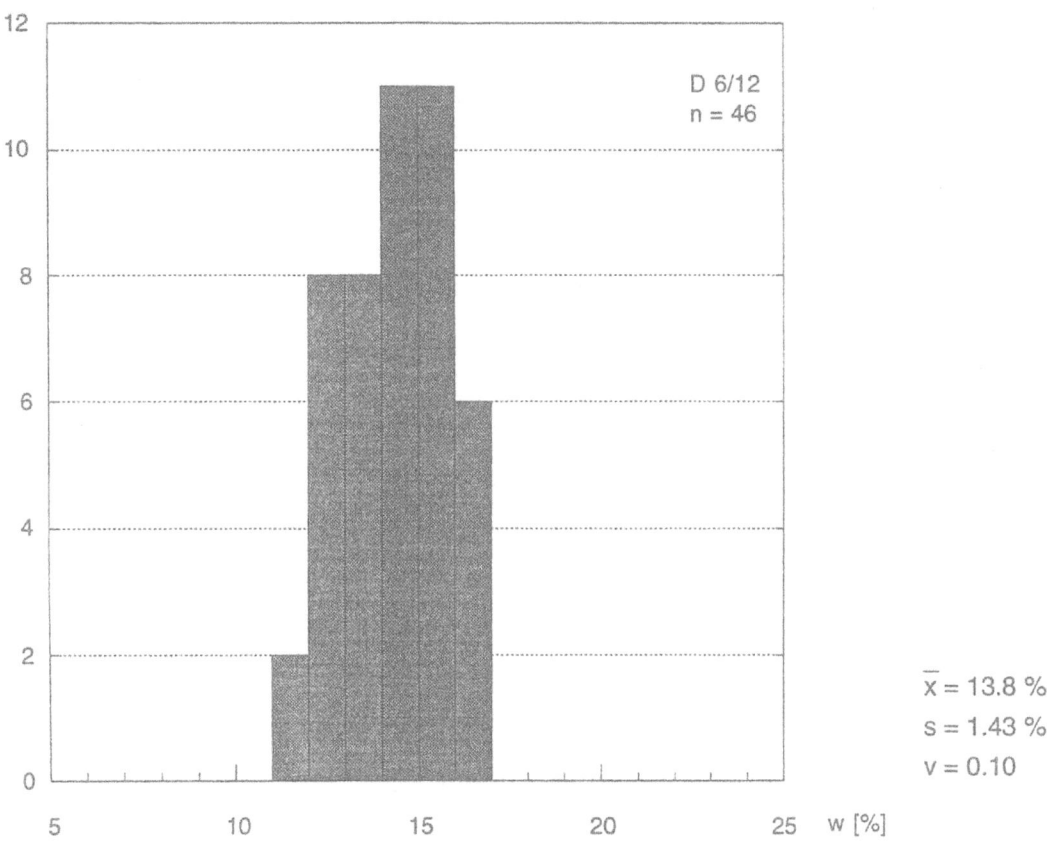

Bild 5.6: Verteilung der Holzfeuchte, ermittelt mit elektrischer Widerstandsmessung

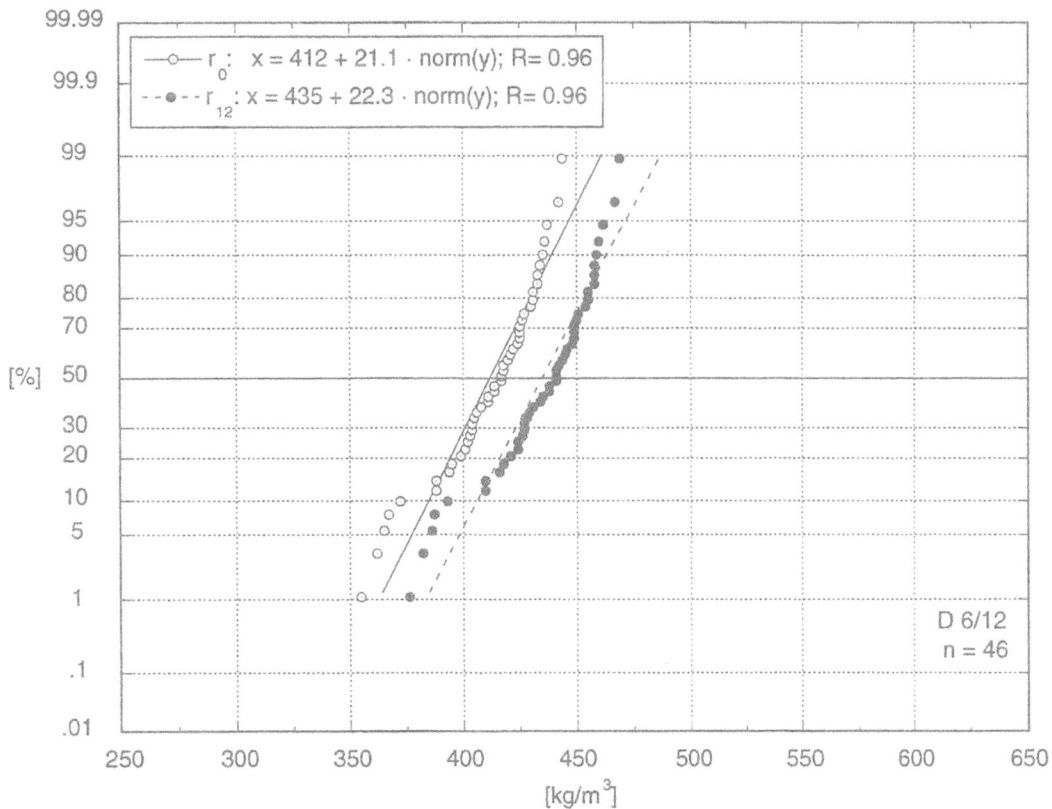

Bild 5.7: Verteilung von Feuchtdichte r_{12} (w = 12 %) und Darrdichte r_0

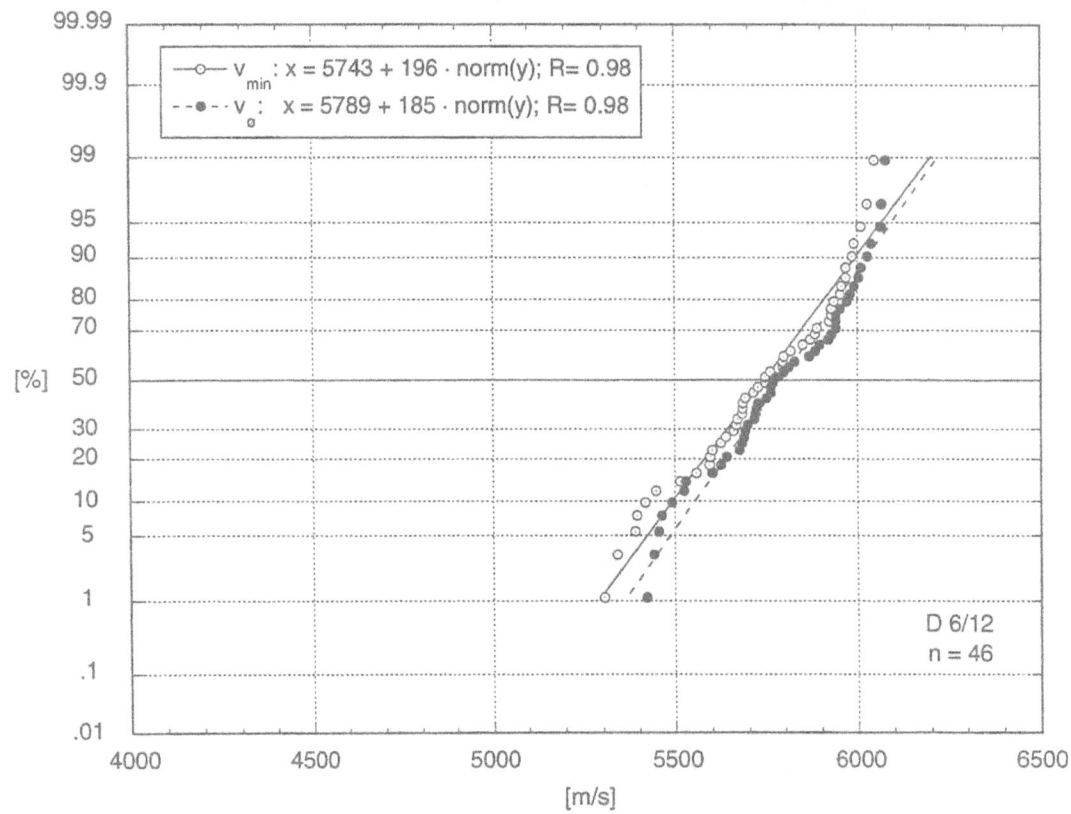

Bild 5.8: Verteilung der Schallgeschwindigkeiten v_{min} und $v_ø$

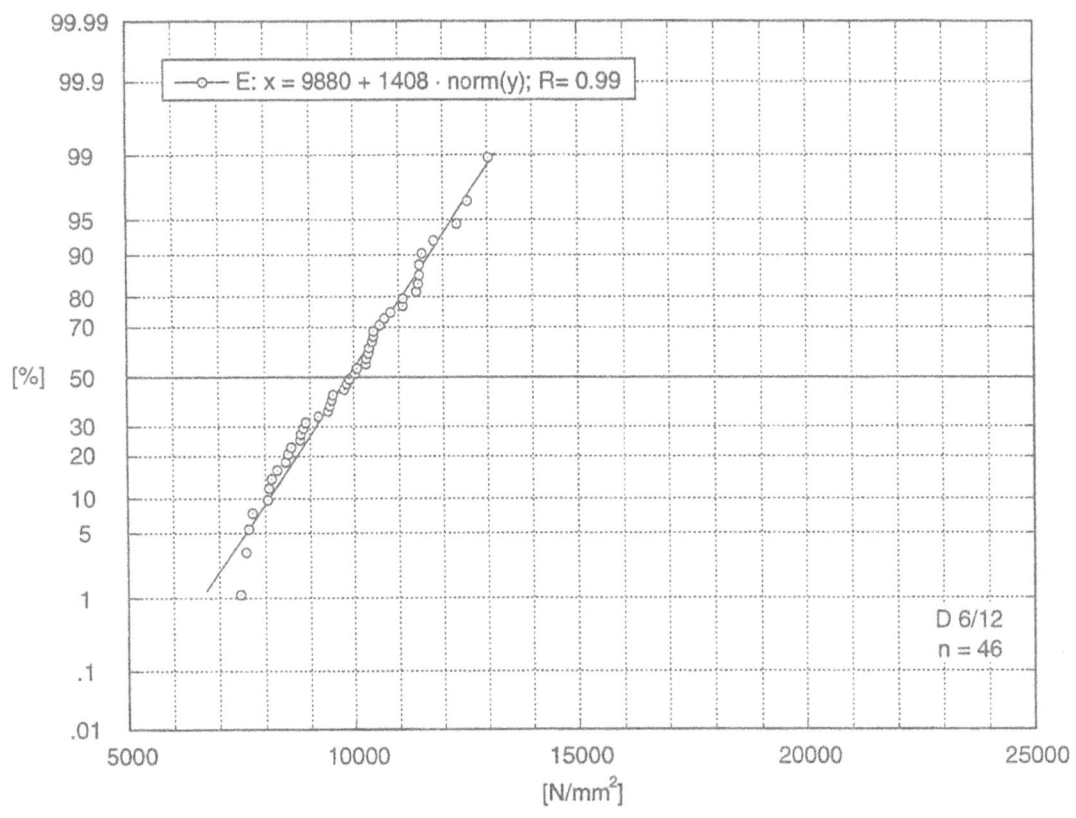

Bild 5.9: Verteilung des Druck-Elastizitätsmoduls $E_{c,0}$

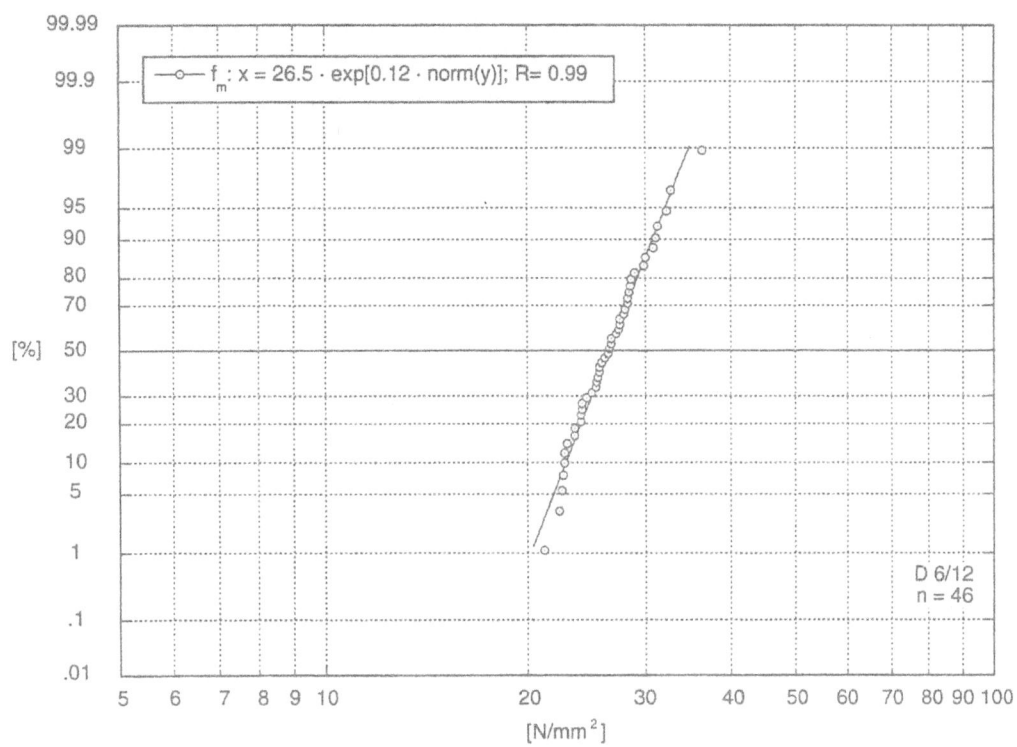

Bild 5.10: Verteilung der Druckfestigkeit $f_{c,0}$

QS 10/16

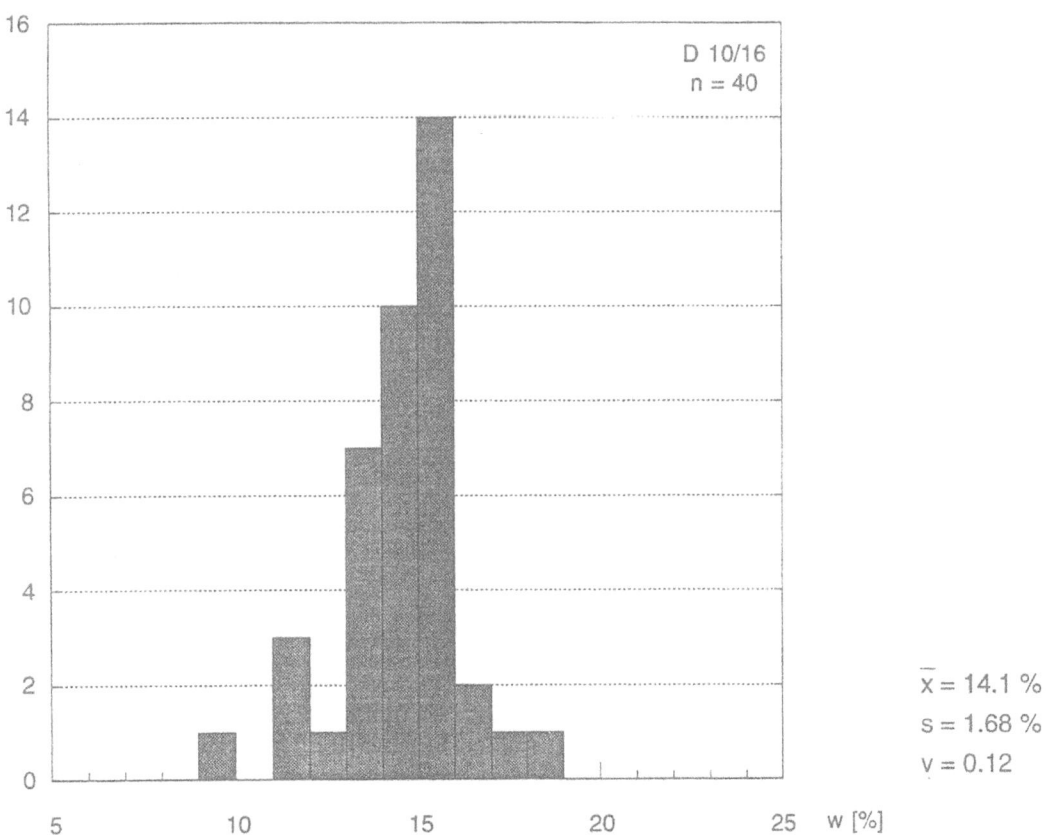

Bild 5.11: Verteilung der Holzfeuchte, ermittelt mit elektrischer Widerstandsmessung

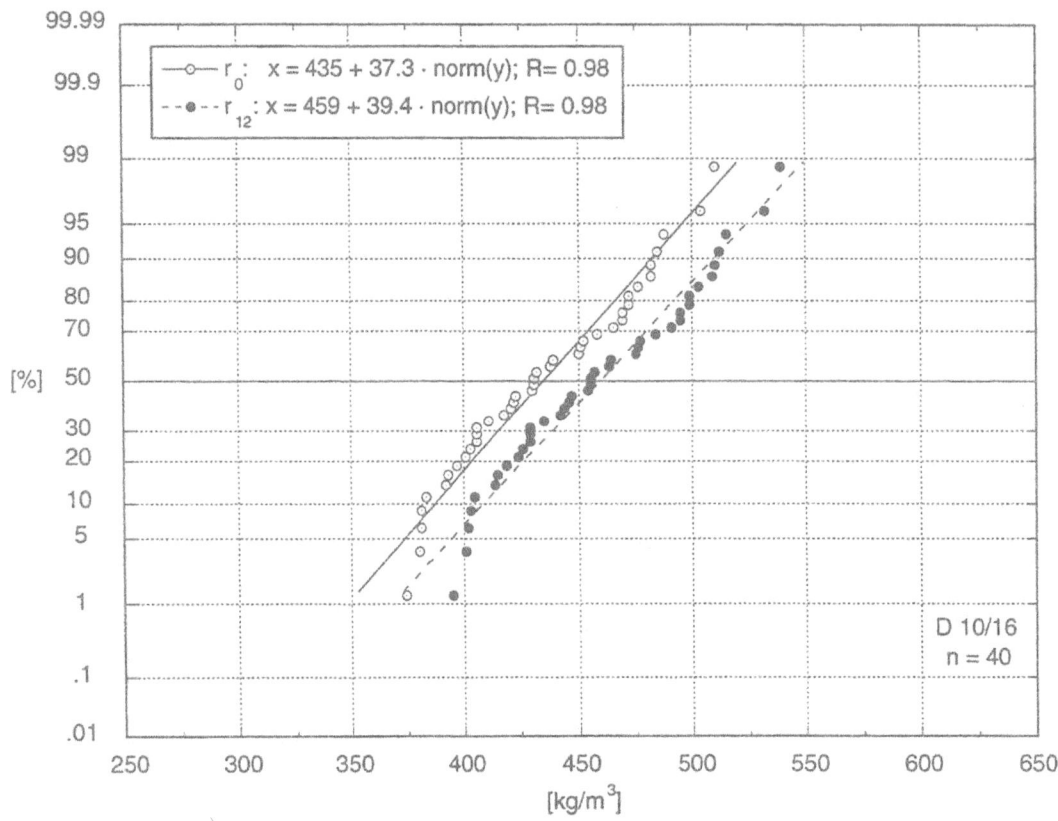

Bild 5.12: Verteilung von Feuchtdichte r_{12} (w = 12 %) und Darrdichte r_0

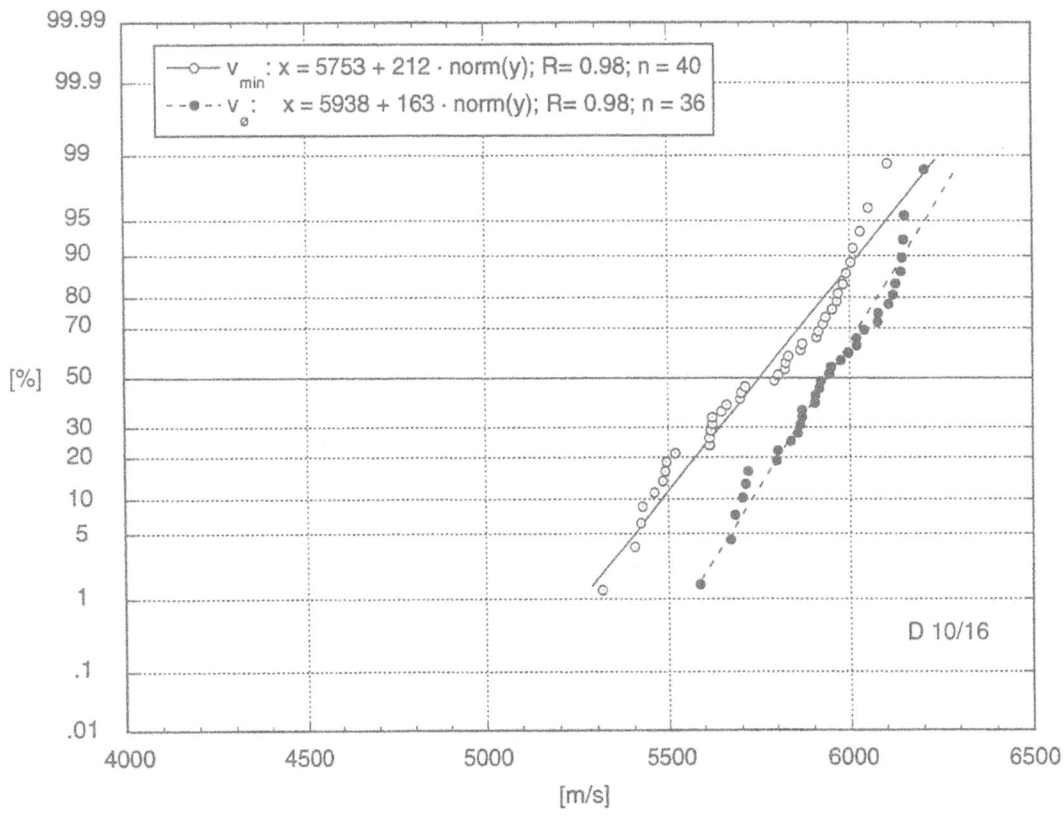

Bild 5.13: Verteilung der Schallgeschwindigkeiten v_{min} und $v_\emptyset$

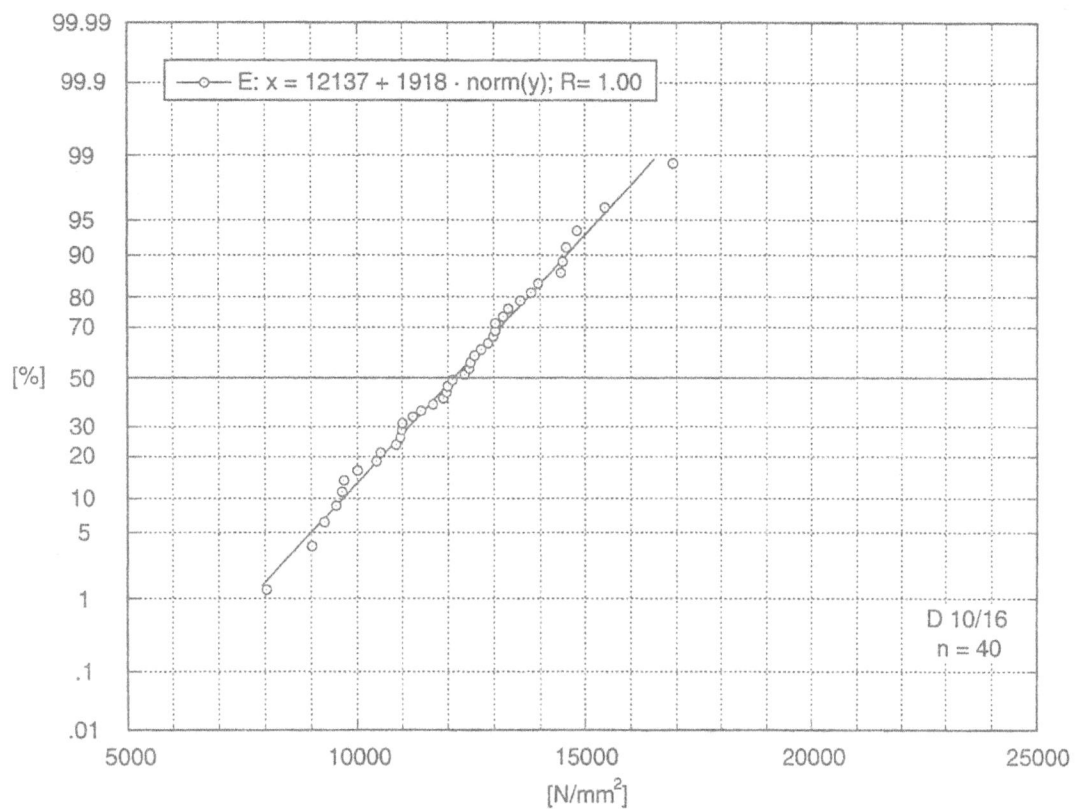

Bild 5.14: Verteilung des Druck-Elastizitätsmoduls $E_{c,0}$

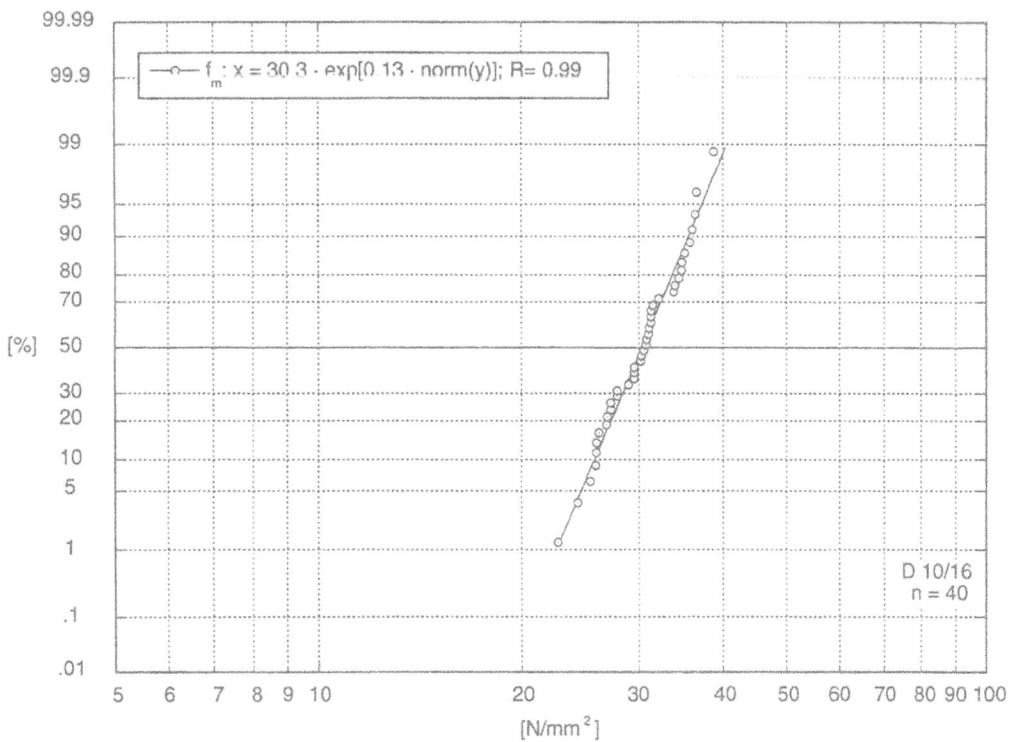

Bild 5.15: Verteilung der Druckfestigkeit $f_{c,0}$

QS 14/24

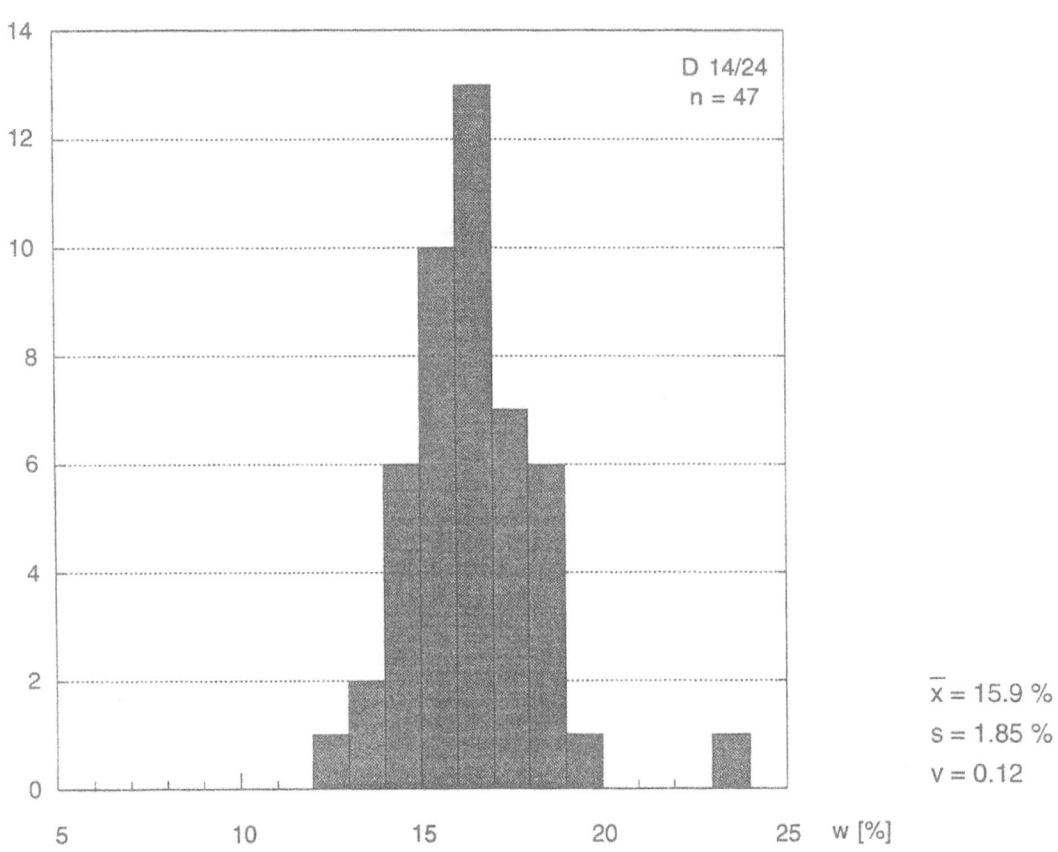

Bild 5.16: Verteilung der Holzfeuchte, ermittelt mit elektrischer Widerstandsmessung

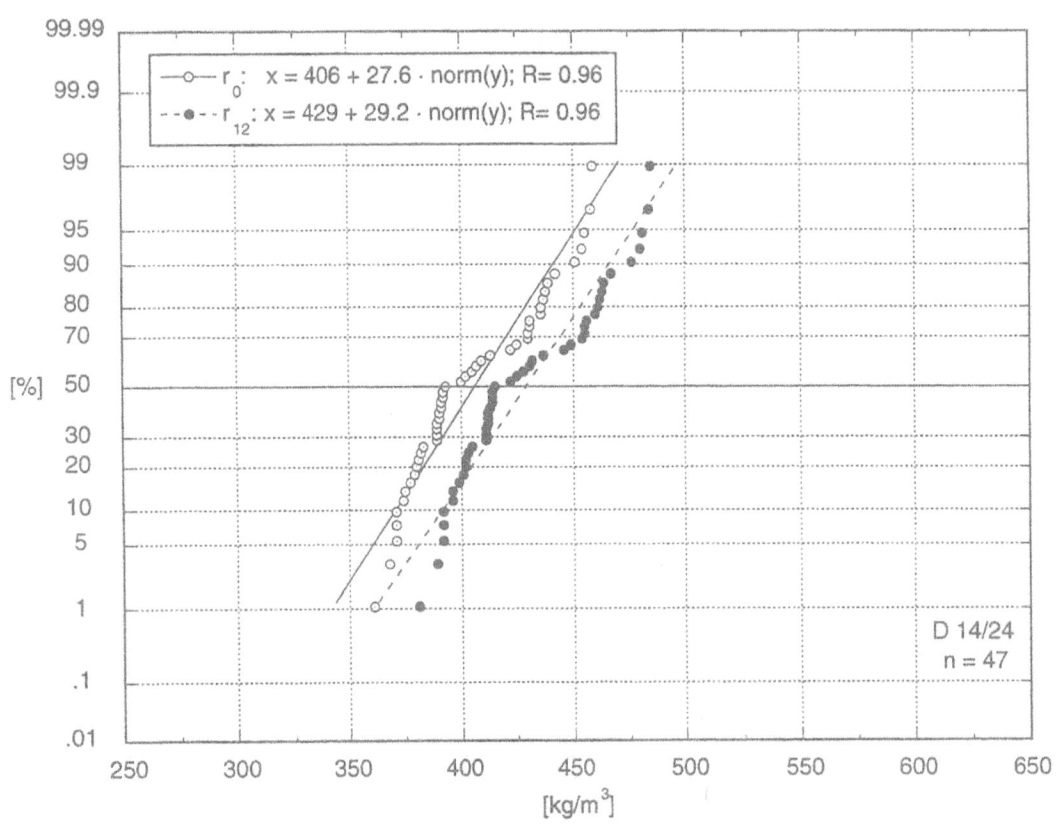

Bild 5.17: Verteilung von Feuchtdichte r_{12} (w = 12 %) und Darrdichte r_0

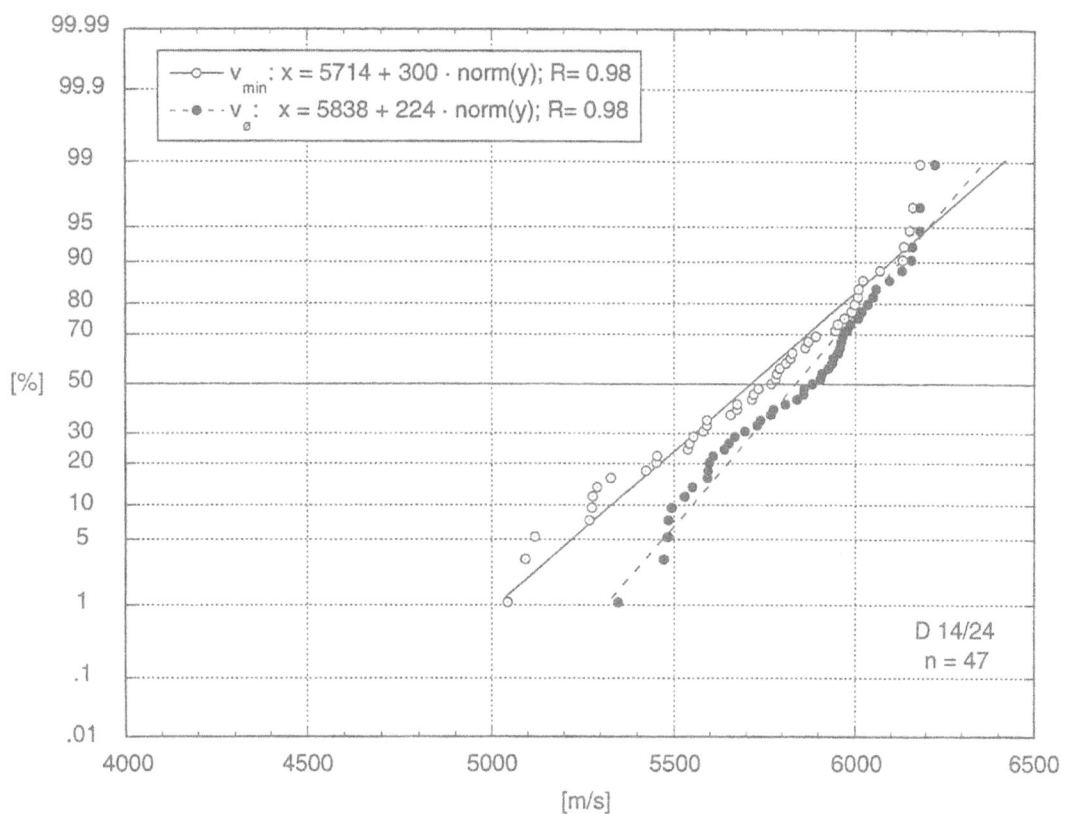

Bild 5.18: Verteilung der Schallgeschwindigkeiten v_{min} und $v_ø$

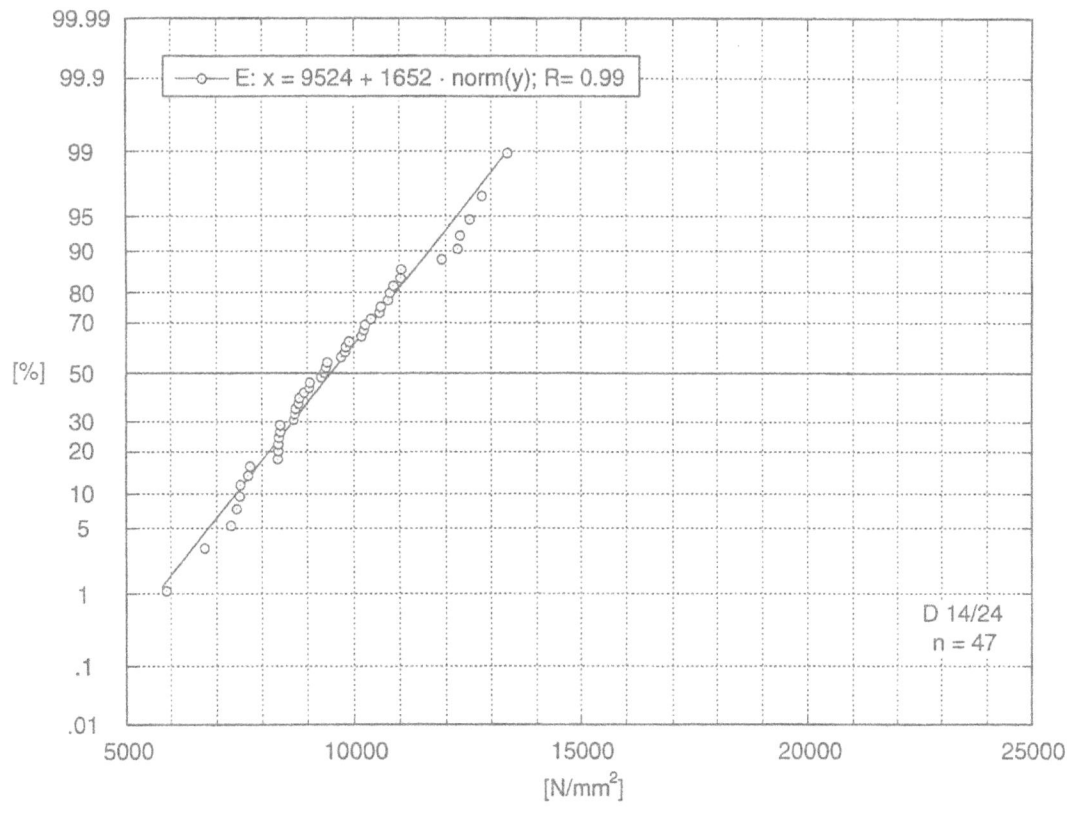

Bild 5.19: Verteilung des Druck-Elastizitätsmoduls $E_{c,0}$

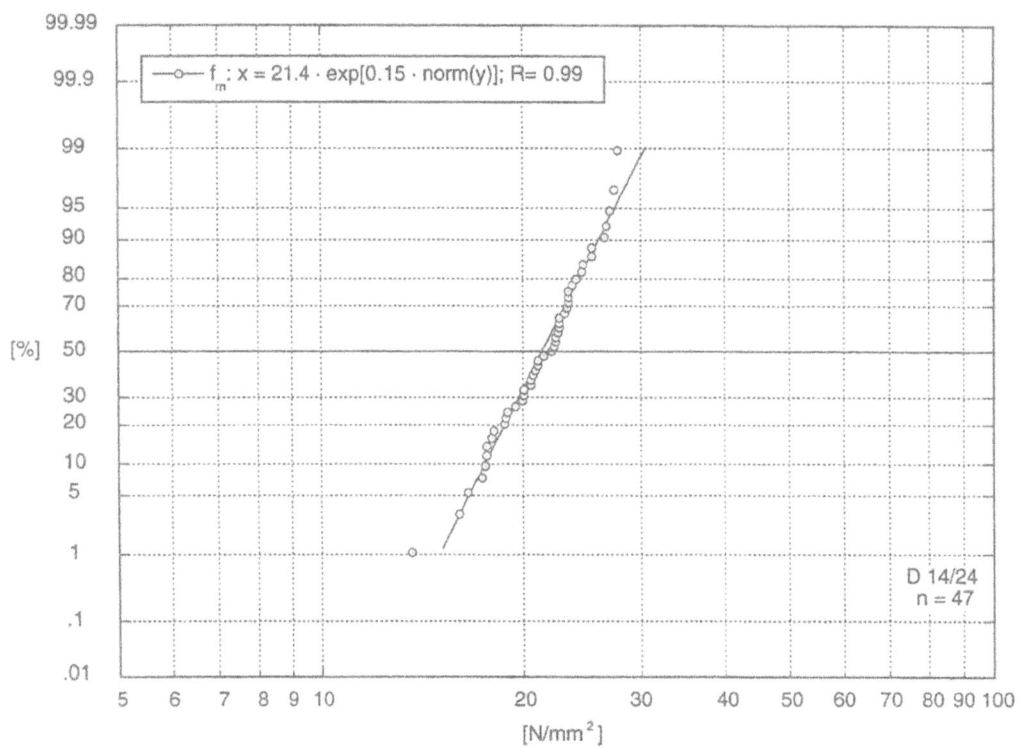

Bild 5.20: Verteilung der Druckfestigkeit $f_{c,0}$

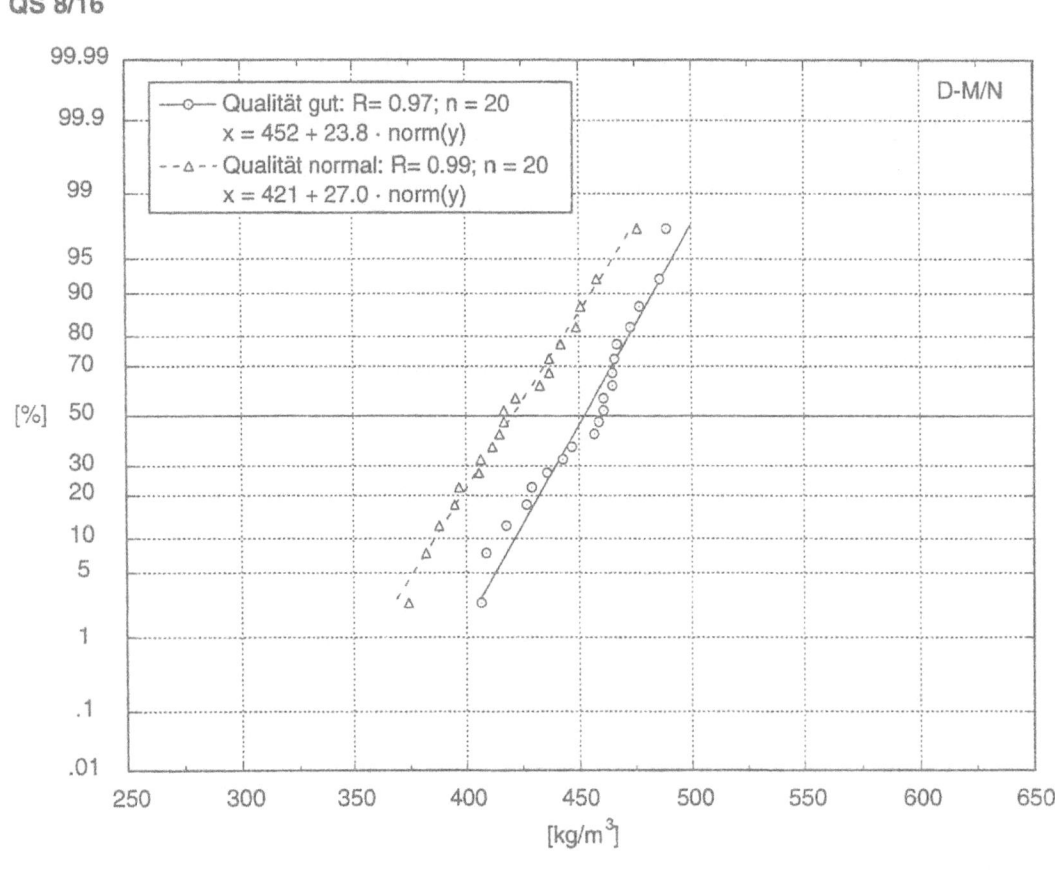

Bild 5.21: Verteilung der Darrdichte r_0

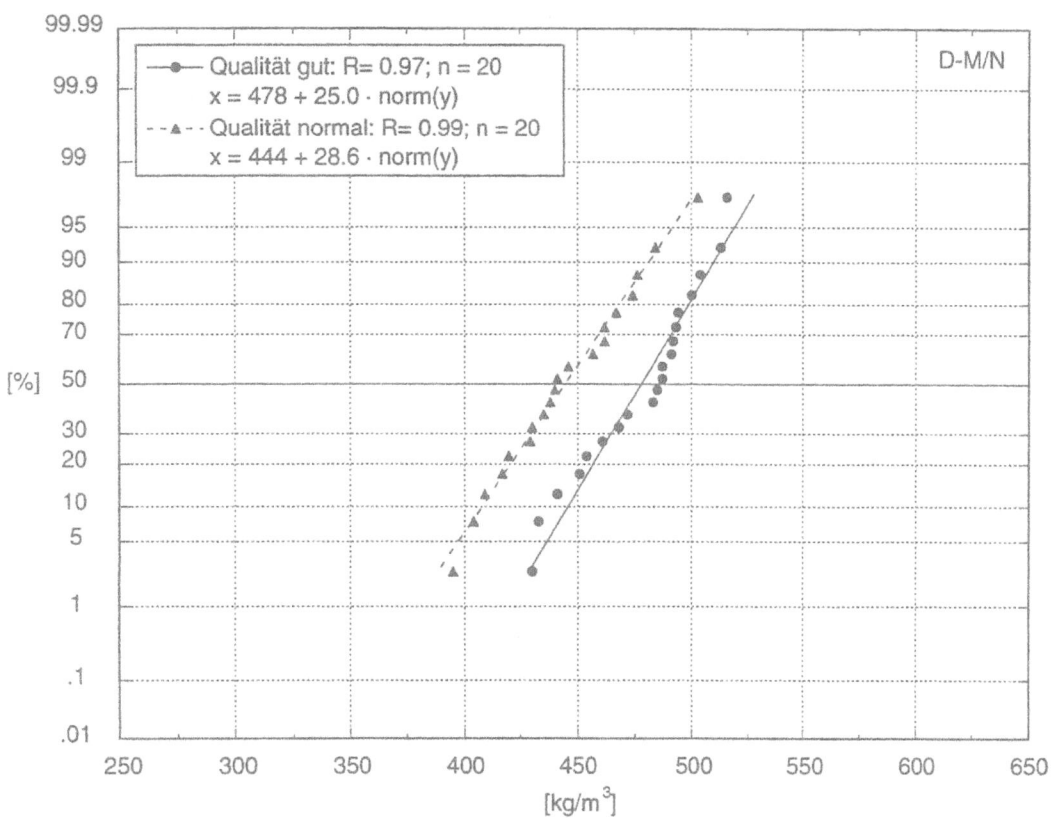

Bild 5.22: Verteilung der Feuchtdichte r_{12} (w = 12 %)

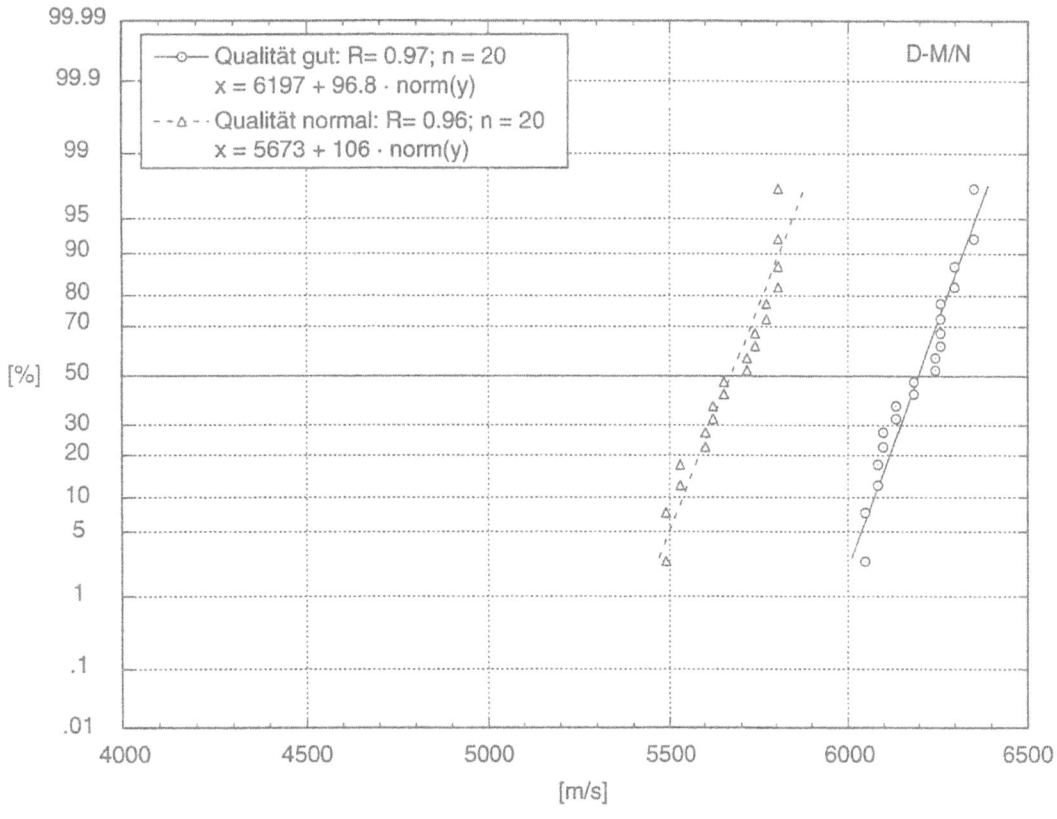

Bild 5.23: Verteilung der Schallgeschwindigkeit v_{min}

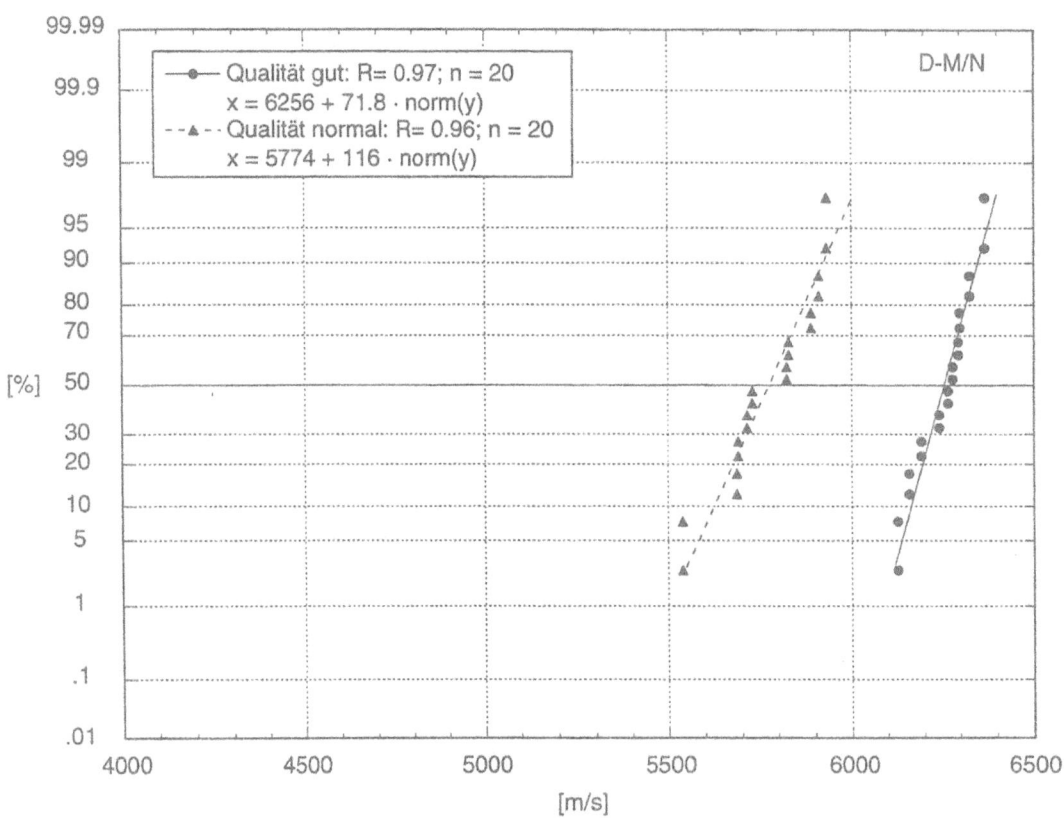

Bild 5.24: Verteilung der Schallgeschwindigkeit $v_\varnothing$

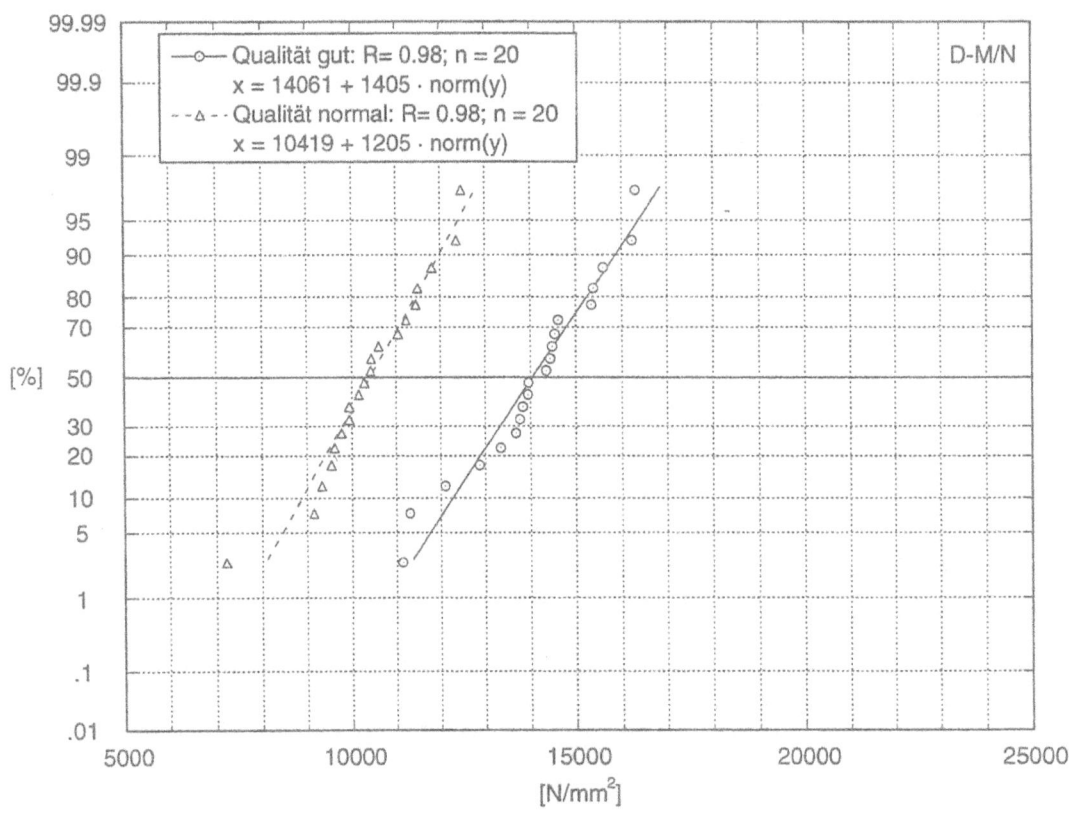

Bild 5.25: Verteilung des Druck-Elastizitätsmoduls $E_{c,0}$

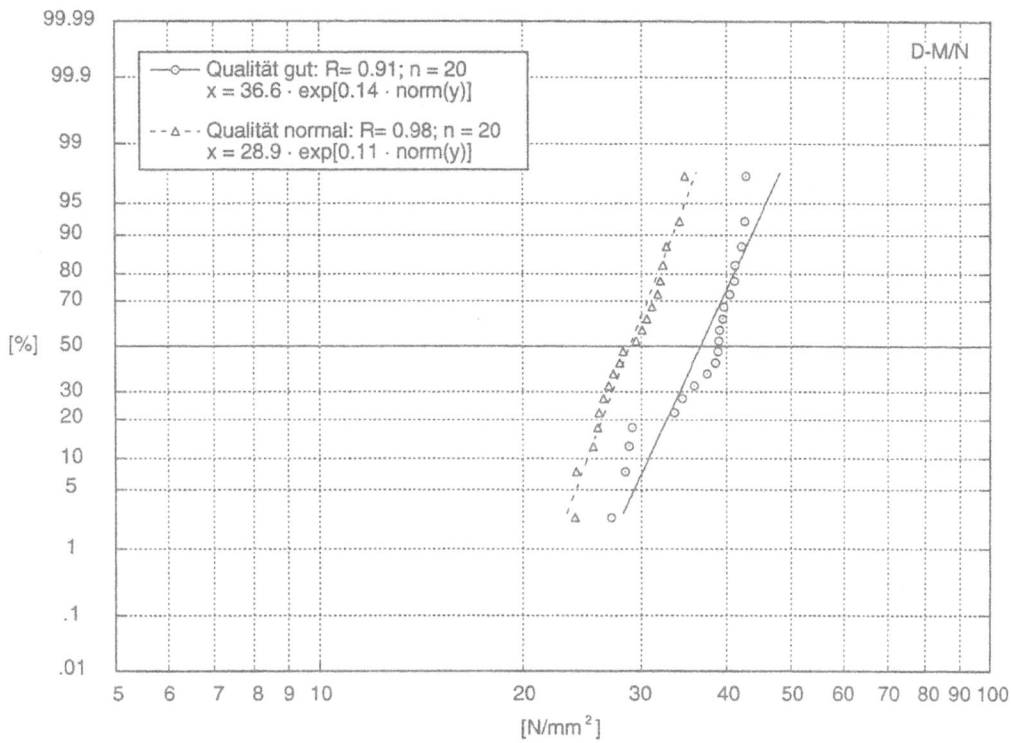

Bild 5.26: Verteilung der Druckfestigkeit $f_{c,0}$

5.3.7 Statistische Kennwerte der Versuchsdaten

QS 6/12

Tab. 5.5: Parameter zur Beschreibung von Lage, Form und Streuung der emp. Verteilung

Stichprobe D 6/12	n	Mittelwert $\bar{x}$	Standardabweichung s	Schiefe γ_1	Exzess γ_2	Variation v
Holzfeuchte w [%]	46	13.8	1.43	-0.19	-0.95	10.3 %
Darrdichte r_0 [kg/m³]	46	412	21.9	-0.92	0.25	5.31 %
Feuchtdichte r_{12} [kg/m³]	41	435	23.1	-0.93	0.24	5.31 %
Schallgeschwindigkeit: Minimalwert v_{min} [m/s]	46	5743	199	-0.43	-0.66	3.46 %
Mittelwert $v_{\varnothing}$ [m/s]	46	5789	188	-0.29	-0.89	3.24 %
Druck-E-Modul $E_{c,0}$ [N/mm²]	46	9880	1415	0.12	-0.74	14.3 %
Druckfestigkeit $f_{c,0}$ [N/mm²]	46	26.7	3.19	0.66	0.36	12.0 %

Tab. 5.6: p-Quantilen der empirischen Verteilung

Stichprobe D 6/12	Minimum	unteres Quartil	Median	oberes Quartil	Maximum
Holzfeuchte w [%]	11.0	13.0	14.0	15.0	16.0
Darrdichte r_0 [kg/m³]	355	402	417	427	444
Feuchtdichte r_{12} [kg/m³]	376	424	441	451	469
Schallgeschwindigkeit:					
Minimalwert v_{min} [m/s]	5305	5624	5746	5928	6048
Mittelwert $v_{\varnothing}$ [m/s]	5421	5683	5772	5941	6079
Druck-E-Modul $E_{c,0}$ [N/mm²]	7445	8779	9977	10833	13025
Druckfestigkeit $f_{c,0}$ [N/mm²]	21.2	24.1	26.5	28.4	36.3

Tab. 5.7: 5 %-Fraktilwerte

Stichprobe D 6/12	direkt [1]	n = ∞ [2]	n_{eff} [2] α = 5 %	n_{eff} [2] α = 10 %	n_{eff} [2] α = 15.9 %	Regr. [3]
Holzfeuchte w [%]	11.3	11.5	10.9	11.0	11.1	11.6
Darrdichte r_0 [kg/m³]	363	376	366	369	370	377
Feuchtdichte r_{12} [kg/m³]	383	397	387	389	391	398
Schallgeschwindigkeit:						
Minimalwert v_{min} [m/s]	5355	5416	5329	5351	5367	5421
Mittelwert $v_{\varnothing}$ [m/s]	5445	5480	5398	5419	5433	5485
Druck-E-Modul $E_{c,0}$ [N/mm²]	7593	7552	6937	7090	7201	7567
Druckfestigkeit $f_{c,0}$ [N/mm²]	22.4	21.8	20.7	21.0	21.2	21.9

[1] aus den Versuchen direkt (verteilungsfrei)
[2] Annahme einer Normalverteilung (Log-Normalverteilung für Festigkeit) als mathematisches Modell
[3] Lineare Regression im Wahrscheinlichkeitsnetz

Tab. 5.8: Vertrauensintervalle für α = 5 %

Stichprobe D 6/12	Mittelwert [1]		Standardabweichung [1]		Variationskoeffizient [1]	
	μ_{min}	μ_{max}	σ_{min}	σ_{max}	γ_{min}	γ_{max}
Holzfeuchte w [%]	13.4	14.3	1.19	1.80	8.54 %	13.0 %
Darrdichte r_0 [kg/m³]	405	418	18.2	27.6	4.40 %	6.71 %
Feuchtdichte r_{12} [kg/m³]	428	442	19.1	29.1	4.40 %	6.69 %
Schallgeschwindigkeit:						
Minimalwert v_{min} [m/s]	5684	5802	165	251	2.87 %	4.37 %
Mittelwert $v_{\varnothing}$ [m/s]	5733	5844	156	236	2.69 %	4.09 %
Druck-E-Modul $E_{c,0}$ [N/mm²]	9460	10300	1174	1782	11.8 %	18.1 %
Druckfestigkeit $f_{c,0}$ [N/mm²]	25.6	27.4	1.10	1.16	2.96 %	4.50 %

[1] Druckfestigkeit: Median bzw. Streufaktor bzw. Variationskoeffizient der Logarithmen

Tab. 5.9: Vertrauensintervalle für $\alpha = 10\%$

Stichprobe D 6/12	Mittelwert [1]		Standardabweichung [1]		Variationskoeffizient [1]	
	μ_{min}	μ_{max}	σ_{min}	σ_{max}	γ_{min}	γ_{max}
Holzfeuchte w [%]	13.5	14.2	1.22	1.73	8.78 %	12.5 %
Darrdichte r_0 [kg/m³]	406	417	18.7	26.5	4.53 %	6.44 %
Feuchtdichte r_{12} [kg/m³]	429	441	19.7	28.0	4.52 %	6.42 %
Schallgeschwindigkeit:						
Minimalwert v_{min} [m/s]	5694	5792	170	241	2.95 %	4.19 %
Mittelwert $v_\varnothing$ [m/s]	5742	5835	160	227	2.76 %	3.92 %
Druck-E-Modul $E_{c,0}$ [N/mm²]	9530	10230	1209	1716	12.2 %	17.4 %
Druckfestigkeit $f_{c,0}$ [N/mm²]	25.7	27.2	1.11	1.15	3.04 %	4.32 %

[1] Druckfestigkeit: Median bzw. Streufaktor bzw. Variationskoeffizient der Logarithmen

QS 10/16

Tab. 5.10: Parameter zur Beschreibung von Lage, Form und Streuung der emp. Verteilung

Stichprobe D 10/16	n	Mittelwert $\overline{x}$	Standardabweichung s	Schiefe γ_1	Exzess γ_2	Variation v
Holzfeuchte w [%]	40	14.1	1.68	-0.64	1.29	11.9 %
Darrdichte r_0 [kg/m³]	40	435	37.7	0.18	-1.05	8.69 %
Feuchtdichte r_{12} [kg/m³]	40	459	39.8	0.18	-1.05	8.69 %
Schallgeschwindigkeit:						
Minimalwert v_{min} [m/s]	40	5753	216	-0.26	-1.13	3.76 %
Mittelwert $v_\varnothing$ [m/s]	34	5938	165	-0.27	-0.88	2.78 %
Druck-E-Modul $E_{c,0}$ [N/mm²]	40	12137	1917	0.11	-0.21	15.8 %
Druckfestigkeit $f_{c,0}$ [N/mm²]	40	30.5	3.85	0.13	-0.73	12.6 %

Tab. 5.11: p-Quantilen der empirischen Verteilung

Stichprobe D 10/16	Minimum	unteres Quartil	Median	oberes Quartil	Maximum
Holzfeuchte w [%]	9.00	13.0	14.0	15.0	18.0
Darrdichte r_0 [kg/m³]	374	404	431	469	510
Feuchtdichte r_{12} [kg/m³]	395	427	455	495	539
Schallgeschwindigkeit:					
Minimalwert v_{min} [m/s]	5315	5615	5799	5944	6106
Mittelwert $v_\varnothing$ [m/s]	5588	5838	5933	6080	6207
Druck-E-Modul $E_{c,0}$ [N/mm²]	8037	10907	12240	13254	16934
Druckfestigkeit $f_{c,0}$ [N/mm²]	22.7	27.2	30.6	33.9	38.8

Tab. 5.12: 5 %-Fraktilwerte

Stichprobe D 10/16	direkt [1]	$n = \infty$ [2]	n_{eff} [2] $\alpha = 5\%$	n_{eff} [2] $\alpha = 10\%$	n_{eff} [2] $\alpha = 15.9\%$	Regr. [3]
Holzfeuchte w [%]	11.0	11.3	10.5	10.7	10.8	11.4
Darrdichte r_0 [kg/m³]	380	372	355	359	362	373
Feuchtdichte r_{12} [kg/m³]	401	393	375	379	383	394
Schallgeschwindigkeit:						
Minimalwert v_{min} [m/s]	5403	5397	5295	5321	5339	5404
Mittelwert $v_{\varnothing}$ [m/s]	5646	5666	5580	5602	5618	5670
Druck-E-Modul $E_{c,0}$ [N/mm²]	9024	8984	8078	8305	8470	8986
Druckfestigkeit $f_{c,0}$ [N/mm²]	24.3	24.6	23.1	23.5	23.7	24.6

[1] aus den Versuchen direkt (verteilungsfrei)
[2] Annahme einer Normalverteilung (Log-Normalverteilung für Festigkeit) als mathematisches Modell
[3] Lineare Regression im Wahrscheinlichkeitsnetz

Tab. 5.13: Vertrauensintervalle für $\alpha = 5\%$

Stichprobe D 10/16	Mittelwert [1]		Standardabweichung [1]		Variationskoeffizient [1]	
Fussnote siehe Tab. 5.14	μ_{min}	μ_{max}	σ_{min}	σ_{max}	γ_{min}	γ_{max}
Holzfeuchte w [%]	13.5	14.6	1.38	2.16	9.75 %	15.4 %
Darrdichte r_0 [kg/m³]	423	447	30.9	48.5	7.10 %	11.2 %
Feuchtdichte r_{12} [kg/m³]	446	472	32.6	51.1	7.09 %	11.2 %
Schallgeschwindigkeit:						
Minimalwert v_{min} [m/s]	5684	5822	177	277	3.07 %	4.83 %
Mittelwert $v_{\varnothing}$ [m/s]	5885	5991	135	212	2.27 %	3.57 %
Druck-E-Modul $E_{c,0}$ [N/mm²]	11524	12750	1570	2462	12.9 %	20.4 %
Druckfestigkeit $f_{c,0}$ [N/mm²]	29.1	31.5	1.11	1.18	3.05 %	4.79 %

Tab. 5.14: Vertrauensintervalle für $\alpha = 10\%$

Stichprobe D 10/16	Mittelwert [1]		Standardabweichung [1]		Variationskoeffizient [1]	
	μ_{min}	μ_{max}	σ_{min}	σ_{max}	γ_{min}	γ_{max}
Holzfeuchte w [%]	13.6	14.5	1.42	2.07	10.1 %	14.7 %
Darrdichte r_0 [kg/m³]	425	445	31.9	46.5	7.31 %	10.7 %
Feuchtdichte r_{12} [kg/m³]	448	470	33.7	49.1	7.30 %	10.7 %
Schallgeschwindigkeit:						
Minimalwert v_{min} [m/s]	5695	5810	183	266	3.17 %	4.62 %
Mittelwert $v_{\varnothing}$ [m/s]	5894	5982	140	203	2.34 %	3.42 %
Druck-E-Modul $E_{c,0}$ [N/mm²]	11626	12648	1621	2362	13.3 %	19.5 %
Druckfestigkeit $f_{c,0}$ [N/mm²]	29.3	31.3	1.11	1.17	3.14 %	4.58 %

[1] Druckfestigkeit: Median bzw. Streufaktor bzw. Variationskoeffizient der Logarithmen

QS 14/24

Tab. 5.15: Parameter zur Beschreibung von Lage, Form und Streuung der emp. Verteilung

Stichprobe D 14/24		n	Mittelwert $\overline{x}$	Standardabweichung s	Schiefe γ_1	Exzess γ_2	Variation v
Holzfeuchte w [%]		47	15.9	1.85	0.97	3.07	11.6 %
Darrdichte r_0 [kg/m³]		47	406	28.5	0.39	-1.16	7.01 %
Feuchtdichte r_{12} [kg/m³]		47	429	30.1	0.38	-1.16	7.01 %
Schallgeschwindigkeit:							
Minimalwert v_{min} [m/s]		47	5714	305	-0.44	-0.65	5.33 %
Mittelwert $v_\varnothing$ [m/s]		47	5838	227	-0.24	-0.95	3.89 %
Druck-E-Modul $E_{c,0}$ [N/mm²]		47	9524	1660	0.31	-0.27	17.4 %
Druckfestigkeit $f_{c,0}$ [N/mm²]		47	21.6	3.21	-0.12	-0.39	14.9 %

Tab. 5.16: p-Quantilen der empirischen Verteilung

Stichprobe D 14/24	Minimum	unteres Quartil	Median	oberes Quartil	Maximum
Holzfeuchte w [%]	12.0	15.0	16.0	17.0	23.0
Darrdichte r_0 [kg/m³]	361	382	393	431	459
Feuchtdichte r_{12} [kg/m³]	381	404	415	456	485
Schallgeschwindigkeit:					
Minimalwert v_{min} [m/s]	5044	5539	5769	5967	6180
Mittelwert $v_\varnothing$ [m/s]	5349	5644	5883	6003	6223
Druck-E-Modul $E_{c,0}$ [N/mm²]	5892	8372	9368	10589	13378
Druckfestigkeit $f_{c,0}$ [N/mm²]	13.6	19.1	22.1	23.4	27.7

Tab. 5.17: 5 %-Fraktilwerte

Stichprobe D 14/24	direkt [1]	n = ∞ [2]	n_{eff} [2] α = 5 %	n_{eff} [2] α = 10 %	n_{eff} [2] α = 15.9 %	Regr. [3]
Holzfeuchte w [%]	13.0	12.9	12.1	12.3	12.4	13.0
Darrdichte r_0 [kg/m³]	369	359	347	350	352	361
Feuchtdichte r_{12} [kg/m³]	390	379	367	370	372	381
Schallgeschwindigkeit:						
Minimalwert v_{min} [m/s]	5101	5212	5082	5114	5138	5220
Mittelwert $v_\varnothing$ [m/s]	5477	5464	5367	5391	5408	5469
Druck-E-Modul $E_{c,0}$ [N/mm²]	6943	6793	6080	6257	6386	6809
Druckfestigkeit $f_{c,0}$ [N/mm²]	16.3	16.6	15.5	15.8	16.0	16.6

[1] aus den Versuchen direkt (verteilungsfrei)
[2] Annahme einer Normalverteilung (Log-Normalverteilung für Festigkeit) als mathematisches Modell
[3] Lineare Regression im Wahrscheinlichkeitsnetz

Tab. 5.18: Vertrauensintervalle für $\alpha = 5\%$

Stichprobe D 14/24	Mittelwert [1)		Standardabweichung [1)		Variationskoeffizient [1)	
	μ_{min}	μ_{max}	σ_{min}	σ_{max}	γ_{min}	γ_{max}
Holzfeuchte w [%]	15.4	16.5	1.53	2.32	9.60 %	14.6 %
Darrdichte r_0 [kg/m³]	398	414	23.7	35.8	5.82 %	8.83 %
Feuchtdichte r_{12} [kg/m³]	420	438	25.0	37.8	5.82 %	8.83 %
Schallgeschwindigkeit:						
Minimalwert v_{min} [m/s]	5624	5803	253	383	4.42 %	6.71 %
Mittelwert $v_{\emptyset}$ [m/s]	5771	5904	189	285	3.23 %	4.89 %
Druck-E-Modul $E_{c,0}$ [N/mm²]	9036	10011	1379	2085	14.4 %	22.1 %
Druckfestigkeit $f_{c,0}$ [N/mm²]	20.4	22.3	1.14	1.21	4.18 %	6.33 %

[1) Druckfestigkeit: Median bzw. Streufaktor bzw. Variationskoeffizient der Logarithmen

Tab. 5.19: Vertrauensintervalle für $\alpha = 10\%$

Stichprobe D 14/24	Mittelwert [1)		Standardabweichung [1)		Variationskoeffizient [1)	
	μ_{min}	μ_{max}	σ_{min}	σ_{max}	γ_{min}	γ_{max}
Holzfeuchte w [%]	15.5	16.4	1.58	2.23	9.87 %	14.0 %
Darrdichte r_0 [kg/m³]	399	413	24.4	34.5	5.99 %	8.48 %
Feuchtdichte r_{12} [kg/m³]	422	436	25.7	36.4	5.98 %	8.48 %
Schallgeschwindigkeit:						
Minimalwert v_{min} [m/s]	5639	5788	261	368	4.55 %	6.44 %
Mittelwert $v_{\emptyset}$ [m/s]	5782	5893	194	275	3.32 %	4.70 %
Druck-E-Modul $E_{c,0}$ [N/mm²]	9117	9930	1420	2008	14.8 %	21.2 %
Druckfestigkeit $f_{c,0}$ [N/mm²]	20.6	22.2	1.14	1.20	4.29 %	6.08 %

[1) Druckfestigkeit: Median bzw. Streufaktor bzw. Variationskoeffizient der Logarithmen

QS 8/16: gute Qualität

Tab. 5.20: Parameter zur Beschreibung von Lage, Form und Streuung der emp. Verteilung

Stichprobe D-M/N: gut	n	Mittelwert $\bar{x}$	Standardabweichung s	Schiefe γ_1	Exzess γ_2	Variation v
Darrdichte r_0 [kg/m³]	20	452	24.2	-0.45	-0.80	5.35 %
Feuchtdichte r_{12} [kg/m³]	20	478	25.5	-0.47	-0.82	5.35 %
Schallgeschwindigkeit:						
Minimalwert v_{min} [m/s]	20	6197	99.5	-0.05	-1.31	1.61 %
Mittelwert $v_{\emptyset}$ [m/s]	20	6256	73.3	-0.38	-0.90	1.17 %
Druck-E-Modul $E_{c,0}$ [N/mm²]	20	14061	1427	-0.49	-0.21	10.2 %
Druckfestigkeit $f_{c,0}$ [N/mm²]	20	37.0	5.07	-0.81	-0.71	13.7 %

Tab. 5.21: p-Quantilen der empirischen Verteilung

Stichprobe D-M/N: gut	Minimum	unteres Quartil	Median	oberes Quartil	Maximum
Darrdichte r_0 [kg/m³]	407	433	460	467	489
Feuchtdichte r_{12} [kg/m³]	430	457	486	493	516
Schallgeschwindigkeit: Minimalwert v_{min} [m/s]	6048	6097	6216	6260	6352
Mittelwert $v_ø$ [m/s]	6128	6193	6273	6300	6366
Druck-E-Modul $E_{c,0}$ [N/mm²]	11118	13514	14164	14970	16295
Druckfestigkeit $f_{c,0}$ [N/mm²]	27.1	34.0	39.0	40.8	42.8

Tab. 5.22: 5 %-Fraktilwerte

Stichprobe D-M/N: gut	direkt [1)	$n = \infty$ [2)	n_{eff} [2) $\alpha = 5\%$	n_{eff} [2) $\alpha = 10\%$	n_{eff} [2) $\alpha = 15.9\%$	Regr. [3)
Darrdichte r_0 [kg/m³]	407	412	395	399	403	413
Feuchtdichte r_{12} [kg/m³]	430	436	417	422	426	437
Schallgeschwindigkeit: Minimalwert v_{min} [m/s]	6048	6033	5960	5979	5993	6037
Mittelwert $v_ø$ [m/s]	6128	6135	6082	6096	6106	6138
Druck-E-Modul $E_{c,0}$ [N/mm²]	11118	11713	10665	10947	11142	11753
Druckfestigkeit $f_{c,0}$ [N/mm²]	27.1	28.8	25.8	26.6	27.1	29.3

[1) aus den Versuchen direkt (verteilungsfrei)
[2) Annahme einer Normalverteilung (Log-Normalverteilung für Festigkeit) als mathematisches Modell
[3) Lineare Regression im Wahrscheinlichkeitsnetz

Tab. 5.23: Vertrauensintervalle für $\alpha = 5\%$

Stichprobe D-M/N: gut	Mittelwert [1)		Standardabweichung [1)		Variationskoeffizient [1)	
	μ_{min}	μ_{max}	σ_{min}	σ_{max}	γ_{min}	γ_{max}
Darrdichte r_0 [kg/m³]	441	463	18.4	35.4	4.06 %	7.86 %
Feuchtdichte r_{12} [kg/m³]	466	490	19.4	37.2	4.04 %	7.83 %
Schallgeschwindigkeit: Minimalwert v_{min} [m/s]	6150	6243	75.6	145	1.22 %	2.35 %
Mittelwert $v_ø$ [m/s]	6221	6290	55.8	107	0.89 %	1.72 %
Druck-E-Modul $E_{c,0}$ [N/mm²]	13393	14729	1086	2085	7.68 %	15.0 %
Druckfestigkeit $f_{c,0}$ [N/mm²]	34.2	39.2	1.12	1.24	3.10 %	5.99 %

[1) Druckfestigkeit: Median bzw. Streufaktor bzw. Variationskoeffizient der Logarithmen

Tab. 5.24: Vertrauensintervalle für α = 10 %

Stichprobe D-M/N: gut	Mittelwert [1]		Standardabweichung [1]		Variationskoeffizient [1]	
	μ_{min}	μ_{max}	σ_{min}	σ_{max}	γ_{min}	γ_{max}
Darrdichte r_0 [kg/m³]	443	461	19.2	33.2	4.22 %	7.31 %
Feuchtdichte r_{12} [kg/m³]	468	488	20.2	34.9	4.21 %	7.28 %
Schallgeschwindigkeit:						
Minimalwert v_{min} [m/s]	6158	6235	79.0	136	1.27 %	2.19 %
Mittelwert $v_\varnothing$ [m/s]	6227	6284	58.2	100	0.93 %	1.60 %
Druck-E-Modul $E_{c,0}$ [N/mm²]	13509	14613	1133	1956	8.00 %	13.9 %
Druckfestigkeit $f_{c,0}$ [N/mm²]	34.6	38.8	1.12	1.22	3.22 %	5.57 %

[1] Druckfestigkeit: Median bzw. Streufaktor bzw. Variationskoeffizient der Logarithmen

QS 8/16: normale Qualität

Tab. 5.25: Parameter zur Beschreibung von Lage, Form und Streuung der emp. Verteilung

Stichprobe D-M/N: normal	n	Mittelwert $\bar{x}$	Standardabweichung s	Schiefe γ_1	Exzess γ_2	Variation v
Darrdichte r_0 [kg/m³]	20	421	27.0	0.16	-0.68	6.40 %
Feuchtdichte r_{12} [kg/m³]	20	444	28.5	0.16	-0.68	6.40 %
Schallgeschwindigkeit:						
Minimalwert v_{min} [m/s]	20	5673	109	-0.32	-1.19	1.93 %
Mittelwert $v_\varnothing$ [m/s]	20	5774	120	-0.38	-0.73	2.09 %
Druck-E-Modul $E_{c,0}$ [N/mm²]	20	10419	1226	-0.46	0.66	11.8 %
Druckfestigkeit $f_{c,0}$ [N/mm²]	20	29.0	3.28	0.08	-1.15	11.3 %

Tab. 5.26: p-Quantilen der empirischen Verteilung

Stichprobe D-M/N: normal	Minimum	unteres Quartil	Median	oberes Quartil	Maximum
Darrdichte r_0 [kg/m³]	374	401	417	439	476
Feuchtdichte r_{12} [kg/m³]	395	424	440	464	503
Schallgeschwindigkeit:					
Minimalwert v_{min} [m/s]	5489	5601	5685	5771	5805
Mittelwert $v_\varnothing$ [m/s]	5540	5689	5775	5890	5932
Druck-E-Modul $E_{c,0}$ [N/mm²]	7217	9702	10365	11334	12475
Druckfestigkeit $f_{c,0}$ [N/mm²]	23.9	26.2	28.9	31.9	34.7

Tab. 5.27: 5 %-Fraktilwerte

Stichprobe D-M/N: normal	direkt [1]	$n = \infty$ [2]	n_{eff} [2] $\alpha = 5\%$	n_{eff} [2] $\alpha = 10\%$	n_{eff} [2] $\alpha = 15.9\%$	Regr. [3]
Darrdichte r_0 [kg/m³]	374	376	357	362	366	376
Feuchtdichte r_{12} [kg/m³]	395	398	377	382	386	398
Schallgeschwindigkeit: Minimalwert v_{min} [m/s]	5489	5493	5413	5435	5450	5499
Mittelwert $v_\varnothing$ [m/s]	5540	5576	5487	5511	5528	5582
Druck-E-Modul $E_{c,0}$ [N/mm²]	7217	8402	7502	7744	7911	11917
Druckfestigkeit $f_{c,0}$ [N/mm²]	23.9	23.9	22.0	22.2	22.9	24.0

[1] aus den Versuchen direkt (verteilungsfrei)
[2] Annahme einer Normalverteilung (Log-Normalverteilung für Festigkeit) als mathematisches Modell
[3] Lineare Regression im Wahrscheinlichkeitsnetz

Tab. 5.28: Vertrauensintervalle für $\alpha = 5\%$

Stichprobe D-M/N: normal	Mittelwert [1]		Standardabweichung [1]		Variationskoeffizient [1]	
	μ_{min}	μ_{max}	σ_{min}	σ_{max}	γ_{min}	γ_{max}
Darrdichte r_0 [kg/m³]	408	433	20.5	39.4	4.86 %	9.41 %
Feuchtdichte r_{12} [kg/m³]	431	458	21.7	41.6	4.86 %	9.42 %
Schallgeschwindigkeit: Minimalwert v_{min} [m/s]	5622	5724	83.1	160	1.46 %	2.83 %
Mittelwert $v_\varnothing$ [m/s]	5718	5830	91.5	176	1.58 %	3.06 %
Druck-E-Modul $E_{c,0}$ [N/mm²]	9845	10993	933	1791	8.90 %	17.4 %
Druckfestigkeit $f_{c,0}$ [N/mm²]	27.3	30.4	1.09	1.18	2.57 %	4.97 %

[1] Druckfestigkeit: Median bzw. Streufaktor bzw. Variationskoeffizient der Logarithmen

Tab. 5.29: Vertrauensintervalle für $\alpha = 10\%$

Stichprobe D-M/N: normal	Mittelwert [1]		Standardabweichung [1]		Variationskoeffizient [1]	
	μ_{min}	μ_{max}	σ_{min}	σ_{max}	γ_{min}	γ_{max}
Darrdichte r_0 [kg/m³]	410	431	21.4	37.0	5.05 %	8.75 %
Feuchtdichte r_{12} [kg/m³]	433	455	22.6	39.1	5.06 %	8.76 %
Schallgeschwindigkeit: Minimalwert v_{min} [m/s]	5631	5715	86.8	150	1.52 %	2.63 %
Mittelwert $v_\varnothing$ [m/s]	5727	5820	95.5	165	1.64 %	2.84 %
Druck-E-Modul $E_{c,0}$ [N/mm²]	9945	10893	974	1680	9.26 %	16.1 %
Druckfestigkeit $f_{c,0}$ [N/mm²]	27.6	30.1	1.09	1.17	2.68 %	4.63 %

[1] Druckfestigkeit: Median bzw. Streufaktor bzw. Variationskoeffizient der Logarithmen

Ausführliche Angaben zu sämtlichen Versuchen findet man im Anhang 6.

5.3.8 Typische Bruchbilder

Das Versagen des Holzes infolge Druck parallel zur Faser erfolgt durch örtliches Knicken der einzelnen Fasern. Je nach Grad der Strukturstörungen entstehen Druckstauchungen (Bild 5.27), oder einzelne Querschnittsbereiche knicken aus (Bild 5.28).

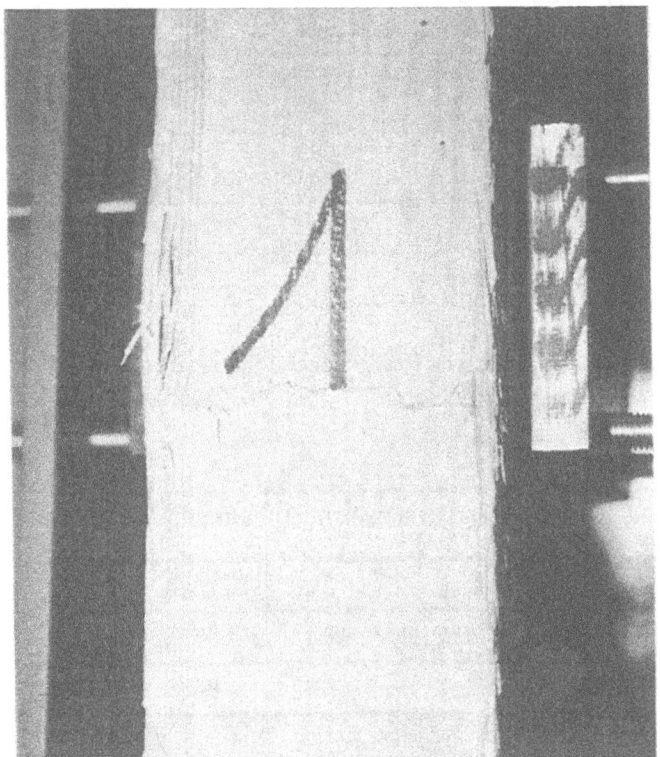

Bild 5.27: Stauchungen infolge zu grosser Druckspannung parallel zur Faser

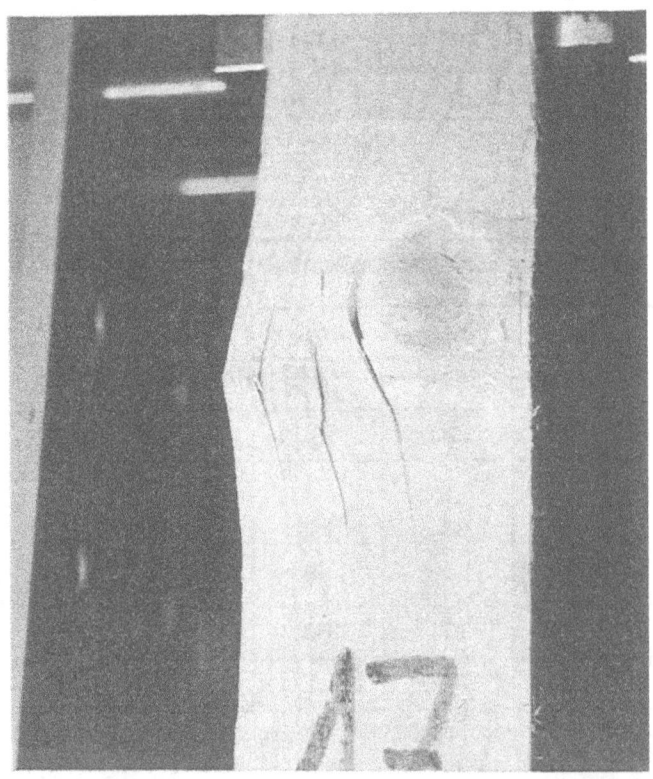

Bild 5.28: Ausknicken in Bereichen mit grosser Schrägfasrigkeit

5.4 Druckversuche an Prismen

Da die Probengrösse und die Probenentnahme nachweislich von grossem Einfluss auf die Druckfestigkeit ist, wurde aus sämtlichen geprüften Stäben der Stichproben 6/12, 10/16 und 14/24 direkt oberhalb und unterhalb der Stauchungszone je ein Prisma herausgeschnitten und nochmals auf Druck geprüft. Bei den ersten 6 Versuchen der Stichprobe 10/16 wurden beidseits der Stauchungszone sogar mehrere Prismen entnommen. Die Probekörper hatten folgende Abmessungen:

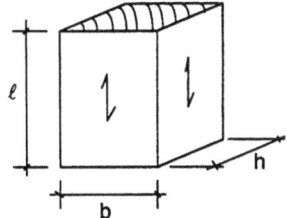

Tab. 5.30: Abmessungen der Prismen			
QS	b	h	ℓ
6/12	60	120	120
10/16	100	160	150
14/24	140	240	240

5.4.1 Versuchsablauf

Die Prismen-Druckversuche wurden auf der Universalprüfmaschine SCHENCK 1600 kN bei eingespannter Lagerung des oberen Drucktellers durchgeführt:

Bild 5.29: Prismen-Druckversuche auf der Universalprüfmaschine SCHENCK 1600 kN

Bei den Prismen-Druckversuche wurden folgende Messgrössen registriert:

- Abmessungen (Breite, Höhe, Länge)   b, h, ℓ [mm]
- Masse   m   [kg]
- Holzfeuchte (elektrische Widerstandsmessung) w   [%]
- Druckbruchlast F_u [kN]

Folgende Grössen wurden daraus abgeleitet:

- Dichte für w = 12 % und w = 0 % r_{12}, r_0 [kg/m³]
- Druckbruchspannung $f_{c,0}$ [N/mm²]

Ein Ablaufdiagramm des zur Datenerfassung verwendeten Computerprogramms findet man im Anhang 9.4.

5.4.2 Messgeräte

Tab. 5.31: Verwendete Messgeräte

Messgrösse	Gerät	Bemerkungen
Holzfeuchte	KRÜGER H-DI-3.10	elektr. Widerstandsmessgerät mit Holzarten- und Temperaturerfassung
Masse	Laborwaage METTLER PE 24	m_{max} = 24.0 kg Genauigkeit ± 1 g
Kraft	Kraftmessdose SCHENCK	Genauigkeit: ± 0.1 %

5.4.3 Graphische Darstellung der Versuchsresultate

QS 6/12

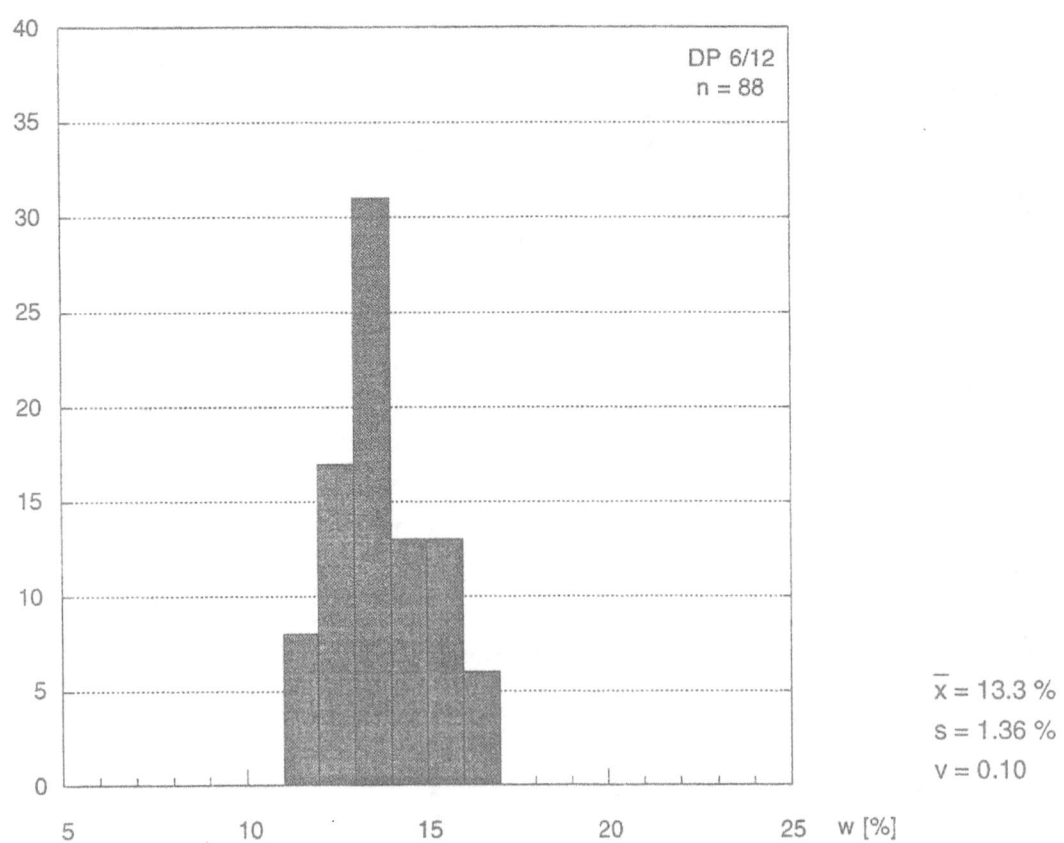

Bild 5.30: Verteilung der Holzfeuchte, ermittelt mit elektrischer Widerstandsmessung

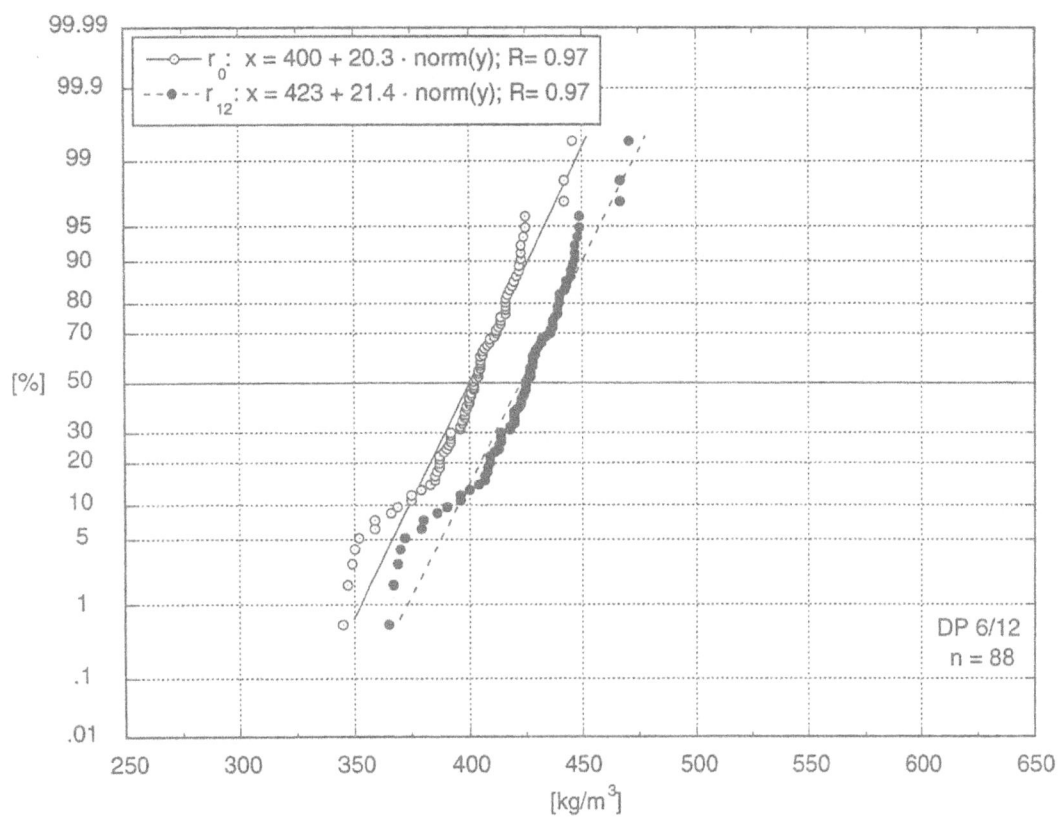

Bild 5.31: Verteilung von Feuchtdichte r_{12} (w = 12 %) und Darrdichte r_0

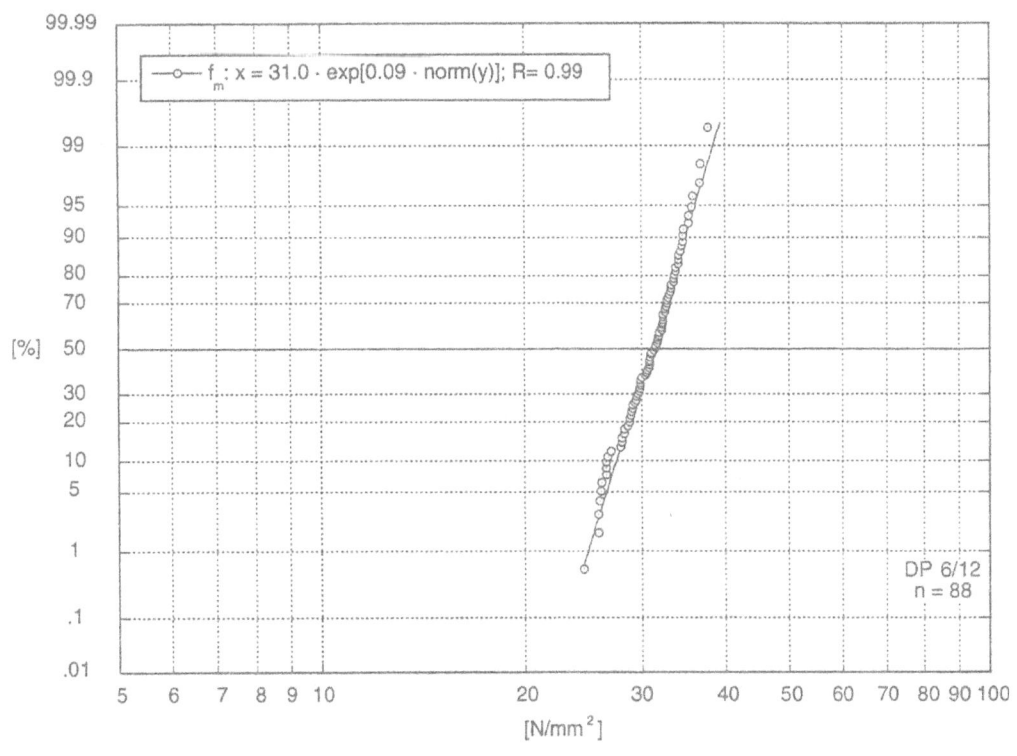

Bild 5.32: Verteilung der Druckfestigkeit $f_{c,0}$

QS 10/16: alle Werte

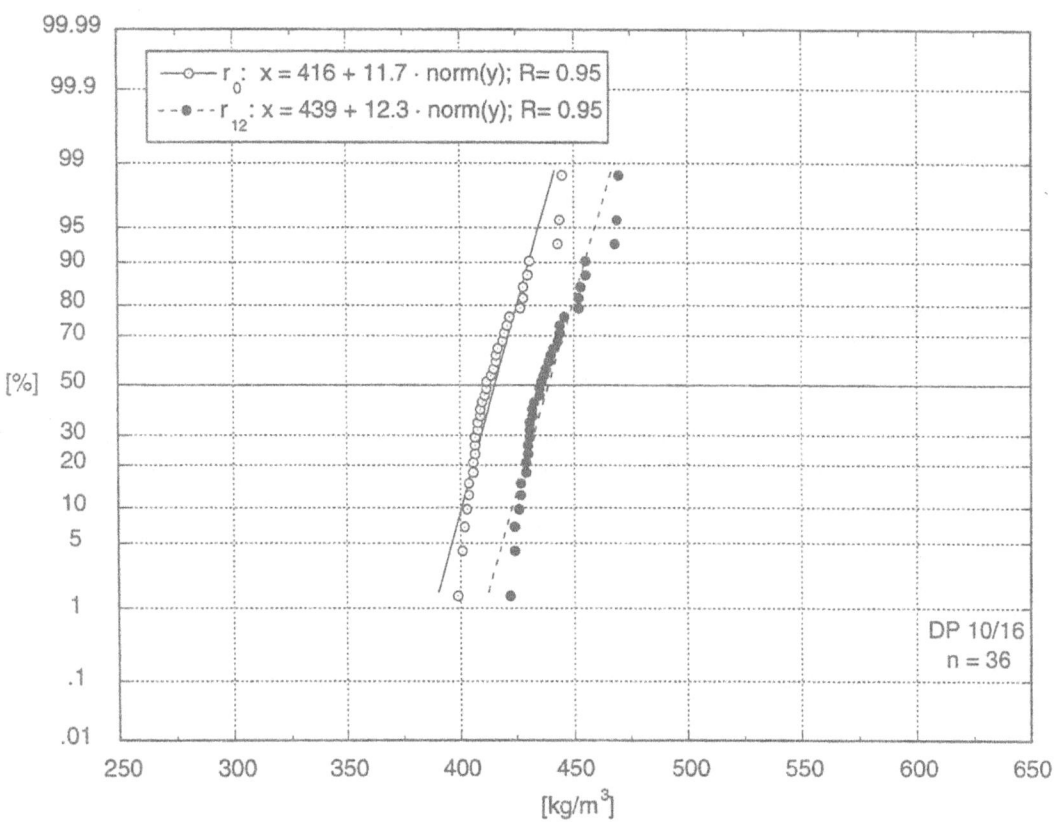

Bild 5.33: Verteilung von Feuchtdichte r_{12} (w = 12 %) und Darrdichte r_0

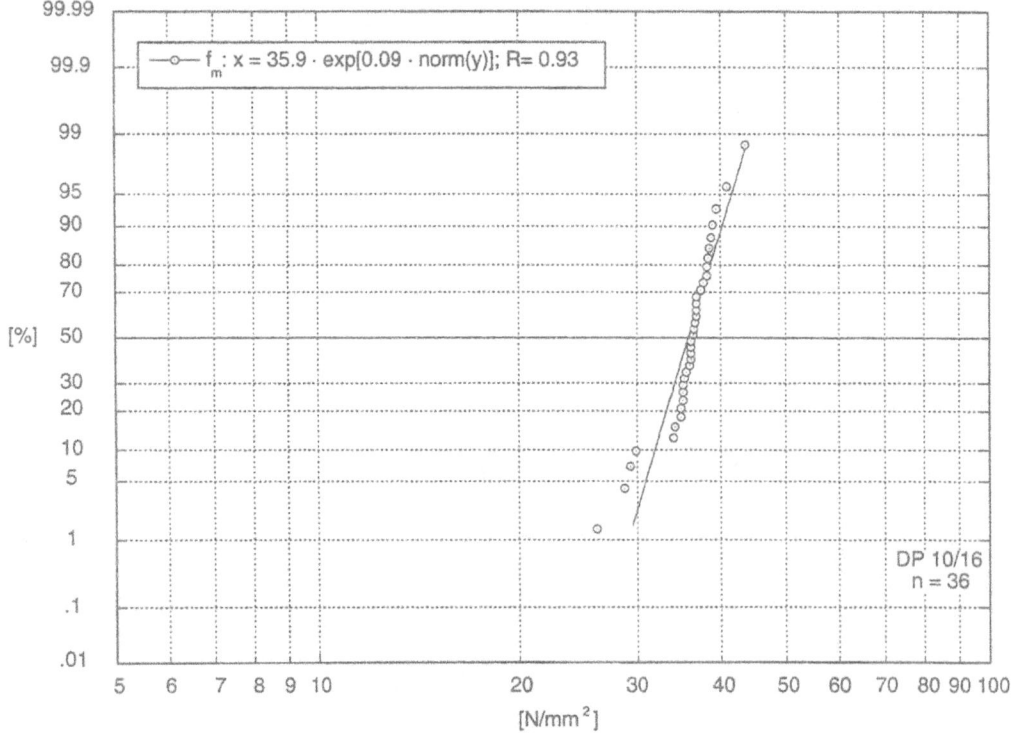

Bild 5.34: Verteilung der Druckfestigkeit $f_{c,0}$

QS 10/16: Prismen aus Stab Nr. 4

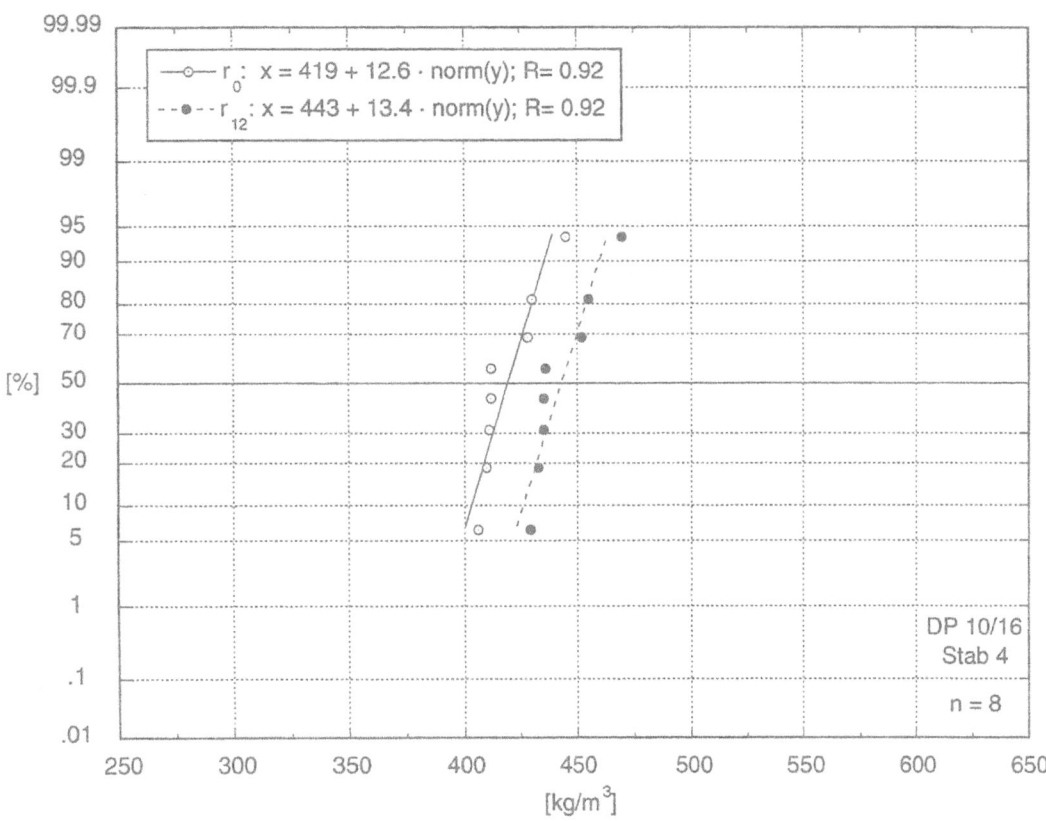

Bild 5.35: Verteilung von Feuchtdichte r_{12} (w = 12 %) und Darrdichte r_0

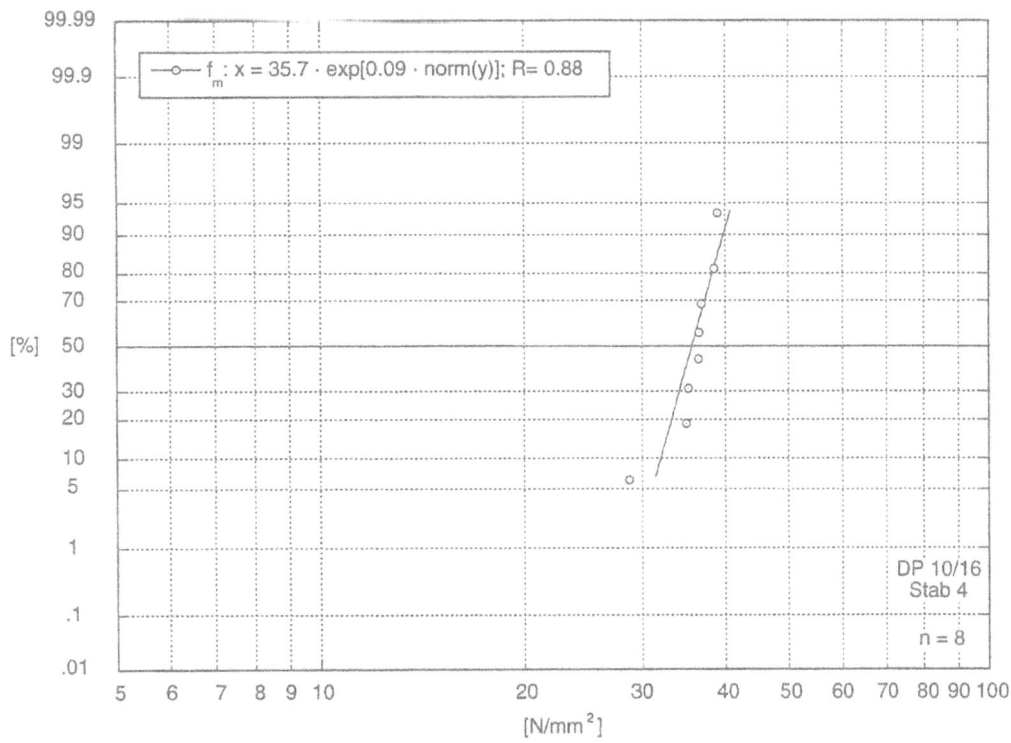

Bild 5.36: Verteilung der Druckfestigkeit $f_{c,0}$

QS 10/16: Prismen aus Stab Nr. 5

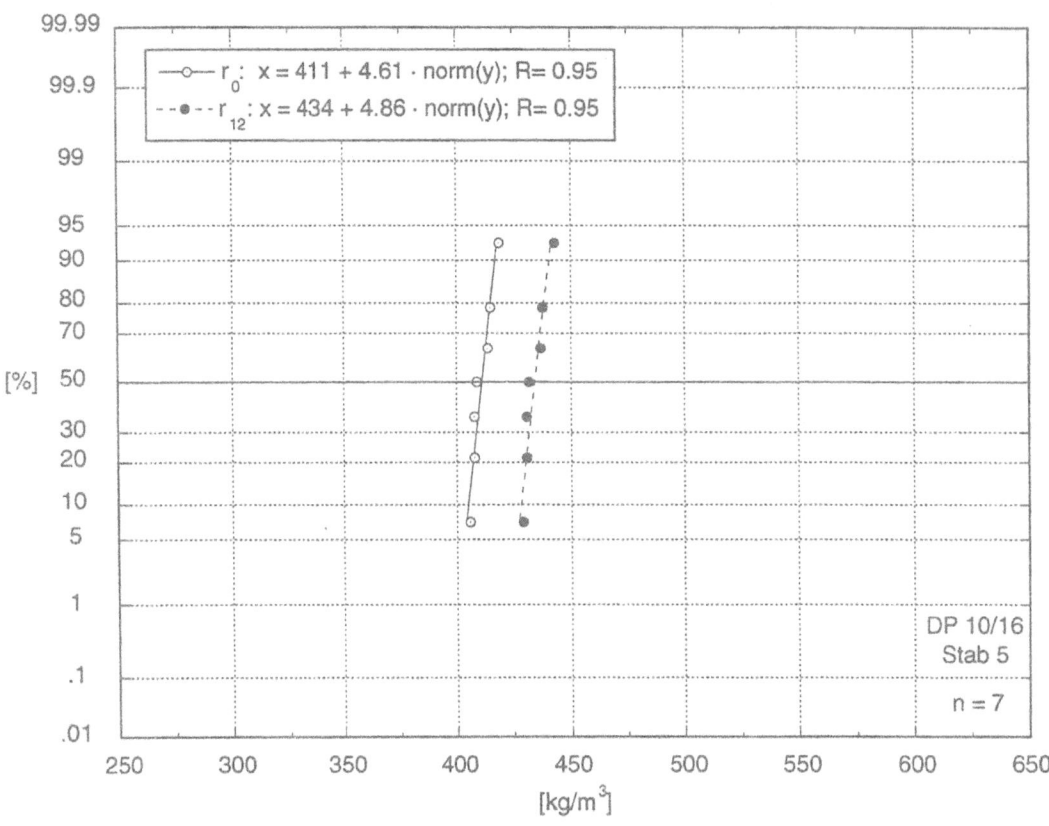

Bild 5.37: Verteilung von Feuchtdichte r_{12} (w = 12 %) und Darrdichte r_0

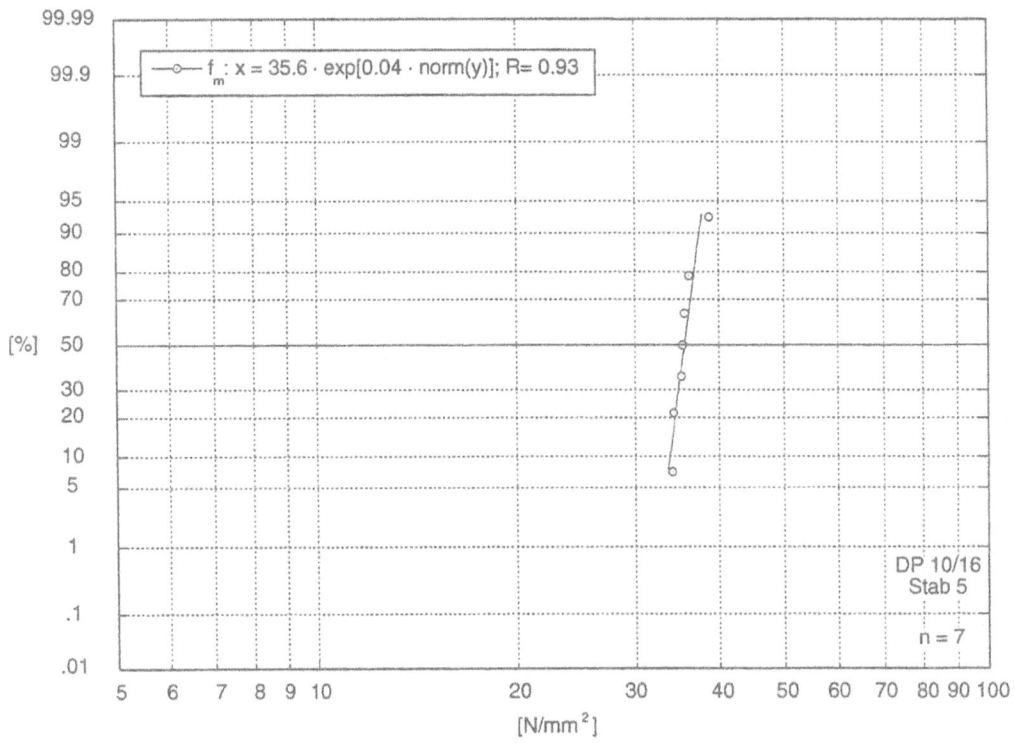

Bild 5.38: Verteilung der Druckfestigkeit $f_{c,0}$

QS 10/16: Prismen aus Stab Nr. 6

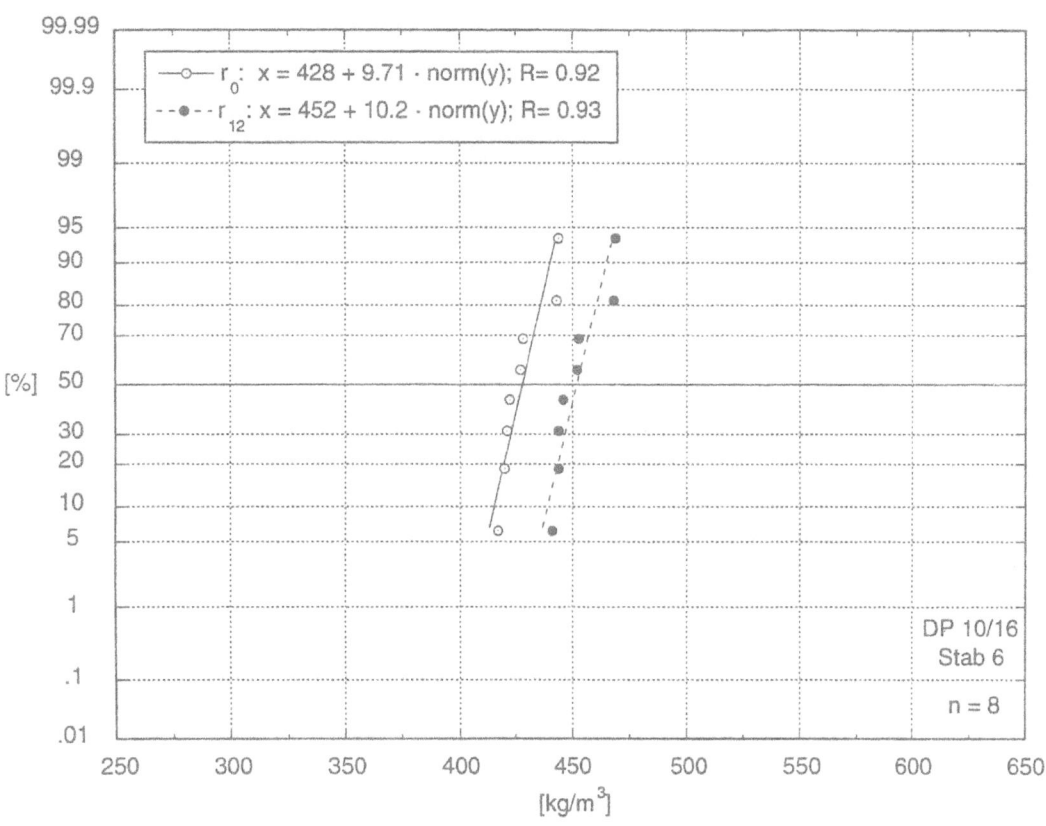

Bild 5.39: Verteilung von Feuchtdichte r_{12} (w = 12 %) und Darrdichte r_0

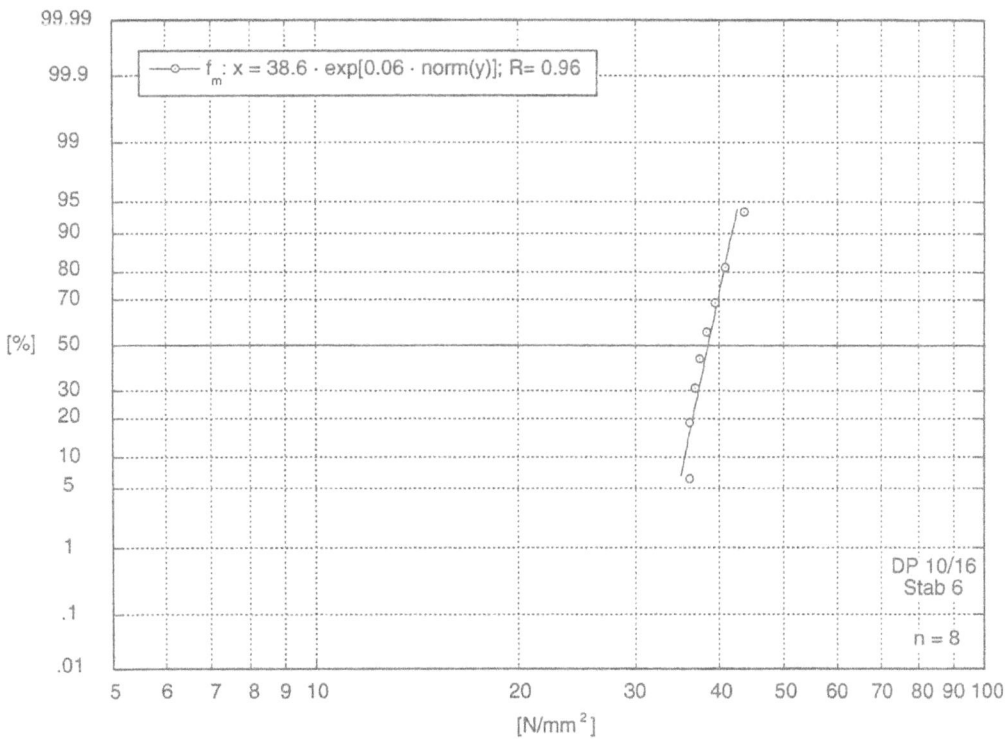

Bild 5.40: Verteilung der Druckfestigkeit $f_{c,0}$

QS 14/24

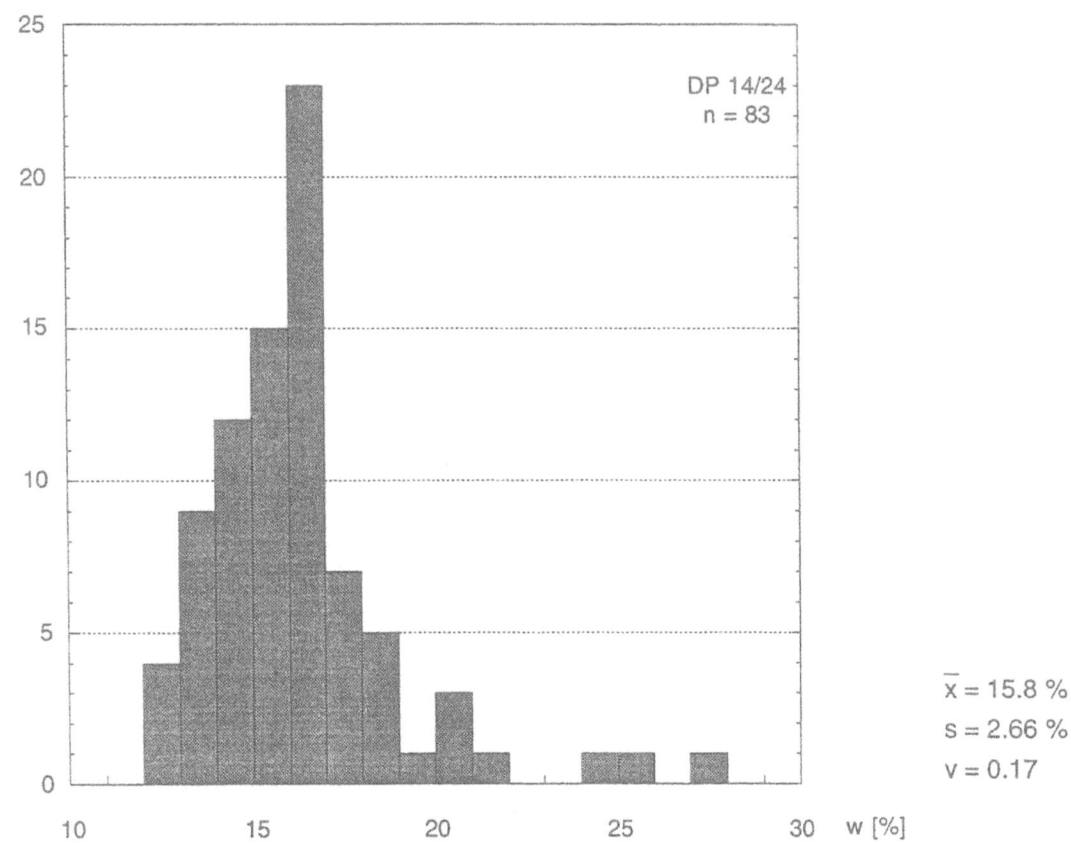

Bild 5.41: Verteilung der Holzfeuchte, ermittelt mit elektrischer Widerstandsmessung

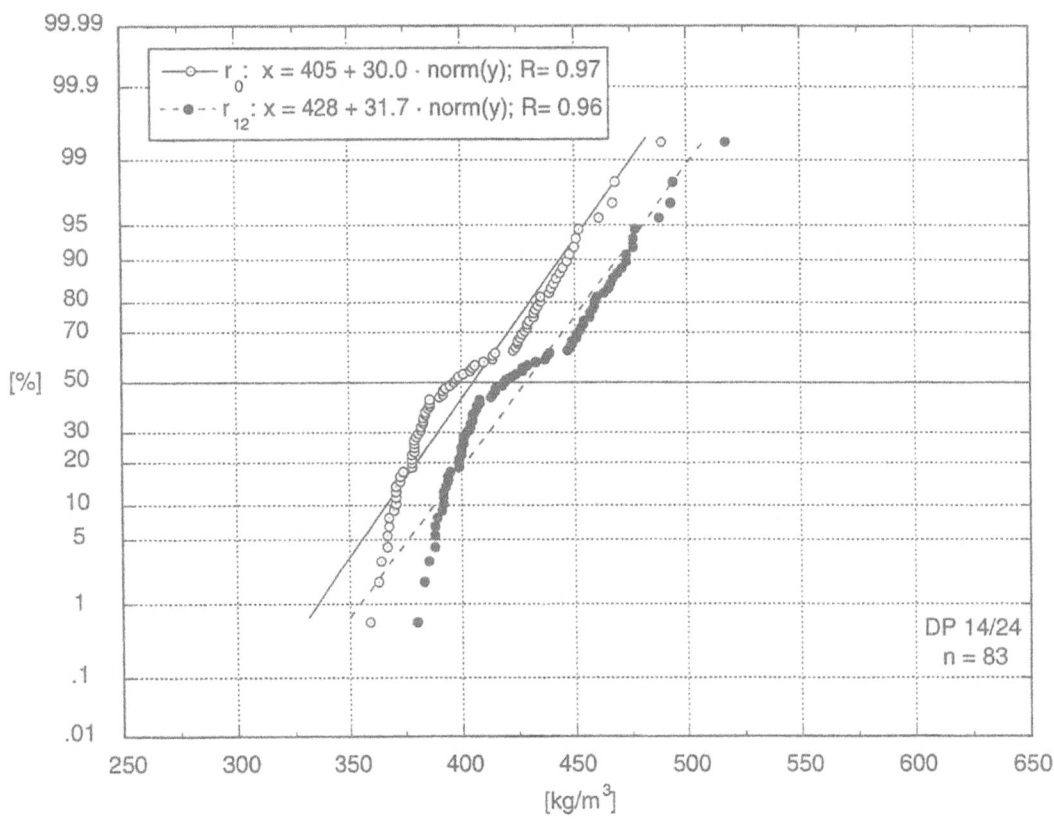

Bild 5.42: Verteilung von Feuchtdichte r_{12} (w = 12 %) und Darrdichte r_0

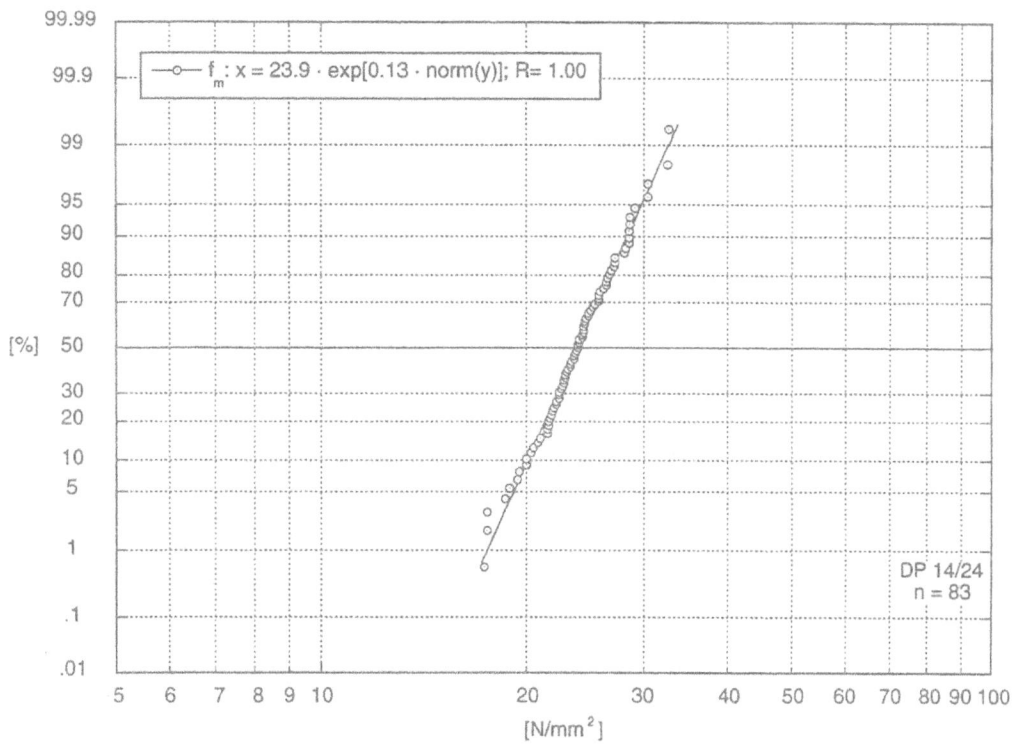

Bild 5.43: Verteilung der Druckfestigkeit $f_{c,0}$

5.4.4 Statistische Kennwerte der Versuchsdaten

QS 6/12

Tab. 5.32: Parameter zur Beschreibung von Lage, Form und Streuung der emp. Verteilung

Stichprobe DP 6/12		n	Mittelwert $\bar{x}$	Standardabweichung s	Schiefe γ_1	Exzess γ_2	Variation v
Holzfeuchte	w [%]	88	13.3	1.36	0.29	-0.61	10.3 %
Darrdichte	r_0 [kg/m³]	88	400	20.8	-0.70	0.70	5.19 %
Feuchtdichte	r_{12} [kg/m³]	88	423	21.9	-0.70	0.67	5.19 %
Druckfestigkeit	$f_{c,0}$ [N/mm²]	88	31.1	2.87	-0.10	-0.50	9.22 %

Tab. 5.33: p-Quantilen der empirischen Verteilung

Stichprobe DP 6/12		Minimum	unteres Quartil	Median	oberes Quartil	Maximum
Holzfeuchte	w [%]	11.0	12.0	13.0	14.0	16.0
Darrdichte	r_0 [kg/m³]	345	391	402	414	446
Feuchtdichte	r_{12} [kg/m³]	365	413	425	438	471
Druckfestigkeit	$f_{c,0}$ [N/mm²]	24.6	29.1	31.4	33.2	37.8

Tab. 5.34: 5 %-Fraktilwerte

Stichprobe DP 6/12	direkt [1]	n = ∞ [2]	n_{eff} [2] $\alpha = 5\%$	n_{eff} [2] $\alpha = 10\%$	n_{eff} [2] $\alpha = 15.9\%$	Regr. [3]
Holzfeuchte w [%]	11.0	11.0	10.6	10.7	10.8	11.1
Darrdichte r_0 [kg/m³]	351	366	360	361	362	367
Feuchtdichte r_{12} [kg/m³]	371	387	380	382	383	388
Druckfestigkeit $f_{c,0}$ [N/mm²]	26.0	26.6	25.8	26.0	26.1	26.6

[1] aus den Versuchen direkt (verteilungsfrei)
[2] Annahme einer Normalverteilung (Log-Normalverteilung für Festigkeit) als mathematisches Modell
[3] Lineare Regression im Wahrscheinlichkeitsnetz

Tab. 5.35: Vertrauensintervalle für $\alpha = 5\%$

Stichprobe DP 6/12	Mittelwert [1]		Standardabweichung [1]		Variationskoeffizient [1]	
	μ_{min}	μ_{max}	σ_{min}	σ_{max}	γ_{min}	γ_{max}
Holzfeuchte w [%]	13.0	13.6	1.19	1.60	8.92 %	12.1 %
Darrdichte r_0 [kg/m³]	396	404	18.1	24.4	4.52 %	6.10 %
Feuchtdichte r_{12} [kg/m³]	418	427	19.1	25.7	4.51 %	6.09 %
Druckfestigkeit $f_{c,0}$ [N/mm²]	30.4	31.6	1.08	1.12	2.36 %	3.18 %

[1] Druckfestigkeit: Median bzw. Streufaktor bzw. Variationskoeffizient der Logarithmen

Tab. 5.36: Vertrauensintervalle für $\alpha = 10\%$

Stichprobe DP 6/12	Mittelwert [1]		Standardabweichung [1]		Variationskoeffizient [1]	
	μ_{min}	μ_{max}	σ_{min}	σ_{max}	γ_{min}	γ_{max}
Holzfeuchte w [%]	13.0	13.5	1.21	1.56	9.11 %	11.7 %
Darrdichte r_0 [kg/m³]	396	404	18.5	23.7	4.61 %	5.93 %
Feuchtdichte r_{12} [kg/m³]	419	427	19.5	25.0	4.60 %	5.92 %
Druckfestigkeit $f_{c,0}$ [N/mm²]	30.5	31.5	1.09	1.11	2.41 %	3.09 %

[1] Druckfestigkeit: Median bzw. Streufaktor bzw. Variationskoeffizient der Logarithmen

QS 10/16: alle Werte

Tab. 5.37: Parameter zur Beschreibung von Lage, Form und Streuung der emp. Verteilung

Stichprobe DP 10/16	n	Mittelwert $\overline{x}$	Standardabweichung s	Schiefe γ_1	Exzess γ_2	Variation v
Darrdichte r_0 [kg/m³]	36	416	12.2	0.97	0.19	2.92 %
Feuchtdichte r_{12} [kg/m³]	36	439	12.9	0.96	0.14	2.92 %
Druckfestigkeit $f_{c,0}$ [N/mm²]	36	36.0	3.33	-0.98	1.90	9.23 %

Tab. 5.38: p-Quantilen der empirischen Verteilung

Stichprobe DP 10/16	Minimum	unteres Quartil	Median	oberes Quartil	Maximum
Darrdichte r_0 [kg/m³]	399	407	412	421	445
Feuchtdichte r_{12} [kg/m³]	422	430	436	445	470
Druckfestigkeit $f_{c,0}$ [N/mm²]	26.1	35.2	36.4	38.0	43.6

Tab. 5.39: 5 %-Fraktilwerte

Stichprobe DP 10/16	direkt [1]	$n = \infty$ [2]	n_{eff} [2] $\alpha = 5\%$	n_{eff} [2] $\alpha = 10\%$	n_{eff} [2] $\alpha = 15.9\%$	Regr. [3]
Darrdichte r_0 [kg/m³]	401	396	390	391	392	397
Feuchtdichte r_{12} [kg/m³]	424	418	412	413	414	419
Druckfestigkeit $f_{c,0}$ [N/mm²]	28.2	30.5	29.1	29.4	29.7	30.9

[1] aus den Versuchen direkt (verteilungsfrei)
[2] Annahme einer Normalverteilung (Log-Normalverteilung für Festigkeit) als mathematisches Modell
[3] Lineare Regression im Wahrscheinlichkeitsnetz

Tab. 5.40: Vertrauensintervalle für $\alpha = 5\%$

Stichprobe DP 10/16	Mittelwert [1]		Standardabweichung [1]		Variationskoeffizient [1]	
Fussnote siehe Tab. 5.41	μ_{min}	μ_{max}	σ_{min}	σ_{max}	γ_{min}	γ_{max}
Darrdichte r_0 [kg/m³]	411	420	9.89	15.9	2.38 %	3.83 %
Feuchtdichte r_{12} [kg/m³]	435	444	10.4	16.8	2.37 %	3.83 %
Druckfestigkeit $f_{c,0}$ [N/mm²]	34.7	37.1	1.08	1.14	2.22 %	3.58 %

Tab. 5.41: Vertrauensintervalle für $\alpha = 10\%$

Stichprobe DP 10/16	Mittelwert [1]		Standardabweichung [1]		Variationskoeffizient [1]	
	μ_{min}	μ_{max}	σ_{min}	σ_{max}	γ_{min}	γ_{max}
Darrdichte r_0 [kg/m³]	412	419	10.2	15.2	2.45 %	3.65 %
Feuchtdichte r_{12} [kg/m³]	436	443	10.8	16.1	2.45 %	3.65 %
Druckfestigkeit $f_{c,0}$ [N/mm²]	34.9	36.9	1.09	1.13	2.29 %	3.41 %

[1] Druckfestigkeit: Median bzw. Streufaktor bzw. Variationskoeffizient der Logarithmen

QS 10/16: Prismen aus Stab Nr. 4

Tab. 5.42: Parameter zur Beschreibung von Lage, Form und Streuung der emp. Verteilung

Stichprobe DP 10/16 St. 4	n	Mittelwert $\bar{x}$	Standardabweichung s	Schiefe γ_1	Exzess γ_2	Variation v
Darrdichte r_0 [kg/m³]	8	419	13.6	0.89	-0.56	3.23 %
Feuchtdichte r_{12} [kg/m³]	8	443	14.3	0.87	-0.61	3.23 %
Druckfestigkeit $f_{c,0}$ [N/mm²]	8	35.8	3.20	-1.14	1.23	8.94 %

Tab. 5.43: p-Quantilen der empirischen Verteilung

Stichprobe DP 10/16 St. 4	Minimum	unteres Quartil	Median	oberes Quartil	Maximum
Darrdichte r_0 [kg/m³]	406	411	412	429	445
Feuchtdichte r_{12} [kg/m³]	429	434	436	453	470
Druckfestigkeit $f_{c,0}$ [N/mm²]	28.7	35.1	36.6	37.8	39.0

Tab. 5.44: 5 %-Fraktilwerte

Stichprobe DP 10/16 St. 4	direkt [1]	n = ∞ [2]	n_{eff} [2] α = 5 %	n_{eff} [2] α = 10 %	n_{eff} [2] α = 15.9 %	Regr. [3]
Darrdichte r_0 [kg/m³]	n < 20	397	377	383	387	399
Feuchtdichte r_{12} [kg/m³]	n < 20	420	398	405	409	421
Druckfestigkeit $f_{c,0}$ [N/mm²]	n < 20	30.5	26.4	27.7	28.4	31.0

[1] aus den Versuchen direkt (verteilungsfrei)
[2] Annahme einer Normalverteilung (Log-Normalverteilung für Festigkeit) als mathematisches Modell
[3] Lineare Regression im Wahrscheinlichkeitsnetz

Tab. 5.45: Vertrauensintervalle für α = 5 %

Stichprobe DP 10/16 St. 4 Fussnote siehe Tab. 5.46	Mittelwert [1]		Standardabweichung [1]		Variationskoeffizient [1]	
	μ_{min}	μ_{max}	σ_{min}	σ_{max}	γ_{min}	γ_{max}
Darrdichte r_0 [kg/m³]	408	431	8.97	27.6	2.12 %	6.81 %
Feuchtdichte r_{12} [kg/m³]	431	455	9.44	29.1	2.11 %	6.77 %
Druckfestigkeit $f_{c,0}$ [N/mm²]	32.9	38.7	1.07	1.22	1.76 %	5.64 %

Tab. 5.46: Vertrauensintervalle für α = 10 %

Stichprobe DP 10/16 St. 4	Mittelwert [1]		Standardabweichung [1]		Variationskoeffizient [1]	
	μ_{min}	μ_{max}	σ_{min}	σ_{max}	γ_{min}	γ_{max}
Darrdichte r_0 [kg/m³]	410	428	9.57	24.4	2.25 %	5.78 %
Feuchtdichte r_{12} [kg/m³]	434	453	10.1	25.7	2.24 %	5.75 %
Druckfestigkeit $f_{c,0}$ [N/mm²]	33.5	38.1	1.07	1.19	1.86 %	4.79 %

[1] Druckfestigkeit: Median bzw. Streufaktor bzw. Variationskoeffizient der Logarithmen

QS 10/16: Prismen aus Stab Nr. 5

Tab. 5.47: Parameter zur Beschreibung von Lage, Form und Streuung der emp. Verteilung

Stichprobe DP 10/16 St. 5	n	Mittelwert $\overline{x}$	Standardabweichung s	Schiefe γ_1	Exzess γ_2	Variation v
Darrdichte r_0 [kg/m³]	7	411	4.75	0.50	-1.16	1.13 %
Feuchtdichte r_{12} [kg/m³]	7	434	5.03	0.62	-0.94	1.13 %
Druckfestigkeit $f_{c,0}$ [N/mm²]	7	35.6	1.58	1.13	0.41	4.44 %

Tab. 5.48: p-Quantilen der empirischen Verteilung

Stichprobe DP 10/16 St. 5	Minimum	unteres Quartil	Median	oberes Quartil	Maximum
Darrdichte r_0 [kg/m³]	406	408	409	414	419
Feuchtdichte r_{12} [kg/m³]	429	431	432	438	443
Druckfestigkeit $f_{c,0}$ [N/mm²]	34.1	34.4	35.4	36.0	38.8

Tab 5.49: 5 %-Fraktilwerte

Stichprobe DP 10/16 St. 5	direkt [1)]	$n = \infty$ [2)]	n_{eff} [2)] $\alpha = 5\%$	n_{eff} [2)] $\alpha = 10\%$	n_{eff} [2)] $\alpha = 15.9\%$	Regr. [3)]
Darrdichte r_0 [kg/m³]	n < 20	404	396	398	400	404
Feuchtdichte r_{12} [kg/m³]	n < 20	426	418	421	422	427
Druckfestigkeit $f_{c,0}$ [N/mm²]	n < 20	33.1	30.8	31.5	32.0	33.3

[1)] aus den Versuchen direkt (verteilungsfrei)
[2)] Annahme einer Normalverteilung (Log-Normalverteilung für Festigkeit) als mathematisches Modell
[3)] Lineare Regression im Wahrscheinlichkeitsnetz

Tab. 5.50: Vertrauensintervalle für $\alpha = 5\%$

Stichprobe DP 10/16 St. 5 Fussnote siehe Tab. 5.51	Mittelwert [1)]		Standardabweichung [1)]		Variationskoeffizient [1)]	
	μ_{min}	μ_{max}	σ_{min}	σ_{max}	γ_{min}	γ_{max}
Darrdichte r_0 [kg/m³]	407	416	3.06	10.5	0.74 %	2.66 %
Feuchtdichte r_{12} [kg/m³]	430	439	3.24	11.1	0.74 %	2.67 %
Druckfestigkeit $f_{c,0}$ [N/mm²]	34.2	37.1	1.03	1.10	0.79 %	2.84 %

Tab. 5.51: Vertrauensintervalle für $\alpha = 10\%$

Stichprobe DP 10/16 St. 5	Mittelwert [1)]		Standardabweichung [1)]		Variationskoeffizient [1)]	
	μ_{min}	μ_{max}	σ_{min}	σ_{max}	γ_{min}	γ_{max}
Darrdichte r_0 [kg/m³]	408	415	3.28	9.10	0.78 %	2.20 %
Feuchtdichte r_{12} [kg/m³]	431	438	3.47	9.63	0.78 %	2.20 %
Druckfestigkeit $f_{c,0}$ [N/mm²]	34.5	36.8	1.03	1.09	0.84 %	2.35 %

[1)] Druckfestigkeit: Median bzw. Streufaktor bzw. Variationskoeffizient der Logarithmen

QS 10/16: Prismen aus Stab Nr. 6

Tab. 5.52: Parameter zur Beschreibung von Lage, Form und Streuung der emp. Verteilung

Stichprobe DP 10/16 St. 6	n	Mittelwert $\bar{x}$	Standardabweichung s	Schiefe γ_1	Exzess γ_2	Variation v
Darrdichte r_0 [kg/m³]	8	428	10.4	0.77	-0.96	2.40 %
Feuchtdichte r_{12} [kg/m³]	8	452	10.9	0.72	-1.03	2.40 %
Druckfestigkeit $f_{c,0}$ [N/mm²]	8	38.7	2.58	0.86	-0.40	6.71 %

Tab. 5.53: p-Quantilen der empirischen Verteilung

Stichprobe DP 10/16 St. 6	Minimum	unteres Quartil	Median	oberes Quartil	Maximum
Darrdichte r_0 [kg/m³]	417	420	425	436	444
Feuchtdichte r_{12} [kg/m³]	441	444	449	460	469
Druckfestigkeit $f_{c,0}$ [N/mm²]	36.2	36.6	37.9	40.2	43.6

Tab. 5.54: 5 %-Fraktilwerte

Stichprobe DP 10/16 St. 6	direkt 1)	n = ∞ 2)	n_{eff} 2) α = 5 %	n_{eff} 2) α = 10 %	n_{eff} 2) α = 15.9 %	Regr. 3)
Darrdichte r_0 [kg/m³]	n < 20	411	396	400	403	412
Feuchtdichte r_{12} [kg/m³]	n < 20	434	418	423	426	435
Druckfestigkeit $f_{c,0}$ [N/mm²]	n < 20	34.6	31.4	32.4	33.0	34.7

1) aus den Versuchen direkt (verteilungsfrei)
2) Annahme einer Normalverteilung (Log-Normalverteilung für Festigkeit) als mathematisches Modell
3) Lineare Regression im Wahrscheinlichkeitsnetz

Tab. 5.55: Vertrauensintervalle für α = 5 %

Stichprobe DP 10/16 St. 6	Mittelwert 1)		Standardabweichung 1)		Variationskoeffizient 1)	
	μ_{min}	μ_{max}	σ_{min}	σ_{max}	γ_{min}	γ_{max}
Darrdichte r_0 [kg/m³]	419	436	6.85	21.1	1.59 %	5.09 %
Feuchtdichte r_{12} [kg/m³]	443	461	7.20	22.2	1.58 %	5.06 %
Druckfestigkeit $f_{c,0}$ [N/mm²]	36.5	40.7	1.04	1.14	1.17 %	3.74 %

1) Druckfestigkeit: Median bzw. Streufaktor bzw. Variationskoeffizient der Logarithmen

Tab. 5.56: Vertrauensintervalle für α = 10 %

Stichprobe DP 10/16 St. 6	Mittelwert 1)		Standardabweichung 1)		Variationskoeffizient 1)	
	μ_{min}	μ_{max}	σ_{min}	σ_{max}	γ_{min}	γ_{max}
Darrdichte r_0 [kg/m³]	421	435	7.31	18.6	1.68 %	4.32 %
Feuchtdichte r_{12} [kg/m³]	445	459	7.69	19.6	1.67 %	4.30 %
Druckfestigkeit $f_{c,0}$ [N/mm²]	36.9	40.3	1.05	1.12	1.24 %	3.18 %

1) Druckfestigkeit: Median bzw. Streufaktor bzw. Variationskoeffizient der Logarithmen

QS 14/24

Tab. 5.57: Parameter zur Beschreibung von Lage, Form und Streuung der emp. Verteilung

Stichprobe DP 14/24	n	Mittelwert $\bar{x}$	Standardabweichung s	Schiefe γ_1	Exzess γ_2	Variation v
Holzfeuchte w [%]	83	15.8	2.66	1.77	4.64	16.8 %
Darrdichte r_0 [kg/m³]	83	405	31.0	0.50	-0.82	7.64 %
Feuchtdichte r_{12} [kg/m³]	83	428	32.8	0.50	-0.83	7.64 %
Druckfestigkeit $f_{c,0}$ [N/mm²]	83	24.1	3.22	0.30	0.10	13.4 %

Tab. 5.58: p-Quantilen der empirischen Verteilung

Stichprobe DP 14/24	Minimum	unteres Quartil	Median	oberes Quartil	Maximum
Holzfeuchte w [%]	12.0	14.0	16.0	16.0	27.0
Darrdichte r_0 [kg/m³]	359	379	397	432	489
Feuchtdichte r_{12} [kg/m³]	380	400	419	456	517
Druckfestigkeit $f_{c,0}$ [N/mm²]	17.3	22.1	23.9	26.1	32.6

Tab. 5.59: 5 %-Fraktilwerte

Stichprobe DP 14/24	direkt [1]	n = ∞ [2]	n_{eff} [2] $\alpha = 5\%$	n_{eff} [2] $\alpha = 10\%$	n_{eff} [2] $\alpha = 15.9\%$	Regr. [3]
Holzfeuchte w [%]	12.2	11.4	10.6	10.8	10.9	11.8
Darrdichte r_0 [kg/m³]	367	354	345	347	349	356
Feuchtdichte r_{12} [kg/m³]	388	374	364	366	368	376
Druckfestigkeit $f_{c,0}$ [N/mm²]	18.6	19.1	18.4	18.5	18.7	19.1

[1] aus den Versuchen direkt (verteilungsfrei)
[2] Annahme einer Normalverteilung (Log-Normalverteilung für Festigkeit) als mathematisches Modell
[3] Lineare Regression im Wahrscheinlichkeitsnetz

Tab. 5.60: Vertrauensintervalle für $\alpha = 5\%$

Stichprobe DP 14/24	Mittelwert [1]		Standardabweichung [1]		Variationskoeffizient [1]	
	μ_{min}	μ_{max}	σ_{min}	σ_{max}	γ_{min}	γ_{max}
Holzfeuchte w [%]	15.2	16.4	2.31	3.14	14.5 %	20.0 %
Darrdichte r_0 [kg/m³]	398	412	26.9	36.6	6.63 %	9.04 %
Feuchtdichte r_{12} [kg/m³]	421	435	28.4	38.7	6.64 %	9.05 %
Druckfestigkeit $f_{c,0}$ [N/mm²]	23.2	24.6	1.12	1.17	3.66 %	4.99 %

[1] Druckfestigkeit: Median bzw. Streufaktor bzw. Variationskoeffizient der Logarithmen

Tab. 5.61: Vertrauensintervalle für α = 10 %

Stichprobe DP 14/24		Mittelwert [1]		Standardabweichung [1]		Variationskoeffizient [1]	
		μ_{min}	μ_{max}	σ_{min}	σ_{max}	γ_{min}	γ_{max}
Holzfeuchte w [%]		15.3	16.3	2.36	3.05	14.9 %	19.4 %
Darrdichte r_0 [kg/m³]		399	411	27.5	35.6	6.77 %	8.79 %
Feuchtdichte r_{12} [kg/m³]		422	434	29.1	37.6	6.78 %	8.79 %
Druckfestigkeit $f_{c,0}$ [N/mm²]		23.3	24.4	1.13	1.17	3.74 %	4.85 %

[1] Druckfestigkeit: Median bzw. Streufaktor bzw. Variationskoeffizient der Logarithmen

Ausführliche Angaben zu sämtlichen Versuchen findet man im Anhang 7.

5.5 Druckversuche an DIN-Kleinproben

Da man bereits bei den in Abschnitt 5.4 beschriebenen Prismen-Druckversuchen ein signifikantes Ansteigen der Druckfestigkeit im Vergleich zu den Stäben festgestellt hatte, wollte man anhand von Versuchen an Kleinproben gemäss DIN 52185 [13] feststellen, ob sich diese Tendenz mit kleiner werdenden Prüfkörpern noch verschärft. Neben einer Versuchsserie von 60 zufällig ausgewählen Probekörpern mit den Abmessungen 50 x 50 x 100 mm wurde auch eine Serie von 3 x 16 Versuchen durchgeführt, bei denen die Probekörper aus dem Material der in Abschnitt 5.4 beschriebenen Prismendruckversuche (Gruppe 14/24) gewonnen wurden:

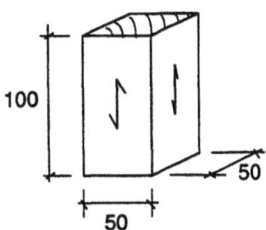

Tab. 5.62: Stichprobenauswahl DIN-Proben		
Stab	Prisma	DIN-Kleinproben
37	37.2	37.2.1 - 37.2.16
45	45.2	45.2.1 - 45.2.16
47	47.2	47.2.1 - 47.2.16

Die Prismen 45.2 und 47.2 zeichneten sich durch die höchste Druckfestigkeit (33 N/mm²) aus und der Probekörper 37.2 mit 19 N/mm² durch den tiefsten Wert.

5.5.1 Versuchsablauf

Es wurde das bereits im Abschnitt 5.4.1 beschriebene Vorgehen angewandt. Die Holzfeuchte wurde allerdings mittels einer Darrprobe nach DIN 52183 [12] bestimmt. Die Dichtebestimmung erfolgte nach DIN 52182 [11].

5.5.2 Messgeräte

Tab. 5.63: Verwendete Messgeräte

Messgrösse	Gerät	Bemerkungen
Abmessungen	Schieblehre	
Masse	Laborwaage METTLER PE 24	m_{max} = 24.0 kg; Genauigkeit ± 1 g
Kraft	Kraftmessdose SCHENCK	Genauigkeit: ± 0.1 %

5.5.3 Graphische Darstellung der Versuchsresultate
DIN-Proben aus Prisma 37.2

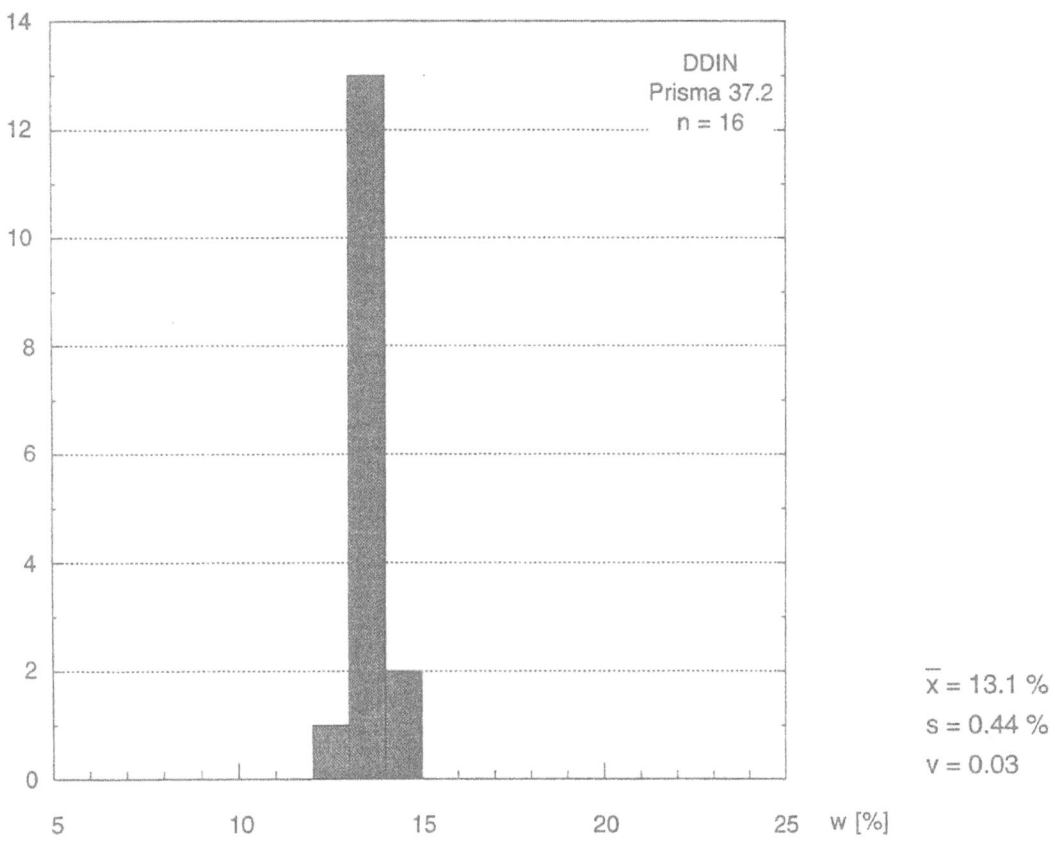

Bild 5.44: Verteilung der Holzfeuchte, ermittelt mit elektrischer Widerstandsmessung

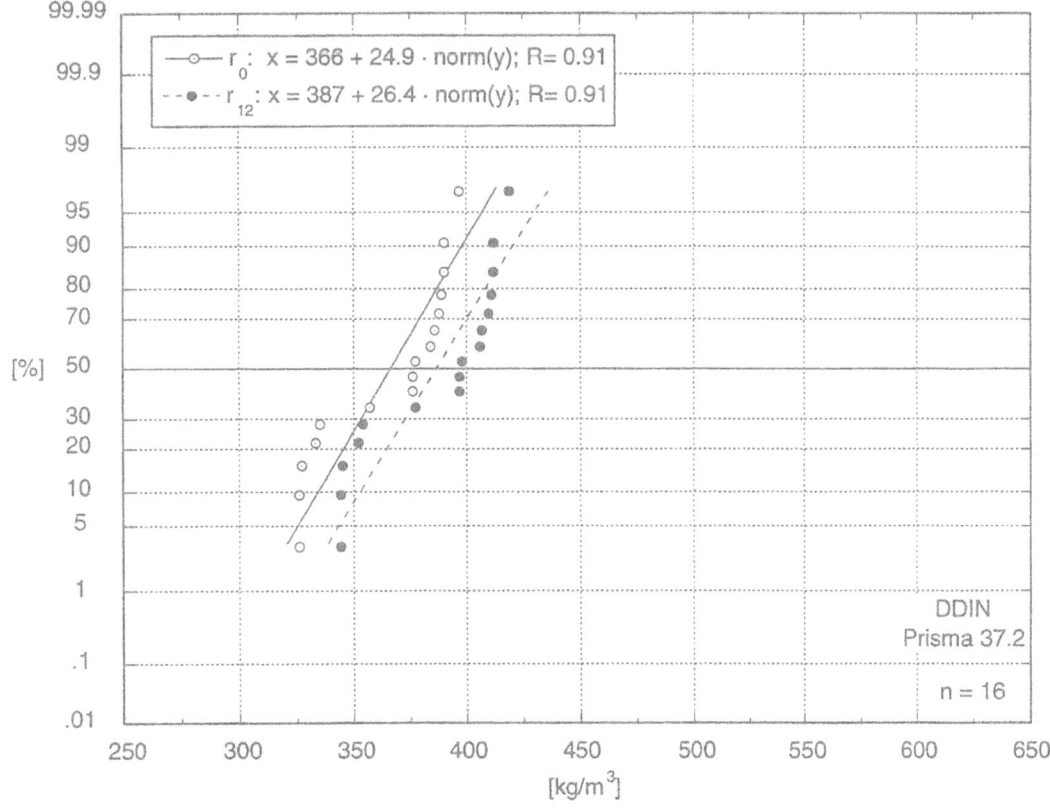

Bild 5.45: Verteilung von Feuchtdichte r_{12} (w = 12 %) und Darrdichte r_0

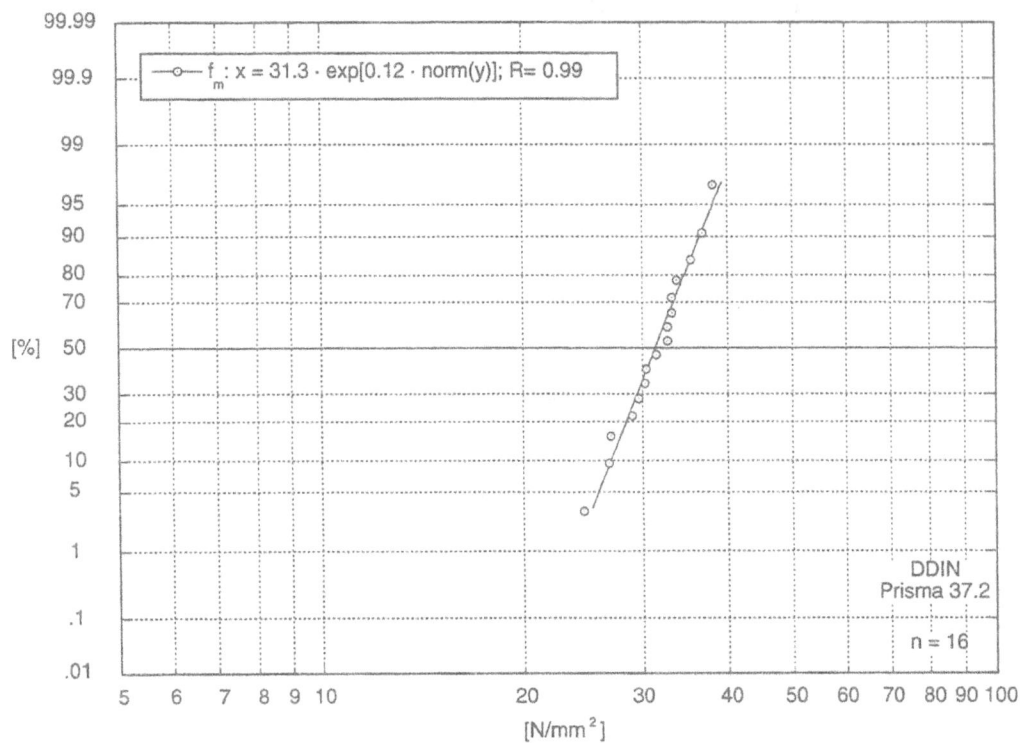

Bild 5.46: Verteilung der Druckfestigkeit $f_{c,0}$

DIN-Proben aus Prisma 45.2

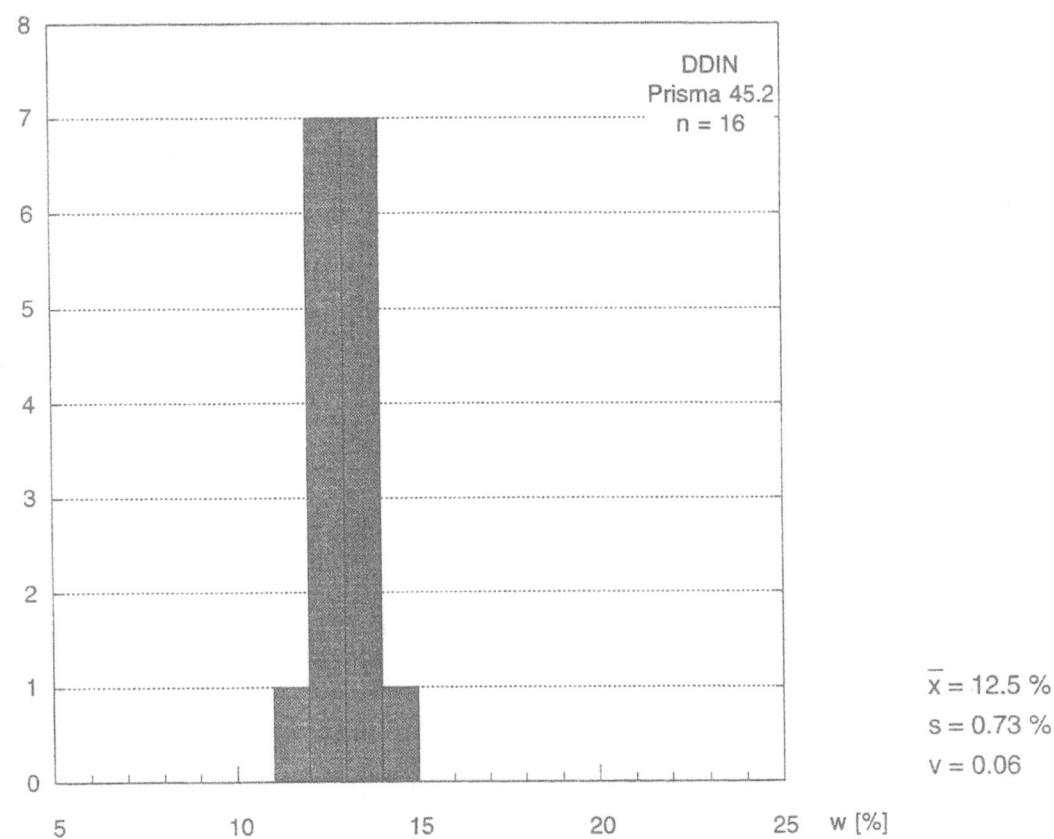

Bild 5.47: Verteilung der Holzfeuchte, ermittelt mit elektrischer Widerstandsmessung

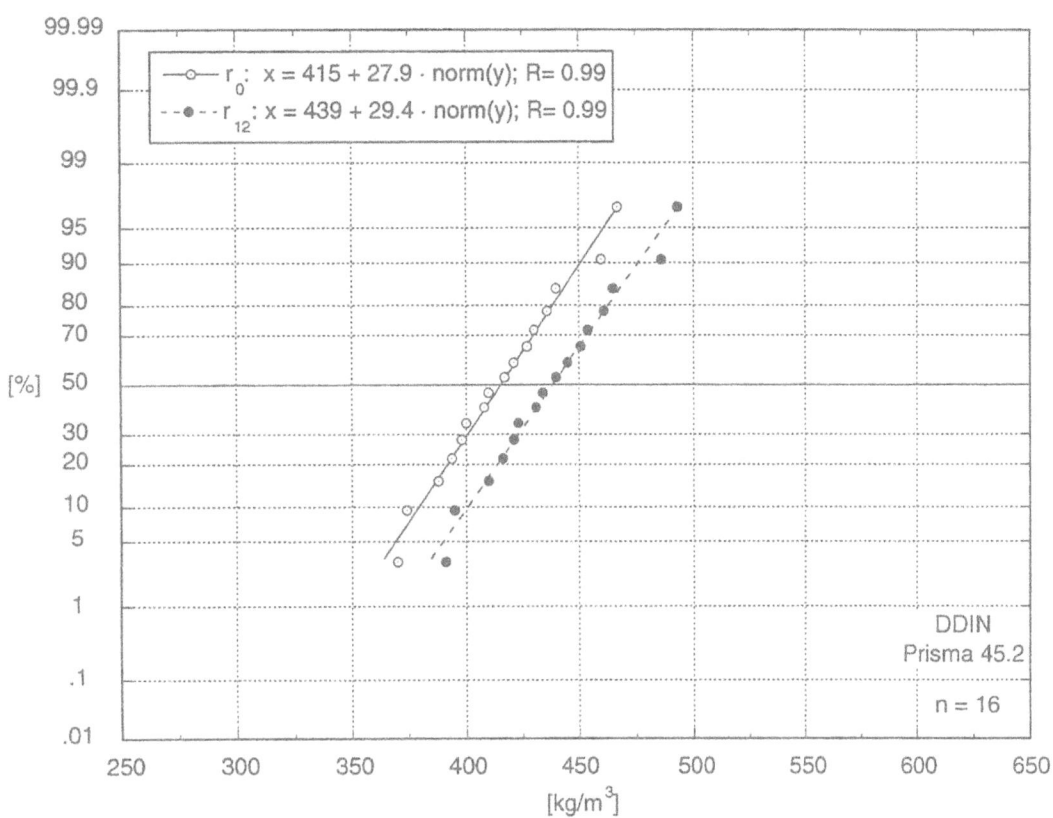

Bild 5.48: Verteilung von Feuchtdichte r_{12} (w = 12 %) und Darrdichte r_0

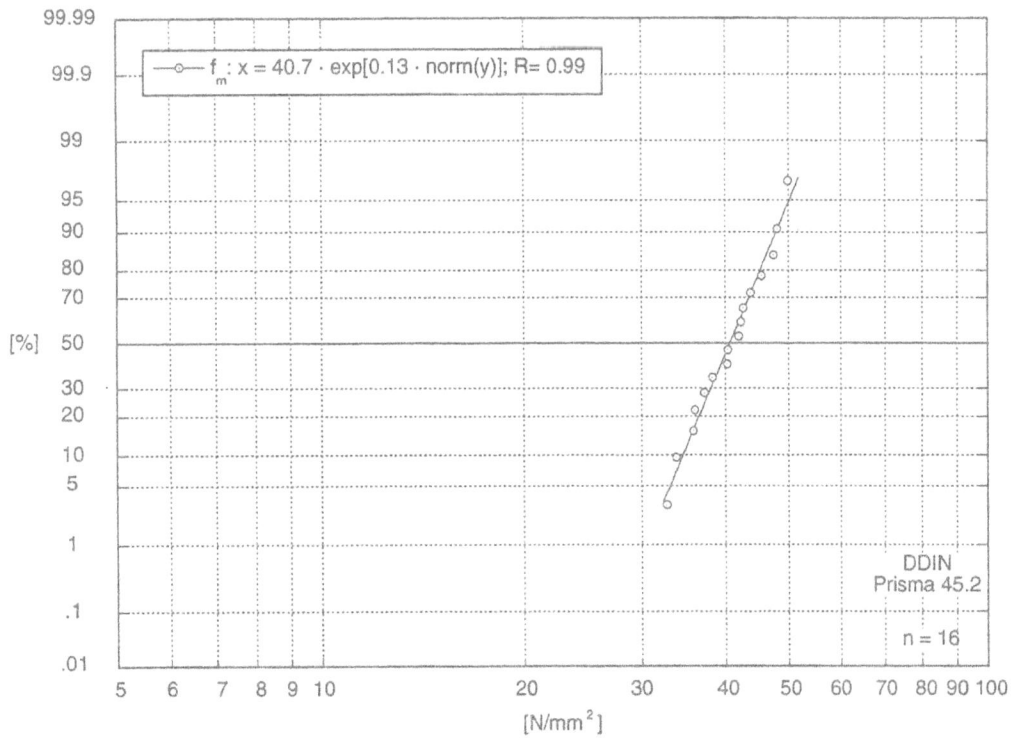

Bild 5.49: Verteilung der Druckfestigkeit $f_{c,0}$

DIN-Proben aus Prisma 47.2

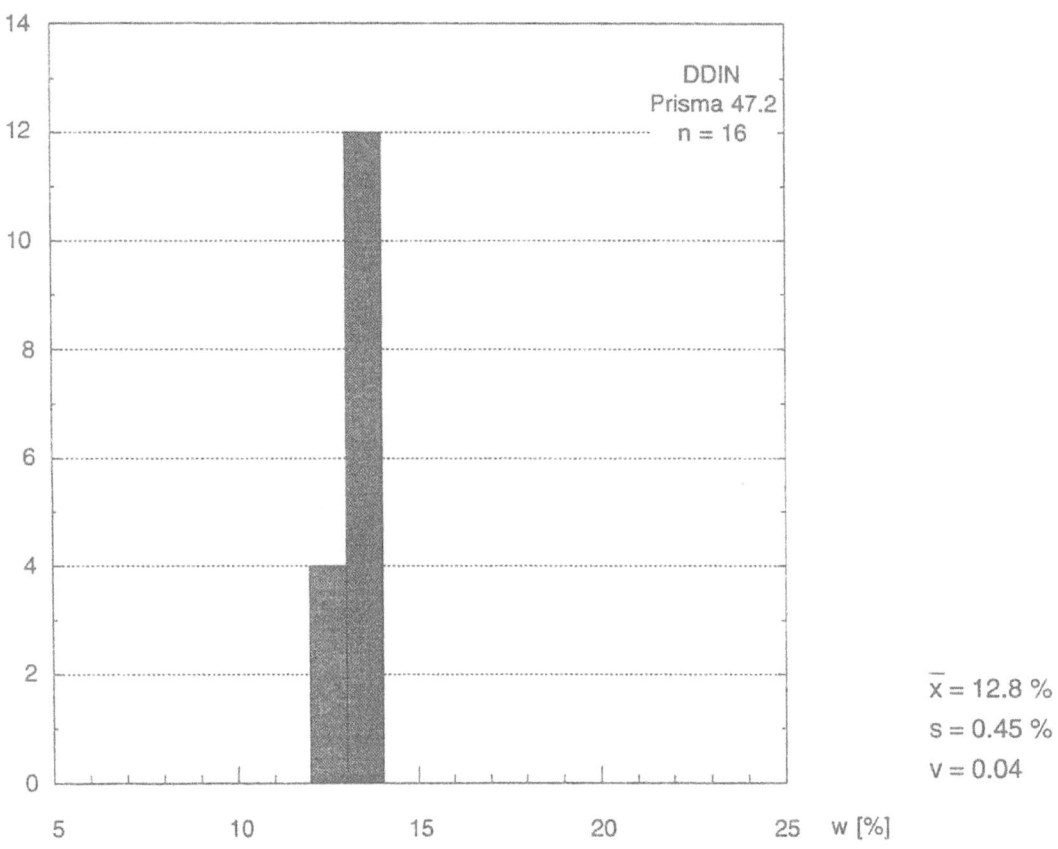

Bild 5.50: Verteilung der Holzfeuchte, ermittelt mit elektrischer Widerstandsmessung

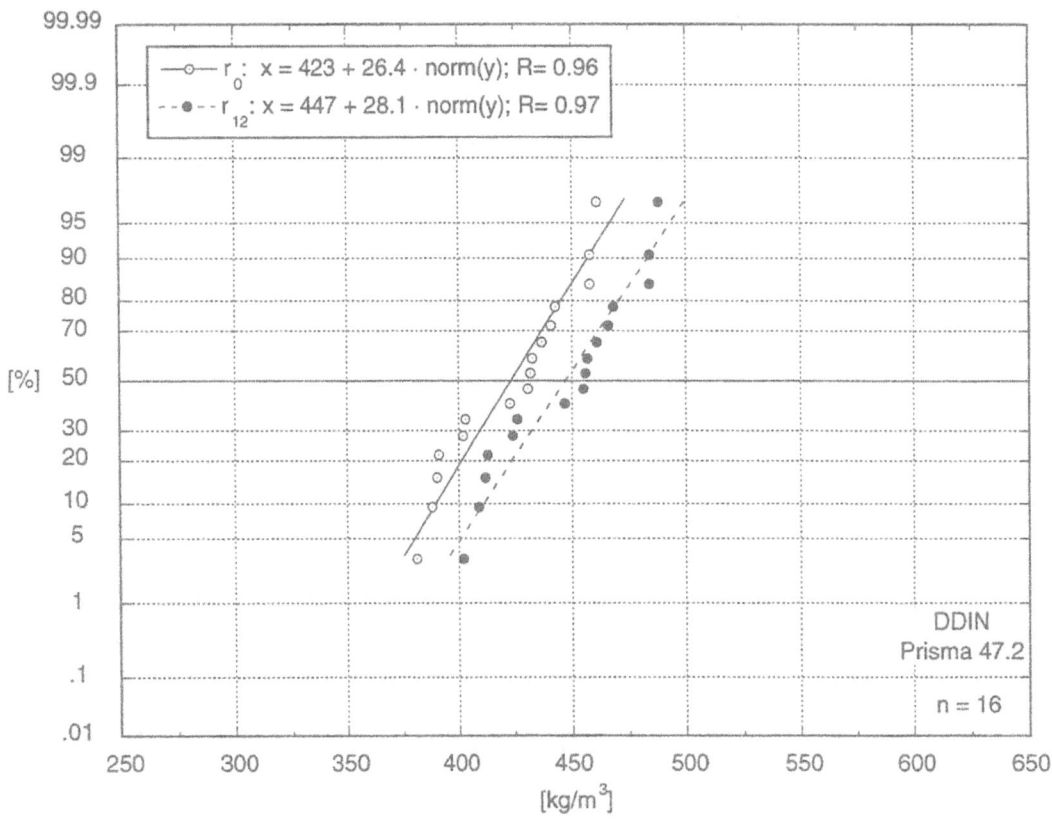

Bild 5.51: Verteilung von Feuchtdichte r_{12} (w = 12 %) und Darrdichte r_0

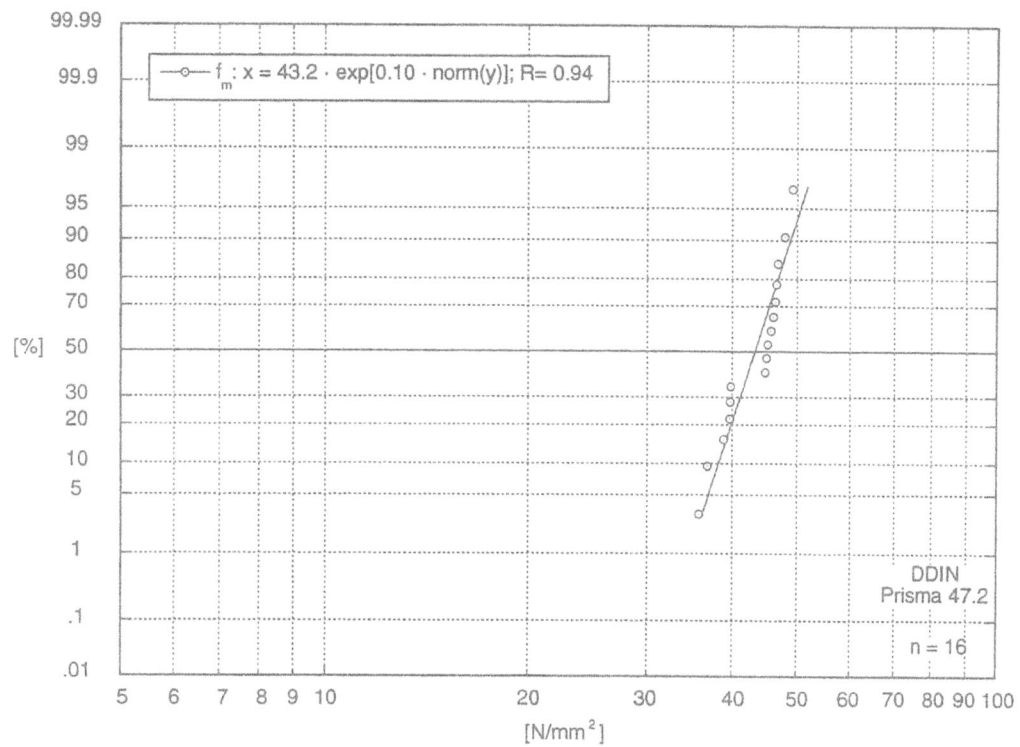

Bild 5.52: Verteilung der Druckfestigkeit $f_{c,0}$

DIN-Proben zufällig ausgewählt

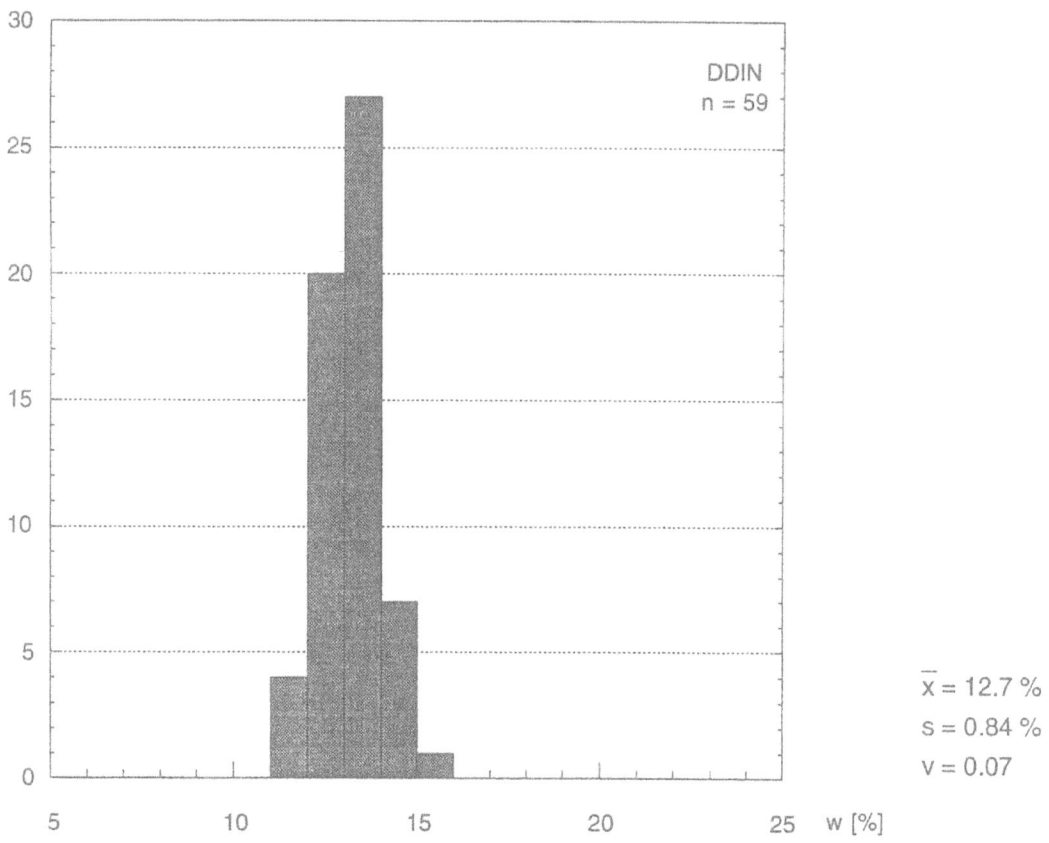

Bild 5.53: Verteilung der Holzfeuchte, ermittelt mit elektrischer Widerstandsmessung

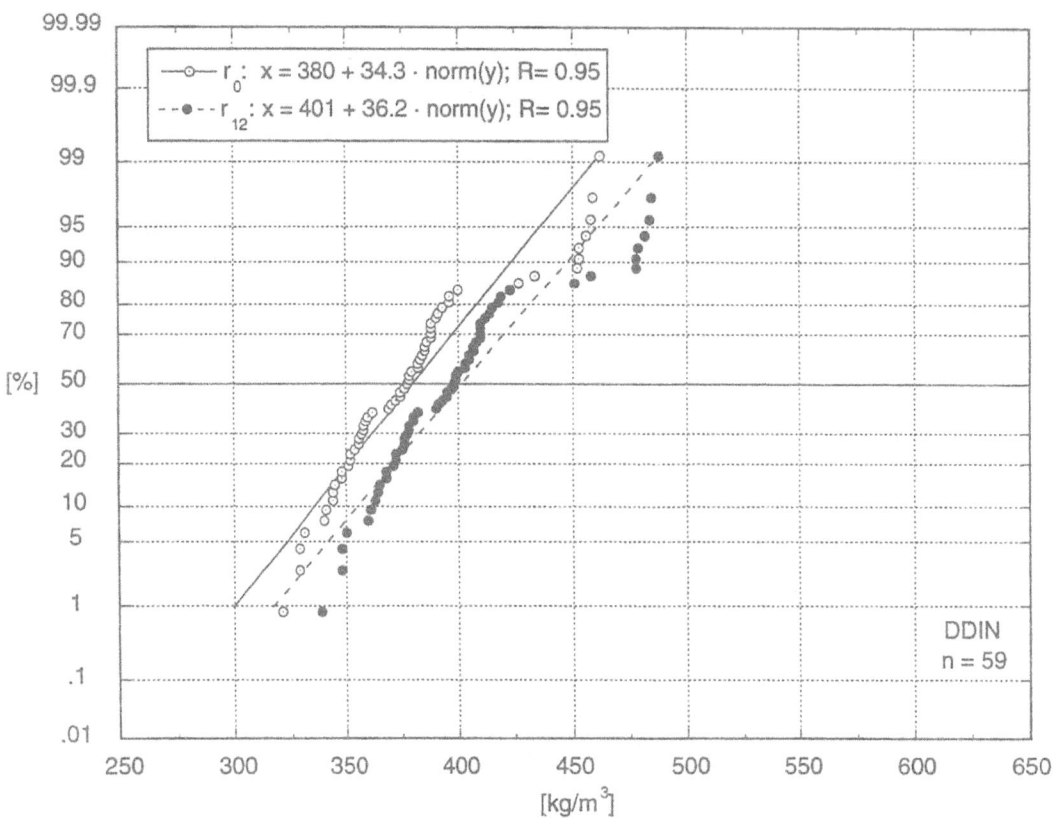

Bild 5.54: Verteilung von Feuchtdichte r_{12} (w = 12 %) und Darrdichte r_0

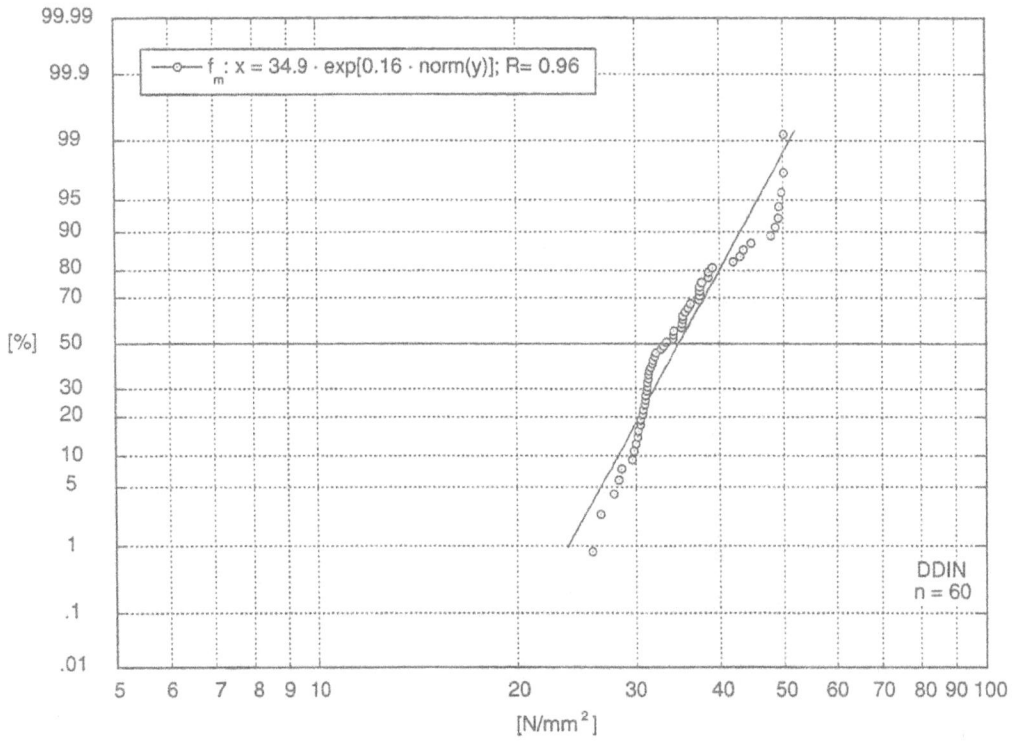

Bild 5.55: Verteilung der Druckfestigkeit $f_{c,0}$

5.5.4 Statistische Kennwerte der Versuchsdaten

DIN-Proben aus Prisma 37.2

Tab. 5.64: Parameter zur Beschreibung von Lage, Form und Streuung der emp. Verteilung

Stichprobe DDIN P 37.2	n	Mittelwert $\bar{x}$	Standardabweichung s	Schiefe γ_1	Exzess γ_2	Variation v
Holzfeuchte w [%]	16	13.1	0.44	0.35	2.23	3.39 %
Darrdichte r_0 [kg/m³]	16	366	27.1	-0.55	-1.42	7.39 %
Feuchtdichte r_{12} [kg/m³]	16	387	28.7	-0.55	-1.42	7.39 %
Druckfestigkeit $f_{c,0}$ [N/mm²]	16	31.5	3.71	-0.11	-0.58	11.8 %

Tab. 5.65: p-Quantilen der empirischen Verteilung

Stichprobe DDIN P 37.2	Minimum	unteres Quartil	Median	oberes Quartil	Maximum
Holzfeuchte w [%]	12.0	13.0	13.0	13.0	14.0
Darrdichte r_0 [kg/m³]	326	334	377	388	397
Feuchtdichte r_{12} [kg/m³]	344	353	398	410	419
Druckfestigkeit $f_{c,0}$ [N/mm²]	24.5	29.3	32.1	33.5	38.1

Tab. 5.66: 5 %-Fraktilwerte

Stichprobe DDIN P 37.2	direkt [1]	n = ∞ [2]	n_{eff} [2] α = 5 %	n_{eff} [2] α = 10 %	n_{eff} [2] α = 15.9 %	Regr. [3]
Holzfeuchte w [%]	n < 20	12.3	12.0	12.1	12.1	12.5
Darrdichte r_0 [kg/m³]	n < 20	321	298	305	309	325
Feuchtdichte r_{12} [kg/m³]	n < 20	340	315	322	327	343
Druckfestigkeit $f_{c,0}$ [N/mm²]	n < 20	25.7	23.2	23.9	24.3	25.7

[1] aus den Versuchen direkt (verteilungsfrei)
[2] Annahme einer Normalverteilung (Log-Normalverteilung für Festigkeit) als mathematisches Modell
[3] Lineare Regression im Wahrscheinlichkeitsnetz

Tab. 5.67: Vertrauensintervalle für α = 5 %

Stichprobe DDIN P 37.2	Mittelwert [1]		Standardabweichung [1]		Variationskoeffizient [1]	
	μ_{min}	μ_{max}	σ_{min}	σ_{max}	γ_{min}	γ_{max}
Holzfeuchte w [%]	12.8	13.3	0.33	0.69	2.50 %	5.28 %
Darrdichte r_0 [kg/m³]	352	381	20.0	42.0	5.45 %	11.6 %
Feuchtdichte r_{12} [kg/m³]	371	402	21.2	44.4	5.46 %	11.6 %
Druckfestigkeit $f_{c,0}$ [N/mm²]	29.4	33.4	1.09	1.20	2.56 %	5.43 %

[1] Druckfestigkeit: Median bzw. Streufaktor bzw. Variationskoeffizient der Logarithmen

Tab. 5.68: Vertrauensintervalle für $\alpha = 10\%$

Stichprobe DDIN P 37.2	Mittelwert [1]		Standardabweichung [1]		Variationskoeffizient [1]	
	μ_{min}	μ_{max}	σ_{min}	σ_{max}	γ_{min}	γ_{max}
Holzfeuchte w [%]	12.9	13.3	0.34	0.64	2.61 %	4.85 %
Darrdichte r_0 [kg/m³]	354	378	21.0	39.0	5.69 %	10.6 %
Feuchtdichte r_{12} [kg/m³]	374	399	22.2	41.2	5.70 %	10.6 %
Druckfestigkeit $f_{c,0}$ [N/mm²]	29.7	33.0	1.10	1.19	2.68 %	4.98 %

[1] Druckfestigkeit: Median bzw. Streufaktor bzw. Variationskoeffizient der Logarithmen

DIN-Proben aus Prisma 45.2

Tab. 5.69: Parameter zur Beschreibung von Lage, Form und Streuung der emp. Verteilung

Stichprobe DDIN P 45.2	n	Mittelwert $\bar{x}$	Standardabweichung s	Schiefe γ_1	Exzess γ_2	Variation v
Holzfeuchte w [%]	16	12.5	0.73	0.00	-0.25	5.84 %
Darrdichte r_0 [kg/m³]	16	415	27.9	0.20	-0.67	6.73 %
Feuchtdichte r_{12} [kg/m³]	16	439	29.4	0.19	-0.67	6.73 %
Druckfestigkeit $f_{c,0}$ [N/mm²]	16	41.0	5.18	0.08	-0.97	12.6 %

Tab. 5.70: p-Quantilen der empirischen Verteilung

Stichprobe DDIN P 45.2	Minimum	unteres Quartil	Median	oberes Quartil	Maximum
Holzfeuchte w [%]	11.0	12.0	12.5	13.0	14.0
Darrdichte r_0 [kg/m³]	370	396	414	433	467
Feuchtdichte r_{12} [kg/m³]	391	418	437	457	493
Druckfestigkeit $f_{c,0}$ [N/mm²]	32.6	36.6	41.2	44.6	49.9

Tab. 5.71: 5 %-Fraktilwerte

Stichprobe DDIN P 45.2	direkt [1]	n = ∞ [2]	n_{eff} [2] $\alpha = 5\%$	n_{eff} [2] $\alpha = 10\%$	n_{eff} [2] $\alpha = 15.9\%$	Regr. [3]
Holzfeuchte w [%]	n < 20	11.3	10.8	10.9	11.0	11.4
Darrdichte r_0 [kg/m³]	n < 20	369	345	352	356	369
Feuchtdichte r_{12} [kg/m³]	n < 20	390	365	372	376	390
Druckfestigkeit $f_{c,0}$ [N/mm²]	n < 20	33.0	29.6	30.5	31.1	33.0

[1] aus den Versuchen direkt (verteilungsfrei)
[2] Annahme einer Normalverteilung (Log-Normalverteilung für Festigkeit) als mathematisches Modell
[3] Lineare Regression im Wahrscheinlichkeitsnetz

Tab. 5.72: Vertrauensintervalle für α = 5 %

Stichprobe DDIN P 45.2	Mittelwert [1)]		Standardabweichung [1)]		Variationskoeffizient [1)]	
	μ_{min}	μ_{max}	σ_{min}	σ_{max}	γ_{min}	γ_{max}
Holzfeuchte w [%]	12.1	12.9	0.54	1.13	4.30 %	9.11 %
Darrdichte r_0 [kg/m³]	400	430	20.6	43.2	4.94 %	10.5 %
Feuchtdichte r_{12} [kg/m³]	423	454	21.7	45.5	4.93 %	10.5 %
Druckfestigkeit $f_{c,0}$ [N/mm²]	38.0	43.5	1.10	1.22	2.52 %	5.34 %

[1)] Druckfestigkeit: Median bzw. Streufaktor bzw. Variationskoeffizient der Logarithmen

Tab. 5.73: Vertrauensintervalle für α = 10 %

Stichprobe DDIN P 45.2	Mittelwert [1)]		Standardabweichung [1)]		Variationskoeffizient [1)]	
	μ_{min}	μ_{max}	σ_{min}	σ_{max}	γ_{min}	γ_{max}
Holzfeuchte w [%]	12.2	12.8	0.57	1.05	4.49 %	8.36 %
Darrdichte r_0 [kg/m³]	403	427	21.6	40.1	5.16 %	9.62 %
Feuchtdichte r_{12} [kg/m³]	426	451	22.8	42.3	5.15 %	9.60 %
Druckfestigkeit $f_{c,0}$ [N/mm²]	38.5	43.0	1.10	1.20	2.63 %	4.90 %

[1)] Druckfestigkeit: Median bzw. Streufaktor bzw. Variationskoeffizient der Logarithmen

DIN-Proben aus Prisma 47.2

Tab. 5.74: Parameter zur Beschreibung von Lage, Form und Streuung der emp. Verteilung

Stichprobe DDIN P 47.2	n	Mittelwert $\bar{x}$	Standardabweichung s	Schiefe γ_1	Exzess γ_2	Variation v
Holzfeuchte w [%]	16	12.8	0.45	-1.16	-0.67	3.51 %
Darrdichte r_0 [kg/m³]	16	423	27.1	-0.18	-1.33	6.43 %
Feuchtdichte r_{12} [kg/m³]	16	447	28.8	-0.17	-1.31	6.43 %
Druckfestigkeit $f_{c,0}$ [N/mm²]	16	43.4	4.22	-0.49	-1.15	9.74 %

Tab. 5.75: p-Quantilen der empirischen Verteilung

Stichprobe DDIN P 47.2	Minimum	unteres Quartil	Median	oberes Quartil	Maximum
Holzfeuchte w [%]	12.0	12.5	13.0	13.0	13.0
Darrdichte r_0 [kg/m³]	381	396	431	442	461
Feuchtdichte r_{12} [kg/m³]	402	419	456	467	488
Druckfestigkeit $f_{c,0}$ [N/mm²]	35.8	39.7	45.1	46.5	49.3

Tab. 5.76: 5 %-Fraktilwerte

Stichprobe DDIN P 47.2	direkt [1)	n = ∞ [2)	n_{eff} [2) α = 5 %	n_{eff} [2) α = 10 %	n_{eff} [2) α = 15.9 %	Regr. [3)
Holzfeuchte w [%]	n < 20	12.0	11.6	11.7	11.8	12.2
Darrdichte r_0 [kg/m³]	n < 20	378	355	362	366	380
Feuchtdichte r_{12} [kg/m³]	n < 20	400	375	382	387	401
Druckfestigkeit $f_{c,0}$ [N/mm²]	n < 20	36.7	33.6	34.5	35.0	37.0

[1) aus den Versuchen direkt (verteilungsfrei)
[2) Annahme einer Normalverteilung (Log-Normalverteilung für Festigkeit) als mathematisches Modell
[3) Lineare Regression im Wahrscheinlichkeitsnetz

Tab. 5.77: Vertrauensintervalle für α = 5 %

Stichprobe DDIN P 47.2 Fussnote siehe Tab. 5.78	Mittelwert [1)		Standardabweichung [1)		Variationskoeffizient [1)	
	μ_{min}	μ_{max}	σ_{min}	σ_{max}	γ_{min}	γ_{max}
Holzfeuchte w [%]	12.5	13.0	0.33	0.69	2.58 %	5.46 %
Darrdichte r_0 [kg/m³]	409	438	20.0	41.9	4.71 %	10.0 %
Feuchtdichte r_{12} [kg/m³]	432	462	21.3	44.6	4.75 %	10.1 %
Druckfestigkeit $f_{c,0}$ [N/mm²]	41.0	45.6	1.08	1.17	1.95 %	4.14 %

Tab. 5.78: Vertrauensintervalle für α = 10 %

Stichprobe DDIN P 47.2	Mittelwert [1)		Standardabweichung [1)		Variationskoeffizient [1)	
	μ_{min}	μ_{max}	σ_{min}	σ_{max}	γ_{min}	γ_{max}
Holzfeuchte w [%]	12.6	12.9	0.35	0.64	2.70 %	5.01 %
Darrdichte r_0 [kg/m³]	411	435	21.0	38.9	4.92 %	9.16 %
Feuchtdichte r_{12} [kg/m³]	434	460	22.3	41.5	4.96 %	9.24 %
Druckfestigkeit $f_{c,0}$ [N/mm²]	41.4	45.2	1.08	1.15	2.04 %	3.80 %

[1) Druckfestigkeit: Median bzw. Streufaktor bzw. Variationskoeffizient der Logarithmen

DIN-Proben zufällig ausgewählt

Tab. 5.79: Parameter zur Beschreibung von Lage, Form und Streuung der emp. Verteilung

Stichprobe DDIN	n	Mittelwert $\bar{x}$	Standardabweichung s	Schiefe γ_1	Exzess γ_2	Variation v
Holzfeuchte w [%]	59	12.7	0.84	0.13	0.06	6.62 %
Darrdichte r_0 [kg/m³]	59	380	35.9	0.89	0.19	9.46 %
Feuchtdichte r_{12} [kg/m³]	59	401	37.9	0.90	0.20	9.46 %
Druckfestigkeit $f_{c,0}$ [N/mm²]	60	35.4	6.46	1.03	0.11	18.3 %

Tab. 5.80: p-Quantilen der empirischen Verteilung

Stichprobe DDIN	Minimum	unteres Quartil	Median	oberes Quartil	Maximum
Holzfeuchte w [%]	11.0	12.0	13.0	13.0	15.0
Darrdichte r_0 [kg/m³]	321	355	377	390	462
Feuchtdichte r_{12} [kg/m³]	339	375	398	412	488
Druckfestigkeit $f_{c,0}$ [N/mm²]	25.8	31.1	33.2	37.6	50.1

Tab. 5.81: 5 %-Fraktilwerte

Stichprobe DDIN	direkt [1]	n = ∞ [2]	n_{eff} [2] α = 5 %	n_{eff} [2] α = 10 %	n_{eff} [2] α = 15.9 %	Regr. [3]
Holzfeuchte w [%]	11.0	11.3	11.0	11.1	11.1	11.4
Darrdichte r_0 [kg/m³]	329	321	307	310	313	323
Feuchtdichte r_{12} [kg/m³]	348	339	324	328	331	342
Druckfestigkeit $f_{c,0}$ [N/mm²]	27.8	26.3	24.7	25.1	25.4	26.6

[1] aus den Versuchen direkt (verteilungsfrei)
[2] Annahme einer Normalverteilung (Log-Normalverteilung für Festigkeit) als mathematisches Modell
[3] Lineare Regression im Wahrscheinlichkeitsnetz

Tab. 5.82: Vertrauensintervalle für α = 5 %

Stichprobe DDIN	Mittelwert [1]		Standardabweichung [1]		Variationskoeffizient [1]	
	μ_{min}	μ_{max}	σ_{min}	σ_{max}	γ_{min}	γ_{max}
Holzfeuchte w [%]	12.5	12.9	0.71	1.03	5.60 %	8.11 %
Darrdichte r_0 [kg/m³]	370	389	30.4	43.9	7.99 %	11.6 %
Feuchtdichte r_{12} [kg/m³]	391	411	32.1	46.3	7.98 %	11.6 %
Druckfestigkeit $f_{c,0}$ [N/mm²]	33.4	36.5	1.16	1.23	4.08 %	5.88 %

[1] Druckfestigkeit: Median bzw. Streufaktor bzw. Variationskoeffizient der Logarithmen

Tab. 5.83: Vertrauensintervalle für α = 10 %

Stichprobe DDIN	Mittelwert [1]		Standardabweichung [1]		Variationskoeffizient [1]	
	μ_{min}	μ_{max}	σ_{min}	σ_{max}	γ_{min}	γ_{max}
Holzfeuchte w [%]	12.5	12.9	0.73	0.99	5.74 %	7.83 %
Darrdichte r_0 [kg/m³]	372	387	31.2	42.5	8.20 %	11.2 %
Feuchtdichte r_{12} [kg/m³]	393	409	32.9	44.8	8.18 %	11.2 %
Druckfestigkeit $f_{c,0}$ [N/mm²]	33.6	36.2	1.16	1.22	4.18 %	5.68 %

[1] Druckfestigkeit: Median bzw. Streufaktor bzw. Variationskoeffizient der Logarithmen

Ausführliche Angaben zu sämtlichen Versuchen findet man im Anhang 8.

Bezeichnungen und Abkürzungen

Abkürzungen

ASCE	American Society of Civil Engineers
BSH	Brettschichtholz
CEN	Comitté Européen de Normalisation, Bruxelles
CIB-W18A	International Council for Building Research Studies and Documentation Working Commission W18A - Timber Structures
C14 - C40	Festigkeitsklassen für Nadelholz der EN 338 (in diesem Bericht erfolgt die Klassierung mittels Ultraschall)
DIN	Deutsche Industrie Norm, Berlin
EC	EUROCODE
EDV	Elektronische Datenverarbeitung
EN	EURONORM, Herausgeber: CEN, Brüssel
ENV	Entwurfsfassung einer EURONORM, Herausgeber: CEN, Brüssel
EPF	Ecole Polytechnique Fédérale
ETH	Eidgenössisch Technische Hochschule
emp.	empirisch
Fe E 235	Stahl mit nomineller Fliessgrenze 235 N/mm² und Zugfestigkeit 360 N/mm²
FE	Finit Element
FG	Freiheitsgrad
FK	Festigkeitsklasse
FK I	Schnittholz höherer Festigkeit gemäss Norm SIA 164 (1981/1992)
FK II	Schnittholz normaler Festigkeit gemäss Norm SIA 164 (1981/1992)
FK III	Schnittholz geringer Festigkeit gemäss Norm SIA 164 (1981/1992)
FN	Fond National
HC	"Hors Classes", nicht für Bauzwecke verwertbares Holz (Begriff nicht genormt)
IBK	Institut für Baustatik und Konstruktion, ETH Zürich
IBOIS	Chair de construction en bois, EPF Lausanne
IUFRO	International Union of Forestry Research Organisations
KS	KOLMOGOROV-SMIRNOV
KSL	KOLMOGOROV-SMIRNOV-LILLIEFORS
L 1	Festigkeitsklasse für Bretter höherer Festigkeit gemäss Norm SIA 164 (1981/1992)
L 2	Festigkeitsklasse für Bretter mit normaler Festigkeit gemäss Norm SIA 164 (81/92)
LNV	Log-Normalverteilung
MS 7	Schnittholz-Festigkeitsklasse nach DIN 4074: maschinell sortiert, $\sigma_{b,zul}$ = 7 N/mm²
MS 10	Schnittholz-Festigkeitsklasse nach DIN 4074: maschinell sortiert, $\sigma_{b,zul}$ = 10 N/mm²
MS 13	Schnittholz-Festigkeitsklasse nach DIN 4074: maschinell sortiert, $\sigma_{b,zul}$ = 15 N/mm²
MS 17	Schnittholz-Festigkeitsklasse nach DIN 4074: maschinell sortiert, $\sigma_{b,zul}$ = 17 N/mm²
NFP 12	Nationales Forschungsprogramm 12 der Schweiz: "Holz, erneuerbare Rohstoff- und Energiequelle", Schweizerischer Nationalfonds

No.	Numéro, Number
Nr.	Nummer
NV	Normalverteilung
OK	oberkant
p.	page
Q	Quantil
QS	Querschnitt
S.	Seite
SAH	Schweizerische Arbeitsgemeinschaft für Holzforschung
S 7	Schnittholz-Festigkeitsklasse nach DIN 4074: visuell sortiert, $\sigma_{b,zul}$ = 7 N/mm²
S 10	Schnittholz-Festigkeitsklasse nach DIN 4074: visuell sortiert, $\sigma_{b,zul}$ = 10 N/mm²
S 13	Schnittholz-Festigkeitsklasse nach DIN 4074: visuell sortiert, $\sigma_{b,zul}$ = 13 N/mm²
SIA	Schweizerischer Ingenieur- und Architekten-Verein, Zürich
UK	unterkant
US	Ultraschall
V	Version
Vol.	Volume
volum.	volumetrisch

Kopf- und Fusszeiger

B	beobachtet
E	erwartet
F	Feldmessung (Zustand frisch eingeschnitten)
K	Knicken
L	Labormessung (Zustand konditioniert)
L	Logarithmen
R	Resistance, Widerstand
T	bei T °C Holztemperatur
b	Biegung
c	Druck, Compression
d	Bemessung, Druck
eff	effektiv
elektr	elektrisch (gemessene Holzfeuchte)
i, j	Indizes bei allgemeinen Formulierungen
k	charakteristisch
m	Biegung
m	Mittelwert einer Stichprobe
max	Maximum, maximal
min	Minimum, minimal
nom	nominell
o	oben
t	Zug, Tension

u	unten
u	ultimate
w	bei w % Holzfeuchte
x	Versuchswerte, empirisch
y	Natürliche Logarithmen der Versuchswerte
z	Zug
zul	zulässig
0	bei 0 % Holzfeuchte
0	parallel zur Faser (gemäss ENV 1995-1-1)
12	bei 12 % Holzfeuchte
18	bei 18 % Holzfeuchte
20	bei 20 °C Holztemperatur
90	senkrecht zur Faser (gemäss ENV 1995-1-1)
$\parallel$	parallel zur Faser (gemäss SIA 164)
$\perp$	senkrecht zur Faser (gemäss SIA 164)
ø	Mittelwert, durchschnittlich
$\overline{}$	Mittelwert mehrerer Stichproben
$\wedge$	Prüfwert, Schwellenwert
$\sim$	Median

Bezeichnungen

A	Querschnittsfläche	[mm²]
D	Schranke für den KS-Test, Steifigkeitsmatrix	
$\hat{D}$	Prüfquotient im KS-Test	
$D_{0.05}$	Schranke für den KS-Test bei Siginifikanzniveau 5 %	
$D_{0.10}$	Schranke für den KS-Test bei Siginifikanzniveau 10 %	
D_α	Schranke für den KS-Test bei Siginifikanzniveau α	
E	Elastizitätsmodul	[N/mm²]
E_S	Elastizitätsmodul bestimmt aus dem Kolbenweg der Prüfmaschine	[N/mm²]
E(x)	Erwartungswert	
$E_{c,0}$	Druck-Elastizitätsmodul parallel zur Faser	[N/mm²]
E_k	charakteristischer Wert für den E-Modul	[N/mm²]
E_m	Biege-Elastizitätsmodul	[N/mm²]
$E_{t,0}$	Zug-Elastizitätsmodul parallel zur Faser	[N/mm²]
E_i, E_j	einzelner E-Modulwert einer Stichprobe	[N/mm²]
$E_{0,k05}$	charakteristischer Wert für den E-Modul $\parallel$ zur Faser (5 %-Fraktile)	[N/mm²]
$E_{0,k50}$	charakteristischer Wert für den E-Modul $\parallel$ zur Faser (Mittelwert)	[N/mm²]
E_{50}	mittlerer Elastizitätsmodul (50 %-Fraktile)	[N/mm²]
E_α	Biege-Elastizitätsmodul ermittelt aus einer Winkeländerung	[N/mm²]
E_δ	Biege-Elastizitätsmodul ermittelt aus einer Durchbiegungsänderung	[N/mm²]

$E_{\parallel}$	E-Modul parallel zur Faser	[N/mm²]
$E_{\perp}$	E-Modul senkrecht zur Faser	[N/mm²]
F	Kraft	[kN]
$F(x)$	Verteilungsfunktion (allgemeine Formulierung)	
$F_i(x)$	gegebene (bestimmte) Verteilungsfunktion	
F_B	beobachtete absolute Summenhäufigkeit	
F_E	erwartete absolute Summenhäufigkeit	
F_u	Bruchlast	[kN]
G	Schubmodul	[N/mm²]
H_A	Alternativhypothese	
H_0	Nullhypothese	
I	Flächenträgheitsmoment	[mm⁴]
M	Biegemoment	[kNm]
N	Normalkraft	[kN]
P	Masszahl für die Wahrscheinlichkeit	
Power	Macht (Stärke) eines statistischen Tests gegen den Fehler 2. Art	
R	Korrelationskoeffizient	
R	Tragwiderstand, Materialwiderstand, Resistance	
R_d	Bemessungswert des Tragwiderstandes	[kN], [kNm], [N/mm²]
S	Schnittgrösse (innere Kraft oder inneres Moment)	[kN], [kNm]
S_d	Bemessungswert der Beanspruchung	[kN], [kNm]
T	Temperatur	[°C]
T_s	Teststatistik (Prüfgrösse)	
V_w	Feuchtvolumen	[m³]
W	Widerstandsmoment	[mm³]
W_{eff}	Widerstandsmoment bezogen auf effektive Querschnittsabmessungen	[mm³]
W_{nom}	Widerstandsmoment bezogen auf nominelle Querschnittsabmessungen	[mm³]
X_d	Bemessungswert der Baustoffeigenschaft	[N/mm²]
X_k	charakteristischer Wert der Baustoffeigenschaft	[N/mm²]

a	Anzahl der aus einer Stichprobe geschätzten Parameter	
a	Abstand zw. einer inneren Laststelle und dem nächstliegenden Auflager	[mm]
a_d	geometrische Grösse mit Einfluss auf R_d	
b	Querschnittsbreite (kleinere Abmessung)	[mm]
d_{ij}	Komponente der Steifigkeitsmatrix	
c_D	Beiwert zur Erfassung des Einflusses der Lastdauer (SIA 164)	
c_W	Beiwert zur Erfassung des Einflusses der Holzfeuchte (SIA 164)	
$f(x)$	Wahrscheinlichkeitsdichtefunktion	
$f(z)$	Wahrscheinlichkeitsdichtefunktion der Standardnormalverteilung	
$f_{c,0}$	Druckfestigkeit parallel zur Faser	[N/mm²]
$f_{c,0,k}$	charakteristischer Wert für die Druckfestigkeit parallel zur Faser	[N/mm²]
f_k	charakteristischer Festigkeitswert	[N/mm²]
f_m	Biegefestigkeit	[N/mm²]

$f_{m,k}$	charakteristischer Wert der Biegefestigkeit	[N/mm²]
f_r	parameterfreier Punktschätzwert	
$f_{t,0}$	Zugfestigkeit parallel zur Faser	[N/mm²]
$f_{t,0,k}$	charakteristischer Wert für die Zugfestigkeit parallel zur Faser	[N/mm²]
f_{05}	5 %-Fraktile	
f_{50}	50 %-Fraktile	
$\overline{f_{05}}$	Mittelwert von mehreren 5%-Fraktilwerten	
$g_i(x)$	Funktion von x	
h	Querschnittshöhe (grössere Abmessung)	[mm]
i	Trägheitsradius	[mm]
k	Faktor, Ordnungszahl in einer Stichprobe	
k_h	Faktor zur Erfassung des Volumeneinflusses (Höheneinfluss bei Biegung)	
k_ℓ	Korrekturfaktor für den charakteristischen Wert bei nicht-normgemässer Biegeprüfung (Spannweite, Lastabstand)	
k_{mod}	Faktor zur Erfassung von Holzfeuchte- und Lastdauereinflüssen	
k_q	Korrekturfaktor für den 5 %-Fraktilwert (Festigkeit), bzw. den Mittelwert (E-Modul) einer Stichprobe bei Überprüfungen	
k_s	Korrekturfaktor für den charakteristischen Wert zur Erfassung von Stichprobenumfang und -anzahl	
k_v	Korrekturfaktor für den charakteristischen Wert zur Erfassung des Einflusses der Sortierart (maschinell, visuell)	
k_{05}	Multiplikator von s zur Ermittlung der 5 %-Fraktile bei Normalverteilung und unbekannter Streuung σ der Grundgesamtheit	
$k_{05,\sigma}$	Multiplikator von s zur Ermittlung der 5 %-Fraktile bei Normalverteilung und bekannter Streuung σ der Grundgesamtheit	
k_α	Korrekturfaktor für den aus einer Winkeländerung OK Balken ermittelten Biege-E-Modul	
k_δ	Korrekturfaktor für den aus einer Durchbiegungsänderung UK Balken ermittelten Biege-E-Modul	
ℓ	Spannweite, Probenlänge	[mm]
ℓ_E	Einspannbereich, Klemmlänge beim Zugversuch	[mm]
ℓ_F	freie Prüflänge beim Zugversuch	[mm]
ℓ_K	Knicklänge	[mm]
ℓ_M	Messlänge zur Bestimmung des E-Moduls beim Zug- bzw. Druckversuch	[mm]
ℓ_V	Vorholzlänge	[mm]
ℓ_{es}	effektive Länge der Standardprüfeinrichtung	[mm]
ℓ_{et}	effektive Länge der verwendeten Prüfeinrichtung	[mm]
ℓ_1, ℓ_2	Messlänge zur Bestimmung des Biege-Elastizitätsmoduls	[mm]
ln	natürlicher Logarithmus (Basis e)	
m	Masse	[kg]
m_w	Feuchtmasse	[kg]
m_0	Trockenmasse	[kg]
n	Stichprobenumfang	
n_i, n_j	Probenumfang der Stichprobe i bzw. j	

p	Masszahl für den Anteil einer Stichprobe	
r	Dichte	
$\bar{r}$	Mittelwert der Dichte (Holzfeuchte 12 %) aller Stichproben	[kg/m³]
r_k	charakteristischer Wert der Dichte für eine Holzfeuchte von 12 %	[kg/m³]
r_m	Mittelwert der Dichte (Holzfeuchte 12 %) einer Stichprobe	[kg/m³]
r_w	Feuchtdichte	[kg/m³]
r_0	Darrdichte, Dichte bei einem Feuchtegehalt von 0 %	[kg/m³]
r_{05}	5 %-Fraktile der Dichte für eine Holzfeuchte von 12 %	[kg/m³]
r_{12}	Dichte bei einem Feuchtegehalt von 12 %	[kg/m³]
r_{18}	Dichte bei einem Feuchtegehalt von 18 %	[kg/m³]
s	Standardabweichung einer der Stichprobe	
s_y	Standardabweichung von logarithmierten Werten einer Stichprobe	
t	Zeit, Schallaufzeit	[µs]
t	Variable der Student-Verteilung	
t_m	Schallaufzeit in Balkenachse	[µs]
$t_{m,F}$	Schallaufzeit in Balkenachse (Feldmessung)	[µs]
$t_{m,L}$	Schallaufzeit in Balkenachse (Labormessung)	[µs]
$t_{n-1,\alpha}$	Wert der Student-Verteilung für Stichprobengrösse n und Signifikanzniveau α	
$t_{o,F}$	Schallaufzeit in der Balkendruckzone (Feldmessung)	[µs]
$t_{o,L}$	Schallaufzeit in der Balkendruckzone (Labormessung)	[µs]
$t_{u,F}$	Schallaufzeit in der Balkenzugzone (Feldmessung)	[µs]
$t_{u,L}$	Schallaufzeit in der Balkenzugzone (Labormessung)	[µs]
t_1, t_2	Schallaufzeit in den Balkenrandzonen (Labormessung)	[µs]
$t_{1,F}, t_{2,F}$	Schallaufzeit in den Balkenrandzonen (Feldmessung)	[µs]
$t_{\nu,\alpha}$	Wert der Student-Verteilung bei ν Freiheitsgraden und Signifikanzniveau α	
u	Verschiebungsvektor	
v	Variationskoeffizient	
v	Wellengeschwindigkeit, Ultraschallgeschwindigkeit	[m/s]
v_T	Ultraschallgeschwindigkeit bei T° C Holztemperatur	[m/s]
v_m	Schallgeschwindigkeit in Balkenachse	[m/s]
$v_{m,L}$	Schallgeschwindigkeit in Balkenachse (Labormessung)	[m/s]
$v_{o,F}$	Schallgeschwindigkeit in der Balkendruckzone (Feldmessung)	[m/s]
$v_{o,L}$	Schallgeschwindigkeit in der Balkendruckzone (Labormessung)	[m/s]
$v_{u,F}$	Schallgeschwindigkeit in der Balkenzugzone (Feldmessung)	[m/s]
$v_{u,L}$	Schallgeschwindigkeit in der Balkenzugzone (Labormessung)	[m/s]
v_w	Ultraschallgeschwindigkeit bei w % Holzfeuchte	[m/s]
v_1, v_2	Ultraschallgeschwindigkeit in den Balkenrandzonen	[m/s]
v_{12min}	Minimale Ultraschallgeschwindigkeit bei 12 % Holzfeuchte	[m/s]
$v_{12\varnothing}$	Mittlere Ultraschallgeschwindigkeit bei 12 % Holzfeuchte	[m/s]
v_{20}	Ultraschallgeschwindigkeit bei 20° C Holztemperatur	[m/s]
w	Holzfeuchte	[%]
x	Verschiebungsvektor	

x_A	kleinster möglicher Wert einer Zufallsvariablen	
x_E	grösster möglicher Wert einer Zufallsvariablen	
x_p, x_{1-p}	p-, bzw. 1-p - Quantil einer Verteilung	
$x_\alpha, x_{1-\alpha}$	Schranke der Normalverteilung für Stichprobenanteil α, bzw. 1 - α	
$\bar{x}$	Mittelwert einer Stichprobe	
$\tilde{x}$	Median, Zentralwert	
z	Variable der Standardnormalverteilung	
z_p, z_{1-p}	Schranke der Standardnormalverteilung für Stichprobenanteil p, bzw. 1 - p	
$z_\alpha, z_{1-\alpha}$	Schranke der Standardnormalverteilung für Wahrscheinlichkeit α, bzw. 1 - α	
α	Winkel	[rad], [°]
α	Signifikanzniveau, Irrtumswahrscheinlichkeit, Konfidenzzahl	
β	Wahrscheinlichkeit des Zutreffens einer Alternativhypothese H_A	
β_2	Kurtosis	
χ^2	Variable der Chi-Quadrat-Verteilung nach HELMERT-PEARSON	
$\chi^2_{\nu,\alpha}$	α-Quantile der Chi-Quadrat-Verteilung mit ν Freiheitsgraden	
Δ	Abweichung, Differenz	
ΔF	Kraftdifferenz	[kN]
$\Delta\alpha$	Winkeländerung	[rad], [°]
$\Delta\delta$	Durchbiegungsänderung	[mm]
$\Delta\sigma$	Spannungsdifferenz	[N/mm²]
δ	Durchbiegung	[mm]
ε_c	Stauchung in axialer Richtung (Druckversuch)	
ε_t	Dehnung in axialer Richtung (Zugversuch)	
ε_x	Dehnung (Stauchung) in x-Richtung	
ε_y	Dehnung (Stauchung) in y-Richtung	
ε_z	Dehnung (Stauchung) in z-Richtung	
$\varepsilon_\parallel$	Dehnung (Stauchung) parallel zur Faser	
γ	Variationskoeffizient der Grundgesamtheit	
γ_M	materialseitiger Teilsicherheitsbeiwert	
γ_{xy}	Schiebung	
γ_1	Schiefekoeffizient	
γ_2	Exzess (= Kurtosis - 3)	
κ_K	Knickbeiwert	
λ_K	Schlankheit (Knicken)	
λ_V	volumetrisches Schwindmass	
λ_{05}	Hilfswert zur Berechnung der 5 %-Fraktile bei Log-Normalverteilung	
μ	Mittelwert der Grundgesamtheit	
μ_2	standardisiertes 2. Moment einer Verteilung	
μ_3	standardisiertes 3. Moment einer Verteilung	
μ_4	standardisiertes 4. Moment einer Verteilung	
ν	Anzahl der Freiheitsgrade einer Verteilung, Querdehnungszahl	

$\nu_{\parallel}, \nu_{\perp}$	Querdehnungszahlen bei orthotropem Material	
σ	Spannung	[N/mm^2]
σ	Standardabweichung der Grundgesamtheit	
$\sigma_{Grundwert}$	Spannungs-Grundwert gemäss SIA 164	[N/mm^2]
σ_P	Proportionalitätsgrenze	[N/mm^2]
σ_b	zulässige Biegespannung gemäss SIA 164	[N/mm^2]
$\sigma_{d\parallel}$	zulässige Druckspannung II zur Faser gemäss SIA 164	[N/mm^2]
σ_o	obere Spannungsgrenze bei der Bestimmung des E-Moduls	[N/mm^2]
σ_u	untere Spannungsgrenze bei der Bestimmung des E-Moduls	[N/mm^2]
σ_x	Normalspannung in x-Richtung	
σ_y	Normalspannung in y-Richtung	
σ_z	Normalspannung in z-Richtung	
$\sigma_{z\parallel}$	zulässige Zugspannung II zur Faser gemäss SIA 164	[N/mm^2]
$\overline{\sigma}_{zul}$	Bemessungsspannung gemäss SIA 164	[N/mm^2]
τ_{xy}	Schubspannung in der xz-Ebene, in Richtung der x-Achse	
$\varnothing$	Durchschnitt, Mittelwert, GAUSS'sches Fehlerintegral	
$\varnothing(z)$	standardisierte Grundform der Normalverteilung	

Literaturverzeichnis

Normen und diese begleitende Literatur

[1] BLASS H.J., EHLBECK J., WERNER H.: Grundlagen der Bemessung von Holzbauwerken nach dem EC 5 Teil 1 - Vergleich mit der DIN 1052
Sonderdruck aus dem Beton-Kalender (1992)

[2] CEN: Norm EN 338: Structural Timber - Strength Classes
Final Draft March (1994)

[3] CEN: Norm EN 384: Bauholz für tragende Zwecke - Bestimmung charakteristischer Festigkeits-, Steifigkeits- und Rohdichtewerte
Schluss-Entwurf März (1994)

[4] CEN: Norm 408: Holzbauwerke - Vollholz und Brettschichtholz - Bestimmung einiger physikalischer und mechanischer Eigenschaften für tragende Zwecke
Schluss-Entwurf März (1994)

[5] CEN: Norm 518: Bauholz für tragende Zwecke - Sortierung - Anforderungen an Normen über visuelle Sortierung nach der Festigkeit
Schluss-Entwurf Februar (1993)

[6] CEN: Norm 519: Bauholz für tragende Zwecke - Sortierung - Anforderungen an maschinell nach der Festigkeit sortiertes Bauholz und an Sortiermaschinen
Schluss-Entwurf September (1992)

[7] DIN: Norm 1052, Teil 1 bis 3: Holzbauwerke, Berechnung und Ausführung (1988)

[8] DIN: Norm 1052, Teil 1 A1: Ergänzungsblatt zur DIN 1052 (erscheint 1995)

[9] DIN: Norm 4074, Teil 1: Sortierung von Nadelholz nach der Tragfähigkeit (1989)

[10] DIN: Norm 52180: Prüfung von Holz - Probenahme (1978)

[11] DIN: Norm 52182: Bestimmung der Rohdichte (1976)

[12] DIN: Norm 52183: Bestimmung des Feuchtigkeitsgehaltes (1977)

[13] DIN: Norm 52185: Bestimmung der Druckfestigkeit parallel zur Faser (1976)

[14] DIN: Norm 52186: Biegeversuch (1978)

[15] DIN: Norm 52188: Bestimmung der Zugfestigkeit parallel zur Faser

[16] DIN: Norm 68364: Kennwerte von Holzarten - Festigkeit, Elastizität, Resistenz (1979)

[17] DUBAS P., GEHRI E., STEURER A.: Einführung in die Norm SIA 164 (1981) Holzbau
Publikation Nr. 81-1, Baustatik und Stahlbau ETH Zürich (1981), (vergriffen)

[18] FEWELL A.R., GLOS P.: The Determination of Characteristic Strength Values for Stress Grades of Structural Timber Part 1
CIB-W18A-Paper 21-6-2, Meeting 21, Parksville Vancouver Island, Canada, Sept. (1988)

[19] FEWELL A.R.: Notes on the Determination of Characteristic Values for Timber
IUFRO Timber Engineering Group Meeting, Paper 16, Sweden (1982)

[20] JOINT COMMITTEE RILEM/CIB-3TT: Testing methods for timber in structural sizes
Matériaux et constructions Vol. 11 (1978), No. 66, p. 445 - 452

[21] KIESEL M.: Comment on the Strength Classes in EUROCODE 5 by an Analysis of a Stochastic Model of Grading
CIB-W18A-Paper 22-17-1, Meeting 22, Berlin, German Democratic Rep., Sept. (1989)

[22] LEICESTER R.H.: Confidence in Estimates of Characteristic Values
CIB-W18A-Paper 19-6-2, Meeting 19, Florence, Italy, September (1986)

[23] LEICESTER R.H.: Draft Australian Standard: Methods for Evaluation of Strength and Stiffness of Graded Timber
CIB-W18A-Paper 21-6-1, Meeting 21, Parksville Vancouver Island, Canada, Sept. (1988)

[24] SIA: Norm 164: Holzbau (1981 / 1992)
Schweizerischer Ingenieur- und Architekten-Verein, Zürich (1992)

[25] SIA: ENV 1995-1-1: Bemessung und Konstruktion von Holzbauten (1993)
Schweizerischer Ingenieur- und Architekten-Verein, Zürich (1994)

Holzsortierung allgemein

[26] GLOS P.: Bauholzgüte und Sortierung; Anforderungen und Möglichkeiten der neuen Europäischen Normen
Institut für Holzforschung der Universität München, Europäischer Holzbautag (1989)

[27] GLOS P.: Aktuelle Entwicklungen im Bereich der Holzsortierung - Anforderungen der Praxis und Stand der Normung
Tagungsband Internationale Dreiländer-Holztagung, Garmisch-Partenkirchen, September (1993), S. 265 - 272

[28] GLOS P.: Notes on Sampling and Strength Prediction of Stress Graded Structural Timber
CIB-W18A-Paper 16-17-1, Meeting 16, Lillehammer, Norway, May / June (1983)

[29] GLOS P., MICHEL TH.: The Strength Distribution of Timber as dependent on Stress Grading Efficiency
IUFRO Timber Engineering Group Meeting, Paper 17, Sweden (1982)

[30] GÖRLACHER R.: Maschinelle Holzsortierung - aktuelle Entwicklungen und erste Erfahrungen aus der Praxis
Tagungsband Internationale Dreiländer-Holztagung, Garmisch-Partenkirchen, September (1993), S. 273 - 279

[31] HARNISCH K., OEXLE B.: Optische Sortierung von Bau- und Schnittholz - Stand der Technik, Chancen und Grenzen
Tagungsband Internationale Dreiländer-Holztagung, Garmisch-Partenkirchen, September (1993), S. 281 - 285

[32] LACKNER R.: Konstruktionsholz in kleinen Abmessungen - Festigkeit und Sortierung
Holz - Forschung und Verwertung Nr. 42 (1990), S. 43 - 48

[33] MARCHAND G.E.: Eigenschaften und Sortiermöglichkeiten von Schweizer Fichtenholz
NFP-12-Studie
Schweizerische Holzzeitung Holz Nr. 49 (1987), S. 4 - 5

[34] MAURITZ R.: Erforschung von Methoden zur Festigkeitssortierung von Schnittholz
Schlussbericht des Forschungsprojektes Zl. 4/110/806
Österreichisches Holzforschungsinstitut der Österreichischen Gesellschaft für Holzverwertung, Wien (1990)

[35] MEIERHOFER U., RICHTER K.: Sortierung und Qualität von Bauholz, Teil 1: Holzeigenschaften und Sortierung
Schweizer Ingenieur und Architekt Nr. 27 / 28 (1988), S. 810 - 815
Schweizer Holzbau Nr. 8 (1988), S. 19 - 25

[36] MEIERHOFER U., RICHTER K.: Sortierung und Qualität von Bauholz, Teil 2: Die Erfassung der Holzcharakteristika in Forschung und Entwicklung
Schweizer Ingenieur und Architekt Nr. 7 (1989), S. 173 - 179
Schweizer Holzbau Nr. 7 (1989), S. 29 - 31

[37] MEIERHOFER U., RICHTER K.: Sortierung und Qualität von Bauholz, Teil 3: Sortimentsbildung in der Holzverarbeitung
Schweizer Ingenieur und Architekt Nr. 39 (1989), S. 1042 -1047
Schweizer Holzbau Nr. 1 (1990), S. 25 - 29

[38] MEIERHOFER U., RICHTER K.: Sortierung und Qualität von Bauholz, Teil 4: Apparative Möglichkeiten zur Erfassung von Holzcharakteristika
Schweizer Ingenieur und Architekt Nr. 39 (1990), S. 1100 - 1106

[39] NATTERER J., KESSEL M.H., SANDOZ J.L.: Caractéristiques du bois suisse - Triage
Rapport FN No. 4.756.0.84.12, EPF Lausanne / IBOIS (1987)

[40] NATTERER J., KESSEL M.H., SANDOZ J.-L.: Annexe I - Caractéristiques mécaniques du bois Suisse - Triage
Rapport FN-No. 4.756.0.84.12, EPF Lausanne / IBOIS (1987)

Holzsortierung mittels Ultraschall

[41] BECKER H.: Möglichkeiten der Anwendung von Ultraschall bei der Untersuchung von Holz und Holzspanplatten
Holzforschung Nr. 21 (1967), S. 135 - 145

[42] BURMESTER A.: Zusammenhang zwischen Schallgeschwindigkeit und morphologischen, physikalischen und mechanischen Eigenschaften von Holz
Holz als Roh- und Werkstoff Nr. 6 (1965), S. 227 - 236

[43] CABLERIES & TREFILERIES DE COSSONAY S.A.: SYLVATEST, Messgerät zur Bestimmung der Holzqualität; Werbeprospekt 1. Auflage, (1991)

[44] KOLLMANN F.: Zweites Symposium über zerstörungsfreie Prüfung von Holz in Spokane, Washington, USA
Holz als Roh- und Werkstoff Nr. 7 (1965), S. 288 - 292

[45] KRAUTKRÄMER J., KRAUTKRÄMER H.: Werkstoffprüfung mit Ultraschall
Springer Verlag, Berlin u.a.; 5. Auflage, (1986)

[46] NATTERER J., SANDOZ L.: Evaluation des caractéristiques physiques et mécaniques des bois sciés, avec des méthodes non-destructives
Rapport FN No. 4.456.1.84.12, EPF Lausanne / IBOIS (1987)

[47] SANDOZ J.L.: Triage et fiabilité des bois de construction. Validité de la méthode ultrason
Thèse No. 851, EPF Lausanne / IBOIS (1990)

[48] STEIGER R.: Festigkeitssortierung von Kantholz mittels Ultraschall
Holzforschung und Holzverwertung Nr. 43 (1991), S. 40 - 46

[49] STEIGER R.: Umsetzung der Forschungsergebnisse "Eigenschaften des schweizerischen Fichtenholzes"
Schlussbericht NFP 12
Baustatik und Stahlbau ETH Zürich, Oktober (1990)

[50] STEINKAMP G.: Handbuch für das ULTRASCHALL-PRÜFGERÄT, Typ BP 5

[51] WAUBKE N.V., MÄRKL J.: Einsatz der Ultraschall-Impulslaufzeitmessung für die Sortierung von Bauhölzern - Teil 1: Vorversuche mit Kanthölzern
Holz als Roh- und Werkstoff Nr. 40 (1982), S. 189 - 192

[52] WAUBKE N.V.: Einsatz der Ultraschall-Impulslaufzeitmessung für die Sortierung von Bauhölzern. Einflüsse anwendungsbezogener Parameter
Bauen mit Holz Nr. 90 (1988), S. 152 - 154

Bestimmung der Holzfeuchte

[53] ALTMANN K., DOMBKE H.: Feuchtigkeitsmessverfahren und ihre Anwendbarkeit im Bauwesen
Bautechnik Nr. 67 (1990), S. 119 - 126

[54] KOLLMANN F.P., CÔTE W.A.: Principles of Wood Science and Technology
Springer-Verlag Berlin, Heidelberg, New York

[55] RIJSDIJK J.F.: Die Genauigkeit von Holzfeuchtigkeitsmessungen mit elektrischen Feuchtigkeitsmessgeräten
Holz als Roh- und Werkstoff Nr. 27 (1989), S. 17 - 23

[56] SOMMERER S., MEIERHOFER U.: Bestimmung der Holzfeuchte in der Praxis
Applica Nr. 86 (1979), S. 6 - 11

[57] STRÄSSLER H.J., RISI W.: Der Wassergehalt des Holzes - ein Sorgenkind des Holzgewerbes
Schweizerische Schreinerzeitung Nr. 15 (1988), S. 334 - 339

Statistik

[58] BELKE D.: "Tabellen des Kolmogorov-Smirnov Anpassungstests für vollständig und unvollständig spezifizierte Nullhypothesen"
Schriftenreihe des Deutschen Verbandes für Wasserwirtschaft und Kulturbau
H. 46: Analyse und Berechnung oberirdischer Abflüsse, Paul Barey Verlag, Berlin (1980)

[59] COHEN J.: Statistical Power Analysis for the Behavirol Sciences
Lawrence Erlbaum Associates, Publishers, New Jersey; 2nd edition (1988)

[60] CRUTCHER H.L.: A Note on the Possible Missuse of the Kolmogorov-Smirnov-Test
Journal of Applied Meteorology Vol. 14 (1975), p. 1600 - 1603

[61] GRAF U., HENNING H.-J., STANGE K., WILRICH P.-TH.: Formeln und Tabellen der angewandten mathematischen Statistik
Springer-Verlag Berlin, Heidelberg, New York, London, Paris, Tokyo, 3. Auflage (1987)

[62] HABERMANN H., ETHINGTON R.L.: Simulation Studies of Nonparametric Tolerance Intervals for Describing Wood Strength
Forest Products Journal Vol. 25 (1985), No. 11, p. 26 - 31

[63] HENNING H.-J., WARTMANN R.: Statistische Auswertung im Wahrscheinlichkeitsnetz: Kleiner Stichprobenumfang und Zufallsstreubereich
Zeitschrift für die gesamte Textilindustrie Nr. 60 (1958), S. 19 - 24

[64] JOHNSON N.L., WELCH B.L.: Applications of the non-central t-distribution
Biometrika Nr. 31 (1939 / 40), p. 362 - 389

[65] KOLMOGOROV A.N.: Confidence Limits for an unknown Distribution Function
Annals of Mathematical Statistics Vol. 12 (1941), p. 461 - 463

[66] LILLIEFORS H.W.: On the Kolmogorov-Smirnov-Test for Normality with Mean and Variance unknown
American Statistical Association Journal Vol. 62 (1967), p. 399 - 402 incl. Korrigenda

[67] LILLIEFORS H. W.: On the Kolmogorov-Smirnov Test for the Exponential Distribution with Mean unknown
American Statistical Association Journal Vol. 64 (1969), p. 387 - 389

[68] MASON A.L., BELL C.B.: New Lliefors Srinivasan Tables with Applications
Communications in Statistics - Simulation and Computation Vol.15 (1986), p. 451 - 477

[69] MASSEY F.J. JR.: A Note on the Power of a Non-Parametric Test
Annals of Mathematical Statistics Vol. 21 (1950), p. 440 - 443

[70] MASSEY F.J. JR.: The Kolmogorov-Smirnov-Test for Goodness of Fit
American Statistical Association Journal Vol. 46 (1951), p. 68 - 78

[71] MILLER L.H.: Table of Percentage Points of Kolmogorov Statistics
American Statistical Association Journal Vol. 51 (1956), p. 111 - 121

[72] PAWLOWSKI Z.: Einführung in die mathematische Statistik
Verlag Harri Deutsch Zürich, Frankfurt / Main; 2. Auflage (1965)

[73] PELLICANE P.J.: Goodness-of-Fit Analysis for Lumber Data
Wood Science and Technology Vol. 19 (1985), p. 117 - 129

[74] PLATE E.J.: Statistik und angewandte Wahrscheinlichkeitslehre für Bauingenieure
Verlag für Architektur und technische Wissenschaften, Berlin (1992)

[75] RIECHERS H.-J., HOFFMANN G., HOLZAPFEL F.: Güteüberwachung von Betonstählen
Bautechnik Nr. 65 (1988), S. 233 - 242

[76] SACHS L.: Angewandte Statistik - Anwendung statistischer Methoden
Springer-Verlag Berlin, Heidelberg, New York, London, Paris, Tokyo, Hong Kong, Barcelona, Budapest; 7. Auflage, (1992)

[77] SMIRNOV N.: Tables for estimating the goodness of fit of empirical distributions
Annals of Mathematical Statistics Vol. 19 (1948), p. 279 - 281

[78] SMITH I.: Statistical Analysis of Timber Engineering Data: A Consideration of two Topics of Interest to Engineering
IUFRO Timber Engineering Group Meeting, Paper 18, Sweden (1982)

[79] STAHEL W.: Einführung in die statistische Datenanalyse
Vorlesungsskript zum Nachdiplomkurs Statistik an der ETH Zürich (1991)

[80] STANGE K.: Angewandte Statistik - Erster Teil: Eindimensionale Probleme
Springer-Verlag Berlin, Heidelberg, New York (1970)

[81] STORM R.: Wahrscheinlichkeitsrechnung - Mathematische Statistik - Statistische Qualitätskontrolle
Fachbuchverlag Leipzig; 6. Auflage, (1976)

Biegeversuche

[82] EHLBECK J.: Durchbiegung von Biegeträgern aus Holz unter Berücksichtigung der Schubverformung
Holz als Roh- und Werkstoff Nr. 27 (1969), S. 253 - 261

[83] GEIER K.: Berücksichtigung der Schubverformung bei der Ermittlung des Elastizitätsmoduls von Holz im statischen Biegeversuch
Holztechnologie Nr. 21 (1980), S. 102 - 106

[84] KEENAN F.J.: Shear strength of Wood Beams
Forest Products Journal Vol. 24 (1974), S. 63 - 70

[85] KRAHMER R.L., SIEBEN H.U.: Effect of Span-to Depth Ratio on Modulus of Elasticity of Douglas-fir Joists
Forest Products Journal Vol. 18 (1968), p. 81 - 83

[86] LEICESTER R.H.: Load Factors for Proof and Prototype Testing
CIB-W18A-Paper 19-17-1, Meeting 19, Florence, Italy, September 1986

[87] LOGEMANN M.: Die Abschätzung der Tragfähigkeit kerbbeanspruchter Holzbauteile mit den Methoden der linear-elastischen Bruchmechanik
Bauingenieur Nr. 67 (1992), S. 61 - 67

[88] MADSEN B.: Strength Values for Wood and Limit States Design
Canadian Journal of Civil Engineering Vol. 2 (1975), p. 270 - 279

[89] MADSEN B.: In-Grade Testing - Problem Analysis
Forest Products Journal Vol. 28 (1978), p. 42 - 50

[90] MADSEN B. MINDESS S.: The influence of the energy stored in the test apparatus on the strength of lumber
Canadian Journal of Civil Engineering Vol. 13 (1986), p. 8 - 11

[91] MARCHAND G.E.: Vergleichende Untersuchungen des Biegeverhaltens von kleinen, fehlerfreien Fichtenholzproben und grossen Fichtenbalken
Dissertation EPF Lausanne / IBOIS (1982)

[92] MARCHAND G.E., FUX W.: Statistisch gesicherte Untersuchungen von Festigkeitswerten biegebeanspruchter Bauteile aus Schweizer Holz
SAH Bulletin Nr. 2 (1983); Schweizerische Arbeitsgemeinschaft für Holzforschung

[93] MARIN L.A., WOESTE F.E.: Reverse Proof Loading as a Means of Quality Control in Lumber Manufacturing
Transactions of the American Society of Agricultural Engineers (1981), p. 1273 - 1277, and 1281

[94] MARIN L.A., WOESTE F.E.: Reverse Proof Loading of Lumber, FPJ - Technical Note
Forest Products Journal Vol. 32 (1982), p. 53 - 55

[95] MÖHLER K., EHLBECK J.: Einfluss der Schubverformung auf die Durchbiegung von zusammengesetzten Vollholzträgern und Trägern mit Sperrholzstegen
Versuchsanstalt für Stahl, Holz und Steine, Abt. Ing.-Holzbau der Uni (TH) Karlsruhe
Berichte aus der Bauforschung, Heft 91, Holz-Versuche IV. Teil (1973)

[96] NATTERER J., MARCHAND G.E., FUX W.: Statistisch gesicherte Untersuchungen von Verformungskenngrössen biegebeanspruchter Bauteile aus Schweizer Holz
NFP-12-Projekt 2.483 - 0.79, EPF Lausanne / IBOIS (1982)

[97] PISCHL R.: Zum Gesamteinfluss der Schubverformung im Ingenieurholzbau
Der Bauingenieur Nr. 47 (1972), S. 401 - 403

[98] PIZIO S.: Die Anwendung der Bruchmechanik zur Bemessung von Holzbauteilen, untersucht am durchbrochenen und ausgeklinkten Träger
Publikation Nr. 91-1, Baustatik und Stahlbau ETH Zürich (1991)

[99] TANG R.C.: The Effect of Shear and Poisson's Ratio in the static bending of Wood Beams
Wood Science and Technology Vol. 6 (1972), p. 302 - 313

[100] WARREN W.G.: Duration of Load Test for dry Lumber in Bending, FPJ - Technical Note
Forest Products Journal Vol. 23 (1973), p. 45 - 46

[101] WARREN W.G.: Sampling Strategies for Destructive Tests
Wood and Fiber Vol. 7 (1975), p. 178 - 186

[102] WOESTE F.E., GREEN D.W., TARBELL K.A., MARIN L.A.: Proof Loading to assure Lumber Strength
Wood and Fiber Science Vol. 19 (1987), p. 283 - 297

Zugversuche

[103] GERHARDS C.C., PELLERIN R.F.: Effect of shock loading from series testing on tensile strength of lumber and connector systems
Forest Products Journal Vol. 34 (1984), p. 38 - 43

[104] GLOS P., HEIMESHOFF B., KELLETSHOFER W.: Einfluss der Belastungsdauer auf die Zug- und Druckfestigkeit von Fichten-Brettlamellen
Holz als Roh- und Werkstoff Nr. 45 (1987), S. 243 - 249

[105] GRAF O., EGNER K.: Über die Veränderlichkeit der Zugfestigkeit von Fichtenholz mit der Form und Grösse der Einspannköpfe der Normenkörper und mit Zunahme des Querschnitts der Probekörper
Holz als Roh- und Werkstoff Nr. 1 (1938), S. 384 - 388

[106] KUNESH R.H.: Grips for Tension Tests of Structural-Size Lumber, FPJ - Technical Note
Forest Products Journal Vol. 16 (1966), p. 60

[107] KUNESH R.H., JOHNSON W.H.: Effect of single knots on tensile strength of 2 by 8 - inch Douglas-Fir dimension lumber
Forest Products Journal Vol. 22 (1972), p. 32 - 36

[108] KUNESH R.H., JOHNSON W.H.: Effect of size on tensile strength of clear Douglas-Fir and Hem-Fir dimension lumber
Forest Products Journal Vol. 24 (1974), p. 32 - 36

[109] KÜHNE H., FISCHER H., VODOZ J., WAGNER TH.: Über den Einfluss von Wassergehalt, Raumgewicht, Faserstellung und Jahrringstellung auf die Festigkeit und Verformbarkeit schweizerischen Fichten-, Tannen-, Lärchen-, Rotbuchen- und Eichenholzes
Mitteilungen der Schweizerischen Anstalt für das forstliche Versuchswesen
Bericht Nr. 183, Zürich (1955)

[110] LAM F., VAROGLU E.: Effect of length on the tensile strength of lumber
Forest Products Journal Vol. 40 (1990), p. 37 - 42

[111] LAM F., VAROGLU E.: Variation of tensile strength along the length of lumber
Part 1: Experimental
Wood Science and Technology Vol. 25 (1991), p. 351 - 359

[112] LAM F., VAROGLU E.: Variation of tensile strength along the length of lumber
Part 2: Model Development and verification
Wood Science and Technology Vol. 25 (1991), p. 449 - 458

[113] LEPPER M.M., KEENAN F.J.: Development of poplar glued-laminated timber
Part 1: Tensile strength and stiffnes of poplar laminating stock
Canadian Journal of Civil Engineering Vol. 13 (1986), p. 445 - 459

[114] MCLAIN T.E., WOESTE F.E.: Rate of loading adjustment for proof testing of lumber in tension
Forest Products Journal Vol. 36 (1986), p. 51 - 54

[115] NEMETH L.J.: Correlation between tensile strength and modulus of elasticity for dimension lumber
Proceedings of the Second Symposium on the Nondestructive Testing of Wood
Washington State University (1965)

[116] OROSZ I.: Modulus of Elasticity and Bending-Strength Ratio as Indicators of Tensile Strength of Lumber
Journal of Materials Vol. 4 (1969), p. 842 - 864

[117] STEIGER R., GEHRI E., ARM H.P.: Einspannvorrichtung für Zugversuche an Holzproben grösseren Querschnitts
Forschungsbericht Nr. 204 des Instituts für Baustatik und Konstruktion, Fachbereich Stahl- und Holzbau, ETH Zürich (1994)
Birkhäuser Verlag Basel (1994), ISBN 3-7643-5074-1

[118] STRICKLER M.D., PELLERIN R.F.: Rate of Loading Effect on Tensile Strength of Wood Parallel to Grain, FPJ - Technical Note
Forest Products Journal Vol. 23 (1973), p. 34 - 36

Druckversuche

[119] BUCHANAN A.H., JOHNS K.C., MADSEN B.: Column Design Methods for Timber Engineering
Canadian Journal of Civil Engineering Vol. 12 (1985), p 731 - 744

[120] GLOS P., HEIMESHOFF B., KELLETSHOFER W.: Einfluss der Belastungsdauer auf die Zug- und Druckfestigkeit von Fichten-Brettlamellen
Holz als Roh- und Werkstoff Nr. 45 (1987), S. 243 - 249

[121] KOKOCINSKI W., RACZKOWSKI J.: Einfluss der Reibung zwischen Prüfkörper und Druckplatten auf die Druckfestigkeit parallel zur Faser
Holz als Roh- und Werkstoff Nr. 36 (1978), S. 241 - 246

[122] KÜHNE H., FISCHER H., VODOZ J., WAGNER TH.: Über den Einfluss von Wassergehalt, Raumgewicht, Faserstellung und Jahrringstellung auf die Festigkeit und Verformbarkeit schweizerischen Fichten-, Tannen-, Lärchen-, Rotbuchen- und Eichenholzes
Mitteilungen der Schweizerischen Anstalt für das forstliche Versuchswesen
Bericht Nr. 183, Zürich (1955)

[123] MÖHLER K., SCHEER C.: Knickzahlen ω für Voll-, Brettschichtholz und Holzwerkstoffe
Holzbau - Statik - Aktuell Nr. 7 (1983), S. 11 - 16

Anhang

[124] CUBUS SOFTWARE: FE-Programm CEDRUS-3 zur Berechnung von Platten und Scheiben (V 1.20)
Benutzeranleitung, CUBUS AG, Zürich (1993)

[125] SAYIR M., ZIEGLER H.: Mechanik 2: Festigkeitslehre
Birkhäuser Verlag Basel (1984), ISBN 3-7643-1544-X

Zusammenfassung

Im Rahmen der Anpassung der Schweizer Holzbaunorm SIA 164 [24] an die EURONORM 1995-1-1 [25] stellt sich das Problem der Einstufung des Schweizer Fichten-Bauholzes in die durch die EURONORM 338 [2] vorgesehenen Festigkeitsklassen. Die zum Teil auf der Festigkeitsprüfung von kleinen, strukturstörungsfreien Normproben und auf Erfahrungswerten beruhenden zulässigen Spannungen in der SIA 164 können mit theoretischen Betrachtungen allein nicht zuverlässig in die neu erforderlichen charakteristischen Werte übergeführt werden.

Der vorliegende Versuchsbericht beschreibt umfangreiche Biege-, Zug- und Druckversuche an Fichten-Kanthölzern und -Brettern. Hauptziel der Forschungsarbeit ist eine Standortbestimmung der durch die SIA 164 verwendeten Festigkeitsklassen für Schweizer Fichtenholz innerhalb des neuen Europäischen Klassierungssystems. Aufgrund von theoretischen Betrachtungen kann gezeigt werden, dass das heute in der Schweiz mangels zuverlässiger trennscharfer Sortierung praktisch ausschliesslich verwendete normale Bauholz der Festigkeitsklasse II nach neuer Terminologie der Klasse C 27 entsprechen würde. Im Rahmen des NFP 12 durchgeführte Biegeversuche zeigen allerdings, dass die Festigkeitsklasse II eher in die Klasse C 24 überzuführen ist [33], [39], [40]. Auch in Deutschland erwägt man, die Güteklasse 2 gemäss DIN 1052 [8] neu als C 24 zu bezeichnen. Diese für den Holzbau bedeutende Entscheidung galt es mit zusätzlichen Versuchen an Proben in Bauteilgrösse abzusichern.

Eine verbesserte Nutzung des Holzangebotes mittels der neuen Europäischen Klassen bedingt die Angabe von zuverlässigen Sortierverfahren und -kriterien. Neben der weitverbreiteten, allerdings wenig trennscharfen und schlecht nachvollziehbaren visuellen Sortierung haben apparative Methoden zunehmend an Bedeutung gewonnen [26], [27], [30], [31], [38]. In der Schweiz wird momentan die Festigkeitssortierung mittels Ultraschall in Forschung und Praxis geprüft [46], [47], [48], [49]. Eine korrelative Zuordnung der Steifigkeits- und Festigkeitsmasse zur longitudinalen Schallgeschwindigkeit bildet die Grundlage dieser Sortiermethode [42]. Die meisten bis anhin vorhandenen wissenschaftlichen Untersuchungen beschränkten sich allerdings auf die Korrelation zwischen der Ultraschallgeschwindigkeit und den mechanischen Holzeigenschaften ermittelt aus *Biegeversuchen* an *konditioniertem* Holz. Da die Sortierung in den Sägewerken jedoch häufig direkt nach dem Einschnitt, d.h. im feuchten Zustand erfolgt, erschien es angebracht, die Zuverlässigkeit der Methode auch für diesen Fall zu zeigen [49]. Ausserdem war zu prüfen, ob bei Anwendung der aus Biegeversuchen ermittelten Sortierkriterien auch die nach EN 338 verlangten mechanischen Eigenschaften bei Druck- und Zugbelastung eingehalten sind.

Als Klassierungskriterien werden in der EN 338 die charakteristischen Werte von Dichte, Biegefestigkeit und Biege-E-Modul verwendet. Alle andern Kennwerte sind auf der Klassierung aufbauende abgeleitete Grössen. Inwiefern diese in der EN 384 [3] angegebenen empirischen Beziehungen auch für Bauholz Schweizerischer Provenienz gelten, sollte durch eine umfangreiche Anzahl von Biege-, Zug- und Druckversuchen abgeklärt werden.

Thematisch ähnliche Forschungsvorhaben in Nachbarländern [34] zeigten, dass die in der EN 338 angegebenen charakteristischen Werte für die Dichte nicht optimal auf die mechanischen Kennwerte abgestimmt sind. Dies äusserte sich darin, dass Holz häufig aufgrund einer zu tiefen Dichte deklassiert werden musste, obwohl die aus Festigkeitsversuchen ermittelten mechanischen Kennwerte eingehalten waren. Diese für die Einstufung in Festigkeitsklassen und damit für die Nutzung des Holzangebotes wichtige Frage sollte auch für das in der Schweiz verwendete Bauholz untersucht werden.

Holz zeigt bei Zugbelastung ein sprödes Bruchverhalten. Die mechanischen Kennwerte sind daher abhängig von den Abmessungen des Prüfkörpers [17]. In der SIA 164 wurde dieser Volumeneinfluss bis anhin lediglich bei der Bemessung von Biegebalken berücksichtigt. Durch eine Variation der Querschnittsabmessungen der Prüfkörper sollte die Anwendbarkeit der in der EN 384 angegebenen Formel zur Erfassung des Querschnittseinflusses überprüft werden.

Résumé

Dans le cadre de l'harmonisation de la Norme Suisse pour la construction en bois SIA 164 [24] avec la Norme Européenne 1995-1-1 [25] il est nécessaire de classer le bois suisse d'épicéa selon les classes de résistance prévues dans la Norme Européenne 338 [2]. Il n'est pourtant presque pas possible de déterminer les valeurs caractéristiques requises dans les nouvelles Normes en partant des contraintes admissibles basées soit sur des essais avec éprouvettes normées de petites dimensions, soit sur l'expérience pratique.

Dans ce rapport on décrit une série assez importante d'essais en flexion, traction et compression sur des bois équarris et des lames d'épicéa suisse. Le but principal de la recherche est de déterminer la position des classes de résistance selon SIA 164 dans le nouveau système européen. On peut démontrer d'une façon théorique que, faute d'une méthode de triage efficace, le bois de construction normalement utilisé de la classe II correspond aux exigences requises par la nouvelle classe C 24 [33], [39], [40]. En Allemagne aussi on est en train d'évaluer la nécessité de définir la classe 2 selon DIN 1052 [8] comme C 24. La présente recherche veut offrir à partir des essais sur des éprouvettes en grandeur réélle une base supplémentaire pour répondre à cette importante question.

Une exploitation meilleure du bois avec le nouveau sytème de classification n'est possible que si on dispose de systèmes et critères efficaces de triage. Le triage à la machine gagne de plus en plus d'importance, à côté du triage visuel très peu efficace mais aussi très répandu [26], [27], [30], [31], [38]. En Suisse on est en train de tester le triage par ultrason comme travail de recherche mais aussi dans son application pratique [46], [47], [48], [49]. La corrélation entre les grandeures rigidité et resistance avec la vitesse de propagation longitudinale d'ultrason est à la base de ce système [42]. La plupart des traveaux de recherche dans ce domaine se limitait jusqu'ici à l'étude de la corrélation entre la vitesse de propagation de l'ultrason et les caractéristiques mécaniques en flexion sur du bois séché. Vu que le triage se passe souvent en scierie avant le séchage, il a semblé intéressant de vérifier l'efficacité de cette méthode de triage avant le séchage. En plus il était à vérifier si les caractéristiques mécaniques déterminées avec un triage basé sur la flexion peuvent satisfaire les caractéristiques exigées par le NE 338 dans le cas de compression et traction.

Dans le NE 338 on utilise comme critère de classification les valeurs caractéristiques de la densité et de la résistance et rigidité en flexion. Toutes les autres valeurs sont dérivées de cette classification. La quantité importante d'essais en flexion, traction et compression doit aussi montrer jusqu'à quel point ces relations empiriques sont aussi valables pour le bois suisse.

Des recherches dans les pays voisins ont montré que la corrélation entre les valeurs caractéristiques dans le NE 338 et les valeurs caractéristiques mécaniques n'est pas toujours optimale. C'est ainsi que souvent on a déclassé le bois à cause d'une densité insuffisante, même si les résultats des essais mécaniques étaient plus que satisfaisants. La recherche d'une réponse à cette question est aussi de grande importance en vue d'une classification selon la résistance du bois de construction utilisé en suisse.

À cause du comportement fragile en traction du bois les valeurs nominales des caractéristiques mécaniques dépendent des dimensions des éprouvettes [17]. Dans la Norme SIA 164 on n'en tient conte que dans le cas de la flexion. Avec une variation des sections des éprouvettes on essaie de vérifier le formule de le NE 338 pour considérer l'influence de le grandeur de la section.

Summary

In adapting the Swiss Standard SIA 164 [24] for timber construction to EUROCODE 1995-1-1 [25] the problem arises of classifying Swiss conifer timber within the proposed EUROCODE 338 [2] on strength classes. The allowable stresses given by the Swiss Standard SIA 164 are based in part on the strength testing of small standard specimens free of structural defects and partly on values established by experience. They cannot - by means of theoretical considerations alone - be reliably transformed into the characteristic values now required.

The present report of an experimental investigation describes extensive bending, tension and compression tests on specimens of conifer squared timber and boards. The main aim of this research work is to evaluate the suitability of the strength classes for the Swiss conifers laid down in SIA 164 within the framework of the new European classification system. Based on theoretical considerations it can be shown that today in Switzerland due to the absence of a reliable and selective sorting method the most widely used class is Normal Timber of Strength Class II, which in the new European terminology would correspond to Class C27. According to the extensive NFP 12 tests on beam specimens, however, it is shown that the Strength Class II corresponds more to Class C24 [33], [39], [40]. In Germany too the question of whether to designate in future the Quality Class 2 of DIN 1052 [8] as Class C24 is also under consideration. This decision, which for timber construction work is very important, needed to be verified by further testing of specimens having the dimensions of actual structural members.

A better utilisation of timber with the new European classes requires specifying reliable sorting methods with clearly distinct criteria. Besides the widely used but less selective and poorly reproducible visual sorting, classification by means of equipment has gained in importance [26], [27], [30], [31], [38]. In Switzerland the method of ultrasonic testing for strength classification is currently being evaluated in research and practice [46], [47, [48], [49]. A correlation between stiffness and strength on the one hand and the longitudinal wave speed on the other forms the basis of this sorting method. Most prevoius scientific investigations were restricted admittedly to the correlation between ultrasonic speed and the mechanical properties of timber as determined from *bending tests* on *conditioned timber*. However, since sorting is often carried out in the sawmills straight after cutting, i.e. in while still in a moist condition, we considered it appropriate to verify the reliability of the method for this case as well [49]. It was also necessary to verify if the use of criteria developed from bending tests was adequate for the mechanical properties required under compression and tension according to EN 338.

For classification criteria the characteristic values for density, strength and elastic modulus in bending are employed in EN 338. All other properties are based on values derived from this classification. To what extent the corresponding empirical relations given in EN 384 [3] are relevant for Swiss timber was to be determined by executing extensive series of tests under bending, compression and tension.

Similar research work in neighbouring countries [34] showed that the characteristic values for density given in EN 338 were not optimally related to the mechanical properties. This was shown by the fact that frequently timber had to be assigned poorer properties on account of a low density, although the required mechanical properties were obtained in strength tests. This important question regarding strength classification and thus the utilization of timber, therefore, also had to be investigated for the timber used in Switzerland.

Wood exhibits brittle behaviour in tension. Thus the mechanical properties are dependent on the dimensions of a test specimen [17]. In the Swiss Standard SIA 164 the size influence is only taken into account for beams. By varying the cross-sectional dimensions of specimens the use of the formula given in EN 384 to estimate the cross-section influence had also to be verified.

Anhang 1: Bestimmung des Biege-E-Moduls

A.1.1 Weg- bzw. Neigungs-Differenzmessung zwischen den Lasteinleitungspunkten

In der Holzforschung hat sich die Ermittlung des Biege-Elastizitästmoduls aus einem 4-Punkt-Biegeversuch eingebürgert. Man findet diese Art der Prüfung in verschiedenen Prüfnormen und wissenschaftlichen Publikationen [4], [14], [20], [23], [97]. Die Verformungsänderungen werden vorzugsweise im Bereich zwischen den Einzellasten mit dem maximalen Biegemoment gemessen. Da in diesem Bereich die Querkraft Null ist, entfällt der Einfluss von Schubverformungen [83], [85], [95]. Normalerweise bestimmt man den Biege-E-Modul aus einer Durchbiegungsdifferenzmessung auf der Höhe der Balkenachse:

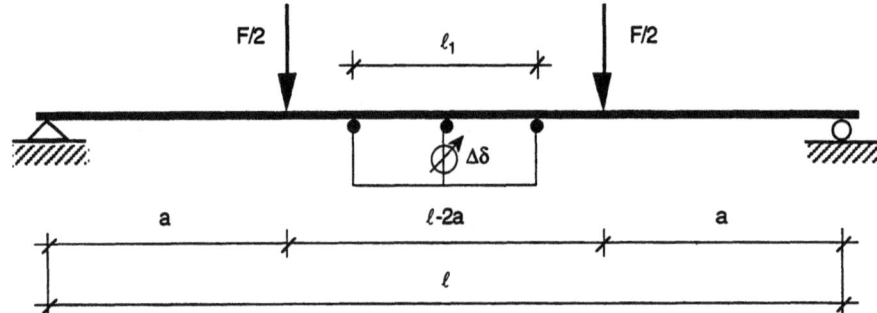

Bild A.1.1: Weg-Differenzmessung axial zwischen den Lasteinleitungspunkten

Durch Anwendung der Arbeitsgleichung kann man folgende Beziehung finden:

$$E = \frac{\Delta F \cdot a \cdot \ell_1^2}{16 \cdot I \cdot \Delta\delta}$$

mit
- E : E-Modul [N/mm²]
- ΔF : Kraftdifferenz zwischen zwei Laststufen [N]
- ℓ_1 : Messlänge [mm]
- ℓ : Spannweite [mm]
- a : Abstand zwischen einer inneren Laststelle und dem nächstliegenden Auflager [mm]
- I : Trägheitsmoment des Balkens [mm⁴]
- $\Delta\delta$: Wegdifferenz zwischen zwei Laststufen [mm]

In seltenen Fällen wird der Biege-E-Modul mittels Inklinometern, welche die Neigungsänderung der Balkenachse unter zunehmender Biegebelastung messen, bestimmt:

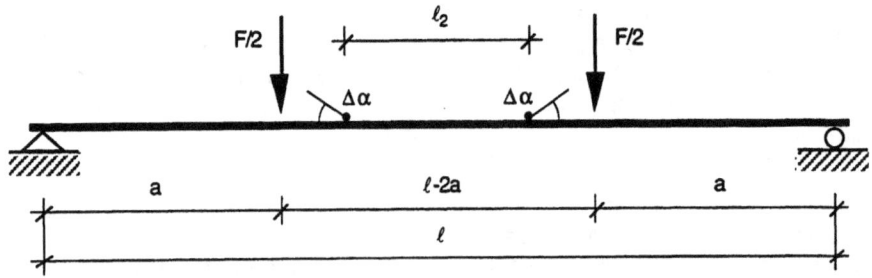

Bild A.1.2: Neigungs-Differenzmessung axial zwischen den Lasteinleitungspunkten

Mittels der Arbeitsgleichung erhält man:

$$E = \frac{\Delta F \cdot a \cdot \ell_2}{4 \cdot I \cdot \Delta \alpha}$$

mit
- E : E-Modul [N/mm²]
- ΔF : Kraftdifferenz zwischen zwei Laststufen [N]
- ℓ_2 : Abstand der Neigungsmesser [mm]
- ℓ : Spannweite [mm]
- a : Abstand zwischen einer inneren Laststelle und dem nächstliegenden Auflager [mm]
- I : Trägheitsmoment des Balkens [mm⁴]
- $\Delta \alpha$: Winkeländerung zwischen zwei Laststufen

A.1.2 FE-Modell zur Erfassung des Einflusses der Lasteinleitung

Die im Anhang A.1.1 angegebenen Formeln aus der Biegelehre zur Berechnung des Elastizitätsmoduls gelten nur, falls die Durchbiegungen und die Winkeländerungen in der Balkenachse gemessen werden. Oft ist diese Messanordnung aus versuchstechnischen Gründen nicht realisierbar. Für Teile der im vorliegenden Bericht beschriebenen Biegeversuche (Abschnitte 3.1 bis 3.3) wurde folgende Variante zur Ermittlung des Biege-E-Moduls gewählt:

- Neigungsmessung mittels zwei Inklinometern, welche zwischen den Lasteinleitungspunkten auf der Balkenoberseite angeordnet waren (Bild 3.5).
- Durchbiegungsmessung mittels eines Präzisionsweggebers zwischen den Lasteinleitungspunkten an der Balkenunterseite (Bild 3.5).

Aufgrund von lokalen Schubverformungen und wegen der Anisotropie des Holzes ($E_\perp \ll E_\parallel$) kann man aus den Messungen an der Balkenober- bzw. unterseite nicht direkt auf den effektiven (auf die Balkenachse bezogenen) E-Modul schliessen [82], [84]. Mittels eines Finit-Element-Modells müssen die zur Umrechnung erforderlichen Korrekturfaktoren unter Beachtung der Variation von Schubmodul G und Elastizitätsmodul quer zur Faser $E_\perp$ ermittelt werden. Das FE-Modell bietet ausserdem die Möglichkeit, den Abstand der Messbalkenlager, bzw. der Inklinometer untereinander und zu den Lasteinleitungspunkten zu optimieren. Verwendet wurde das FE-Programm CEDRUS-3 der von CUBUS [124].

• Finit-Element-Modell (Masche und Lagerung)

Bild A.1.3 zeigt die geometrischen Abmessungen des Modells, die Lagerung und die Elementeinteilung (Masche). Zur Modellierung des Trägers sowie der Lasteinleitungs- und Lagerplatten wurden Scheibenelemente verwendet. Die Scheibenelemente lassen linear-elastische Berechnungen unter Annahme isotropen (wahlweise ebener Spannungszustand bei dünnen Scheiben oder ebener Verzerrungszustand bei unendlich dicken Scheiben) oder orthotropen Materialverhaltens zu. Um eine Beschleunigung in der Berechnung zu erreichen, nützte man die Symmetrie des Systems aus. Da das Rechenprogramm die Resultate (Spannungen und Dehnungen) nur in den Knotenpunkten der Elemente liefert, war die Masche entsprechend anzupassen, d.h. bestimmte Begrenzungslinien der FE-Masche waren durch die Lage von Neigungsmessern, Weggebern und Auflagerpunkten der Messbalken vorgegeben.

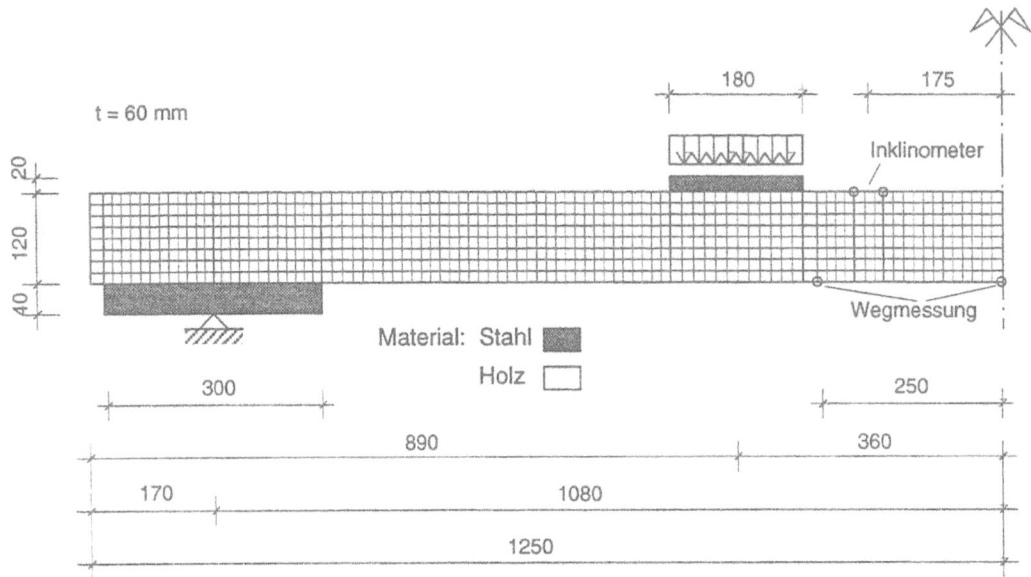

Bild A.1.3: FE-Modell für den 4-Punkt Biegeversuch (Beispiel: QS 6/12)

• **Materialeigenschaften**

Die Lager- und die Lasteinleitungsplatten bestanden aus Stahl Fe E 235 und wurden im FE-Modell als isotrope Scheiben (ebener Spannungszustand) mit einem E-Modul von 210 kN/mm² und einer Poisson-Zahl von $\nu = 0.3$ modelliert.

Die Abhängigkeiten der Scheibenverzerrungen von den Spannungen sind für den ebenen Spannungszustand wiefolgt definiert [125]:

$$\begin{pmatrix} \varepsilon_x \\ \varepsilon_y \\ \gamma_{xy} \end{pmatrix} = \frac{1}{E} \begin{bmatrix} 1 & -\nu & 0 \\ -\nu & 1 & 0 \\ 0 & 0 & 2(1+\nu) \end{bmatrix} \begin{pmatrix} \sigma_x \\ \sigma_y \\ \tau_{xy} \end{pmatrix}$$

Es gilt: $\varepsilon_z = \frac{-\nu}{E}(\sigma_x + \sigma_y)$ und $\sigma_z = 0$

Das anisotrope Materialverhalten von Holz wurde im FE-Modell durch eine Orthotropie approximiert. Es gilt folgender Zusammenhang zwischen Verzerrungen und Spannungen [124]:

$$\begin{pmatrix} \varepsilon_x \\ \varepsilon_y \\ \gamma_{xy} \end{pmatrix} = \begin{bmatrix} d_{11} & d_{12} & 0 \\ d_{21} & d_{22} & 0 \\ 0 & 0 & d_{33} \end{bmatrix} \begin{pmatrix} \sigma_x \\ \sigma_y \\ \tau_{xy} \end{pmatrix} \qquad \text{mit} \qquad d_{21} = d_{12}$$

Die Bedingung $d_{11} \cdot d_{22} > d_{12} \cdot d_{21}$ muss erfüllt sein.

Die Steifigkeitsmatrix D nimmt für Holz folgende Form an:

$$D = \begin{bmatrix} d_{11} & d_{12} & 0 \\ d_{21} & d_{22} & 0 \\ 0 & 0 & d_{33} \end{bmatrix} = \begin{bmatrix} \dfrac{1}{E_{\|}} & -\dfrac{\nu_{\|}}{E_{\perp}} & 0 \\ -\dfrac{\nu_{\perp}}{E_{\|}} & \dfrac{1}{E_{\perp}} & 0 \\ 0 & 0 & \dfrac{1}{G} \end{bmatrix}$$

Damit die Bedingung $d_{21} = d_{12}$ erfüllt ist, muss gelten: $\quad \nu_{\|} \cdot E_{\|} = \nu_{\perp} \cdot E_{\perp}$

Einen Vergleich zwischen den gemäss Norm SIA 164 anzusetzenden Rechenwerten für Bauholz FK II aus Fichte / Tanne und den in das Rechenmodell eingebrachten Materialwerten zeigt folgende Tabelle:

Tab. A.1.1: Verformungsmasse für Bauholz nach SIA 164 und verwendete Rechenwerte

Elastizitätsmass	Normwerte	Rechenwerte
$E_{\|}$	10000 N/mm²	6000 - 18000 N/mm²
$E_{\perp}$	300 N/mm²	100 - 1000 N/mm²
G	500 N/mm²	100 - 1000 N/mm²

d.h. es gelten in erster Näherung folgende Beziehungen:

$$E_{\perp} = \frac{E_{\|}}{30} \quad \text{und} \quad G = \frac{E_{\|}}{20}$$

Für die Querdehnungszahl $\nu_{\perp}$ wurden, gemäss Angaben aus Literatur [87] und [98], Werte zwischen 0.3 und 0.5 eingesetzt.

Unter Annahme eines fiktiven, auf die Balkenachse bezogenen, E-Moduls parallel zur Faser von 15000 N/mm² wurde für eine bestimmte Kombination von Werten für Schubmodul und E-Modul senkrecht zur Faser eine Parameterstudie durchgeführt. Aus den Knotenverschiebungen und -verdrehungen ermittelte man anschliessend die E-Moduli E_{α} (Neigungsänderung an der Balkenoberseite) und E_{δ} (Durchbiegungsdifferenz an der Balkenunterseite). Ein Vergleich zwischen E_{α} bzw. E_{δ} mit dem Vorgabewert $E_{\|}$ = 15000 N/mm² ergab einen Korrekturfaktor k_{α} bzw. k_{δ}. Aus den Berechnungen konnten folgende Schlussfolgerungen gezogen werden:

1. Der Einfluss von $\nu_{\perp}$ auf die Rechenergebnisse ist minim (geringer als 1 %). Die Wahl eines Festwerts von 0.4 erscheint daher angebracht.

2. Die Messung an der Balkenunterseite wird nur wenig durch die Variation von $E_{\perp}$ und G beeinflusst und sollte daher als *primäre* Ausgangsgrösse zur Ermittlung des auf die Balkenachse bezogenen E-Moduls verwendet werden.

3. Die Korrekturfaktoren sind abhängig von der Geometrie des Prüfkörpers und der Versuchseinrichtung (Spannweite, Lastabstand, Messlänge).

4. Bei einer Variation von G und von $E_\perp$ zwischen 300 und 1000 N/mm² schwanken die Korrekturfaktoren zwischen folgenden Werten:

Tab. A.1.2: Korrekturfaktoren k_δ und k_α für G und $E_\perp$ zwischen 300 und 1000 N/mm²

Versuchsgruppe	k_δ	k_α
NFP 12	1.02 ± 1 %	0.97 ± 3 %
8/16 Forst	1.02 ± 1 %	0.95 ± 3 %
6/12	1.03 ± 1 %	0.96 ± 3 %

Die Enflüsse von G und $E_\perp$ auf den Faktor k_α sind axialsymmetrisch-gegenläufig.

5. Die Auswertung der Spannungstrajektorien ermöglicht eine Optimierung der Messlänge (Abstand der Neigungsmesser bzw. Spannweite des Messbalkens):

Tab. A.1.3: Optimale Messlängen zur Bestimmung des Biege-E-Moduls

Querschnitt	6/12	8/16 und 10/16
Spannweite	2160	2400 bzw. 2700
Lastabstand	720	960 bzw. 900
Messlänge ℓ_1	500	600
Messlänge ℓ_2	350	500 - 540

Bild A.1.4 zeigt den Verlauf der Korrekturwerte in Abhängigkeit der Materialeigenschaften:

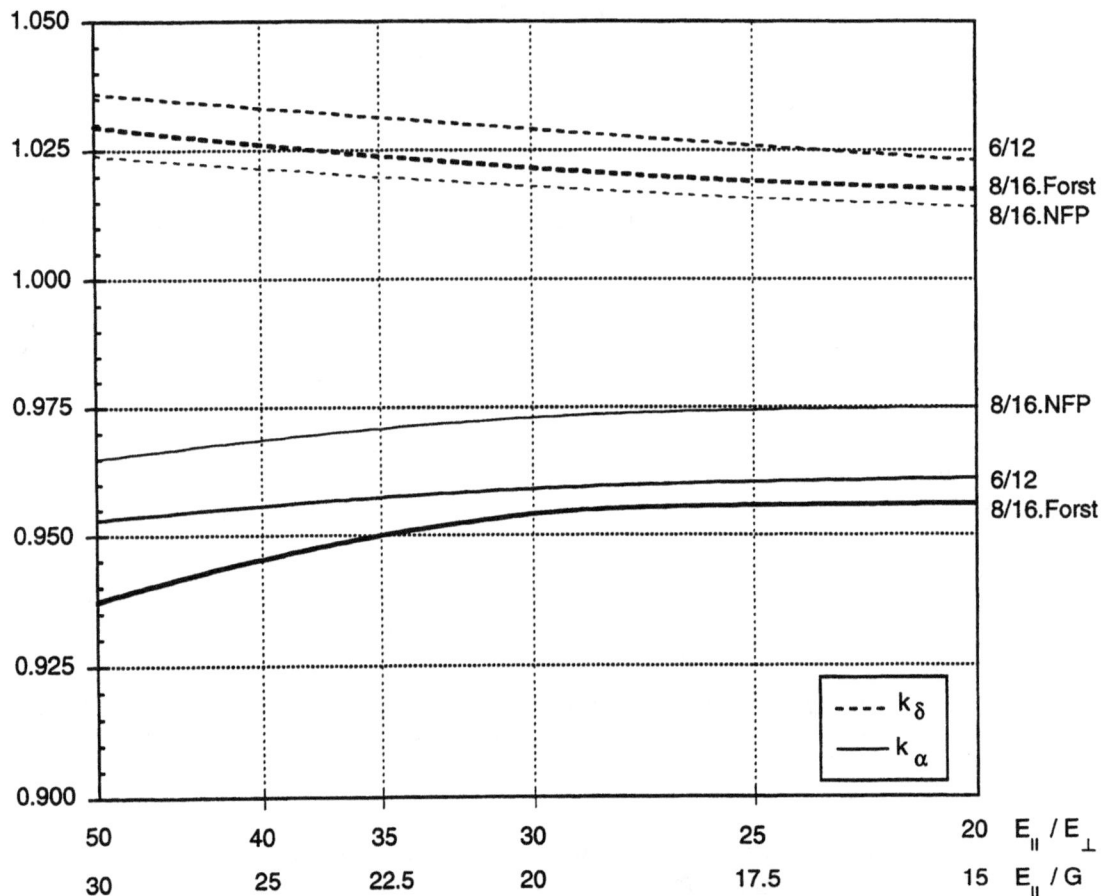

Bild A.1.4: Korrekturfaktoren k_δ und k_α zur Bestimmung des Biege-E-Moduls

Anhang 2: Biegeversuchsdaten

A.2.1 Biegeversuche NFP 12

• Ultraschall-Sortierung im frisch eingeschnittenen Zustand

Nr.	Abmessungen (b, h: Nennmasse)			Ultraschall				Klassierung mittels Ultraschall					
								Annahme: w=30 %			Annahme: w=50 %		
	b [mm]	h [mm]	ℓ [mm]	$t_{o,F}$ [µs]	$v_{o,F}$ [m/s]	$t_{u,F}$ [µs]	$v_{u,F}$ [m/s]	v_{12min} [m/s]	SIA 164	EN 338	v_{12min} [m/s]	SIA 164	EN 338
1	105	165	4010	778	5155	758	5291	5677	FK I	C 35	5757	FK I	C 35
2	105	165	4015	887	4525	868	4624	5047	HC	HC	5127	HC	C 18
3	105	165	4015	801	5013	769	5222	5535	FK II	C 27	5615	FK II	C 27
4	105	165	4010	742	5405	756	5305	5827	FK 0	C 40	5907	FK 0	C 40
5	105	165	4010	713	5626	753	5326	5848	FK 0	C 40	5928	FK 0	C 40
6	105	165	4000	758	5277	738	5420	5799	FK I	C 35	5879	FK 0	C 40
7	105	165	4020	763	5270	737	5457	5792	FK I	C 35	5872	FK I	C 35
8	105	165	4020	781	5148	837	4802	5324	FK III	C 22	5404	FK III	C 22
9	105	165	4020	864	4651	865	4646	5168	HC	C 18	5248	HC	C 18
10	105	165	4020	765	5256	786	5115	5637	FK II	C 27	5717	FK I	C 35
11	105	165	4015	789	5089	794	5057	5579	FK II	C 27	5659	FK II	C 27
12	105	165	4015	805	4988	847	4739	5261	FK III	C 22	5341	FK III	C 22
13	105	165	4020	796	5051	755	5326	5503	FK III	C 22	5583	FK II	C 27
14	105	165	3945	807	4981	768	5236	5503	FK III	C 22	5583	FK II	C 27
15	105	165	4020	720	5587	719	5594	6109	FK 0	C 40	6189	FK 0	C 40
16	105	165	4010	715	5610	753	5326	5848	FK 0	C 40	5928	FK 0	C 40
17	105	165	4015	734	5479	737	5457	5979	FK 0	C 40	6059	FK 0	C 40
18	105	165	4010	847	4734	842	4762	5256	FK III	C 22	5336	FK III	C 22
19	105	165	4020	791	5083	765	5256	5605	FK II	C 27	5685	FK I	C 35
20	105	165	4010	767	5229	823	4872	5394	FK III	C 22	5474	FK II	C 27
21	105	165	4000	842	4751	806	4963	5273	FK III	C 22	5353	FK III	C 22
22	105	165	4010	794	5051	810	4950	5472	FK II	C 27	5552	FK II	C 27
23	105	165	4020	822	4890	800	5025	5412	FK II	C 22	5492	FK II	C 27
24	105	165	4015	775	5181	812	4944	5466	FK II	C 27	5546	FK II	C 27
25	105	165	4020	781	5148	788	5102	5624	FK II	C 27	5704	FK I	C 35
26	105	165	4015	762	5270	761	5277	5792	FK I	C 35	5872	FK 0	C 40
27	105	165	4020	753	5340	752	5348	5862	FK 0	C 40	5942	FK 0	C 40
28	105	165	4020	814	4941	796	5051	5463	FK II	C 27	5543	FK II	C 27
29	105	165	4020	779	5161	777	5175	5683	FK I	C 35	5763	FK I	C 35
30	105	165	4020	781	5148	782	5141	5663	FK I	C 35	5743	FK I	C 35
31	105	165	4015	882	4551	941	4269	4791	HC	HC	4871	HC	HC
32	105	165	4020	762	5277	803	5006	5528	FK II	C 27	5608	FK II	C 27
33	105	165	4015	817	4914	856	4689	5211	HC	C 18	5291	FK II	C 22
34	105	165	4020	774	5191	744	5405	5713	FK I	C 35	5793	FK I	C 35
35	105	165	4010	903	4440	935	4287	4809	HC	HC	4889	HC	HC
36	105	165	4015	779	5155	799	5025	5547	FK II	C 27	5627	FK II	C 27
37	105	165	4010	792	5063	787	5096	5585	FK II	C 27	5665	FK I	C 35
38	105	165	4020	727	5533	754	5333	5855	FK 0	C 40	5935	FK 0	C 40
39	105	165	4020	768	5236	767	5242	5758	FK I	C 35	5838	FK I	C 35
40	105	165	4020	871	4614	859	4678	5136	HC	C 18	5216	HC	C 18
41	105	165	4020	836	4808	826	4866	5330	FK III	C 22	5410	FK III	C 22
42	105	165	4020	855	4700	860	4673	5195	HC	C 18	5275	HC	C 18
43	105	165	4020	921	4367	873	4603	4889	HC	HC	4969	HC	HC
44	105	165	4020	734	5373	757	5211	5733	FK I	C 35	5813	FK I	C 35
45	105	165	4015	755	5319	745	5391	5841	FK 0	C 40	5921	FK 0	C 40
46	105	165	4015	774	5188	757	5305	5710	FK I	C 35	5790	FK I	C 35
47	105	165	4020	815	4932	820	4902	5424	FK III	C 22	5504	FK II	C 27
48	105	165	4020	794	5063	757	5312	5585	FK II	C 27	5665	FK I	C 35
49	85	165	4020	845	4756	799	5031	5278	FK III	C 22	5358	FK III	C 22
50	85	165	4020	908	4420	885	4535	4942	HC	HC	5022	HC	HC
51	85	165	4020	736	5464	726	5540	5986	FK 0	C 40	6066	FK 0	C 40
52	85	165	4015	779	5155	820	4896	5418	FK II	C 22	5498	FK II	C 27
53	85	165	4020	727	5533	771	5215	5737	FK I	C 35	5817	FK 0	C 40

Nr.	Abmessungen (b, h: Nennmasse)			Ultraschall					Klassierung mittels Ultraschall					
									Annahme: w=30 %			Annahme: w=50 %		
	b [mm]	h [mm]	ℓ [mm]	$t_{o,F}$ [µs]	$v_{o,F}$ [m/s]	$t_{u,F}$ [µs]	$v_{u,F}$ [m/s]	v_{12min} [m/s]	SIA 164	EN 338	v_{12min} [m/s]	SIA 164	EN 338
54	85	165	4020	725	5548	717	5610	6070	FK 0	C 40	6150	FK 0	C 40
55	85	165	4020	844	4762	776	5181	5284	FK III	C 22	5364	FK III	C 22
56	85	165	4020	759	5298	790	5089	5611	FK II	C 27	5691	FK I	C 35
57	85	165	4020	735	5472	719	5594	5994	FK 0	C 40	6074	FK 0	C 40
58	85	165	4015	753	5333	792	5070	5592	FK II	C 27	5672	FK I	C 35
59	85	165	3515	673	5224	680	5170	5692	FK I	C 35	5772	FK I	C 35
60	85	165	3515	714	4923	682	5155	5445	FK III	C 22	5525	FK II	C 27
61	105	165	3515	648	5426	646	5443	5948	FK 0	C 40	6028	FK 0	C 40
62	105	165	3515	656	5360	684	5140	5662	FK I	C 35	5742	FK I	C 35
63	105	165	3910	774	5051	778	5026	5548	FK II	C 27	5628	FK II	C 27
64	105	165	3500	656	5339	643	5446	5861	FK 0	C 40	5941	FK 0	C 40
65	105	165	4095	790	5184	802	5106	5628	FK II	C 27	5708	FK II	C 27
66	105	165	4060	822	4939	771	5266	5461	FK III	C 22	5541	FK II	C 27
67	105	165	4160	801	5191	901	4615	5137	HC	C 18	5217	HC	C 18
68	105	165	4080	791	5158	782	5217	5680	FK I	C 35	5760	FK I	C 35
69	105	165	4080	820	4976	790	5165	5498	FK II	C 27	5578	FK II	C 27
70	105	165	4110	797	5157	805	5106	5628	FK II	C 27	5708	FK II	C 27
71	105	165	4055	769	5273	773	5246	5768	FK I	C 35	5848	FK 0	C 40
72	105	165	4120	740	5569	775	5317	5839	FK 0	C 40	5919	FK 0	C 40
73	105	165	4490	2100	2138	2080	2159	2660	HC	HC	2740	HC	HC
74	105	165	4495	921	4880	901	4989	5402	FK III	C 22	5482	FK II	C 27
75	105	165	4080	843	4840	883	4621	5143	HC	C 18	5223	HC	C 18
76	105	165	4100	770	5323	777	5275	5797	FK I	C 35	5877	FK 0	C 40
77	105	165	4120	740	5568	766	5379	5901	FK 0	C 40	5981	FK 0	C 40
78	105	165	4100	785	5222	758	5407	5744	FK I	C 35	5824	FK 0	C 40
79	105	165	4160	799	5208	859	4842	5364	FK III	C 22	5444	FK III	C 22
80	105	165	4060	742	5473	777	5226	5748	FK I	C 35	5828	FK 0	C 40
81	105	165	4170	812	5136	787	5299	5658	FK I	C 35	5738	FK I	C 35
82	105	165	4010	822	4878	775	5174	5400	FK III	C 22	5480	FK II	C 27
83	105	165	4070	771	5279	764	5327	5801	FK 0	C 40	5881	FK 0	C 40
84	105	165	4210	787	5349	792	5316	5838	FK 0	C 40	5918	FK 0	C 40
85	105	165	4100	827	4958	744	5513	5480	FK II	C 27	5560	FK II	C 27
86	105	165	4100	899	4559	829	4945	5081	HC	HC	5161	HC	C 18
87	105	165	4355	1748	2491	1741	2501	3013	HC	HC	3093	HC	HC
88	105	165	4100	833	4922	820	5000	5444	FK III	C 22	5524	FK II	C 27
89	105	165	4050	824	4915	808	5012	5437	FK III	C 22	5517	FK II	C 27
90	105	165	4040	775	5213	787	5133	5655	FK I	C 35	5735	FK I	C 35
91	105	165	4050	756	5358	811	4994	5516	FK II	C 27	5596	FK II	C 27
92	105	165	4045	784	5160	779	5193	5682	FK I	C 35	5762	FK I	C 35
93	105	165	4000	848	4717	822	4866	5239	HC	C 18	5319	FK III	C 22
94	105	165	4085	858	4761	849	4812	5283	FK III	C 22	5363	FK III	C 22
95	85	165	4490	933	4813	942	4767	5289	FK III	C 22	5369	FK III	C 22
96	85	165	4065	781	5204	770	5278	5726	FK I	C 35	5806	FK 0	C 40
97	85	165	4070	926	4395	930	4376	4898	HC	HC	4978	HC	HC
98	85	165	4050	800	5063	777	5212	5585	FK II	C 27	5665	FK I	C 35
99	85	165	4070	764	5327	805	5056	5578	FK II	C 27	5658	FK I	C 35
100	85	165	3990	945	4224	906	4405	4746	HC	HC	4826	HC	HC
101	85	165	4060	844	4811	864	4700	5222	HC	C 18	5302	FK III	C 22
102	85	165	4140	862	4802	861	4808	5324	FK III	C 22	5404	FK III	C 22
103	85	165	4490	1070	4198	1079	4163	4685	HC	HC	4765	HC	HC
104	85	165	4085	875	4669	892	4580	5102	HC	C 18	5182	HC	C 18
105	85	165	4050	761	5322	793	5107	5629	FK II	C 27	5709	FK I	C 35
106	85	165	4050	848	4776	846	4788	5298	FK II	C 27	5378	FK II	C 27
107	85	165	4095	895	4575	1289	3178	3700	HC	HC	3780	HC	HC
108	85	165	4495	939	4787	917	4902	5309	FK III	C 22	5389	FK III	C 22
109	85	165	4040	765	5280	746	5414	5802	FK 0	C 40	5882	FK 0	C 40
110	85	165	4000	775	5161	752	5318	5683	FK I	C 35	5763	FK I	C 35
111	85	165	4130	862	4791	835	4946	5313	FK III	C 22	5393	FK III	C 22

Nr.	Abmessungen (b, h: Nennmasse)			Ultraschall					Klassierung mittels Ultraschall					
									Annahme: w=30 %			Annahme: w=50 %		
	b [mm]	h [mm]	ℓ [mm]	t$_{o,F}$ [µs]	v$_{o,F}$ [m/s]	t$_{u,F}$ [µs]	v$_{u,F}$ [m/s]		v$_{12min}$ [m/s]	SIA 164	EN 338	v$_{12min}$ [m/s]	SIA 164	EN 338
112	85	165	3990	734	5437	765	5216		5738	FK I	C 35	5818	FK 0	C 40
113	85	165	4110	920	4469	863	4763		4991	HC	HC	5071	HC	HC
114	85	165	4130	819	5043	825	5006		5528	FK II	C 27	5608	FK II	C 27
115	85	165	3940	807	4883	792	4975		5405	FK III	C 22	5485	FK II	C 27
116	85	165	3530	654	5396	681	5186		5708	FK I	C 35	5788	FK I	C 35
117	85	165	3210	735	4369	736	4363		4885	HC	HC	4965	HC	HC
118	85	165	3910	753	5190	775	5046		5568	FK II	C 27	5648	FK II	C 27
119	85	165	3890	722	5388	681	5712		5910	FK 0	C 40	5990	FK 0	C 40
120	85	165	3620	689	5253	685	5283		5775	FK I	C 35	5855	FK 0	C 40
121	85	165	4200	886	4740	909	4620		5142	HC	C 18	5222	HC	C 18
122	85	165	3800	747	5087	748	5080		5602	FK II	C 27	5682	FK I	C 35
123	85	165	3480	764	4556	721	4827		5078	HC	HC	5158	HC	HC
124	85	165	3500	634	5521	641	5460		5982	FK 0	C 40	6062	FK 0	C 40
125	85	165	3890	737	5278	699	5565		5800	FK 0	C 40	5880	FK 0	C 40
126	85	165	3950	791	4994	777	5084		5516	FK II	C 27	5596	FK II	C 27
127	85	165	3935	763	5157	748	5260		5679	FK II	C 27	5759	FK I	C 35
128	85	165	4100	857	4784	878	4669		5191	FK I	C 35	5271	FK I	C 35
129	85	165	4060	898	4521	940	4319		4841	HC	C 18	4921	HC	HC
130	85	165	4090	815	5018	853	4795		5317	FK III	C 22	5397	FK III	C 22
131	85	165	4090	862	4745	835	4898		5267	FK III	C 22	5347	FK III	C 22
132	85	165	4045	766	5280	804	5031		5553	FK II	C 27	5633	FK II	C 27
133	85	165	4015	794	5057	816	4920		5442	FK III	C 22	5522	FK III	C 22
134	85	165	4025	837	4809	832	4838		5331	FK III	C 22	5411	FK III	C 22
135	85	165	4085	786	5197	787	5190		5712	FK I	C 35	5792	FK I	C 35
136	85	165	4005	795	5038	750	5340		5560	FK II	C 27	5640	FK II	C 27
137	85	165	4000	834	4796	824	4854		5318	FK III	C 22	5398	FK III	C 22
138	85	165	4000	859	4657	830	4819		5179	HC	C 18	5259	HC	C 18
139	85	165	4070	837	4863	799	5094		5385	FK III	C 22	5465	FK II	C 27
140	85	165	4050	754	5368	780	5194		5716	FK I	C 35	5796	FK I	C 35

Nr.	Abmessungen (b, h: Nennmasse)			Ultraschall					Klassierung mittels Ultraschall					
									Annahme: w=30 %			Annahme: w=50 %		
	b [mm]	h [mm]	ℓ [mm]	t$_{o,F}$ [µs]	v$_{o,F}$ [m/s]	t$_{u,F}$ [µs]	v$_{u,F}$ [m/s]		v$_{12min}$ [m/s]	SIA 164	EN 338	v$_{12min}$ [m/s]	SIA 164	EN 338
141	105	165	4215	811	5198	829	5085		5607	FK II	C 27	5687	FK I	C 35
142	105	165	4175	751	5560	758	5509		6031	FK 0	C 40	6111	FK 0	C 40
143	105	165	4055	767	5286	766	5293		5808	FK 0	C 40	5888	FK 0	C 40
144	105	165	4070	798	5101	810	5025		5547	FK II	C 27	5627	FK II	C 27
145	105	165	4135	755	5476	750	5513		5998	FK 0	C 40	6078	FK 0	C 40
146	105	165	4145	800	5181	790	5247		5703	FK I	C 35	5783	FK I	C 35
147	105	165	4500	855	5263	856	5257		5779	FK I	C 35	5859	FK 0	C 40
148	105	165	4145	749	5535	768	5398		5920	FK 0	C 40	6000	FK 0	C 40
149	105	165	4295	878	4892	881	4875		5397	FK II	C 22	5477	FK II	C 27
150	105	165	4025	828	4861	845	4762		5284	FK III	C 22	5364	FK III	C 22
151	105	165	4505	969	4649	877	5137		5171	HC	C 18	5251	FK III	C 22
152	105	165	4090	768	5325	777	5263		5785	FK I	C 35	5865	FK 0	C 40
153	85	165	4125	755	5463	775	5322		5844	FK 0	C 40	5924	FK 0	C 40
154	85	165	4495	924	4865	918	4897		5387	FK III	C 22	5467	FK II	C 27
155	85	165	4120	811	5080	793	5195		5602	FK II	C 27	5682	FK I	C 35
156	85	165	4200	833	5042	802	5235		5564	FK II	C 27	5644	FK II	C 27
157	85	165	4020	750	5360	789	5095		5617	FK II	C 27	5697	FK I	C 35
158	85	165	4210	809	5203	797	5281		5725	FK I	C 35	5805	FK 0	C 40
159	85	165	4505	967	4658	999	4509		5031	HC	HC	5111	HC	C 18
160	85	165	4045	795	5088	813	4975		5497	FK II	C 27	5577	FK II	C 27
161	85	165	4045	764	5294	754	5364		5816	FK 0	C 40	5896	FK 0	C 40
162	85	165	4080	966	4225	945	4319		4747	HC	HC	4827	HC	HC
163	85	165	4045	753	5371	763	5301		5823	FK 0	C 40	5903	FK 0	C 40
164	105	165	5130	955	5372	942	5446		5894	FK 0	C 40	5974	FK 0	C 40
165	105	165	5120	1017	5034	1034	4952		5474	FK II	C 27	5554	FK II	C 27
166	105	165	4905	882	5561	929	5280		5802	FK 0	C 40	5882	FK 0	C 40
167	105	165	4910	888	5529	920	5337		5859	FK 0	C 40	5939	FK 0	C 40
168	105	165	5020	1144	4388	1153	4354		4876	HC	HC	4956	HC	HC
169	105	165	5020	1100	4562	1117	4493		5015	HC	HC	5095	HC	HC

Nr.	Abmessungen (b, h: Nennmasse)			Ultraschall					Klassierung mittels Ultraschall					
									Annahme: w=30 %			Annahme: w=50 %		
	b [mm]	h [mm]	ℓ [mm]	t$_{o,F}$ [µs]	v$_{o,F}$ [m/s]	t$_{u,F}$ [µs]	v$_{u,F}$ [m/s]		v$_{12min}$ [m/s]	SIA 164	EN 338	v$_{12min}$ [m/s]	SIA 164	EN 338
170	105	165	5075	995	5100	927	5473		5622	FK II	C 27	5702	FK II	C 35
171	105	165	5100	938	5438	994	5131		5653	FK I	C 35	5733	FK I	C 35
172	105	165	5080	990	5131	993	5116		5638	FK II	C 27	5718	FK I	C 35
173	105	165	5160	1063	4854	1480	3486		4008	HC	HC	4088	HC	HC
174	105	165	5085	975	5216	1061	4792		5314	FK III	C 22	5394	FK III	C 22
175	105	165	5180	1060	4887	1040	4981		5409	FK III	C 22	5489	FK II	C 27
176	105	165	5090	958	5313	915	5563		5835	FK 0	C 40	5915	FK 0	C 40
177	105	165	5070	970	5227	975	5200		5722	FK I	C 35	5802	FK I	C 35
178	105	165	5085	988	5147	983	5173		5669	FK I	C 35	5749	FK I	C 35
179	105	165	5120	974	5257	954	5367		5779	FK 0	C 40	5859	FK 0	C 40
180	105	165	5145	1030	4995	1084	4747		5269	FK III	C 22	5349	FK III	C 22
181	105	165	5070	1000	5070	975	5200		5592	FK II	C 27	5672	FK I	C 35
182	105	165	5060	1066	4747	965	5244		5269	FK III	C 22	5349	FK III	C 22
183	105	165	5145	1024	5024	1022	5034		5546	FK II	C 27	5626	FK II	C 27
184	105	165	5100	1043	4890	957	5329		5412	FK III	C 22	5492	FK II	C 27
185	105	165	5155	1003	5140	986	5228		5662	FK II	C 27	5742	FK I	C 35
186	105	165	5145	967	5320	1010	5094		5616	FK I	C 35	5696	FK I	C 35
187	105	165	5140	1020	5039	1087	4729		5251	FK III	C 22	5331	FK III	C 22
188	105	165	5130	958	5356	941	5453		5878	FK 0	C 40	5958	FK 0	C 40
189	105	165	5150	1056	4878	984	5232		5400	FK III	C 22	5480	FK II	C 27
190	105	165	5045	1000	5045	934	5401		5567	FK II	C 27	5647	FK II	C 27
191	105	165	5145	1041	4942	1008	5104		5464	FK II	C 27	5544	FK II	C 27
192	105	165	5100	1025	4976	1049	4862		5384	FK III	C 22	5464	FK III	C 22
193	105	165	5150	1049	4910	1075	4791		5313	FK III	C 22	5393	FK III	C 22
194	105	165	5295	995	5322	1027	5156		5678	FK I	C 35	5758	FK I	C 35
195	105	165	5105	896	5698	935	5460		5982	FK 0	C 40	6062	FK 0	C 40
196	105	165	5095	1034	4928	1016	5015		5450	FK III	C 22	5530	FK III	C 22
197	105	165	5110	909	5622	896	5703		6144	FK 0	C 40	6224	FK 0	C 40
198	105	165	5150	1060	4859	1028	5010		5381	FK III	C 22	5461	FK II	C 27
199	105	165	5085	993	5120	1022	4976		5498	FK II	C 27	5578	FK II	C 27
200	105	165	5090	996	5110	1006	5060		5582	FK II	C 27	5662	FK I	C 35
201	105	165	5060	1009	5015	1012	5000		5522	FK II	C 27	5602	FK II	C 27
202	105	165	5200	1058	4915	1053	4938		5437	FK III	C 22	5517	FK II	C 27
203	105	165	5100	986	5172	937	5443		5694	FK I	C 35	5774	FK I	C 35
204	105	165	5090	977	5209	935	5443		5731	FK I	C 35	5811	FK 0	C 40
205	105	165	5130	1027	4995	1022	5020		5517	FK II	C 27	5597	FK II	C 27
206	85	165	4500	782	5754	803	5604		6126	FK 0	C 40	6206	FK 0	C 40
207	85	165	4620	935	4941	943	4899		5421	FK III	C 22	5501	FK II	C 27
208	85	165	4500	870	5172	891	5051		5573	FK II	C 27	5653	FK I	C 35
209	85	165	4500	872	5161	870	5172		5683	FK I	C 35	5763	FK I	C 35
210	85	165	5100	1039	4909	1029	4956		5431	FK III	C 22	5511	FK II	C 27
211	85	165	5085	1056	4816	1044	4871		5338	FK III	C 22	5418	FK III	C 22
212	85	165	5110	977	5230	967	5284		5752	FK I	C 35	5832	FK 0	C 40
213	85	165	5120	1005	5095	996	5141		5617	FK II	C 27	5697	FK I	C 35
214	85	165	5200	1052	4943	1031	5044		5465	FK II	C 27	5545	FK II	C 27
215	105	165	4075	809	5037	826	4933		5455	FK II	C 27	5535	FK II	C 27
216	105	165	4075	1389	2934	1389	2934		3456	HC	HC	3536	HC	HC
217	105	165	4075	852	4783	890	4579		5101	HC	C 18	5181	HC	C 18
218	105	165	3500	1340	2612	1368	2558		3080	HC	HC	3160	HC	HC
219	105	165	3765	867	4343	937	4018		4540	HC	HC	4620	HC	HC
220	105	165	3765	1336	2818	1377	2734		3256	HC	HC	3336	HC	HC
221	105	165	3940	804	4900	834	4724		5246	FK II	C 27	5326	FK II	C 27
222	105	165	3765	799	4712	845	4456		4978	HC	C 18	5058	HC	HC
223	105	165	3540	1545	2291	1499	2362		2813	HC	HC	2893	HC	HC
224	105	165	3540	1245	2843	1303	2717		3239	HC	HC	3319	HC	HC
225	105	165	3540	741	4777	723	4896		5299	FK III	C 22	5379	FK III	C 22
226	105	165	3540	689	5138	699	5064		5586	FK II	C 27	5666	FK I	C 35
227	105	165	3940	765	5150	836	4713		5235	HC	C 22	5315	FK III	C 22

Nr.	Abmessungen (b, h: Nennmasse)			Ultraschall					Klassierung mittels Ultraschall					
	b [mm]	h [mm]	ℓ [mm]	t$_{o,F}$ [µs]	v$_{o,F}$ [m/s]	t$_{u,F}$ [µs]	v$_{u,F}$ [m/s]		Annahme: w=30 %			Annahme: w=50 %		
									v$_{12min}$ [m/s]	SIA 164	EN 338	v$_{12min}$ [m/s]	SIA 164	EN 338
228	105	165	3940	867	4544	825	4776		5066	HC	HC	5146	HC	C 18
229	105	165	3540	1555	2277	1412	2507		2799	HC	HC	2879	HC	HC
230	105	165	4195	953	4402	970	4325		4847	HC	HC	4927	HC	HC
231	105	165	4005	802	4994	837	4785		5307	FK III	C 22	5387	FK III	C 22
232	105	165	4080	1329	3070	1331	3065		3587	HC	HC	3667	HC	HC
233	105	165	4060	834	4868	830	4892		5390	FK III	C 22	5470	FK II	HC
234	105	165	4070	1329	3062	942	4321		3584	HC	HC	3664	HC	HC
235	105	165	4050	1550	2613	1576	2570		3092	HC	HC	3172	HC	HC
236	105	165	4025	810	4969	797	5050		5491	FK II	C 27	5571	FK II	HC
237	105	165	4100	833	4922	875	4686		5208	HC	HC	5288	FK III	HC
238	105	165	4065	872	4662	889	4573		5095	HC	HC	5175	HC	C 18
239	105	165	3995	918	4352	926	4314		4836	HC	HC	4916	HC	HC
240	105	165	4070	1100	3700	1446	2815		3337	HC	HC	3417	HC	HC
241	105	165	3995	828	4825	800	4994		5347	FK III	C 22	5427	FK III	HC
242	105	165	3990	892	4473	859	4645		4995	HC	HC	5075	HC	HC
243	105	165	4490	1753	2561	1760	2551		3073	HC	HC	3153	HC	HC
244	105	165	4490	1490	3013	1538	2919		3441	HC	HC	3521	HC	HC
245	105	165	4490	1631	2753	1654	2715		3237	HC	HC	3317	HC	HC
246	105	165	4490	1200	3742	1562	2875		3397	HC	HC	3477	HC	HC
247	105	165	4080	1369	2980	1420	2873		3395	HC	HC	3475	HC	HC
248	105	165	4010	1435	2794	1443	2779		3301	HC	HC	3381	HC	HC
249	105	165	4010	1419	2826	1400	2864		3348	HC	HC	3428	HC	HC
250	105	165	4170	1450	2876	1200	3475		3398	HC	HC	3478	HC	HC
251	105	165	4120	1511	2727	1536	2682		3204	HC	HC	3284	HC	HC
252	105	165	4150	841	4935	809	5130		5457	FK II	C 27	5537	FK II	C 27
253	105	165	4120	1442	2857	1430	2881		3379	HC	HC	3459	HC	HC
254	105	165	4090	1414	2893	1085	3770		3415	HC	HC	3495	HC	HC
255	105	165	4145	1015	4084	989	4191		4606	HC	HC	4686	HC	HC
256	105	165	4150	970	4278	933	4448		4800	HC	HC	4880	HC	HC
257	105	165	4150	1306	3178	1313	3161		3683	HC	HC	3763	HC	HC
258	105	165	4100	1017	4031	1380	2971		3493	HC	HC	3573	HC	HC
259	105	165	4090	1437	2846	1420	2880		3368	HC	HC	3448	HC	HC
260	105	165	4085	1021	4001	1027	3978		4500	HC	HC	4580	HC	HC
261	105	165	4150	914	4540	862	4814		5062	HC	HC	5142	HC	C 18
262	105	165	4130	1440	2868	1446	2856		3378	HC	HC	3458	HC	HC
263	105	165	4080	1335	3056	1325	3079		3578	HC	HC	3658	HC	HC
264	105	165	4065	1406	2891	1407	2889		3411	HC	HC	3491	HC	HC
265	105	165	4095	907	4515	909	4505		5027	HC	HC	5107	HC	C 18
266	105	165	4100	1035	3961	1413	2902		3424	HC	HC	3504	HC	HC
267	105	165	4110	884	4649	878	4681		5171	HC	C 18	5251	FK III	C 22
268	105	165	4040	914	4420	848	4764		4942	HC	HC	5022	HC	HC
269	105	165	4070	1340	3037	1452	2803		3325	HC	HC	3405	HC	HC
270	105	165	4005	868	4614	872	4593		5115	HC	C 18	5195	HC	C 18
271	105	165	4070	1040	3913	1405	2897		3419	HC	HC	3499	HC	HC
272	105	165	4030	825	4885	862	4675		5197	HC	C 18	5277	FK III	C 22
273	105	165	4080	933	4373	922	4425		4895	HC	HC	4975	HC	HC
274	105	165	4270	1522	2806	1575	2711		3233	HC	HC	3313	HC	HC
275	105	165	4090	782	5230	778	5257		5752	FK I	C 35	5832	FK 0	C 40
276	105	165	4085	888	4600	884	4621		5122	HC	C 18	5202	HC	C 18
277	105	165	4110	1419	2896	1408	2919		3418	HC	HC	3498	HC	HC
278	105	165	4265	1536	2777	1515	2815		3299	HC	HC	3379	HC	HC
279	105	165	4110	946	4345	949	4331		4853	HC	HC	4933	HC	HC
280	105	165	4010	862	4652	853	4701		5174	HC	C 18	5254	FK III	HC
281	105	165	4360	1851	2355	1864	2339		2861	HC	HC	2941	HC	HC
282	105	165	4310	1050	4105	1060	4066		4588	HC	HC	4668	HC	HC
283	105	165	4070	895	4547	930	4376		4898	HC	HC	4978	HC	HC
284	105	165	4310	1097	3929	1100	3918		4440	HC	HC	4520	HC	HC
285	105	165	4500	1264	3560	1607	2800		3322	HC	HC	3402	HC	HC

Nr.	Abmessungen (b, h: Nennmasse)			Ultraschall					Klassierung mittels Ultraschall					
									Annahme: w=30 %			Annahme: w=50 %		
	b [mm]	h [mm]	l [mm]	t$_{o,F}$ [µs]	v$_{o,F}$ [m/s]	t$_{u,F}$ [µs]	v$_{u,F}$ [m/s]		v$_{12min}$ [m/s]	SIA 164	EN 338	v$_{12min}$ [m/s]	SIA 164	EN 338
315	105	165	4125	1445	2855	1415	2915		3377	HC	HC	3457	HC	HC
316	105	165	4120	1421	2899	1425	2891		3413	HC	HC	3493	HC	HC
317	105	165	4050	1543	2625	1599	2533		3055	HC	HC	3135	HC	HC
318	105	165	4500	990	4545	956	4707		5067	HC	HC	5147	HC	C 18
319	105	165	4065	1070	3799	1427	2849		3371	HC	HC	3451	HC	HC
320	105	165	4035	880	4585	897	4498		5020	HC	HC	5100	HC	C 18
321	105	165	4120	989	4166	1016	4055		4577	HC	HC	4657	HC	HC
322	105	165	4075	1440	2830	1412	2886		3352	HC	HC	3432	HC	HC
323	105	165	4130	1319	3131	961	4298		3653	HC	HC	3733	HC	HC
324	105	165	4070	1317	3090	884	4604		3612	HC	HC	3692	HC	HC
325	105	165	4120	982	4196	983	4191		4713	HC	HC	4793	HC	HC
326	105	165	4050	1674	2419	1715	2362		2884	HC	HC	2964	HC	HC
327	105	165	4060	1365	2974	1368	2968		3490	HC	HC	3570	HC	HC
328	105	165	4000	1316	3040	948	4219		3562	HC	HC	3642	HC	HC
329	105	165	4130	879	4699	911	4533		5055	HC	HC	5135	HC	HC
330	105	165	4060	1351	3005	1432	2835		3357	HC	HC	3437	HC	HC
331	105	165	4060	936	4338	943	4305		4827	HC	HC	4907	HC	HC
332	105	165	4050	859	4715	880	4602		5124	HC	C 18	5204	HC	C 18
333	105	165	4260	930	4581	940	4532		5054	HC	HC	5134	HC	HC
334	105	165	4120	952	4328	978	4213		4735	HC	HC	4815	HC	HC
335	105	165	4050	1440	2813	1483	2731		3253	HC	HC	3333	HC	HC
336	105	165	4270	1097	3892	1529	2793		3315	HC	HC	3395	HC	HC
337	105	165	4260	1027	4148	1402	3039		3561	HC	HC	3641	HC	HC
338	105	165	4250	1559	2726	1588	2676		3198	HC	HC	3278	HC	HC
339	105	165	3600	876	4110	871	4133		4632	HC	HC	4712	HC	HC
340	105	165	3960	984	4024	987	4012		4534	HC	HC	4614	HC	HC
341	105	165	3620	922	3926	915	3956		4448	HC	HC	4528	HC	HC
342	105	165	3940	1578	2497	1650	2388		2910	HC	HC	2990	HC	HC
343	105	165	3500	914	3829	1311	2670		3192	HC	HC	3272	HC	HC

Nr.	Abmessungen (b, h: Nennmasse)			Ultraschall					Klassierung mittels Ultraschall					
									Annahme: w=30 %			Annahme: w=50 %		
	b [mm]	h [mm]	l [mm]	t$_{o,F}$ [µs]	v$_{o,F}$ [m/s]	t$_{u,F}$ [µs]	v$_{u,F}$ [m/s]		v$_{12min}$ [m/s]	SIA 164	EN 338	v$_{12min}$ [m/s]	SIA 164	EN 338
286	105	165	4050	971	4171	997	4062		4584	HC	HC	4664	HC	HC
287	105	165	4120	1460	2822	1517	2716		3238	HC	HC	3318	HC	HC
288	105	165	4110	1070	3841	1495	2749		3271	HC	HC	3351	HC	HC
289	105	165	4500	1640	2744	1651	2726		3248	HC	HC	3328	HC	HC
290	105	165	4010	950	4221	940	4266		4743	HC	HC	4823	HC	HC
291	105	165	4090	1477	2769	1457	2807		3291	HC	HC	3371	HC	HC
292	105	165	4000	930	4301	975	4103		4625	HC	HC	4705	HC	HC
293	105	165	4000	1392	2874	1386	2886		3396	HC	HC	3476	HC	HC
294	105	165	4140	1682	2461	1694	2444		2966	HC	HC	3046	HC	HC
295	105	165	4140	1670	2479	1643	2520		3001	HC	HC	3081	HC	HC
296	105	165	4010	1451	2764	1447	2771		3286	HC	HC	3366	HC	HC
297	105	165	4060	1592	2550	1542	2633		3072	HC	HC	3152	HC	HC
298	105	165	4500	1019	4416	1015	4433		4938	HC	HC	5018	HC	HC
299	105	165	4140	1025	4039	1380	3000		3522	HC	HC	3602	HC	HC
300	105	165	4000	1406	2845	1393	2872		3367	HC	HC	3447	HC	HC
301	105	165	4080	1550	2632	1546	2639		3154	HC	HC	3234	HC	HC
302	105	165	4060	1048	3874	1440	2819		3341	HC	HC	3421	HC	HC
303	105	165	4150	875	4743	879	4721		5243	FK III	C 18	5323	FK III	C 22
304	105	165	4140	1065	3887	1030	4019		4409	HC	HC	4489	HC	HC
305	105	165	4000	1602	2497	1590	2516		3019	HC	HC	3099	HC	HC
306	105	165	4140	960	4313	948	4367		4835	HC	HC	4915	HC	HC
307	105	165	4180	1070	3907	1434	2915		3437	HC	HC	3517	HC	HC
308	105	165	4270	1819	2347	1815	2353		2869	HC	HC	2949	HC	HC
309	105	165	4050	865	4682	816	4963		5204	FK III	C 18	5284	FK III	C 22
310	105	165	4010	940	4266	942	4500		3464	HC	HC	3544	HC	HC
311	105	165	4500	975	4615	1000	4500		5022	HC	HC	5102	HC	C 18
312	105	165	4180	982	4257	980	4265		4779	HC	HC	4859	HC	HC
313	105	165	4000	1411	2835	1391	2876		3357	HC	HC	3437	HC	HC
314	105	165	4280	1895	2259	1940	2206		2728	HC	HC	2808	HC	HC

Nr.	Abmessungen (b, h: Nennmasse)			Ultraschall				Klassierung mittels Ultraschall					
								Annahme: w=30 %			Annahme: w=50 %		
	b [mm]	h [mm]	ℓ [mm]	t₀,F [μs]	v₀,F [m/s]	t_u,F [μs]	v_u,F [m/s]	v₁₂min [m/s]	SIA 164	EN 338	v₁₂min [m/s]	SIA 164	EN 338
344	105	165	3890	959	4056	977	3982	4504	HC	HC	4584	HC	HC
345	105	165	3950	899	4394	828	4771	4916	HC	HC	4996	HC	HC
346	105	165	3500	750	4667	714	4902	5189	FK III	C 18	5269	FK III	C 22
347	105	165	3960	962	4116	976	4057	4579	HC	HC	4659	HC	HC
348	105	165	3520	811	4340	829	4246	4768	HC	HC	4848	HC	HC
349	105	165	3500	1197	2924	870	4023	3446	HC	HC	3526	HC	HC
350	105	165	3880	977	3971	1001	3876	4398	HC	HC	4478	HC	HC
351	105	165	3880	1479	2623	1475	2631	3145	HC	HC	3225	HC	HC
352	105	165	4100	1857	2208	1864	2200	2722	HC	HC	2802	HC	HC
353	105	165	3900	9020	432	926	4212	954	HC	HC	1034	HC	HC
354	105	165	4060	1396	2908	1363	2979	3430	HC	HC	3510	HC	HC
355	105	165	3940	1599	2464	1563	2521	2986	HC	HC	3066	HC	HC
356	105	165	3880	1377	2818	1018	3811	3340	HC	HC	3420	HC	HC
357	105	165	4220	932	4528	904	4668	5050	HC	HC	5130	HC	C 18
358	105	165	3500	1524	2297	1537	2277	2799	HC	HC	2879	HC	HC
359	105	165	3920	904	4336	882	4444	4858	HC	HC	4938	HC	HC
360	105	165	4030	1547	2605	1524	2644	3127	HC	HC	3207	HC	HC
361	105	165	4095	1782	2298	1795	2281	2803	HC	HC	2883	HC	HC
362	105	165	4210	993	4240	970	4340	4762	HC	HC	4842	HC	HC
363	105	165	4200	1086	3867	1110	3784	4306	HC	HC	4386	HC	HC
364	105	165	4050	1416	2860	1487	2724	3246	HC	HC	3326	HC	HC
365	105	165	4280	1834	2334	1866	2294	2816	HC	HC	2896	HC	HC
366	105	165	4130	1144	3610	1141	3620	4132	HC	HC	4212	HC	HC
367	105	165	4230	1465	2887	1031	4103	3409	HC	HC	3489	HC	HC
368	105	165	4070	914	4453	1337	3044	3566	HC	HC	3646	HC	HC
369	105	165	4060	1385	2931	1379	2944	3453	HC	HC	3533	HC	HC
370	105	165	4020	1553	2589	1569	2562	3084	HC	HC	3164	HC	HC
371	105	165	4240	1045	4057	1475	2875	3397	HC	HC	3477	HC	HC
372	105	165	4130	1137	3632	1137	3632	4154	HC	HC	4234	HC	HC
373	105	165	4150	943	4401	1351	3072	3594	HC	HC	3674	HC	HC
374	105	165	3910	1520	2572	1492	2621	3094	HC	HC	3174	HC	HC
375	105	165	4280	1779	2406	1790	2391	2913	HC	HC	2993	HC	HC
376	105	165	4080	1410	2894	1391	2933	3416	HC	HC	3496	HC	HC
377	105	165	3910	1694	2308	1719	2275	2797	HC	HC	2877	HC	HC
378	105	165	4070	937	4344	940	4330	4852	HC	HC	4932	HC	HC
379	105	165	4050	1436	2820	1367	2963	3342	HC	HC	3422	HC	HC
380	105	165	4090	890	4596	872	4690	5118	HC	C 18	5198	HC	C 18
381	105	165	4150	1003	4138	1009	4113	4635	HC	HC	4715	HC	HC
382	105	165	4020	951	4227	934	4304	4749	HC	HC	4829	HC	HC
383	105	165	4075	930	4382	902	4518	4904	HC	HC	4984	HC	HC
384	105	165	4130	908	4548	926	4460	4982	HC	HC	5062	HC	HC
385	105	165	4130	952	4338	936	4412	4860	HC	HC	4940	HC	HC
386	105	165	4030	1459	2762	1059	3805	3284	HC	HC	3364	HC	HC
387	105	165	4040	1171	3450	1562	2586	3108	HC	HC	3188	HC	HC
388	105	165	4110	930	4419	907	4531	4941	HC	HC	5021	HC	HC
389	105	165	4050	1650	2455	1633	2480	2977	HC	HC	3057	HC	HC
390	105	165	4060	1035	3923	1036	3919	4441	HC	HC	4521	HC	HC
391	105	165	4120	899	4583	908	4537	5059	HC	HC	5139	HC	C 18
392	105	165	4080	819	4982	875	4663	5185	HC	C 18	5265	FK III	C 22
393	105	165	4080	937	4317	930	4354	4839	HC	HC	4919	HC	HC
394	105	165	4030	906	4448	930	4333	4855	HC	HC	4935	HC	HC
395	105	165	4100	1495	2742	1079	3800	3264	HC	HC	3344	HC	HC
396	105	165	4100	1067	3843	1073	3821	4343	HC	HC	4423	HC	HC
397	105	165	4110	955	4304	931	4415	4826	HC	HC	4906	HC	HC
398	105	165	4140	819	5055	862	4803	5325	HC	HC	5405	FK III	C 22
399	105	165	4070	1560	2609	1621	2511	3033	HC	HC	3113	HC	HC
400	105	165	3810	1232	3093	890	4281	3615	HC	HC	3695	HC	HC
401	105	165	4080	995	4101	1061	3845	4367	HC	HC	4447	HC	HC

Nr.	Abmessungen (b, h: Nennmasse)			Ultraschall					Klassierung mittels Ultraschall					
									Annahme: w=30 %			Annahme: w=50 %		
	b [mm]	h [mm]	ℓ [mm]	t_{o,F} [µs]	v_{o,F} [m/s]	t_{u,F} [µs]	v_{u,F} [m/s]		v_{12min} [m/s]	SIA 164	EN 338	v_{12min} [m/s]	SIA 164	EN 338
431	105	165	4080	867	4706	918	4444		4966	HC	HC	5046	HC	HC
432	105	165	4040	995	4060	996	4056		4578	HC	HC	4658	HC	HC
433	105	165	4070	915	4448	926	4395		4917	HC	HC	4997	HC	HC
434	105	165	4100	1065	3850	1052	3897		4372	HC	HC	4452	HC	HC
435	105	165	4120	1009	4083	998	4128		4605	HC	HC	4685	HC	HC
436	105	165	4330	1631	2655	1580	2741		3177	HC	HC	3257	HC	HC
437	105	165	3990	904	4414	909	4389		4911	HC	HC	4991	HC	HC
438	105	165	4500	1000	4500	980	4592		5022	HC	HC	5102	HC	C 18
439	105	165	4340	1165	3725	1547	2805		3327	HC	HC	3407	HC	HC
440	105	165	4500	972	4630	983	4578		5100	HC	HC	5180	HC	C 18
441	105	165	4050	883	4587	885	4576		5098	HC	HC	5178	HC	C 18
442	105	165	4010	899	4461	909	4411		4933	HC	HC	5013	HC	HC
443	105	165	4120	1049	3928	1385	2975		3497	HC	HC	3577	HC	HC
444	105	165	4100	1081	3793	1104	3714		4236	HC	HC	4316	HC	HC
445	105	165	4060	1040	3904	1360	2985		3507	HC	HC	3587	HC	HC
446	105	165	4060	812	5000	853	4760		5282	FK III	C 22	5362	FK III	C 22
447	105	165	4170	911	4577	890	4685		5099	HC	HC	5179	HC	C 18
448	105	165	4200	1722	2439	1720	2442		2961	HC	HC	3041	HC	HC
449	105	165	4060	870	4667	852	4765		5189	HC	HC	5269	HC	C 22
450	105	165	4050	930	4355	949	4268		4790	HC	HC	4870	HC	HC
451	105	165	4070	1717	2370	1720	2366		2888	HC	C 18	2968	HC	HC
452	105	165	4020	850	4729	796	5050		5251	FK III	C 22	5331	FK III	C 22
453	105	165	4060	1685	2409	1340	3030		2931	HC	HC	3011	HC	HC
454	105	165	4210	1680	2506	1690	2491		3013	HC	HC	3093	HC	HC
455	105	165	4000	1540	2597	1534	2608		3119	HC	HC	3199	HC	HC
456	105	165	4100	997	4112	998	4108		4630	HC	HC	4710	HC	HC
457	105	165	3990	949	4204	982	4063		4585	HC	HC	4665	HC	HC
458	105	165	4070	1729	2354	1777	2290		2812	HC	HC	2892	HC	HC
459	105	165	4000	1564	2558	1608	2488		3010	HC	HC	3090	HC	HC

Nr.	Abmessungen (b, h: Nennmasse)			Ultraschall					Klassierung mittels Ultraschall					
									Annahme: w=30 %			Annahme: w=50 %		
	b [mm]	h [mm]	ℓ [mm]	t_{o,F} [µs]	v_{o,F} [m/s]	t_{u,F} [µs]	v_{u,F} [m/s]		v_{12min} [m/s]	SIA 164	EN 338	v_{12min} [m/s]	SIA 164	EN 338
402	105	165	4200	978	4294	964	4357		4816	HC	HC	4896	HC	HC
403	105	165	4500	1599	2814	1609	2797		3319	HC	HC	3399	HC	HC
404	105	165	4050	918	4412	895	4525		4934	HC	HC	5014	HC	HC
405	105	165	4110	1419	2896	1430	2874		3396	HC	HC	3476	HC	HC
406	105	165	4070	1426	2854	1484	2743		3265	HC	HC	3345	HC	HC
407	105	165	4110	1336	3076	1385	2968		3490	HC	HC	3570	HC	HC
408	105	165	4500	1649	2729	1691	2661		3183	HC	HC	3263	HC	HC
409	105	165	4060	1366	2972	1331	3050		3494	HC	HC	3574	HC	HC
410	105	165	4200	877	4789	897	4682		5204	HC	C 18	5284	FK III	C 22
411	105	165	4110	1326	3100	1361	3020		3542	HC	HC	3622	HC	HC
412	105	165	4160	1439	2891	1025	4059		3413	HC	HC	3493	HC	HC
413	105	165	4080	959	4254	913	4469		4776	HC	HC	4856	HC	HC
414	105	165	4070	895	4547	916	4443		4965	HC	HC	5045	HC	HC
415	105	165	4130	1724	2396	1741	2372		2894	HC	HC	2974	HC	HC
416	105	165	4010	908	4416	986	4067		4589	HC	HC	4669	HC	HC
417	105	165	4090	1309	3125	1354	3021		3543	HC	HC	3623	HC	HC
418	105	165	4130	1529	2701	1510	2735		3223	HC	HC	3303	HC	HC
419	105	165	4170	1093	3815	1472	2833		3355	HC	HC	3435	HC	HC
420	105	165	4080	899	4538	909	4488		5010	HC	HC	5090	HC	HC
421	105	165	4130	1565	2639	1533	2694		3161	HC	HC	3241	HC	HC
422	105	165	4080	1520	2684	1504	2713		3206	HC	HC	3286	HC	HC
423	105	165	4090	881	4642	848	4823		5164	HC	C 18	5244	HC	C 18
424	105	165	4060	892	4552	908	4471		4993	HC	HC	5073	HC	HC
425	105	165	4070	1570	2592	1532	2657		3114	HC	HC	3194	HC	HC
426	105	165	4270	978	4366	955	4471		4888	HC	HC	4968	HC	HC
427	105	165	4130	1723	2397	1687	2448		2919	HC	HC	2999	HC	HC
428	105	165	3130	742	4218	789	3967		4489	HC	HC	4569	HC	HC
429	105	165	3210	745	4309	719	4465		4831	HC	HC	4911	HC	HC
430	105	165	4110	911	4512	891	4613		5034	HC	HC	5114	HC	C 18

Nr.	Abmessungen (b, h: Nennmasse)			Ultraschall						Klassierung mittels Ultraschall					
										Annahme: w=30 %			Annahme: w=50 %		
	b [mm]	h [mm]	ℓ [mm]	t_o,F [µs]	v_o,F [m/s]	t_u,F [µs]	v_u,F [m/s]			v_12min [m/s]	SIA 164	EN 338	v_12min [m/s]	SIA 164	EN 338
460	105	165	4030	983	4100	1393	2893			3415	HC	HC			
461	105	165	4220	837	5042	811	5203			5564	FK II	C 27			
462	105	165	4170	905	4608	895	4659			5130	HC	C 18			
463	105	165	4090	999	4094	1023	3998			4520	HC	HC			
464	105	165	4070	932	4367	934	4358			4880	HC	HC			
465	105	165	4060	1059	3834	1396	2908			3430	HC	HC			
466	105	165	4050	899	4505	876	4623			5027	HC	HC			
467	105	165	4040	972	4156	1340	3015			3537	HC	C 18			
468	105	165	4030	1431	2816	1436	2806			3328	HC	HC			
469	105	165	4070	1749	2327	1707	2384			2849	HC	HC			
470	105	165	4000	897	4459	892	4484			4981	HC	HC			
471	105	165	4000	981	4077	972	4115			4599	HC	HC			
472	105	165	4140	960	4313	928	4461			4835	HC	HC			
473	105	165	5160	1067	4836	1097	4704			5226	HC	C 18			
474	105	165	5050	1067	4733	1029	4908			5255	FK III	C 22			
475	105	165	4850	1271	3816	1306	3714			4236	FK III	HC			
476	105	165	5140	1526	3368	1528	3364			3886	HC	HC			
477	105	165	5010	1117	4485	1483	3378			3900	HC	HC			
478	105	165	5120	1690	3030	1621	3159			3552	HC	HC			
479	105	165	5180	1831	2829	1839	2817			3339	HC	HC			
480	105	165	5140	1073	4790	1093	4703			5225	HC	C 18			
481	105	165	5110	1717	2976	1360	3757			3498	HC	C 22			
482	105	165	5150	1877	2744	1943	2651			3173	HC	HC			
483	105	165	5130	1753	2926	1779	2884			3406	HC	HC			
484	105	165	5150	1053	4891	1089	4729			5251	FK III	C 22			
485	105	165	5050	1031	4898	1058	4773			5295	FK III	C 22			
486	105	165	5150	1176	4379	1559	3303			3825	HC	HC			
487	105	165	5130	1635	3138	1662	3087			3609	HC	HC			
488	105	165	4990	1478	3376	1494	3340			3862	HC	HC			

Nr.	Abmessungen (b, h: Nennmasse)			Ultraschall				Klassierung mittels Ultraschall					
								Annahme: w=30 %			Annahme: w=50 %		
	b [mm]	h [mm]	ℓ [mm]	t_o,F [µs]	v_o,F [m/s]	t_u,F [µs]	v_u,F [m/s]	v_12min [m/s]	SIA 164	EN 338	v_12min [m/s]	SIA 164	EN 338
489	105	165	5060	1110	4559	1102	4592	5081	HC	HC	5161	HC	C 18
490	105	165	5220	1042	5010	1063	4911	5433	FK III	C 22	5513	FK II	C 27
491	105	165	5110	1163	4394	1160	4405	4916	HC	HC	4996	HC	HC
492	105	165	5090	2236	2276	2362	2155	2677	HC	HC	2757	HC	HC
493	105	165	5150	1106	4656	1096	4699	5178	HC	C 18	5258	FK III	C 22
494	105	165	5130	1355	3786	1717	2988	3510	HC	HC	3590	HC	HC
495	105	165	5120	1183	4328	1236	4142	4664	HC	HC	4744	HC	HC
496	105	165	5140	1855	2771	1920	2677	3199	HC	HC	3279	HC	HC
497	105	165	5130	1824	2813	1814	2828	3335	HC	HC	3415	HC	HC
498	105	165	5090	1074	4739	1091	4665	5187	HC	C 18	5267	FK III	C 22
499	105	165	5110	1360	3757	1689	3025	3547	HC	HC	3627	HC	HC
500	105	165	5140	1106	4647	1134	4533	5055	HC	HC	5135	HC	C 18
501	105	165	5100	1402	3638	1417	3599	4121	HC	HC	4201	HC	HC
502	105	165	5110	1682	3038	1691	3022	3544	HC	HC	3624	HC	HC
503	105	165	5120	1085	4719	1111	4608	5130	HC	C 18	5210	HC	C 18
504	105	165	5150	1160	4440	1153	4467	4962	HC	HC	5042	HC	HC
505	105	165	5070	1526	3322	1600	2813	3844	HC	HC	3924	HC	HC
506	105	165	5160	1171	4406	1518	3399	3921	HC	HC	4001	HC	HC
507	105	165	5040	1059	4759	987	5106	5281	FK III	C 22	5361	FK III	C 27
508	105	165	4990	1032	4835	1077	4633	5155	HC	C 18	5235	HC	C 18
509	105	165	4620	1466	3151	1130	4088	3673	HC	HC	3753	HC	C 22
510	105	165	4700	1036	4537	1042	4511	5033	HC	HC	5113	HC	C 18
511	105	165	4690	1060	4425	1085	4323	4845	HC	HC	4925	HC	HC
512	105	165	4500	1580	2848	1600	2813	3335	HC	HC	3415	HC	HC
513	105	165	4500	911	4940	922	4881	5403	FK III	C 22	5483	FK II	C 27
514	105	165	5290	1119	4727	1151	4596	5118	HC	C 18	5198	HC	C 18
515	105	165	5110	1047	4881	1074	4758	5280	HC	C 22	5360	HC	C 22
516	105	165	5190	1066	4869	1083	4792	5314	FK III	C 22	5394	FK III	C 22
517	105	165	4590	981	4679	1008	4554	5076	HC	HC	5156	HC	C 18

Nr.	Abmessungen (b, h: Nennmasse)			Ultraschall				Klassierung mittels Ultraschall					
								Annahme: w=30 %			Annahme: w=50 %		
	b [mm]	h [mm]	ℓ [mm]	t$_{o,F}$ [μs]	v$_{o,F}$ [m/s]	t$_{u,F}$ [μs]	v$_{u,F}$ [m/s]	v$_{12min}$ [m/s]	SIA 164	EN 338	v$_{12min}$ [m/s]	SIA 164	EN 338
518	105	165	4700	1215	3868	1180	3983	4390	HC	HC	4470	HC	HC
519	105	165	5060	1056	4792	1023	4946	5314	FK III	C 22	5394	FK III	C 22
520	105	165	5070	1188	4268	1550	3271	3793	HC	HC	3873	HC	HC
521	105	165	5150	1498	3438	1185	4346	3960	HC	HC	4040	HC	HC
522	105	165	5080	1551	3275	1590	3195	3717	HC	HC	3797	HC	HC
523	105	165	5000	1487	3362	1842	2714	3236	HC	HC	3316	HC	HC
524	105	165	5080	1779	2856	1809	2808	3330	HC	HC	3410	HC	HC
525	105	165	5130	1050	4886	1085	4728	5250	FK III	C 22	5330	FK III	C 22
526	105	165	5170	1147	4507	1167	4430	4952	HC	HC	5032	HC	HC
527	105	165	5120	1537	3331	1553	3297	3819	HC	HC	3899	HC	HC
528	105	165	4620	977	4729	988	4676	5198	HC	C 18	5278	FK III	C 22
529	105	165	5110	1166	4383	1182	4323	4845	HC	HC	4925	HC	HC
530	105	165	5140	1072	4795	998	5150	5317	FK III	C 22	5397	FK III	C 22
531	105	165	5110	969	5273	1031	4956	5478	FK II	C 27	5558	FK II	C 27
532	105	165	5150	1066	4831	1074	4795	5317	FK III	C 22	5397	FK III	C 22
533	105	165	5100	1211	4211	1239	4116	4638	HC	HC	4718	HC	HC
534	105	165	5150	1627	3165	1664	3095	3617	HC	HC	3697	HC	HC
535	105	165	5150	1729	2979	1731	2975	3497	HC	HC	3577	HC	HC
536	105	165	5160	1642	3143	1284	4019	3665	HC	HC	3745	HC	HC
537	105	165	5130	1070	4794	1083	4737	5259	FK III	C 22	5339	FK III	C 22
538	105	165	5060	1893	2673	1949	2596	3118	HC	HC	3198	HC	HC
539	105	165	4670	1715	2723	1709	2733	3245	HC	HC	3325	HC	HC
540	105	165	4500	947	4752	937	4803	5274	HC	C 22	5354	FK III	C 22
541	105	165	4950	1076	4600	1066	4644	5122	HC	C 18	5202	FK III	C 18
542	105	165	4550	955	4764	935	4866	5286	HC	C 22	5366	FK III	C 22
543	105	165	4940	1025	4820	1029	4801	5323	FK III	C 22	5403	FK III	C 22
544	105	165	5170	1147	4507	1119	4620	5029	HC	C 18	5109	HC	C 18
545	105	165	5080	1829	2777	1826	2782	3299	HC	HC	3379	HC	HC
546	105	165	5140	1131	4545	1481	3471	3993	HC	HC	4073	HC	HC
547	105	165	5110	1055	4844	1035	4937	5366	FK III	C 22	5446	FK III	C 22
548	105	165	5010	1023	4897	1025	4888	5410	FK III	C 22	5490	FK II	C 27
549	105	165	5060	1141	4435	1150	4400	4922	HC	HC	5002	HC	HC
550	105	165	5130	1133	4528	1157	4434	4956	HC	HC	5036	HC	HC
551	105	165	5130	1625	3157	1634	3140	3662	HC	C 18	3742	HC	HC
552	105	165	5150	1081	4764	1099	4686	5208	HC	HC	5288	FK III	C 22
553	105	165	5110	1571	3253	1555	3286	3775	HC	HC	3855	HC	HC
554	105	165	5070	1957	2591	2041	2484	3006	HC	HC	3086	HC	HC
555	105	165	5020	1718	2922	1705	2944	3444	HC	HC	3524	HC	HC
556	105	165	5130	1055	4863	1021	5024	5385	FK III	C 22	5465	FK II	C 27
557	105	165	5080	1850	2746	1886	2694	3216	HC	HC	3296	HC	HC
558	105	165	5110	1702	3002	1676	3049	3524	HC	HC	3604	HC	HC
559	105	165	4590	1027	4469	1011	4540	4991	HC	HC	5071	HC	HC
560	105	165	4570	997	4584	991	4612	5106	HC	HC	5186	HC	HC
561	105	165	4500	1131	3979	1162	3873	4395	HC	HC	4475	HC	HC
562	105	165	5140	1835	2801	1825	2816	3323	HC	HC	3403	HC	HC
563	105	165	5130	1382	3712	1343	3820	4234	HC	HC	4314	HC	HC
564	105	165	5210	1229	4239	1242	4195	4717	HC	HC	4797	HC	HC
565	105	165	5090	1595	3191	1610	3161	3683	HC	HC	3763	HC	HC
566	105	165	5100	1468	3474	1537	3318	3840	HC	HC	3920	HC	HC
567	105	165	5200	1747	2977	1793	2900	3422	HC	HC	3502	HC	HC
568	105	165	5070	1011	5015	1040	4875	5397	FK III	C 22	5477	FK II	C 27
569	105	165	5090	1477	3446	1545	3294	3816	HC	HC	3896	HC	HC
570	105	165	5070	1154	4393	1530	3314	3836	HC	HC	3916	HC	HC
571	105	165	5110	1138	4490	1147	4455	4977	HC	HC	5057	HC	HC
572	105	165	5090	2028	2510	2081	2446	2968	HC	HC	3048	HC	HC
573	105	165	5130	1103	4651	1125	4560	5082	HC	HC	5162	HC	C 18
574	105	165	5090	1025	4966	1058	4811	5333	FK III	C 22	5413	FK III	C 22
575	105	165	5160	1119	4611	1570	3287	3809	HC	HC	3889	HC	HC

• Ultraschall-Sortierung im konditionierten Zustand und Bruchversuche QS 10/16

Nr.	Abmessungen (b, h: effektive Masse)			Ultraschall Messwerte					Klassierung				Dichte				Elastizitätsmodul und Festigkeit			
	b [mm]	h [mm]	ℓ [mm]	$t_{o,L}$ [µs]	$v_{o,L}$ [m/s]	$t_{u,L}$ [µs]	$v_{u,L}$ [m/s]	w [%]	v_{12min} [m/s]	$v_{12ø}$ [m/s]	SIA 164	EN 338	m [kg]	w [%]	r_0 [kg/m³]	r_{12} [kg/m³]	$E_δ$ [N/mm²]	$E_α$ [N/mm²]	E_m [N/mm²]	f_m [N/mm²]
1	103	164	4010	657	6104	634	6325	9	6017	6127	FK 0	C 40	35.7	9	505	534	16892	21033	17229	-----
2	104	165	4015	671	5984	675	5948	8	5832	5850	FK 0	C 40	-----	8	-----	-----	14624	17795	14917	-----
3	105	167	4015	690	5819	664	6047	8	5703	5817	FK I	C 35	-----	8	-----	-----	14022	16327	14302	41.6
4	102	164	4010	649	6179	664	6039	8	5923	5993	FK 0	C 40	-----	8	-----	-----	13887	16672	14164	-----
5	102	162	4010	655	6122	638	6285	7	5977	6059	FK 0	C 40	36.1	7	527	557	17982	21680	18342	-----
6	106	165	4000	650	6154	644	6211	7	6009	6038	FK 0	C 40	31.2	7	431	456	14501	17329	14791	-----
7	103	170	4020	683	5886	654	6147	7	5741	5871	FK I	C 35	30.6	7	420	444	13422	14406	13690	-----
8	104	165	4020	656	6128	683	5886	8	5770	5891	FK I	C 35	-----	8	-----	-----	12412	13523	12660	40.2
9	103	166	4020	736	5462	717	5607	8	5346	5418	FK III	C 22	31.9	8	447	472	13263	14284	13528	-----
10	104	167	4020	670	6000	714	5630	9	5543	5728	FK II	C 27	33.0	9	453	479	13106	14872	13368	-----
11	104	166	4015	695	5777	710	5655	10	5597	5658	FK II	C 27	32.9	10	453	479	13397	15835	13665	-----
12	105	160	4015	672	5975	646	6215	6	5801	5921	FK 0	C 40	-----	6	-----	-----	14430	15736	14719	39.8
13	103	164	4020	711	5654	658	6109	7	5509	5737	FK II	C 27	-----	7	-----	-----	12906	14145	13164	-----
14	105	167	4020	691	5818	662	6073	8	5702	5829	FK I	C 35	-----	8	-----	-----	14023	15472	14303	40.7
15	104	165	4020	634	6341	634	6341	10	6283	6283	FK 0	C 40	30.5	10	422	446	16577	17565	16908	-----
16	104	165	4010	633	6335	656	6113	10	6055	6166	FK 0	C 40	29.7	10	412	435	13737	16056	14012	-----
17	104	170	4020	653	6156	674	5964	10	5906	6002	FK 0	C 40	-----	10	-----	-----	13299	14081	13564	41.1
18	104	163	4010	686	5845	714	5616	12	5616	5731	FK II	C 27	28.5	12	397	419	11541	13832	11772	-----
19	106	164	4020	717	5607	660	6091	10	5549	5791	FK II	C 27	30.1	10	411	434	13477	16069	13747	-----
20	104	165	4010	674	5950	736	5448	11	5419	5670	FK III	C 22	-----	11	-----	-----	13378	-----	13646	-----
21	105	167	4000	750	5333	720	5556	10	5275	5386	FK III	C 22	-----	10	-----	-----	14375	-----	14663	-----
22	102	164	4010	676	5932	706	5680	10	5622	5748	FK II	C 27	-----	10	-----	-----	14372	-----	14660	-----
23	104	163	4020	696	5776	672	5982	10	5718	5821	FK I	C 35	-----	10	-----	-----	13054	14771	13315	-----
24	104	164	4015	674	5957	698	5752	10	5694	5797	FK I	C 35	-----	10	-----	-----	14369	14628	14656	40.2
25	105	168	4020	685	5869	698	5759	11	5730	5785	FK I	C 35	-----	11	-----	-----	12407	13790	12655	40.1
26	105	165	4015	691	5810	676	5939	13	5839	5904	FK 0	C 40	34.1	13	462	488	16808	18145	17144	-----
27	103	164	4020	659	6100	650	6185	11	6071	6113	FK 0	C 40	32.1	11	449	475	15671	17433	15984	-----
28	104	164	4020	718	5599	695	5784	7	5454	5547	FK II	C 27	33.3	7	470	496	15298	17775	15603	-----
29	104	164	4020	666	6036	679	5920	10	5862	5920	FK 0	C 40	26.5	10	369	390	12167	14353	12410	-----
30	104	162	4020	685	5869	694	5793	9	5706	5744	FK I	C 35	31.6	9	447	473	13807	15759	14083	-----
31	104	168	4015	668	6010	673	5966	9	5879	5901	FK 0	C 40	-----	9	-----	-----	12862	12814	13120	41.1
32	104	165	4020	672	5982	664	6054	11	5953	5989	FK 0	C 40	-----	11	-----	-----	14686	16672	14980	-----
33	106	164	4015	697	5760	714	5623	9	5536	5605	FK II	C 27	-----	9	-----	-----	11620	12959	11852	40.3
34	106	168	4020	660	6091	685	5869	9	5782	5893	FK I	C 35	-----	9	-----	-----	11286	12995	11511	40.8
35	105	168	4010	663	6048	668	6003	8	5887	5910	FK 0	C 40	-----	8	-----	-----	14238	14968	14523	39.0
36	106	164	4015	692	5802	672	5975	13	5831	5917	FK 0	C 40	-----	13	-----	-----	12444	15862	12693	-----
37	108	168	4010	676	5932	670	5985	14	5990	6017	FK 0	C 40	30.4	14	392	414	11975	14719	12215	-----
38	103	162	4020	650	6185	669	6009	9	5922	6010	FK 0	C 40	29.0	9	414	438	13164	15526	13427	-----
39	106	168	4020	680	5912	678	5929	12	5912	5920	FK 0	C 40	27.7	12	366	387	11806	14121	12042	-----
40	106	164	4020	702	5726	744	5403	13	5432	5594	FK III	C 22	36.9	13	498	526	12727	16946	12982	-----
41	106	166	4020	730	5507	732	5492	14	5550	5557	FK II	C 27	32.7	14	434	458	12829	15197	13086	-----
42	105	168	4020	723	5560	738	5447	12	5447	5504	FK III	C 22	32.9	12	439	464	12689	16024	12943	-----
43	105	167	4020	738	5447	743	5410	14	5468	5487	FK II	C 27	-----	14	-----	-----	12376	13344	12624	38.3
44	103	166	3945	656	6014	658	5995	10	5937	5947	FK 0	C 40	26.2	10	371	392	12010	13209	12250	-----
45	104	166	4015	644	6234	674	5957	9	5870	6009	FK 0	C 40	-----	9	-----	-----	12872	16554	13129	-----
46	106	164	4015	689	5827	698	5752	12	5752	5790	FK I	C 35	36.3	12	492	520	13787	16928	14063	-----
47	106	164	4020	734	5477	732	5492	11	5448	5455	FK III	C 22	-----	11	-----	-----	9912	15214	10110	32.7
48	104	164	4020	711	5654	682	5894	8	5538	5658	FK II	C 27	-----	8	-----	-----	12968	14023	13227	40.3
61	102	166	3515	568	6188	566	6210	7	6043	6054	FK 0	C 40	-----	7	-----	-----	12688	15620	12941	-----
62	104	163	3515	577	6092	584	6019	7	5874	5910	FK 0	C 40	-----	7	-----	-----	14183	15933	14467	39.8
63	105	164	3910	646	6053	651	6006	11	5977	6000	FK 0	C 40	27.3	11	385	407	11809	14026	12045	-----
64	108	167	3500	557	6284	564	6206	14	6264	6303	FK 0	C 40	26.0	14	387	408	12501	14449	12751	-----
65	108	166	4095	683	5996	684	5987	15	6074	6078	FK 0	C 40	36.4	15	463	490	15778	16758	16093	-----

Nr.	Abmessungen (b, h: effektive Masse)			Ultraschall Messwerte					Ultraschall Klassierung				Dichte				Elastizitätsmodul und Festigkeit			
	b [mm]	h [mm]	ℓ [mm]	$t_{o,L}$ [µs]	$v_{o,L}$ [m/s]	$t_{u,L}$ [µs]	$v_{u,L}$ [m/s]	w [%]	v_{12min} [m/s]	$v_{12ø}$ [m/s]	SIA 164	EN 338	m [kg]	w [%]	r_0 [kg/m³]	r_{12} [kg/m³]	E_δ [N/mm²]	E_α [N/mm²]	E_m [N/mm²]	f_m [N/mm²]
66	108	166	4060	735	5524	686	5918	13	5553	5750	FK II	C 27	36.3	13	470	497	12105	16110	12347	35.0
67	107	168	4160	676	6154	710	5859	12	5859	6007	FK 0	C 40	32.5	12	411	435	12322	14899	12569	-----
68	107	164	4080	660	6182	664	6145	12	6145	6163	FK 0	C 40	31.5	12	416	440	13422	16650	13690	-----
69	107	164	4080	712	5730	683	5974	13	5759	5881	FK I	C 35	30.8	13	405	428	12716	14327	12970	-----
70	107	166	4110	676	6080	660	6227	15	6167	6241	FK 0	C 40	33.9	15	434	459	15038	20071	15339	-----
71	109	165	4055	671	6043	675	6007	15	6094	6112	FK 0	C 40	36.7	15	470	497	15879	18555	16196	-----
72	108	165	4120	681	6050	675	6104	16	6166	6193	FK 0	C 40	35.8	16	454	480	15051	18693	15352	-----
73	108	165	4490	1040	4317	1039	4321	15	4404	4406	HC	HC	32.5	15	380	401	6558	7372	6689	27.6
74	108	163	4495	784	5733	740	6074	13	5762	5933	FK I	C 35	36.1	13	430	454	12686	15668	12939	-----
75	107	166	4080	730	5589	770	5299	14	5357	5502	FK III	C 22	36.5	14	473	499	10866	13798	11083	-----
76	107	166	4100	670	6119	680	6029	13	6058	6103	FK 0	C 40	33.3	13	431	455	14023	16872	14304	-----
77	106	163	4120	660	6242	666	6186	14	6244	6272	FK 0	C 40	32.1	14	423	447	15727	18116	16042	-----
78	106	163	4100	679	6038	672	6101	12	6038	6070	FK 0	C 40	32.7	12	437	462	14653	19002	14946	-----
79	107	165	4160	718	5794	724	5746	14	5804	5828	FK 0	C 40	37.3	14	477	504	13858	15917	14135	41.1
80	108	166	4060	657	6180	666	6096	14	6154	6196	FK 0	C 40	35.8	14	462	488	15851	17961	16168	-----
81	107	165	4170	713	5849	690	6043	13	5878	5975	FK 0	C 40	33.3	13	426	450	14005	15708	14285	-----
82	108	164	4010	696	5761	663	6048	12	5761	5905	FK I	C 35	30.6	12	408	431	11923	13754	12161	40.0
83	107	165	4070	693	5873	659	6176	13	5902	6054	FK 0	C 40	35.4	13	464	491	14506	17958	14796	-----
84	108	166	4210	710	5930	750	5613	14	5671	5829	FK I	C 35	34.4	14	428	452	12284	13881	12530	-----
85	105	165	4100	698	5874	671	6110	13	5903	6021	FK 0	C 40	36.8	13	488	516	14705	18860	14999	-----
86	104	163	4100	724	5663	677	6056	13	5692	5889	FK I	C 35	36.3	13	492	520	15467	19475	15777	-----
87	104	162	4355	758	5745	806	5403	13	5432	5603	FK III	C 22	28.1	13	361	381	10217	11838	10421	38.3
88	104	167	4100	740	5541	743	5518	12	5518	5529	FK II	C 27	31.9	12	424	448	11744	13437	11979	-----
89	107	164	4050	701	5777	709	5712	13	5741	5774	FK I	C 35	38.2	13	507	535	15952	17743	16271	-----
90	108	166	4040	666	6066	680	5941	13	5970	6033	FK 0	C 40	29.8	13	388	410	14080	15435	14361	-----
91	108	163	4050	670	6045	711	5696	13	5725	5899	FK I	C 35	37.2	13	492	520	13987	18431	14266	-----
92	106	164	4045	688	5879	673	6010	12	5879	5945	FK 0	C 40	29.9	12	402	425	13204	15705	13468	-----
93	105	165	4000	679	5891	694	5764	11	5735	5798	FK I	C 35	28.2	11	387	409	11093	12382	11315	38.9
94	103	167	4085	740	5520	733	5573	14	5578	5605	FK II	C 27	33.6	14	449	474	11398	14916	11626	-----
141	108	166	4215	704	5987	712	5920	12	5920	5954	FK 0	C 40	33.1	12	415	438	12500	14900	12750	-----
142	105	163	4175	678	6158	684	6104	14	6162	6189	FK 0	C 40	33.6	14	441	466	13300	16900	13566	-----
143	107	166	4055	690	5877	694	5843	13	5872	5889	FK 0	C 40	34.3	13	449	474	12197	16224	12440	-----
144	108	165	4070	720	5653	728	5591	15	5678	5709	FK I	C 35	35.1	15	452	478	11849	14565	12085	-----
145	108	166	4135	677	6108	679	6090	13	6119	6128	FK 0	C 40	32.7	13	416	439	13205	16926	13469	38.9
146	107	166	4145	732	5663	708	5855	13	5692	5788	FK I	C 35	35.1	13	449	475	12191	14960	12435	40.3
147	108	167	4500	749	6008	761	5913	14	5971	6019	FK 0	C 40	37.3	14	431	456	14486	17213	14776	-----
148	107	167	4145	680	6096	675	6141	14	6154	6176	FK 0	C 40	33.1	14	419	443	14170	16179	14453	-----
149	108	168	4295	750	5727	770	5578	17	5723	5797	FK I	C 35	34.5	17	411	434	11234	14590	11458	-----
150	108	166	4025	714	5637	752	5352	16	5468	5611	FK II	C 27	35.5	16	458	484	11096	12686	11318	38.6
151	107	166	4505	790	5703	778	5790	14	5761	5805	FK I	C 35	38.4	14	450	476	12039	16717	12280	-----
152	108	167	4090	690	5928	697	5868	14	5926	5956	FK 0	C 40	31.3	14	398	421	12602	14645	12854	-----
164	108	165	5130	866	5924	851	6028	14	5982	6034	FK 0	C 40	47.5	14	488	515	15663	18660	15977	-----
165	108	165	5120	940	5447	940	5447	16	5563	5563	FK II	C 27	48.0	16	490	518	13054	16283	13315	-----
166	108	167	4905	799	6139	844	5812	16	5928	6091	FK 0	C 40	46.7	16	491	519	15414	19828	15722	-----
167	107	165	4910	796	6168	796	6168	15	6255	6255	FK 0	C 40	44.2	15	477	504	16126	21090	16449	-----
168	110	168	5020	961	5224	955	5257	15	5311	5327	FK III	C 22	38.4	15	387	409	8719	11175	8893	37.8
169	108	165	5020	940	5340	940	5340	20	5572	5572	FK II	C 27	40.6	20	416	440	11336	14949	11563	-----
170	108	165	5075	911	5571	859	5908	14	5629	5797	FK II	C 27	38.3	14	397	420	12871	15869	13128	-----
171	107	166	5100	864	5903	896	5692	16	5808	5913	FK 0	C 40	44.7	16	459	485	14899	18422	15197	-----
172	107	164	5080	845	6012	870	5839	16	5955	6041	FK 0	C 40	45.1	16	471	498	14183	17895	14467	-----
173	109	168	5160	864	5972	890	5798	17	5943	6030	FK 0	C 40	42.9	17	421	445	12261	15176	12506	-----
174	108	167	5085	888	5726	940	5410	16	5526	5684	FK II	C 27	42.0	16	426	451	10661	12237	10874	-----
175	107	168	5180	930	5570	940	5511	14	5569	5598	FK II	C 27	43.8	14	441	466	11637	14733	11870	-----
176	108	165	5090	880	5784	844	6031	14	5842	5965	FK 0	C 40	39.2	14	406	429	12553	15971	12804	-----
177	107	165	5070	836	6065	871	5821	16	5937	6059	FK 0	C 40	44.2	16	460	486	14532	18071	14823	-----
178	108	166	5085	844	6025	894	5688	14	5746	5914	FK I	C 35	43.5	14	448	473	12927	16456	13186	-----

Nr.	Abmessungen (b, h: effektive Masse)			Ultraschall								Dichte				Elastizitätsmodul und Festigkeit			
				Messwerte						Klassierung									
	b	h	ℓ	$t_{o,L}$	$v_{o,L}$	$t_{u,L}$	$v_{u,L}$	w	v_{12min}	$v_{12ø}$	SIA 164	EN 338	m	w	r_0	r_{12}	$E_δ$	$E_α$	E_m	f_m
	[mm]	[mm]	[mm]	[μs]	[m/s]	[μs]	[m/s]	[%]	[m/s]	[m/s]			[kg]	[%]	[kg/m³]	[kg/m³]	[N/mm²]	[N/mm²]	[N/mm²]	[N/mm²]
179	108	165	5120	904	5664	919	5571	16	5687	5733	FK I	C 35	46.7	16	477	504	13799	16938	14075	----
180	108	168	5145	876	5873	905	5685	15	5772	5866	FK I	C 35	43.4	15	435	459	11888	14229	12125	40.7
181	108	166	5070	888	5709	872	5814	14	5767	5820	FK I	C 35	45.6	14	471	498	13648	17963	13921	34.8
182	107	166	5060	925	5470	883	5730	15	5557	5687	FK II	C 27	46.4	15	483	510	13325	17079	13592	40.9
183	108	165	5145	870	5914	894	5755	15	5842	5921	FK 0	C 40	41.8	15	426	450	12090	16512	12332	40.5
184	108	164	5100	887	5750	843	6050	14	5808	5958	FK 0	C 40	46.5	14	483	511	14871	18253	15168	----
185	109	166	5155	897	5747	850	6065	15	5834	5993	FK 0	C 40	45.0	15	451	477	12556	17742	12807	----
186	108	166	5145	860	5983	911	5648	16	5764	5931	FK I	C 35	42.4	16	428	452	11774	14251	12009	----
187	107	166	5140	851	6040	859	5984	15	6071	6099	FK 0	C 40	44.7	15	458	484	14157	17619	14440	----
188	109	166	5130	882	5816	852	6021	16	5932	6035	FK 0	C 40	41.3	16	414	438	12668	16806	12922	----
189	108	164	5150	890	5787	884	5826	16	5903	5922	FK 0	C 40	41.6	16	425	449	12847	16286	13104	----
190	107	167	5045	889	5675	821	6145	16	5791	6026	FK I	C 35	45.3	16	468	494	15359	19350	15666	----
191	108	166	5145	926	5556	905	5685	13	5585	5650	FK II	C 27	41.3	13	422	446	11774	15057	12009	----
192	107	167	5100	906	5629	928	5496	13	5525	5591	FK II	C 27	38.6	13	399	422	11087	13780	11309	----
193	108	166	5150	925	5568	933	5520	16	5636	5660	FK II	C 27	39.9	16	402	425	10718	13601	10932	29.9
194	107	167	5295	916	5781	908	5831	16	5897	5922	FK 0	C 40	41.8	16	411	435	9073	11256	9254	----
195	108	166	5105	828	6165	851	5999	16	6115	6198	FK 0	C 40	43.0	16	437	462	14159	17832	14442	----
196	107	164	5095	924	5514	920	5538	13	5543	5555	FK II	C 27	36.1	13	381	402	11159	12858	11382	33.7
197	107	167	5110	838	6098	828	6171	15	6185	6222	FK 0	C 40	41.9	15	429	453	14091	17471	14373	----
198	108	165	5150	948	5432	920	5598	15	5519	5602	FK II	C 27	38.8	15	395	418	10456	13238	10665	30.8
199	110	165	5085	891	5707	909	5594	13	5623	5680	FK II	C 27	37.1	13	379	400	11136	12750	11358	----
200	106	167	5090	849	5995	894	5694	13	5723	5873	FK I	C 35	36.8	13	385	407	11301	15498	11527	----
201	108	165	5060	928	5453	920	5500	13	5482	5505	FK II	C 27	37.7	13	394	416	11216	13528	11441	35.2
202	108	164	5200	928	5603	936	5556	13	5585	5609	FK II	C 27	40.3	13	412	436	11382	13388	11610	34.8
203	107	163	5100	896	5692	856	5958	14	5750	5883	FK I	C 35	42.7	14	451	476	13616	17536	13888	----
204	107	166	5090	888	5732	854	5960	15	5819	5933	FK 0	C 40	44.1	15	456	482	13111	15676	13373	----
205	107	164	5130	930	5516	921	5570	14	5574	5601	FK II	C 27	41.0	14	427	452	10975	13575	11195	40.2

• **Ultraschall-Sortierung im konditionierten Zustand und Bruchversuche QS 8/16**

Nr.	Abmessungen (b, h: effektive Masse)			Ultraschall								Dichte				Elastizitätsmodul und Festigkeit			
				Messwerte						Klassierung									
	b	h	ℓ	$t_{o,L}$	$v_{o,L}$	$t_{u,L}$	$v_{u,L}$	w	v_{12min}	$v_{12ø}$	SIA 164	EN 338	m	w	r_0	r_{12}	$E_δ$	$E_α$	E_m	f_m
	[mm]	[mm]	[mm]	[μs]	[m/s]	[μs]	[m/s]	[%]	[m/s]	[m/s]			[kg]	[%]	[kg/m³]	[kg/m³]	[N/mm²]	[N/mm²]	[N/mm²]	[N/mm²]
49	85	164	4020	717	5607	724	5552	12	5552	5580	FK II	C 27	----	12	----	----	12374	14860	12621	----
50	86	165	4015	704	5703	712	5639	9	5552	5584	FK II	C 27	21.8	9	367	388	11454	12449	11683	35.5
51	85	167	4020	652	6166	649	6194	9	6079	6093	FK 0	C 40	----	9	----	----	13393	16840	13661	----
52	85	161	4015	680	5904	714	5623	10	5565	5706	FK II	C 27	27.5	10	478	505	12923	15254	13181	----
53	84	167	4020	650	6185	687	5852	8	5736	5902	FK I	C 35	25.4	8	434	458	12969	17818	13228	----
54	83	162	4020	642	6262	650	6185	9	6098	6136	FK 0	C 40	28.6	9	507	536	14863	21013	15160	----
55	87	162	4020	663	6063	660	6091	12	6063	6077	FK 0	C 40	27.4	12	458	484	13558	19271	13829	----
56	86	166	4020	683	5886	698	5759	12	5759	5823	FK I	C 35	29.0	12	478	505	12755	17174	13010	----
57	84	160	4020	648	6204	640	6281	9	6117	6155	FK 0	C 40	28.7	9	509	538	16970	21094	17309	----
58	85	165	4015	662	6065	693	5794	9	5707	5842	FK I	C 35	27.5	9	468	495	13505	14932	13775	----
59	83	168	3515	599	5868	597	5888	7	5723	5733	FK I	C 35	25.4	7	501	530	13736	15663	14011	----
60	84	164	3515	580	6060	574	6124	7	5915	5947	FK 0	C 40	----	7	----	----	14606	17098	14898	41.4
95	85	168	4490	810	5543	810	5543	12	5543	5543	FK II	C 27	27.6	12	407	431	11376	14061	11604	----
96	85	168	4065	680	5978	714	5693	12	5693	5836	FK I	C 35	24.8	12	404	427	11297	15077	11523	----
97	85	167	4070	698	5831	760	5355	13	5384	5622	FK III	C 22	24.5	13	400	422	9901	12809	10099	----
98	85	168	4050	697	5811	670	6045	13	5840	5957	FK 0	C 40	27.6	13	450	475	13842	16717	14119	----
99	85	164	4070	688	5916	724	5622	12	5622	5769	FK II	C 27	24.4	12	407	430	12341	16071	12588	----
100	85	166	3990	748	5334	699	5708	13	5363	5550	FK III	C 22	27.4	13	459	485	11295	13343	11521	40.7
101	87	163	4060	707	5743	670	6060	12	5743	5901	FK I	C 35	30.6	12	503	531	16165	18333	16488	----
102	85	167	4140	689	6009	685	6044	14	6067	6084	FK 0	C 40	29.8	14	476	503	13870	17938	14148	----

Nr.	Abmessungen (b, h: effektive Masse)			Ultraschall								Dichte				Elastizitätsmodul und Festigkeit			
				Messwerte				Klassierung											
	b	h	ℓ	$t_{o,L}$	$v_{o,L}$	$t_{u,L}$	$v_{u,L}$	w	v_{12min}	v_{12s}	SIA 164	EN 338	m	w	r_0	r_{12}	E_δ	E_α	E_m	f_m
	[mm]	[mm]	[mm]	[μs]	[m/s]	[μs]	[m/s]	[%]	[m/s]	[m/s]			[kg]	[%]	[kg/m³]	[kg/m³]	[N/mm²]	[N/mm²]	[N/mm²]	[N/mm²]
103	88	167	4490	935	4802	920	4880	15	4889	4928	HC	HC	30.5	15	432	457	9609	12967	9802	-----
104	86	164	4085	740	5520	732	5581	13	5549	5579	FK II	C 27	27.2	13	445	470	10722	13031	10937	38.4
105	86	164	4050	660	6136	706	5737	13	5766	5965	FK I	C 35	29.5	13	487	514	15169	17952	15472	-----
106	86	167	4050	742	5458	736	5503	13	5487	5509	FK II	C 27	26.6	13	431	455	13212	14471	13476	-----
107	86	166	4095	726	5640	680	6022	14	5698	5889	FK I	C 35	27.4	14	440	465	12027	13080	12267	-----
108	86	164	4495	772	5823	807	5570	14	5628	5754	FK II	C 27	29.4	14	435	460	12586	14438	12837	37.7
109	86	165	4040	658	6140	666	6066	12	6066	6103	FK 0	C 40	27.8	12	459	485	15442	18495	15751	-----
110	84	165	4000	641	6240	639	6260	11	6211	6221	FK 0	C 40	29.1	11	499	527	15945	19669	16264	-----
111	85	167	4130	690	5986	706	5850	12	5850	5918	FK 0	C 40	24.7	12	399	421	10867	13507	11084	31.3
112	87	167	3990	636	6274	644	6196	14	6254	6293	FK 0	C 40	29.1	14	471	498	14715	20271	15010	-----
113	86	168	4110	770	5338	740	5554	12	5338	5446	FK III	C 22	26.5	12	422	446	10243	11015	10448	26.3
114	85	165	4130	698	5917	706	5850	13	5879	5912	FK 0	C 40	24.9	13	405	428	11950	14891	12188	-----
115	86	164	3940	684	5760	669	5889	13	5789	5854	FK I	C 35	20.7	13	351	371	8613	31347	8786	37.4
116	85	163	3530	588	6003	630	5603	12	5603	5803	FK II	C 27	19.2	12	372	393	10643	13619	10856	-----
117	84	162	3210	560	5732	552	5815	13	5761	5803	FK I	C 35	21.1	13	455	481	12037	15307	12278	-----
118	86	164	3910	648	6034	671	5827	15	5914	6018	FK 0	C 40	25.8	15	437	462	12892	16252	13149	-----
119	86	167	3890	644	6040	622	6254	12	6040	6147	FK 0	C 40	27.4	12	464	490	15105	18835	15407	-----
120	86	168	3620	591	6125	600	6033	11	6004	6050	FK 0	C 40	25.0	11	454	480	13274	15947	13539	-----
121	85	167	4200	719	5841	768	5469	14	5527	5713	FK II	C 27	26.2	14	412	436	11816	15846	12052	35.4
122	85	165	3800	660	5758	654	5810	12	5758	5784	FK I	C 35	24.8	12	440	465	12946	14405	13205	38.4
123	84	161	3480	610	5705	584	5959	12	5705	5832	FK I	C 35	22.0	12	442	467	13871	18070	14148	-----
124	85	167	3500	568	6162	581	6024	12	6024	6093	FK 0	C 40	21.0	12	400	423	11032	15146	11253	-----
125	87	167	3890	660	5894	620	6274	12	5894	6084	FK 0	C 40	27.9	12	467	494	14701	17043	14995	-----
126	85	164	3950	686	5758	660	5985	14	5816	5929	FK 0	C 40	26.6	14	453	479	16347	18981	16673	-----
127	86	167	3935	666	5908	654	6017	14	5966	6021	FK 0	C 40	25.9	14	430	455	14141	17630	14424	-----
128	86	166	4100	739	5548	704	5824	14	5606	5744	FK II	C 27	24.3	14	390	412	11659	12868	11892	40.2
129	86	164	4060	692	5867	744	5457	12	5457	5662	FK II	C 27	24.9	12	412	435	11649	12979	11881	35.8
130	87	168	4090	713	5736	690	5928	12	5736	5832	FK I	C 35	24.3	12	385	407	11521	12783	11751	-----
131	85	167	4090	706	5793	684	5980	15	5880	5973	FK 0	C 40	29.8	15	480	507	16641	18332	16974	-----
132	86	168	4045	697	5803	729	5549	13	5578	5705	FK II	C 27	22.8	13	368	389	11327	13106	11553	-----
133	86	167	4015	708	5671	718	5592	14	5650	5689	FK II	C 27	26.7	14	435	459	13452	14748	13721	30.2
134	87	167	4025	750	5367	726	5544	14	5425	5513	FK III	C 22	27.3	14	438	463	11349	11259	11576	29.4
135	85	164	4085	664	6152	664	6152	15	6239	6239	FK 0	C 40	29.5	15	484	512	16547	20182	16877	-----
136	86	165	4005	687	5830	665	6023	13	5859	5955	FK 0	C 40	30.6	13	507	536	15735	19323	16049	-----
137	86	166	4000	690	5797	714	5602	14	5660	5758	FK I	C 35	27.8	14	457	483	12356	15075	12603	-----
138	86	167	4000	704	5682	720	5556	13	5585	5648	FK II	C 27	27.2	13	446	471	13025	14377	13286	39.6
139	86	165	4070	702	5798	672	6057	14	5856	5985	FK 0	C 40	25.8	14	419	443	13398	14502	13666	-----
140	85	164	4050	665	6090	680	5956	12	5956	6023	FK 0	C 40	28.7	12	481	508	17424	19813	17772	-----
153	84	167	4125	654	6307	654	6307	12	6307	6307	FK 0	C 40	31.6	12	517	546	16888	21248	17226	-----
154	85	165	4495	810	5549	812	5536	12	5536	5543	FK II	C 27	26.1	12	392	414	11225	13285	11450	35.6
155	85	166	4120	704	5852	683	6032	13	5881	5971	FK 0	C 40	31.7	13	514	543	18268	27783	18633	-----
156	85	165	4200	729	5761	730	5753	13	5782	5786	FK I	C 35	28.5	13	456	482	14175	15569	14459	-----
157	86	167	4020	658	6109	657	6119	11	6080	6085	FK 0	C 40	26.4	11	435	459	13086	14990	13348	-----
158	85	167	4210	723	5823	700	6014	13	5852	5948	FK 0	C 40	28.5	13	449	475	13960	16458	14239	40.0
159	86	165	4505	816	5521	834	5402	13	5431	5490	FK III	C 22	28.4	13	419	442	10345	11617	10552	38.5
160	86	166	4045	671	6028	704	5746	11	5717	5858	FK I	C 35	28.0	11	461	487	13627	16301	13900	40.3
161	85	168	4045	680	5949	683	5922	11	5893	5906	FK 0	C 40	24.5	11	403	426	12804	14909	13060	-----
162	85	164	4080	820	4976	816	5000	13	5005	5017	HC	HC	27.8	13	461	487	6765	8726	6900	20.3
163	85	166	4445	682	5931	674	6001	12	5931	5966	FK 0	C 40	24.8	12	411	435	13500	16024	13770	-----
206	85	163	4500	706	6374	715	6294	12	6265	6305	FK 0	C 40	30.4	12	463	490	16884	19001	17221	-----
207	85	167	4620	807	5725	792	5833	11	5696	5750	FK I	C 35	29.0	11	420	444	12464	15107	12713	-----
208	85	165	4500	774	5814	741	6073	11	5785	5914	FK I	C 35	28.1	11	423	447	13025	15554	13285	-----
209	84	167	4500	755	5960	783	5747	11	5718	5825	FK I	C 35	27.9	11	420	444	9260	12117	9445	37.8
210	85	164	5100	923	5525	917	5562	12	5525	5544	FK II	C 27	30.6	12	407	430	11985	13146	12224	35.4
211	86	165	5085	933	5450	907	5606	12	5450	5528	FK II	C 27	32.4	12	425	449	12201	13177	12445	36.8
212	86	165	5110	863	5921	855	5977	12	5921	5949	FK 0	C 40	35.2	12	459	485	14133	17101	14416	-----
213	85	166	5120	885	5785	886	5779	12	5779	5782	FK I	C 35	34.4	12	451	476	12394	14931	12642	-----
214	85	163	5200	939	5538	920	5652	12	5538	5595	FK II	C 27	30.8	12	405	428	13275	15631	13540	-----

A.2.2 Biegeversuche QS 6/12

• **Ultraschall-Sortierung im konditionierten Zustand und Bruchversuche**

Nr.	Abmessungen (b, h: effektive Masse)			Ultraschall Messwerte					Klassierung				Dichte				Elastizitätsmodul und Festigkeit			
	b [mm]	h [mm]	ℓ [mm]	$t_{o,L}$ [µs]	$v_{o,L}$ [m/s]	$t_{u,L}$ [µs]	$v_{u,L}$ [m/s]	w [%]	v_{12min} [m/s]	$v_{12\varnothing}$ [m/s]	SIA 164	EN 338	m [kg]	w [%]	r_0 [kg/m³]	r_{12} [kg/m³]	E_δ [N/mm²]	E_α [N/mm²]	E_m [N/mm²]	f_m [N/mm²]
220	60	119	2500	461	5423	470	5319	15	5406	5458	FK III	C 22	8.17	15	428	452	9799	10435	10093	40.7
221	60	118	2500	484	5165	513	4873	15	4960	5106	HC	HC	8.18	15	432	456	10816	11476	11140	55.7
222	60	118	2500	460	5435	450	5556	16	5551	5611	FK II	C 27	7.44	16	391	414	9673	11020	9963	38.3
223	60	117	2500	424	5896	414	6039	16	6012	6083	FK 0	C 40	8.12	16	431	455	13107	14405	13500	54.7
224	60	117	2500	401	6234	406	6158	14	6216	6254	FK 0	C 40	8.15	14	436	461	15578	16694	16045	62.1
225	60	117	2500	481	5198	456	5482	14	5256	5398	FK III	C 22	8.33	14	445	471	9981	10550	10280	36.7
226	60	118	2500	435	5747	440	5682	15	5769	5801	FK I	C 35	7.35	15	388	410	11984	13801	12344	43.6
227	60	119	2500	503	4970	493	5071	17	5115	5166	HC	C 18	8.10	17	421	445	10452	12058	10766	40.2
228	60	118	2500	436	5734	434	5760	15	5821	5834	FK 0	C 40	8.31	15	439	464	14775	14787	15218	43.8
229	60	118	2500	475	5263	460	5435	20	5495	5581	FK II	C 27	7.77	20	402	425	9771	11377	10064	39.1
230	60	119	2500	472	5297	451	5543	16	5413	5536	FK III	C 22	8.25	16	430	455	12687	13644	13068	52.0
231	60	118	2500	442	5656	438	5708	17	5801	5827	FK 0	C 40	7.12	17	373	394	9516	11315	9801	39.5
232	60	119	2500	454	5507	470	5319	16	5435	5529	FK III	C 22	8.51	16	444	469	9308	9362	9587	44.1
233	61	119	2500	464	5388	466	5365	23	5684	5695	FK I	C 35	8.16	23	408	431	9279	10882	9557	35.9
234	61	119	2500	440	5682	460	5435	16	5551	5674	FK II	C 27	8.43	16	432	457	12637	12737	13016	43.6
235	61	119	2500	440	5682	440	5682	16	5798	5798	FK I	C 35	7.30	16	375	396	10416	10071	10728	36.6
236	60	118	2500	436	5734	457	5470	15	5557	5689	FK II	C 27	7.30	15	386	407	11274	14882	11612	34.3
237	61	119	2500	410	6098	403	6203	17	6243	6296	FK 0	C 40	8.54	17	436	461	14567	15089	15004	51.8
238	61	120	2500	467	5353	464	5388	18	5527	5545	FK II	C 27	7.44	18	376	397	8013	9263	8253	39.3
239	61	120	2500	466	5365	500	5000	16	5116	5298	HC	C 18	8.34	16	424	448	8764	9897	9027	51.3
240	61	119	2500	462	5411	433	5774	16	5527	5708	FK II	C 27	7.11	16	365	385	7863	9012	8099	35.0
241	60	120	2500	412	6068	421	5938	17	6083	6148	FK 0	C 40	8.63	17	445	470	16516	18126	17011	53.8
242	60	119	2500	442	5656	460	5435	21	5696	5806	FK I	C 35	7.72	21	395	417	10877	12221	11203	48.7
243	60	119	2500	442	5656	432	5787	16	5772	5838	FK I	C 35	7.56	16	394	417	10433	11675	10746	41.2
244	60	119	2500	453	5519	460	5435	16	5551	5593	FK II	C 27	7.53	16	393	415	9805	10171	10099	38.2
245	60	120	2500	411	6083	420	5952	16	6068	6134	FK 0	C 40	8.84	16	457	483	15057	16630	15509	54.3
246	61	120	2500	449	5568	470	5319	18	5493	5618	FK II	C 27	7.27	18	367	388	6936	8036	7144	35.0
247	61	119	2500	458	5459	454	5507	20	5691	5715	FK I	C 35	8.06	20	407	430	11186	13099	11522	49.9
248	60	119	2500	427	5855	432	5787	16	5903	5937	FK 0	C 40	8.17	16	426	450	12377	15641	12748	53.7
249	61	119	2500	440	5682	423	5910	16	5798	5912	FK I	C 35	7.53	16	386	408	11541	12283	11887	42.3
250	61	118	2500	456	5482	439	5695	16	5598	5705	FK II	C 27	7.49	16	388	409	10666	11442	10986	38.2
251	60	119	2500	464	5388	462	5411	15	5475	5487	FK II	C 27	7.31	15	383	404	8031	9036	8272	37.0
252	60	119	2500	518	4826	504	4960	15	4913	4980	HC	HC	7.34	15	384	406	7393	8840	7615	35.2
253	60	120	2500	410	6098	408	6127	16	6214	6229	FK 0	C 40	9.10	16	471	497	15819	16703	16294	52.9
254	61	119	2500	431	5800	458	5459	16	5575	5745	FK II	C 27	7.67	16	393	416	8463	10060	8717	40.2
255	61	119	2500	401	6234	397	6297	15	6321	6353	FK 0	C 40	7.27	15	374	396	15960	19050	16439	59.9
256	61	119	2500	430	5814	436	5734	15	5821	5861	FK 0	C 40	7.74	15	399	421	10280	11235	10588	36.0
257	61	120	2500	445	5618	452	5531	15	5618	5661	FK II	C 27	7.50	15	383	405	10453	11025	10767	37.7
258	61	119	2500	459	5447	419	5967	14	5505	5765	FK II	C 27	7.06	14	365	386	9255	10811	9533	43.4
259	62	119	2500	466	5365	452	5531	14	5423	5506	FK III	C 22	7.43	14	378	399	7494	9674	7719	46.1
260	60	118	2500	434	5760	466	5365	16	5481	5679	FK II	C 27	7.24	16	381	402	9019	9647	9290	46.2
261	60	119	2500	424	5896	433	5774	15	5861	5922	FK 0	C 40	6.97	15	365	386	10288	11465	10597	38.8
262	60	119	2500	470	5319	475	5263	16	5379	5407	FK III	C 22	7.33	16	382	404	7553	8892	7780	38.2
263	61	119	2500	406	6158	405	6173	15	6245	6252	FK 0	C 40	8.11	15	418	441	14116	17674	14539	52.1
264	61	119	2500	501	4990	456	5482	15	5077	5323	HC	HC	7.57	15	390	412	7945	8376	8183	26.2
265	61	119	2500	440	5682	444	5631	16	5747	5772	FK I	C 35	7.46	16	383	404	10707	12302	11028	38.2
266	61	119	2500	418	5981	452	5531	13	5560	5785	FK II	C 27	8.06	13	419	442	11244	12821	11581	56.5
267	60	118	2500	461	5423	448	5580	14	5481	5560	FK II	C 27	7.22	14	383	405	9476	11810	9760	40.7
268	61	119	2500	448	5580	448	5580	15	5667	5667	FK I	C 35	7.46	15	384	406	8300	8904	8549	36.9
269	60	118	2500	430	5814	425	5882	16	5930	5964	FK 0	C 40	6.79	16	357	377	11423	14578	11766	45.0
270	60	118	2500	479	5219	466	5365	15	5306	5379	FK III	C 22	7.17	15	379	400	6848	7951	7053	31.2
271	60	119	2500	403	6203	406	6158	16	6274	6297	FK 0	C 40	8.08	16	421	445	13928	15543	14346	54.5
272	60	119	2500	490	5102	504	4960	15	5047	5118	HC	HC	8.23	15	431	455	6731	7840	6933	32.5

A.2.3 Biegeversuche QS 8/16

• Ultraschall-Sortierung im konditionierten Zustand und Bruchversuche

Nr.	Abmessungen (b, h: effektive Masse)			Ultraschall								Dichte				Elastizitätsmodul und Festigkeit			
				Messwerte						Klassierung									
	b [mm]	h [mm]	ℓ [mm]	$t_{o,L}$ [µs]	$v_{o,L}$ [m/s]	$t_{u,L}$ [µs]	$v_{u,L}$ [m/s]	w [%]	v_{12min} [m/s]	$v_{12ø}$ [m/s]	SIA 164	EN 338	m [kg]	w [%]	r_0 [kg/m³]	r_{12} [kg/m³]	E_δ [N/mm²]	E_α [N/mm²]	E_m [N/mm²]	f_m [N/mm²]
1	77	158	3050	517	5895	498	6121	13	5924	6037	FK 0	C 40	14.6	13	371	392	11082	12270	11304	41.4
2	77	158	3050	511	5966	532	5736	12	5736	5851	FK I	C 35	15.5	12	395	417	9751	11856	9946	43.0
3	77	158	3050	515	5923	496	6155	13	5952	6068	FK 0	C 40	17.7	13	450	475	12479	15371	12729	43.1
4	77	158	3050	507	6013	516	5910	13	5939	5991	FK 0	C 40	14.4	13	366	387	9555	9285	9746	37.4
5	77	158	3050	513	5943	486	6281	12	5943	6112	FK 0	C 40	15.7	12	400	423	12571	14172	12822	66.4
6	77	158	3050	506	6026	497	6142	13	6055	6113	FK 0	C 40	14.7	13	373	394	11179	12197	11403	62.7
7	77	158	3050	478	6377	484	6307	13	6336	6371	FK 0	C 40	16.5	13	419	443	18479	18152	18849	36.6
8	77	158	3050	516	5915	511	5971	12	5915	5943	FK 0	C 40	16.5	12	421	445	15260	13092	15565	43.8
9	77	158	3050	517	5899	513	5950	12	5899	5925	FK 0	C 40	16.9	12	431	455	13170	14601	13433	66.8
10	77	158	3050	508	6002	493	6182	13	6031	6121	FK 0	C 40	15.9	13	404	427	12284	13332	12530	53.4
11	77	158	3050	494	6178	500	6099	12	6099	6138	FK 0	C 40	14.9	12	380	402	13157	13354	13420	37.0
12	77	158	3050	535	5702	502	6079	13	5731	5920	FK I	C 35	15.7	13	399	422	13425	11776	13694	34.5
13	77	158	3050	543	5617	510	5985	12	5617	5801	FK II	C 27	14.6	12	372	393	13372	12412	13639	43.3
14	77	158	3050	532	5737	511	5968	12	5737	5852	FK I	C 35	15.9	12	406	429	11433	11893	11662	45.5
15	77	158	3050	518	5890	506	6029	12	5890	5960	FK 0	C 40	16.7	12	426	450	12063	14045	12304	56.4
16	77	158	3050	483	6312	499	6110	12	6110	6211	FK 0	C 40	16.8	12	428	452	15099	14316	15401	56.6
17	77	158	3050	490	6230	506	6029	13	6058	6158	FK 0	C 40	17.5	13	444	469	15065	16951	15366	42.3
18	77	158	3050	500	6095	502	6079	13	6108	6116	FK 0	C 40	18.4	13	467	493	15592	19735	15904	75.9
19	77	158	3050	591	5162	572	5329	13	5191	5274	HC	C 18	14.1	13	358	378	5295	5669	5401	21.0
20	77	158	3050	542	5629	527	5787	12	5629	5708	FK II	C 27	15.9	12	406	429	9059	11384	9240	32.8
21	77	158	3050	484	6302	496	6152	12	6152	6227	FK 0	C 40	17.0	12	434	459	14444	16122	14733	65.3
22	77	158	3050	491	6217	491	6212	12	6212	6214	FK 0	C 40	20.3	12	518	547	17083	17579	17425	82.0
23	77	158	3050	481	6336	494	6170	12	6170	6253	FK 0	C 40	17.0	12	434	459	15500	17853	15810	77.8
24	77	158	3050	584	5227	553	5512	13	5256	5399	FK III	C 22	15.4	13	391	413	10603	12141	10815	39.7
25	77	158	3050	571	5342	582	5239	13	5268	5320	FK III	C 22	14.0	13	356	376	6095	7250	6217	18.3
26	77	158	3050	521	5852	535	5697	13	5726	5803	FK I	C 35	16.2	13	411	434	11209	13065	11433	51.0
27	77	158	3050	513	5941	502	6077	13	5970	6038	FK 0	C 40	16.5	13	419	443	15767	14309	16082	67.5
28	77	158	3050	493	6184	488	6250	13	6213	6246	FK 0	C 40	16.3	13	414	437	14328	16033	14615	67.8
29	77	158	3050	507	6017	499	6113	13	6046	6094	FK 0	C 40	15.3	13	389	411	12305	13798	12551	66.1
30	77	158	3050	546	5583	566	5385	13	5414	5513	FK III	C 22	14.8	13	376	397	8695	10127	8869	50.0

Balken 7: Windwurfholz
Balken 22: Schubbruch

A.2.4 Biegeversuche M/N-Interaktion QS 8/16

Ultraschall-Sortierung im frisch eingeschnittenen Zustand

Qualität gut

Nr.	Abmessungen (b, h: Nennmasse)			Ultraschall				Klassierung mittels Ultraschall					
								Annahme: w=30 %			Annahme: w=50 %		
	b [mm]	h [mm]	ℓ [mm]	$t_{o,F}$ [µs]	$v_{o,F}$ [m/s]	$t_{u,F}$ [µs]	$v_{u,F}$ [m/s]	v_{12min} [m/s]	SIA 164	EN 338	v_{12min} [m/s]	SIA 164	EN 338
50031	80	160	6580	1191	5525	1188	5539	6049	FK 0	C 40	6129	FK 0	C 40
50072	80	160	6570	1198	5484	1198	5484	6006	FK 0	C 40	6086	FK 0	C 40
50131	80	160	6490	1203	5395	1245	5213	5735	FK I	C 35	5815	FK 0	C 40
50151	80	160	6540	1205	5427	1271	5146	5668	FK I	C 35	5748	FK I	C 35
50181	80	160	6480	1184	5473	1230	5268	5789	FK I	C 35	5869	FK 0	C 40
60401	80	160	6520	1227	5314	1214	5371	5836	FK I	C 35	5916	FK 0	C 40
60411	80	160	6495	1213	5354	1237	5251	5773	FK I	C 35	5853	FK 0	C 40
60511	80	160	6495	1283	5062	1261	5151	5585	FK II	C 27	5665	FK I	C 35
60592	80	160	6580	1253	5251	1264	5206	5729	FK I	C 35	5809	FK 0	C 40
50082	80	160	6500	1151	5647	1153	5637	6160	FK 0	C 40	6240	FK 0	C 40

Qualität normal

Nr.	Abmessungen (b, h: Nennmasse)			Ultraschall				Klassierung mittels Ultraschall					
								Annahme: w=30 %			Annahme: w=50 %		
	b [mm]	h [mm]	ℓ [mm]	$t_{o,F}$ [µs]	$v_{o,F}$ [m/s]	$t_{u,F}$ [µs]	$v_{u,F}$ [m/s]	v_{12min} [m/s]	SIA 164	EN 338	v_{12min} [m/s]	SIA 164	EN 338
50232	80	160	6750	1498	4506	1545	4369	4891	HC	HC	4971	HC	C 40
60411	80	160	6495	1213	5354	1237	5251	5773	FK I	C 35	5853	FK 0	C 40
60442	80	160	6480	1466	4420	1418	4570	4943	HC	HC	5023	HC	HC
60492	80	160	6495	1320	4920	1356	4790	5313	FK III	C 22	5393	FK III	C 22
60561	80	160	6580	1297	5073	1283	5129	5594	FK II	C 27	5674	FK I	C 35

Nr.	Abmessungen (b, h: Nennmasse)			Ultraschall				Klassierung mittels Ultraschall					
								Annahme: w=30 %			Annahme: w=50 %		
	b [mm]	h [mm]	ℓ [mm]	$t_{o,F}$ [µs]	$v_{o,F}$ [m/s]	$t_{u,F}$ [µs]	$v_{u,F}$ [m/s]	v_{12min} [m/s]	SIA 164	EN 338	v_{12min} [m/s]	SIA 164	EN 338
60621	80	160	6510	1349	4826	1335	4876	5349	FK III	C 22	5429	FK III	C 22
70641	80	160	6520	1395	4674	1410	4624	5148	HC	C 18	5228	HC	C 18
70651	80	160	6440	1238	5202	1274	5055	5579	FK II	C 27	5659	FK I	C 35
70692	80	160	6530	1416	4612	1303	5012	5133	HC	C 18	5213	HC	C 18
70711	80	160	6510	1406	4630	1406	4630	5153	HC	C 18	5233	HC	C 18
70742	80	160	6520	1365	4777	1314	4962	5300	FK III	C 22	5380	FK III	C 22

Qualität schlecht

Nr.	Abmessungen (b, h: Nennmasse)			Ultraschall				Klassierung mittels Ultraschall					
								Annahme: w=30 %			Annahme: w=50 %		
	b [mm]	h [mm]	ℓ [mm]	$t_{o,F}$ [µs]	$v_{o,F}$ [m/s]	$t_{u,F}$ [µs]	$v_{u,F}$ [m/s]	v_{12min} [m/s]	SIA 164	EN 338	v_{12min} [m/s]	SIA 164	EN 338
50231	80	160	6750	1555	4341	1538	4389	4863	HC	HC	4943	HC	HC
60361	80	160	6520	1433	4550	1445	4512	5034	HC	HC	5114	HC	HC
60371	80	160	6500	1515	4290	1476	4404	4814	HC	HC	4894	HC	HC
60372	80	160	6500	1452	4477	1500	4333	4857	HC	HC	4937	HC	HC
60482	80	160	6510	1633	3987	1596	4079	4509	HC	HC	4589	HC	HC
60512	80	160	6495	1326	4898	1361	4772	5294	HC	HC	5374	HC	HC
70661	80	160	6560	1442	4549	1460	4493	5014	HC	HC	5094	HC	HC
70662	80	160	6560	1460	4493	1458	4499	5014	HC	HC	5094	HC	HC
70741	80	160	6520	1499	4350	1484	4394	4870	HC	HC	4950	HC	HC
70751	80	160	6480	1602	4045	1642	3946	4467	HC	HC	4547	HC	HC
70772	80	160	6560	1465	4478	1499	4376	4898	HC	HC	4978	HC	HC
70781	80	160	6500	1650	3939	1643	3956	4462	HC	HC	4542	HC	HC
70782	80	160	6500	1689	3848	1712	3797	4319	HC	HC	4399	HC	HC
80912	80	160	-----	-----	-----	-----	-----	-----	-----	-----	-----	-----	-----

• Ultraschall-Sortierung im konditionierten Zustand und Bruchversuche

Qualität gut

Nr.	Abmessungen (b, h: effektive Masse)			Ultraschall Messwerte					Klassierung				Dichte				Elastizitätsmodul und Festigkeit	
	b [mm]	h [mm]	ℓ [mm]	$t_{o,L}$ [µs]	$v_{o,L}$ [m/s]	$t_{u,L}$ [µs]	$v_{u,L}$ [m/s]	w [%]	v_{12min} [m/s]	$v_{12ø}$ [m/s]	SIA 164	EN 338	m [kg]	w [%]	r_0 [kg/m³]	r_{12} [kg/m³]	E_m [N/mm²]	f_m [N/mm²]
MZ031R	80	160	3030	474	6392	472	6419	12	6392	6406	FK 0	C 40	18.5	12	451	476	16917	64.0
MZ072S	80	160	3030	485	6247	490	6184	12	6184	6216	FK 0	C 40	21.3	12	521	550	17190	50.0
MZ131R	80	160	3030	484	6260	479	6326	12	6260	6293	FK 0	C 40	17.6	12	430	455	15620	47.8
MZ151R	80	160	3030	480	6313	486	6235	12	6235	6274	FK 0	C 40	17.2	12	419	443	14821	73.3
MZ181S	80	160	3030	473	6406	473	6406	12	6406	6406	FK 0	C 40	19.2	12	467	494	17293	35.7
MZ401R	80	160	3030	481	6299	494	6134	12	6134	6216	FK 0	C 40	16.4	12	401	424	13234	41.8
MZ411R	80	160	3030	488	6209	482	6286	12	6209	6248	FK 0	C 40	18.9	12	462	488	15404	44.5
MZ411S	80	160	3030	492	6159	477	6352	12	6159	6255	FK 0	C 40	19.5	12	476	503	16788	52.7
MZ511R	80	160	3030	494	6134	497	6097	12	6097	6115	FK 0	C 40	16.0	12	389	412	12353	55.3
MZ592S	80	160	3030	486	6235	499	6072	12	6072	6153	FK 0	C 40	19.7	12	481	508	16039	44.1
MZ82S	80	160	3030	469	6461	467	6488	12	6461	6475	FK 0	C 40	17.2	12	419	443	17518	70.8

Balken 181S: Baumkante auf ca. 1/6 der Balkenlänge (Auflagerbereich)

Qualität normal

Nr.	Abmessungen (b, h: effektive Masse)			Ultraschall Messwerte					Klassierung				Dichte				Elastizitätsmodul und Festigkeit	
	b [mm]	h [mm]	ℓ [mm]	$t_{o,L}$ [µs]	$v_{o,L}$ [m/s]	$t_{u,L}$ [µs]	$v_{u,L}$ [m/s]	w [%]	v_{12min} [m/s]	$v_{12ø}$ [m/s]	SIA 164	EN 338	m [kg]	w [%]	r_0 [kg/m³]	r_{12} [kg/m³]	E_m [N/mm²]	f_m [N/mm²]
MZ232R	80	160	3030	541	5601	549	5519	12	5519	5560	FK II	C 27	17.3	12	423	447	10182	18.6
MZ441R	80	160	3030	533	5685	516	5872	12	5685	5778	FK I	C 35	16.7	12	408	431	11414	43.3
MZ442R	80	160	3030	508	5965	540	5611	12	5611	5788	FK II	C 27	18.0	12	440	465	15563	62.1
MZ492R	80	160	3030	526	5760	510	5941	12	5760	5851	FK I	C 35	15.8	12	386	408	8367	32.9
MZ561S	80	160	3030	503	6024	529	5728	12	5728	5876	FK I	C 35	18.4	12	448	474	13183	39.8
MZ621R	80	160	3030	512	5918	523	5793	12	5793	5856	FK I	C 35	16.2	12	395	417	10769	28.0
MZ641S	80	160	3030	519	5838	512	5918	12	5838	5878	FK 0	C 40	17.9	12	438	462	9971	33.6
MZ651S	80	160	3030	531	5706	505	6000	12	5706	5853	FK I	C 35	17.6	12	430	454	11440	60.1
MZ692S	80	160	3030	542	5590	512	5918	12	5590	5754	FK II	C 27	18.8	12	460	486	11646	26.5
MZ711S	80	160	3030	544	5570	538	5632	12	5570	5601	FK II	C 27	17.1	12	416	440	11124	34.4
MZ742R	80	160	3030	495	6121	517	5861	12	5861	5991	FK 0	C 40	17.8	12	434	459	12792	51.0
MZ742S	80	160	3030	500	6060	518	5849	12	5849	5955	FK 0	C 40	17.5	12	427	451	12790	42.6

Balken 442R: Schubbruch

Qualität schlecht

Nr.	Abmessungen (b, h: effektive Masse)			Ultraschall Messwerte					Klassierung				Dichte				Elastizitätsmodul und Festigkeit	
	b [mm]	h [mm]	ℓ [mm]	$t_{o,L}$ [µs]	$v_{o,L}$ [m/s]	$t_{u,L}$ [µs]	$v_{u,L}$ [m/s]	w [%]	v_{12min} [m/s]	$v_{12ø}$ [m/s]	SIA 164	EN 338	m [kg]	w [%]	r_0 [kg/m³]	r_{12} [kg/m³]	E_m [N/mm²]	f_m [N/mm²]
MZ231R	80	160	3030	562	5391	543	5580	12	5391	5486	FK III	C 22	17.6	12	428	453	9436	24.7
MZ361R	80	160	3030	536	5653	561	5401	12	5401	5527	FK III	C 22	15.4	12	377	398	10569	45.0
MZ371S	80	160	3030	512	5918	536	5653	12	5653	5785	FK I	C 35	17.3	12	421	445	10839	19.7
MZ372R	80	160	3030	557	5440	550	5509	12	5440	5474	FK III	C 22	16.7	12	408	431	9509	28.7
MZ482S	80	160	3030	536	5653	576	5260	12	5260	5457	FK III	C 22	16.7	12	408	432	----	25.5
MZ512S	80	160	3030	568	5335	512	5918	12	5335	5626	FK III	C 22	16.7	12	408	431	8015	23.6
MZ661R	80	160	3030	540	5611	520	5827	12	5611	5719	FK II	C 27	16.6	12	404	427	10238	28.8
MZ662R	80	160	3030	577	5251	569	5325	12	5251	5288	FK III	C 22	16.7	12	408	432	----	----
MZ741S	80	160	3030	562	5391	607	4992	12	4992	5192	HC	HC	19.7	12	480	507	9436	24.8
MZ751R	80	160	3030	536	5653	556	5450	12	5450	5551	FK III	C 22	15.0	12	366	386	8817	29.6
MZ772R	80	160	3030	540	5611	574	5279	12	5279	5445	FK III	C 22	15.9	12	388	410	8948	16.2
MZ772S	80	160	3030	525	5771	540	5611	12	5611	5691	FK II	C 27	16.0	12	390	412	7300	21.8
MZ781R	80	160	3030	545	5560	605	5008	12	5008	5284	HC	HC	16.1	12	393	415	9377	32.2
MZ782R	80	160	3030	568	5335	569	5325	12	5325	5330	FK III	C 22	16.7	12	407	430	9784	26.1
MZ782S	80	160	3030	592	5118	594	5101	12	5101	5110	HC	C 18	17.2	12	419	443	7132	16.2
MZ912R	80	160	3030	537	5642	539	5622	12	5622	5632	FK II	C 27	16.0	12	390	412	9671	31.3

Balken 482S: während der Bestimmung des Biege-E-Moduls vorzeitig gebrochen
Balken 662R: bei der Bestimmung des Zug-E-Moduls vorzeitig gebrochen (M/N-Interaktion: Testversuch)

Anhang 3: Bestimmung des axialen E-Moduls im Zug- bzw. Druckversuch

A.3.1 Anwendung des HOOKE'schen Gesetzes

Bei reiner Zug- oder Druckbelastung parallel zur Faser verhält sich Holz unterhalb der Proportionalitätsgrenze σ_P praktisch wie homogenes, isotropes Material [17]: Die Materialeigenschaften in allen Punkten sowie in jedem Punkt für alle Richtungen sind gleich und die Verzerrungen bleiben klein. Die Verknüpfung zwischen Spannungen und Verzerrungen kann am einfachsten mittels eines Zug- oder Druckversuches abgeleitet werden. Die Auswertung des Versuchs liefert den Zusammenhang zwischen $\varepsilon_{\|}$ und $E_{\|}$, d. h. das sogenannte Spannungs-Dehnungs-Diagramm. Dieses hat für spröde Stoffe (Holz unter Zugbelastung) und für duktile Stoffe (Holz unter Druckbelastung) die in Bild A.3.1 wiedergegebene Gestalt:

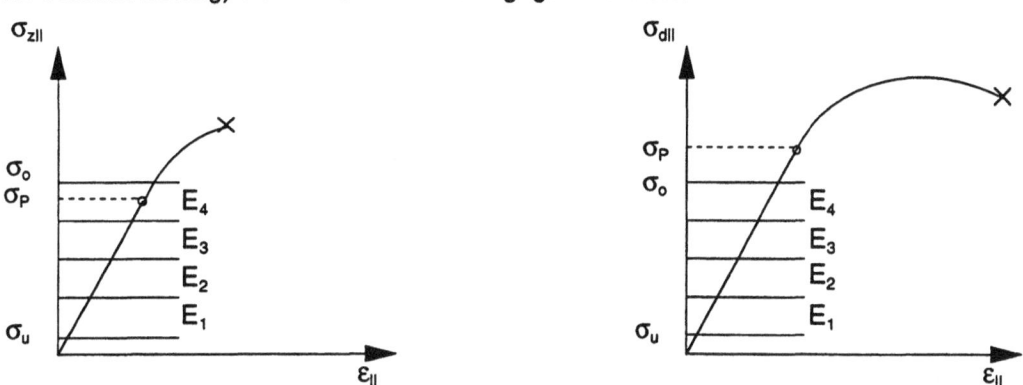

Bild A.3.1: Spannungs-Dehnungsverhalten für sprödes (links) und duktiles Material (rechts)

Beide Diagramme enthalten einen praktisch geradlinigen Ast, auf dem sich das Material elastisch verhält. Im elastischen Bereich unterhalb der Proportionalitätsgrenze σ_P ist die Spannung $\sigma_{\|}$ der Dehnung $\varepsilon_{\|}$ proportional. Es gilt das HOOKE'sche Gesetz [125]:

$$\sigma_{\|} = E_{\|} \cdot \varepsilon_{\|}$$

Proportionalitätskonstante ist der Elastizitätsmodul, welcher mittels eines Zug- oder Druckversuches bestimmt werden kann:

Mit $\quad \sigma = \dfrac{N}{A} \quad$ und $\quad \varepsilon = \dfrac{\Delta \ell}{\ell} \quad$ ergibt sich: $\quad E = \dfrac{N \cdot \ell}{A \cdot \Delta \ell}$

Da bei Holz die Proportionalitätsgrenze aufgrund der Strukturstörungen stark schwanken kann, wurde der Bereich zur Ermittlung des axialen E-Moduls anhand von Vorversuchen festgelegt. Um Schlupfeinflüsse auszuschalten, wurde die untere Spannungsgrenze nicht bei 0 sondern bei 2 N/mm² angesetzt. Die obere Spannungsgrenze von 10 N/mm² wählte man aufgrund der Resultate aus den Vorversuchen und aufgrund von theoretischen Überlegungen (entsprechend $\sigma_{z\|}$ von FK I nach SIA 164 [24]). Der Messbereich zwischen 2 und 10 N/mm² wurde in 4 Intervalle von 2 N/mm² unterteilt (siehe Bild A.3.1) und für jedes dieser Intervalle wurde der E-Modul bestimmt. Nach Eliminierung von der Spannungs-Dehnungs-Linearität nicht gehorchenden Werten (z.B. E_4 in Bild A.3.1 links) konnte man durch Mittelwertsbildung jeder Probe einen E-Modul zuordnen.

Anhang 4: Zugversuche an Kanthölzern

A.4.1 Zugversuche QS 8/8

Nr.	Abmessungen (b, h: eff. Masse)			Ultraschall										Dichte				Elastizitätsmodul und Festigkeit				Schnitt
				Messwerte						Klassierung												
	b	h	ℓ	t_1	v_1	t_m	v_m	t_2	v_2	w	v_{12min}	v_{12a}	SIA 164	EN 338	m	w	r_0	r_{12}	E_1	E_2	$E_{t,0}$	$f_{t,0}$	M: Mark
	[mm]	[mm]	[mm]	[µs]	[m/s]	[µs]	[m/s]	[µs]	[m/s]	[%]	[m/s]	[m/s]			[kg]	[%]	[kg/m³]	[kg/m³]	[N/mm²]	[N/mm²]	[N/mm²]	[N/mm²]	S: Seite
1	79	79	2500	414	6039	-----	-----	401	6234	8	5923	6021	FK 0	C 40	6.33	8	391	413	12572	10720	11646	25.7	-----
2	79	79	2502	442	5661	-----	-----	433	5778	11	5632	5690	FK II	C 27	6.57	11	400	423	9495	10451	9973	29.6	-----
3	79	79	2502	462	5416	-----	-----	473	5290	9	5203	5266	HC	C 18	5.61	9	344	364	7206	6887	7047	13.7	-----
4	79	79	2502	413	6058	-----	-----	405	6178	8	5942	6002	FK 0	C 40	6.67	8	411	435	11566	12559	12063	36.6	-----
5	79	79	2500	423	5910	-----	-----	411	6083	10	5852	5938	FK 0	C 40	7.03	10	430	454	12684	13730	13207	32.0	-----
6	79	79	2500	415	6024	-----	-----	426	5869	9	5782	5859	FK I	C 35	7.66	9	471	497	13959	12625	13292	26.1	-----
7	79	79	2500	415	6024	-----	-----	424	5896	10	5838	5902	FK 0	C 40	7.21	10	441	466	11908	11541	11725	28.5	-----
8	79	79	2500	413	6053	-----	-----	398	6281	8	5937	6051	FK 0	C 40	6.13	8	378	400	11899	10792	11345	23.3	-----
9	79	79	2500	410	6098	-----	-----	403	6203	10	6040	6093	FK 0	C 40	6.91	10	423	447	12568	13894	13231	46.9	-----
10	79	79	2502	420	5957	-----	-----	409	6117	10	5899	5979	FK 0	C 40	7.32	10	447	473	13994	13235	13615	36.1	-----
11	79	79	2502	416	6014	-----	-----	428	5846	11	5817	5901	FK 0	C 40	7.54	11	459	485	12821	11327	12074	20.9	-----
12	79	79	2501	494	5063	-----	-----	512	4885	8	4769	4858	HC	HC	5.66	8	349	369	5163	5995	5579	10.1	-----
13	78	79	2500	402	6219	-----	-----	404	6188	10	6130	6146	FK 0	C 40	6.83	10	423	447	14542	15580	15061	44.0	-----
14	79	78	2500	490	5102	-----	-----	502	4980	8	4864	4925	HC	HC	5.83	8	364	385	5867	4730	5298	11.4	-----
15	77	78	2500	395	6329	-----	-----	404	6188	8	6072	6143	FK 0	C 40	6.99	8	448	474	14747	14526	14637	36.0	-----
16	78	78	2500	407	6143	-----	-----	421	5938	7	5793	5895	FK I	C 35	6.79	7	432	456	13453	12169	12811	34.1	-----
17	79	79	2490	416	5986	-----	-----	408	6103	8	5870	5928	FK 0	C 40	7.08	8	439	464	11032	13673	12352	30.5	-----
18	79	78	2500	506	4941	-----	-----	508	4921	9	4834	4844	HC	HC	5.83	9	363	383	6036	4163	5099	9.59	-----
19	76	79	2500	486	5144	-----	-----	485	5155	6	4970	4975	HC	HC	5.63	6	364	385	7570	5173	6371	12.4	-----
20	78	78	2500	404	6188	-----	-----	418	5981	8	5865	5968	FK 0	C 40	7.14	8	452	478	13403	13375	13389	28.5	-----
21	78	79	2500	399	6266	-----	-----	409	6112	8	5996	6073	FK 0	C 40	6.83	8	427	451	13137	11785	12461	34.6	-----
22	78	78	2500	425	5882	-----	-----	412	6068	9	5795	5888	FK I	C 35	6.31	9	398	420	10634	11944	11289	34.6	-----
23	78	79	2500	505	4950	-----	-----	506	4941	7	4796	4801	HC	HC	5.71	7	359	379	4327	4429	4378	8.94	-----
24	79	78	2500	491	5092	-----	-----	495	5051	6	4877	4897	HC	HC	5.71	6	360	381	6363	6326	6345	10.8	-----
25	78	77	2490	423	5887	-----	-----	410	6073	10	5829	5922	FK 0	C 40	7.19	10	459	485	11493	13686	12589	32.2	-----
26	79	79	2500	400	6250	-----	-----	395	6329	9	6163	6203	FK 0	C 40	7.07	9	434	459	11903	14418	13160	33.1	-----
27	79	79	2500	461	5423	-----	-----	470	5319	8	5203	5255	HC	C 18	7.45	8	466	492	10267	9743	10005	30.2	-----
28	78	78	2500	404	6188	-----	-----	420	5952	8	5836	5954	FK 0	C 40	6.07	8	384	406	12410	11226	11818	33.4	-----
29	79	78	2500	412	6068	-----	-----	398	6281	8	5952	6059	FK 0	C 40	6.67	8	417	441	11157	13800	12478	36.0	-----
30	79	80	2500	434	5760	-----	-----	442	5656	8	5540	5592	FK II	C 27	6.80	8	414	438	10688	11043	10866	31.7	-----
31	79	78	2500	408	6127	-----	-----	413	6053	8	5937	5974	FK 0	C 40	6.90	8	431	456	13573	10599	12086	31.0	-----
32	78	78	2500	402	6219	-----	-----	407	6143	10	6085	6123	FK 0	C 40	7.04	10	442	467	14057	14195	14126	50.1	-----
33	79	78	2500	408	6127	-----	-----	418	5981	9	5894	5967	FK 0	C 40	7.28	9	453	479	13170	11285	12228	30.5	-----
34	78	79	2500	404	6188	-----	-----	420	5952	8	5836	5954	FK 0	C 40	6.15	8	384	406	11590	10151	10871	24.9	-----
35	78	79	2500	474	5274	-----	-----	484	5165	7	5020	5075	HC	HC	5.68	7	357	377	4996	7263	6129	11.9	-----
36	79	79	2500	416	6010	-----	-----	408	6127	9	5923	5982	FK 0	C 40	7.22	9	444	469	13836	15240	14538	35.2	-----
37	78	79	2500	418	5981	-----	-----	406	6158	8	5865	5953	FK 0	C 40	6.20	8	388	409	9875	11529	10702	26.1	-----
38	79	79	2500	402	6219	-----	-----	416	6010	9	5923	6027	FK 0	C 40	6.54	9	402	425	10732	10135	10433	27.0	-----
39	78	79	2500	417	5995	-----	-----	401	6234	7	5850	5970	FK 0	C 40	6.47	7	406	429	10121	10574	10348	24.1	-----
40	78	80	2500	420	5952	-----	-----	426	5869	8	5753	5794	FK I	C 35	7.34	8	453	479	13860	10476	12168	28.3	-----
131	70	79	2500	407	6143	-----	-----	405	6173	10	6085	6100	FK 0	C 40	6.03	10	416	440	15020	14660	14840	36.9	-----
132	50	79	2500	407	6143	-----	-----	402	6219	12	6143	6181	FK 0	C 40	4.50	12	431	456	13692	13308	13500	54.9	-----
321	60	79	2500	404	6188	-----	-----	408	6127	10	6069	6100	FK 0	C 40	5.22	10	420	444	13437	15582	14509	50.9	-----

Balken 13, 32 und 131: Schubbruch in der Einspannstelle
Balken 131: entspricht eigentlich Balken 13, allerdings mit reduzierter Dicke (t = 70 mm)
Balken 132: entspricht eigentlich Balken 13, allerdings mit abermals reduzierter Dicke (t = 50 mm)
Balken 321: entspricht eigentlich Balken 32, allerdings mit reduzierter Dicke (t = 60 mm)

A.4.2 Zugversuche QS 8/12

Nr.	Abmessungen (b, h: eff. Masse)			Ultraschall Messwerte						Klassierung				Dichte				Elastizitätsmodul und Festigkeit				Schnitt
	b [mm]	h [mm]	ℓ [mm]	t_1 [μs]	v_1 [m/s]	t_m [μs]	v_m [m/s]	t_2 [μs]	v_2 [m/s]	w [%]	v_{12min} [m/s]	$v_{12\varnothing}$ [m/s]	SIA 164	EN 338	m [kg]	w [%]	r_0 [kg/m³]	r_{12} [kg/m³]	E_1 [N/mm²]	E_2 [N/mm²]	$E_{t,0}$ [N/mm²]	$f_{t,0}$ [N/mm²]	M: Mark S: Seite
1	75	119	2500	424	5896	425	5882	424	5896	12	5882	5892	FK 0	C 40	10.0	12	424	448	12148	11706	11927	41.7	M
2	75	120	2500	436	5734	438	5708	449	5568	12	5568	5670	FK II	C 27	10.3	12	433	458	11644	11123	11383	32.2	M
3	75	120	2500	436	5734	446	5605	448	5580	12	5580	5640	FK II	C 27	10.4	12	437	462	10976	11178	11077	34.7	M
4	75	120	2500	404	6188	412	6068	403	6203	12	6068	6153	FK 0	C 40	9.77	12	411	434	12154	12144	12149	34.4	M
5	75	120	2500	422	5924	422	5924	412	6068	12	5924	5972	FK 0	C 40	9.50	12	400	422	11230	10799	11014	23.1	M
6	75	120	2500	445	5618	446	5605	451	5543	12	5543	5589	FK II	C 27	10.2	12	429	453	12205	11134	11669	35.1	m
7	75	120	2500	410	6098	412	6068	402	6219	12	6068	6128	FK 0	C 40	9.28	12	390	412	11930	11550	11740	35.3	m
8	75	120	2500	410	6098	417	5995	408	6127	12	5995	6073	FK 0	C 40	9.59	12	403	426	13809	13089	13449	45.9	m
9	75	120	2500	442	5656	446	5605	442	5656	12	5605	5639	FK II	C 27	10.1	12	425	449	11530	11299	11415	44.0	m
10	75	119	2500	418	5981	419	5967	420	5952	12	5952	5967	FK 0	C 40	9.84	12	417	441	13010	12943	12977	44.1	m
11	75	120	2500	422	5924	434	5760	430	5814	12	5760	5833	FK I	C 35	10.0	12	421	444	12313	12113	12213	59.0	m
12	75	120	2500	416	6010	416	6010	414	6039	12	6010	6019	FK 0	C 40	10.2	12	429	453	13648	13112	13380	53.7	m
13	75	120	2500	470	5319	458	5459	444	5631	12	5319	5469	FK III	C 22	10.6	12	446	471	10726	10961	10843	34.8	S
14	75	120	2500	395	6329	414	6039	430	5814	12	5814	6061	FK 0	C 40	10.5	12	442	467	14284	12852	13568	55.2	m
15	75	120	2500	428	5841	427	5855	410	6098	12	5841	5931	FK 0	C 40	9.01	12	379	400	10184	10785	10485	31.6	m
16	75	120	2500	439	5695	446	5605	455	5495	12	5495	5598	FK II	C 27	8.56	12	360	380	9641	9238	9439	35.1	m
17	75	120	2500	425	5882	426	5869	424	5896	12	5869	5882	FK 0	C 40	8.75	12	368	389	11289	10375	10832	39.2	m
18	75	120	2500	408	6127	418	5981	420	5952	12	5952	6020	FK 0	C 40	11.0	12	463	489	14077	12502	13289	33.9	S
19	75	120	2500	432	5787	438	5708	434	5760	12	5708	5752	FK I	C 35	10.4	12	437	462	11743	11820	11782	24.7	S
20	75	120	2500	439	5695	437	5721	433	5774	12	5695	5730	FK I	C 35	9.64	12	405	428	10085	11316	10701	27.8	m
21	75	120	2500	440	5682	438	5708	424	5896	12	5682	5762	FK I	C 35	9.33	12	392	415	10523	10631	10577	36.3	M
22	75	120	2500	436	5734	423	5910	416	6010	12	5734	5885	FK I	C 35	7.22	12	304	321	8324	9301	8813	28.0	m
23	75	120	2500	413	6053	418	5981	420	5952	12	5952	5996	FK 0	C 40	9.40	12	395	418	12977	11691	12334	38.6	S
24	75	120	2500	418	5981	422	5924	418	5981	12	5924	5962	FK 0	C 40	9.22	12	388	410	12318	12059	12188	45.1	S
25	75	120	2500	430	5814	434	5760	428	5841	12	5760	5805	FK I	C 35	10.1	12	425	449	10936	9881	10409	37.7	M
26	75	120	2500	433	5774	443	5643	430	5814	12	5643	5744	FK II	C 27	9.63	12	405	428	9163	9709	9436	24.0	M
27	75	120	2500	426	5869	426	5869	419	5967	12	5869	5901	FK 0	C 40	7.38	12	310	328	8946	9411	9178	34.1	m
28	75	120	2500	446	5605	448	5580	444	5631	12	5580	5605	FK II	C 27	9.37	12	394	416	9546	8810	9178	28.2	S
29	75	120	2500	418	5981	422	5924	423	5910	12	5910	5938	FK 0	C 40	10.2	12	429	453	12184	12248	12216	37.3	S
30	75	120	2500	432	5787	432	5787	426	5869	12	5787	5814	FK I	C 35	10.3	12	433	458	12227	11711	11969	35.4	S
31	75	120	2500	424	5896	426	5869	423	5910	12	5869	5892	FK 0	C 40	9.88	12	416	439	12274	11855	12064	46.9	S
32	75	120	2500	453	5519	436	5734	428	5841	12	5519	5698	FK II	C 27	10.6	12	446	471	11865	12438	12152	57.4	S
33	75	120	2500	432	5787	434	5760	430	5814	12	5760	5787	FK I	C 35	10.3	12	433	458	11948	12872	12410	44.4	S
34	75	120	2500	442	5656	430	5814	420	5952	12	5656	5807	FK I	C 35	10.3	12	433	458	11556	11903	11730	40.8	S
35	75	120	2500	426	5869	426	5869	426	5869	12	5869	5869	FK 0	C 40	10.2	12	429	453	11819	12354	12086	31.5	S
36	75	120	2500	406	6158	412	6068	406	6158	12	6068	6128	FK 0	C 40	11.7	12	492	520	17187	17658	17422	47.8	m
37	75	120	2500	399	6266	399	6266	393	6361	12	6266	6298	FK 0	C 40	11.2	12	471	498	15030	17804	16417	51.6	m
38	75	120	2500	422	5924	424	5896	428	5841	12	5841	5887	FK 0	C 40	10.4	12	437	462	14177	13167	13672	55.4	m
39	75	120	2500	410	6098	417	5995	417	5995	12	5995	6029	FK 0	C 40	9.83	12	413	437	12631	12420	12526	47.3	M
40	75	120	2500	466	5365	488	5123	492	5081	12	5081	5190	HC	HC	8.85	12	372	393	9185	7682	8434	36.7	S
41	75	120	2500	389	6427	398	6281	396	6313	12	6281	6340	FK 0	C 40	10.8	12	454	480	16129	14020	15074	39.4	m
42	75	120	2500	416	6010	410	6098	397	6297	12	6010	6135	FK 0	C 40	9.31	12	392	414	10675	12176	11426	32.7	m
43	75	120	2500	473	5285	466	5365	456	5482	12	5285	5378	FK III	C 22	7.25	12	305	322	8315	7797	8056	23.5	S
44	75	120	2490	455	5473	452	5509	445	5596	12	5473	5526	FK II	C 27	7.22	12	305	322	7704	7651	7678	27.2	m
45	75	120	2500	422	5924	423	5910	418	5981	12	5910	5938	FK 0	C 40	9.35	12	393	416	12181	11655	11918	39.2	M
46	75	120	2500	425	5882	437	5721	452	5531	12	5531	5711	FK II	C 27	8.54	12	359	380	9758	8626	9192	31.6	S
132	70	120	2500	452	5531	438	5708	430	5814	12	5531	5684	FK II	C 27	10.1	12	455	481	11994	12679	12336	62.9	S

Balken 12: Schubbruch in der Einspannstelle
Balken 18: Zugbruch in der Einspannstelle
Balken 32: in der Einspannstelle gerutscht
Balken 321: entspricht eigentlich Balken 32, allerdings mit reduzierter Dicke (t = 70 mm)

A.4.3 Zugversuche QS 8/18

Nr.	Abmessungen (b, h: eff. Masse)			Ultraschall Messwerte						Ultraschall Klassierung				Dichte				Elastizitätsmodul und Festigkeit				Schnitt
	b [mm]	h [mm]	ℓ [mm]	t_1 [µs]	v_1 [m/s]	t_m [µs]	v_m [m/s]	t_2 [µs]	v_2 [m/s]	w [%]	v_{12min} [m/s]	$v_{12ø}$ [m/s]	SIA 164	EN 338	m [kg]	w [%]	r_0 [kg/m³]	r_{12} [kg/m³]	E_1 [N/mm²]	E_2 [N/mm²]	$E_{t,0}$ [N/mm²]	$f_{t,0}$ [N/mm²]	M: Mark S: Seite
1	74	175	2480	384	6458	402	6169	382	6492	12	6169	6373	FK 0	C 40	15.6	12	460	486	13960	14362	14161	37.1	M
2	75	178	2500	440	5682	444	5631	423	5910	12	5631	5741	FK II	C 27	14.1	12	400	422	10968	10189	10579	18.7	m
3	74	175	2465	397	6209	410	6012	396	6225	12	6012	6149	FK 0	C 40	14.9	12	442	467	15111	13308	14210	37.5	S
4	75	175	2500	400	6250	416	6010	404	6188	12	6010	6149	FK 0	C 40	14.2	12	410	433	13131	12589	12860	47.2	m
5	74	175	2500	430	5814	414	6039	401	6234	12	5814	6029	FK 0	C 40	14.8	12	433	457	14271	12316	13293	36.6	S
6	74	175	2500	406	6158	413	6053	407	6143	12	6053	6118	FK 0	C 40	14.9	12	436	460	15508	13309	14408	35.6	S
7	75	178	2500	415	6024	412	6068	404	6188	12	6024	6093	FK 0	C 40	17.9	12	508	536	15677	15833	15755	46.8	m
12	75	175	2500	389	6427	418	5981	393	6361	12	5981	6256	FK 0	C 40	15.8	12	456	482	15718	13313	14516	45.9	M
13	75	175	2500	423	5910	458	5459	459	5447	12	5447	5605	FK III	C 22	13.9	12	401	424	9888	9200	9544	23.6	m
16	75	175	2500	440	5682	458	5459	441	5669	12	5459	5603	FK II	C 27	14.3	12	412	436	8765	8916	8840	22.3	M
22	74	176	2500	420	5952	423	5910	412	6068	12	5910	5977	FK 0	C 40	12.6	12	366	387	11002	10554	10778	25.1	M
24	75	178	2500	440	5682	456	5482	450	5556	12	5482	5573	FK II	C 27	13.1	12	371	393	8048	8990	8519	20.1	M
26	75	176	2500	411	6083	436	5734	418	5981	12	5734	5933	FK I	C 35	14.7	12	422	445	11369	12281	11825	42.2	M
27	75	177	2500	420	5952	430	5814	410	6098	12	5814	5955	FK 0	C 40	15.1	12	431	455	12927	11788	12357	52.8	m
29	75	175	2500	521	4798	520	4808	480	5208	12	4798	4938	HC	HC	10.7	12	309	326	5584	5069	5326	11.2	m
32	75	175	2500	504	4960	513	4873	479	5219	12	4873	5018	HC	HC	10.7	12	309	326	6520	5641	6081	16.0	M
34	75	177	2500	449	5568	465	5376	464	5388	12	5376	5444	FK III	C 22	13.6	12	388	410	8547	8540	8543	21.0	m
35	75	178	2500	416	6010	424	5896	403	6203	12	5896	6036	FK 0	C 40	14.9	12	423	446	12356	11185	11771	35.9	M
36	74	176	2500	421	5938	434	5760	440	5682	12	5682	5793	FK I	C 35	18.4	12	535	565	13458	14841	14150	49.4	S
37	75	178	2500	402	6219	418	5981	411	6083	12	5981	6094	FK 0	C 40	14.5	12	411	434	14881	13880	14381	41.0	M
40	74	176	2500	411	6083	430	5814	408	6127	12	5814	6008	FK 0	C 40	14.1	12	410	433	12779	12067	12423	32.2	m

A.4.4 Zugversuche QS 6/18

Nr.	Abmessungen (b, h: eff. Masse)			Ultraschall Messwerte						Klassierung				Dichte				Elastizitätsmodul und Festigkeit				Schnitt
	b [mm]	h [mm]	ℓ [mm]	t_1 [µs]	v_1 [m/s]	t_m [µs]	v_m [m/s]	t_2 [µs]	v_2 [m/s]	w [%]	v_{12min} [m/s]	$v_{12ø}$ [m/s]	SIA 164	EN 338	m [kg]	w [%]	r_0 [kg/m³]	r_{12} [kg/m³]	E_1 [N/mm²]	E_2 [N/mm²]	$E_{t,0}$ [N/mm²]	$f_{t,0}$ [N/mm²]	M: Mark S: Seite
1	59	178	2500	426	5869	----	----	456	5482	14	5540	5734	FK II	C 27	16.5	14	590	623	18933	13987	16460	33.7	----
2	59	178	2505	429	5839	----	----	424	5908	15	5926	5961	FK 0	C 40	16.6	15	590	623	14674	9368	12021	31.7	----
3	61	182	2502	438	5712	----	----	412	6073	16	5828	6009	FK 0	C 40	11.7	16	392	414	11707	11990	11849	46.0	----
4	60	180	2504	463	5408	----	----	450	5564	15	5495	5573	FK II	C 27	11.5	15	398	420	7641	7478	7560	22.3	----
5	60	184	2505	423	5922	----	----	418	5993	14	5980	6015	FK 0	C 40	11.7	14	397	420	13505	11942	12724	36.7	----
6	58	174	2500	435	5747	----	----	431	5800	13	5776	5803	FK I	C 35	13.1	13	489	517	16637	11600	14118	41.3	----
7	60	176	2500	418	5981	426	5869	410	6098	8	5753	5866	FK I	C 35	10.2	8	372	393	10968	9720	10344	31.3	m
8	53	178	2500	408	6127	424	5896	424	5896	8	5780	5857	FK I	C 35	10.3	8	421	444	11917	11731	11824	36.6	m
9	54	178	2500	432	5787	432	5787	418	5981	9	5700	5765	FK I	C 35	11.3	9	451	476	12423	13885	13154	43.3	m
10	53	178	2500	412	6068	433	5774	434	5760	8	5644	5751	FK II	C 27	9.64	8	394	416	10858	10437	10647	27.5	M
11	53	178	2505	408	6140	408	6140	399	6278	9	6053	6099	FK 0	C 40	10.6	9	430	454	15215	13076	14145	43.7	m
12	54	178	2500	420	5952	442	5656	441	5669	10	5598	5701	FK II	C 27	9.54	10	379	400	10970	9750	10360	31.0	M
13	54	178	2500	421	5938	436	5734	432	5787	8	5618	5704	FK II	C 27	9.48	8	380	401	10610	10801	10706	24.7	m
14	55	178	2500	430	5814	423	5910	401	6234	10	5756	5928	FK I	C 35	10.1	10	394	416	10251	12454	11353	24.9	M
15	54	178	2500	415	6024	423	5910	410	6098	9	5823	5924	FK 0	C 40	9.12	9	364	384	10604	11591	11097	32.7	M
16	54	178	2500	424	5896	421	5938	406	6158	9	5809	5910	FK 0	C 40	10.3	9	411	434	11365	11568	11467	37.7	m
17	54	178	2505	421	5950	417	6007	404	6200	11	5921	6024	FK 0	C 40	10.2	11	403	425	11625	11648	11637	34.0	m
18	54	178	2500	456	5482	452	5531	428	5841	9	5395	5531	FK III	C 22	11.1	9	443	468	10268	11043	10656	49.9	M
19	54	178	2500	407	6143	414	6039	404	6188	9	5952	6036	FK 0	C 40	11.2	9	447	472	14332	15588	14960	54.3	M
20	54	178	2500	418	5981	420	5952	416	6010	11	5923	5952	FK 0	C 40	11.2	11	443	468	13202	14038	13620	53.2	S
21	54	178	2505	429	5839	426	5880	404	6200	11	5810	5944	FK 0	C 40	11.6	11	458	484	12487	13713	13100	45.2	m
22	54	178	2500	423	5910	434	5760	435	5747	11	5718	5777	FK I	C 35	10.4	11	411	435	10890	11824	11357	29.0	M
23	53	178	2500	419	5967	436	5734	425	5882	10	5676	5803	FK I	C 35	9.56	10	387	409	11248	10956	11102	30.4	m
24	53	178	2500	402	6219	413	6053	407	6143	9	5966	6051	FK 0	C 40	11.4	9	463	490	14306	14889	14598	35.4	m
25	55	178	2500	437	5721	444	5631	433	5774	10	5573	5650	FK II	C 27	9.19	10	358	379	9840	10322	10081	31.3	M
26	55	178	2505	456	5493	456	5493	439	5706	9	5406	5477	FK III	C 22	10.1	9	395	417	8469	9227	8848	17.8	S
27	53	178	2500	440	5682	423	5910	412	6068	9	5595	5800	FK II	C 27	8.33	9	339	358	9051	9728	9390	21.6	M
28	53	178	2500	414	6051	416	6022	426	5880	10	5822	5926	FK 0	C 40	8.48	10	343	362	9080	10655	9867	21.6	M
29	54	178	2505	418	5993	438	5719	436	5745	10	5661	5761	FK I	C 35	10.5	10	416	440	8794	9696	9245	23.5	m
30	54	178	2500	418	5981	431	5800	425	5882	12	5800	5888	FK 0	C 40	8.47	12	334	352	8955	9664	9310	26.8	m
31	54	178	2505	410	6110	416	6022	410	6110	10	5964	6022	FK 0	C 40	11.1	10	440	465	13104	14116	13610	35.5	M
32	54	178	2500	440	5682	448	5580	432	5787	10	5522	5625	FK II	C 27	10.2	10	405	428	9141	9867	9504	26.6	M
33	53	178	2500	450	5556	442	5656	435	5747	14	5614	5711	FK II	C 27	11.2	14	446	471	12368	13704	13036	50.7	m
34	54	178	2500	450	5556	468	5342	434	5760	13	5371	5582	FK III	C 22	11.8	13	463	489	9354	11912	10633	36.0	M
35	53	178	2500	404	6188	401	6234	401	6234	13	6217	6248	FK 0	C 40	11.4	13	456	481	15096	15349	15223	71.1	m
36	54	178	2500	420	5952	424	5896	426	5869	11	5840	5877	FK 0	C 40	11.2	11	443	468	12355	13150	12753	40.7	S
37	54	178	2500	428	5841	438	5708	419	5967	11	5679	5809	FK I	C 35	9.48	11	375	396	10186	10683	10435	27.0	m
38	54	178	2500	421	5938	438	5708	426	5869	12	5708	5838	FK I	C 35	11.6	12	457	483	14113	12635	13374	49.9	M
39	55	178	2500	404	6188	412	6068	420	5952	13	5981	6098	FK 0	C 40	11.6	13	447	472	14181	13123	13652	42.9	M
40	54	178	2500	422	5924	426	5869	424	5896	12	5869	5896	FK 0	C 40	8.59	12	338	357	9022	9636	9329	30.7	M
41	54	178	2500	406	6158	412	6068	416	6010	12	6010	6078	FK 0	C 40	11.5	12	453	479	15601	14429	15015	49.0	m
42	54	178	2500	414	6039	415	6024	415	6024	13	6053	6058	FK 0	C 40	11.3	13	443	468	14255	13308	13782	48.1	M

Balken 1, 6: in der Einspannstelle gerutscht

A.4.5 Zugversuche M/N-Interaktion QS 8/16

• **Ultraschall-Sortierung im frisch eingeschnittenen Zustand**

Qualität gut

Nr.	Abmessungen (b, h: Nennmasse)			Ultraschall				Klassierung mittels Ultraschall					
								Annahme: w=30 %			Annahme: w=50 %		
	b [mm]	h [mm]	ℓ [mm]	$t_{o,F}$ [µs]	$v_{o,F}$ [m/s]	$t_{u,F}$ [µs]	$v_{u,F}$ [m/s]	v_{12min} [m/s]	SIA 164	EN 338	v_{12min} [m/s]	SIA 164	EN 338
50021	80	160	6440	1411	4564	1405	4584	5086	HC	HC	5166	HC	C 18
50132	80	160	6490	1220	5320	1205	5386	5840	FK 0	C 40	5920	FK 0	C 40
50142	80	160	6550	1178	5560	1206	5431	5955	FK 0	C 40	6035	FK 0	C 40
50282	80	160	6520	1177	5540	1236	5275	5797	FK I	C 35	5877	FK 0	C 40
50331	80	160	6460	1200	5383	1206	5357	5879	FK 0	C 40	5959	FK 0	C 40
60421	80	160	6510	1241	5246	1253	5196	5719	FK I	C 35	5799	FK I	C 35
60422	80	160	6510	1254	5191	1243	5237	5714	FK I	C 35	5794	FK I	C 35
60501	80	160	6490	1223	5307	1204	5390	5831	FK 0	C 40	5911	FK 0	C 40
60531	80	160	6510	1207	5394	1230	5293	5814	FK 0	C 40	5894	FK 0	C 40
60541	80	160	6560	1229	5338	1240	5290	5811	FK 0	C 40	5891	FK 0	C 40

Qualität normal

Nr.	Abmessungen (b, h: Nennmasse)			Ultraschall				Klassierung mittels Ultraschall					
								Annahme: w=30 %			Annahme: w=50 %		
	b [mm]	h [mm]	ℓ [mm]	$t_{o,F}$ [µs]	$v_{o,F}$ [m/s]	$t_{u,F}$ [µs]	$v_{u,F}$ [m/s]	v_{12min} [m/s]	SIA 164	EN 338	v_{12min} [m/s]	SIA 164	EN 338
50121	80	160	6600	1446	4564	1427	4625	5086	HC	HC	5166	HC	C 18
50122	80	160	6600	1341	4922	1362	4846	5366	FK III	C 22	5446	FK III	C 22
60371	80	160	6500	1515	4290	1476	4404	4814	HC	HC	4894	HC	HC
60502	80	160	6490	1274	5094	1286	5047	5571	FK II	C 27	5651	FK I	C 35
60522	80	160	6495	1392	4666	1424	4561	5082	HC	HC	5162	HC	C 18
60561	80	160	6580	1297	5073	1283	5129	5594	FK II	C 27	5674	FK I	C 35
70701	80	160	6490	1359	4776	1352	4800	5297	FK III	C 22	5377	FK III	C 22
70762	80	160	6530	1414	4618	1386	4711	5141	HC	C 18	5221	HC	C 18
70811	80	160	6510	1493	4360	1521	4280	4802	HC	HC	4882	HC	HC
80911	80	160	-----	-----	-----	-----	-----	-----	-----	-----	-----	-----	-----

Ultraschall-Sortierung im konditionierten Zustand und Bruchversuche

Qualität gut

Nr.	Abmessungen (b, h: eff. Masse)			Ultraschall Messwerte						Ultraschall Klassierung					Dichte				Elastizitätsmodul und Festigkeit				Schnitt
	b [mm]	h [mm]	ℓ [mm]	t_1 [µs]	v_1 [m/s]	t_m [µs]	v_m [m/s]	t_2 [µs]	v_2 [m/s]	w [%]	v_{12min} [m/s]	$v_{12\varnothing}$ [m/s]	SIA 164	EN 338	m [kg]	w [%]	r_0 [kg/m³]	r_{12} [kg/m³]	E_1 [N/mm²]	E_2 [N/mm²]	$E_{t,0}$ [N/mm²]	$f_{t,0}$ [N/mm²]	M: Mark S: Seite
021R	80	160	3030	488	6209	497	6097	492	6159	12	6097	6155	FK 0	C 40	16.0	12	390	413	11345	11944	11645	35.9	S
132R	80	160	3030	486	6235	488	6209	483	6273	12	6209	6239	FK 0	C 40	17.0	12	415	438	12581	12293	12437	29.2	S
142S	80	160	3030	473	6406	488	6209	490	6184	12	6184	6266	FK 0	C 40	19.0	12	464	490	16887	15408	16148	45.2	S
282R	80	160	3030	465	6516	486	6235	481	6299	12	6235	6350	FK 0	C 40	16.5	12	403	425	14142	13153	13647	33.6	S
331S	80	160	3030	494	6134	494	6134	482	6286	12	6134	6185	FK 0	C 40	19.4	12	473	500	16243	17790	17016	50.9	S
421R	80	160	3030	497	6097	498	6084	494	6134	12	6084	6105	FK 0	C 40	18.9	12	461	487	12402	14439	13421	35.3	S
422S	80	160	3030	492	6159	502	6036	498	6084	12	6036	6093	FK 0	C 40	17.8	12	434	459	13830	14003	13916	47.0	S
501R	80	160	3030	482	6286	488	6209	488	6209	12	6209	6235	FK 0	C 40	17.9	12	437	462	13304	13075	13190	39.1	S
531R	80	160	3030	474	6392	472	6419	470	6447	12	6392	6420	FK 0	C 40	20.6	12	503	531	17446	16838	17142	54.3	S
541S	80	160	3030	484	6260	484	6260	481	6299	12	6260	6273	FK 0	C 40	16.0	12	390	413	10348	11695	11021	22.1	S

Qualität normal

Nr.	Abmessungen (b, h: eff. Masse)			Ultraschall Messwerte						Ultraschall Klassierung					Dichte				Elastizitätsmodul und Festigkeit				Schnitt
	b [mm]	h [mm]	ℓ [mm]	t_1 [µs]	v_1 [m/s]	t_m [µs]	v_m [m/s]	t_2 [µs]	v_2 [m/s]	w [%]	v_{12min} [m/s]	$v_{12\varnothing}$ [m/s]	SIA 164	EN 338	m [kg]	w [%]	r_0 [kg/m³]	r_{12} [kg/m³]	E_1 [N/mm²]	E_2 [N/mm²]	$E_{t,0}$ [N/mm²]	$f_{t,0}$ [N/mm²]	M: Mark S: Seite
121R	80	160	3030	525	5771	519	5838	522	5805	12	5771	5805	FK I	C 35	15.4	12	376	397	8245	11597	9921	17.9	S
122R	80	160	3030	552	5489	548	5529	533	5685	12	5489	5568	FK II	C 27	16.8	12	410	433	7422	9266	8344	13.8	S
371R	80	160	3030	512	5918	524	5782	541	5601	12	5601	5767	FK II	C 27	17.0	12	415	438	9163	9305	9234	21.1	S
502S	80	160	3030	518	5849	505	6000	491	6171	12	5849	6007	FK 0	C 40	18.7	12	456	482	10593	14066	12329	27.2	S
522S	80	160	3030	540	5611	530	5717	514	5895	12	5611	5741	FK II	C 27	18.4	12	449	474	11853	10136	10995	28.3	S
561R	80	160	3030	499	6072	513	5906	531	5706	12	5706	5895	FK I	C 35	18.0	12	439	464	13683	11886	12784	31.3	S
701R	80	160	3030	510	5941	520	5827	523	5793	12	5793	5854	FK I	C 35	16.8	12	410	433	10715	11134	10924	24.6	S
762R	80	160	3030	517	5861	519	5838	529	5728	12	5728	5809	FK I	C 35	17.8	12	434	459	13037	10899	11968	35.1	S
811R	80	160	3030	517	5861	525	5771	533	5685	12	5685	5772	FK I	C 35	16.1	12	393	415	10741	10477	10609	24.3	S
911R	80	160	3030	525	5771	532	5695	544	5570	12	5570	5679	FK II	C 27	17.3	12	422	446	11344	10518	10931	16.8	S

Balken 911 R: markanter Ast ausserhalb des E-Modul-Messbereichs

Anhang 5: Zugversuche an Brettern

A.5.1 Zugversuche QS 1/18

Nr.	Abmessungen (b, h: eff. Masse)			Ultraschall										Dichte				Elastizitätsmodul und Festigkeit				Schnitt
				Messwerte						Klassierung												
	b	h	ℓ	t_1	v_1	t_m	v_m	t_2	v_2	w	v_{12min}	v_{12e}	SIA 164	EN 338	m	w	r_0	r_{12}	E_1	E_2	$E_{t,0}$	$f_{t,0}$	M: Mark
	[mm]	[mm]	[mm]	[µs]	[m/s]	[µs]	[m/s]	[µs]	[m/s]	[%]	[m/s]	[m/s]			[kg]	[%]	[kg/m³]	[kg/m³]	[N/mm²]	[N/mm²]	[N/mm²]	[N/mm²]	S: Seite
91	16	177	1672	314	5325	344	4860	322	5193	11	4831	5097	HC	HC	2.02	11	405	428	8241	6222	7232	21.9	S
92	17	178	1673	312	5362	345	4849	313	5345	13	4878	5215	HC	HC	1.95	13	363	384	6781	5947	6364	24.2	-
171	16	178	1950	335	5821	341	5718	324	6019	11	5689	5824	FK I	C 35	2.50	11	428	452	11908	10516	11212	28.4	S
172	16	174	1946	329	5915	363	5361	343	5673	13	5390	5679	FK III	C 22	2.55	13	444	469	10939	9501	10220	18.4	S
251	16	176	1780	343	5190	358	4972	324	5494	12	4972	5218	HC	HC	2.27	12	429	453	8002	7713	7857	21.4	M
252	17	178	1779	337	5279	349	5097	322	5525	15	5184	5387	HC	C 18	2.32	15	403	426	8474	8221	8347	16.4	M
411	16	177	1985	306	6487	330	6015	337	5890	9	5803	6044	FK 0	C 40	2.40	9	409	432	13201	10519	11860	52.8	S

A.5.2 Zugversuche QS 2/18

Nr.	Abmessungen (b, h: eff. Masse)			Ultraschall											Dichte				Elastizitätsmodul und Festigkeit				Schnitt
				Messwerte						Klassierung													
	b	h	ℓ	t_1	v_1	t_m	v_m	t_2	v_2	w	v_{12min}	v_{12e}	SIA 164	EN 338	m	w	r_0	r_{12}	E_1	E_2	$E_{t,0}$	$f_{t,0}$	M: Mark
	[mm]	[mm]	[mm]	[µs]	[m/s]	[µs]	[m/s]	[µs]	[m/s]	[%]	[m/s]	[m/s]			[kg]	[%]	[kg/m³]	[kg/m³]	[N/mm²]	[N/mm²]	[N/mm²]	[N/mm²]	S: Seite
8	25	180	2503	430	5821	435	5754	407	6150	11	5725	5879	FK I	C 35	4.68	11	395	417	9043	10082	9562	24.9	M
9	24	176	2502	446	5610	479	5223	450	5560	13	5252	5493	FK III	C 22	4.57	13	408	431	8577	8286	8431	31.0	M
10	24	177	2502	408	6132	438	5712	403	6208	12	5712	6018	FK I	C 35	5.47	12	487	515	12845	14375	13610	37.9	S
11	25	179	2471	414	5969	436	5667	409	6042	8	5551	5777	FK II	C 27	4.68	8	408	431	10056	10863	10459	28.4	----
14	24	179	2501	442	5658	470	5321	432	5789	12	5321	5590	FK III	C 22	5.08	12	447	473	9128	12222	10675	25.7	m
15	24	177	2501	498	5022	504	4962	469	5333	9	4875	5019	HC	HC	3.77	9	340	359	0	4586	4586	9.51	M
17	24	178	2052	444	4622	460	4461	462	4442	12	4442	4508	HC	HC	4.57	12	493	521	7718	9110	8414	18.4	m
18	25	177	2468	397	6217	440	5609	398	6201	13	5638	6038	FK II	C 27	5.39	13	465	491	10018	14824	12421	29.6	m
19	25	179	2502	431	5805	464	5392	452	5535	11	5363	5549	FK III	C 22	4.53	11	385	406	7782	9990	8886	15.4	M
20	24	177	2501	446	5608	454	5509	430	5816	12	5509	5644	FK II	C 27	6.12	12	545	576	11991	15948	13969	42.2	M
21	24	176	2501	470	5321	497	5032	501	4992	15	5079	5202	HC	HC	4.91	15	434	459	7333	7755	7544	18.3	m
23	24	178	2499	466	5363	470	5317	454	5504	10	5259	5337	FK III	C 22	4.45	10	398	420	7736	8177	7956	20.2	M
25	25	178	2502	464	5392	478	5234	450	5560	12	5234	5396	HC	C 18	4.76	12	405	428	7480	9464	8472	22.8	m
28	24	180	2504	435	5756	453	5528	426	5878	13	5557	5750	FK II	C 27	4.49	13	391	413	9910	10324	10117	37.5	M
30	23	176	2500	427	5855	456	5482	420	5952	8	5366	5647	FK III	C 22	5.54	8	527	557	11814	12794	12304	29.5	M
31	24	180	2503	409	6120	440	5689	438	5715	13	5718	5870	FK I	C 35	4.78	13	417	440	10723	10085	10404	17.9	M
33	24	176	2500	525	4762	471	5308	452	5531	12	4762	5200	HC	HC	3.81	12	341	361	5480	7522	6501	19.2	S
38	24	176	2500	430	5814	420	5952	407	6143	12	5814	5970	FK 0	C 40	5.64	12	505	534	12278	15232	13755	38.1	M
39	24	177	2501	423	5913	436	5736	415	6027	12	5736	5892	FK I	C 35	4.90	12	437	461	11153	12927	12040	31.5	----
41	24	178	2502	401	6239	448	5585	436	5739	11	5556	5825	FK II	C 27	4.59	11	408	431	10954	8540	9747	26.8	M
42	24	176	2500	462	5411	446	5605	434	5760	9	5324	5505	FK III	C 22	5.59	9	508	536	10852	10403	10627	26.5	M

A.5.3 Zugversuche QS 3/18

Nr.	Abmessungen (b, h: eff. Masse)			Ultraschall Messwerte						Klassierung				Dichte				Elastizitätsmodul und Festigkeit				Schnitt
	b	h	ℓ	t_1	v_1	t_m	v_m	t_2	v_2	w	v_{12min}	$v_{12\varnothing}$	SIA 164	EN 338	m	w	r_0	r_{12}	E_1	E_2	$E_{t,0}$	$f_{t,0}$	M: Mark
	[mm]	[mm]	[mm]	[µs]	[m/s]	[µs]	[m/s]	[µs]	[m/s]	[%]	[m/s]	[m/s]			[kg]	[%]	[kg/m³]	[kg/m³]	[N/mm²]	[N/mm²]	[N/mm²]	[N/mm²]	S: Seite
1	30	180	2503	556	4502	-----	4982	484	5171	13	4531	4914	HC	HC	6.36	13	443	469	6172	10402	8287	12.7	m
2	30	180	2501	468	5344	-----	5563	446	5608	13	5373	5534	FK III	C 22	5.90	13	412	435	8676	8695	8685	26.4	S
3	30	180	2501	513	4875	-----	5149	480	5210	13	4904	5107	HC	HC	5.45	13	380	402	7526	6176	6851	18.2	M
4	30	181	2501	550	4547	-----	-----	505	4952	13	4576	4779	HC	HC	6.24	13	433	458	7694	6156	6925	34.4	S
5	30	181	2501	437	5723	-----	-----	434	5763	13	5752	5772	FK I	C 35	6.51	13	452	477	12944	11601	12273	67.8	S
6	30	181	2500	490	5102	-----	5163	449	5568	13	5131	5307	HC	C 18	6.06	13	421	445	10545	9094	9819	36.8	m
7	30	180	2502	466	5369	-----	-----	511	4896	13	4925	5162	HC	HC	5.92	13	413	436	7208	7112	7160	20.6	M
8	30	180	2503	457	5477	-----	5340	466	5371	12	5340	5396	FK III	C 22	6.38	12	447	472	7023	9278	8151	15.6	M
9	30	180	2502	560	4468	-----	4700	512	4887	12	4468	4685	HC	HC	6.39	12	448	473	8636	6829	7732	19.2	M
10	30	180	2501	444	5633	-----	-----	449	5570	11	5541	5573	FK II	C 27	6.48	11	456	482	13007	12986	12996	69.0	S
11	30	180	2502	450	5560	-----	-----	440	5686	12	5560	5623	FK II	C 27	6.24	12	437	462	12288	9864	11076	41.1	m
12	30	180	2500	470	5319	-----	5645	442	5656	12	5319	5540	FK III	C 22	5.72	12	401	424	8299	7306	7802	23.5	S
13	30	180	2501	449	5570	-----	5843	436	5736	12	5570	5716	FK II	C 27	6.49	12	455	481	10311	6494	8402	13.2	m
14	31	180	2502	494	5065	-----	5384	466	5369	13	5094	5302	HC	HC	6.58	13	444	469	8499	11243	9871	16.3	m
15	30	178	2502	450	5560	-----	-----	447	5597	14	5618	5637	FK II	C 27	6.25	14	439	464	10633	11283	10958	41.8	S
16	28	179	2501	531	4710	-----	4781	570	4388	12	4388	4626	HC	HC	6.42	12	485	512	7471	8247	7859	27.6	m
17	30	178	2502	427	5859	-----	5843	437	5725	13	5754	5838	FK I	C 35	6.51	13	459	485	12333	8703	10518	28.3	S
18	30	180	2501	439	5697	-----	5858	449	5570	11	5541	5679	FK II	C 27	6.55	11	461	487	11873	9292	10583	21.4	S
19	30	180	2502	460	5439	-----	5315	520	4812	12	4812	5189	HC	HC	5.51	12	386	408	7983	6317	7150	23.2	M
20	30	176	2502	464	5392	-----	5285	484	5169	13	5198	5311	HC	C 18	6.40	13	457	482	13632	8711	11171	16.6	M
21	30	180	2502	454	5511	-----	-----	483	5180	12	5180	5346	HC	C 18	5.82	12	408	431	9189	7927	8558	25.2	m
22	30	181	2502	467	5358	-----	-----	444	5635	12	5358	5496	FK III	C 22	6.21	12	433	457	9939	10769	10354	43.4	S
23	30	180	2502	444	5635	-----	5172	495	5055	11	5026	5258	HC	HC	6.01	11	423	447	10418	8697	9557	37.4	M
24	30	179	2502	440	5686	-----	6006	443	5648	12	5648	5780	FK II	C 27	6.73	12	474	501	11794	12524	12159	15.8	S
25	30	179	2502	444	5635	-----	5595	448	5585	12	5585	5605	FK II	C 27	5.89	12	415	438	10821	8266	9544	30.0	S
26	30	180	2501	459	5449	-----	5029	494	5063	13	5058	5209	HC	HC	5.80	13	405	428	7143	7931	7537	23.3	M
27	30	179	2502	544	4599	-----	4784	530	4721	13	4628	4730	HC	HC	6.90	13	484	511	7056	9547	8302	17.7	M
28	30	179	2502	466	5369	-----	5579	456	5487	12	5369	5478	FK III	C 22	6.62	12	466	493	10103	10273	10188	22.4	S
29	30	179	2502	440	5686	-----	5534	465	5381	11	5352	5505	FK III	C 22	6.88	11	487	514	9494	8140	8817	16.5	S
30	30	179	2502	443	5648	-----	5812	434	5765	11	5619	5712	FK II	C 27	6.56	11	464	490	8954	9248	9101	15.7	S
31	30	179	2502	454	5511	-----	5611	459	5451	12	5451	5524	FK II	C 27	6.53	12	460	486	12293	9396	10845	25.3	S
32	30	179	2502	479	5223	-----	5247	453	5523	12	5223	5331	HC	C 18	6.47	12	456	482	10553	10443	10498	20.4	M
33	30	179	2502	470	5323	-----	5729	465	5381	12	5323	5478	FK III	C 22	6.61	12	466	492	8866	12558	10712	23.2	m
34	29	178	2502	449	5572	-----	5472	434	5765	11	5443	5574	FK III	C 22	6.44	11	474	501	9172	11023	10098	16.7	m
35	30	179	2501	458	5461	-----	5032	503	4972	12	4972	5155	HC	HC	5.82	12	410	433	6748	9173	7961	26.1	M
36	30	178	2502	455	5499	-----	5481	470	5323	12	5323	5434	FK III	C 22	6.42	12	455	481	14828	9543	12186	28.3	S
37	29	179	2502	451	5548	-----	5507	436	5739	10	5449	5540	FK III	C 22	6.89	10	506	535	7875	8463	8169	17.3	M
38	30	179	2500	540	4630	-----	4926	482	5187	12	4630	4914	HC	HC	6.34	12	447	472	6129	8500	7315	26.6	S
39	30	179	2500	464	5388	-----	5283	532	4699	11	4670	5094	HC	HC	5.91	11	421	445	8997	6876	7936	30.9	S
40	30	179	2500	446	5605	-----	5205	459	5447	12	5205	5419	HC	C 18	5.31	12	374	396	6825	7820	7323	19.6	M
41	30	180	2500	457	5470	-----	5662	481	5198	12	5198	5443	HC	C 18	6.50	12	456	481	12517	10834	11675	18.3	S
42	30	179	2502	440	5686	-----	5461	470	5323	12	5323	5490	FK III	C 22	5.27	12	371	392	9946	7207	8576	21.9	M
43	30	179	2499	436	5732	-----	5351	493	5069	12	5069	5384	HC	HC	5.82	12	410	434	9568	8111	8839	38.8	m
44	30	179	2500	430	5814	-----	5605	462	5411	12	5411	5610	FK III	C 22	6.09	12	429	454	10194	11511	10852	54.9	S
45	30	179	2502	452	5535	-----	5384	437	5725	11	5355	5519	FK III	C 22	6.47	11	458	484	8860	10894	9877	20.6	M
46	30	178	2502	452	5535	-----	5637	456	5487	12	5487	5553	FK II	C 27	6.52	12	462	488	10502	10620	10561	20.3	S
47	30	178	2502	516	4849	-----	4936	464	5392	12	4849	5059	HC	HC	6.07	12	430	454	9332	7299	8315	21.0	M
48	30	180	2500	432	5787	-----	5301	458	5459	12	5301	5516	FK III	C 22	6.63	12	465	491	9364	9335	9350	13.1	S
49	30	178	2500	440	5682	-----	5326	483	5176	12	5176	5395	HC	C 18	5.70	12	404	427	9298	8118	8708	25.6	m
50	30	179	2502	465	5381	-----	5668	449	5572	11	5352	5511	FK III	C 22	6.50	11	460	486	12987	11957	12472	16.1	S

Die Ultraschallmessungen in Brettmitte wurden erst nach dem Bruchversuch durchgeführt!

Brett 2: Windwurfholz. Der Bruch erfolgte jedoch *nicht* im Bereich einer Druckstauchung.

A.5.4 Zugversuche QS 4/18

Nr.	Abmessungen (b, h: eff. Masse)			Ultraschall											Dichte				Elastizitätsmodul und Festigkeit				Schnitt
				Messwerte						Klassierung													
	b	h	ℓ	t_1	v_1	t_m	v_m	t_2	v_2	w	v_{12min}	v_{12e}	SIA 164	EN 338	m	w	r_0	r_{12}	E_1	E_2	$E_{t,0}$	$f_{t,0}$	M: Mark
	[mm]	[mm]	[mm]	[µs]	[m/s]	[µs]	[m/s]	[µs]	[m/s]	[%]	[m/s]	[m/s]			[kg]	[%]	[kg/m³]	[kg/m³]	[N/mm²]	[N/mm²]	[N/mm²]	[N/mm²]	S: Seite
8	36	174	2503	395	6337	414	6046	404	6196	11	6017	6164	FK 0	C 40	8.56	11	519	548	19148	15114	17131	48.7	S
9	39	178	2501	468	5344	496	5042	460	5437	11	5013	5245	HC	HC	7.29	11	399	422	8613	7210	7912	13.3	-----
10	39	174	2501	405	6175	405	6175	401	6237	14	6233	6254	FK 0	C 40	9.91	14	548	579	18606	17395	18001	64.4	----
11	39	175	2468	412	5990	422	5848	399	6185	10	5790	5950	FK I	C 35	8.42	10	477	504	13842	13364	13603	40.7	S
14	39	176	2502	426	5873	437	5725	424	5901	14	5783	5891	FK I	C 35	8.88	14	485	513	16871	14678	15775	52.3	S
15	39	175	2501	468	5344	480	5210	472	5299	13	5239	5313	HC	C 18	5.91	13	326	345	7046	5446	6246	16.1	S
17	39	175	2502	441	5673	448	5585	422	5929	14	5643	5787	FK II	C 27	7.83	14	430	455	9463	11199	10331	24.1	S
18	39	176	2479	397	6244	404	6136	398	6229	14	6194	6261	FK 0	C 40	9.56	14	527	557	17729	16377	17053	41.3	S
19	39	174	2503	424	5903	456	5489	428	5848	14	5547	5805	FK II	C 27	7.18	14	397	419	9874	10069	9972	31.3	m
20	38	176	2502	430	5819	436	5739	436	5739	14	5797	5823	FK I	C 35	10.1	14	567	599	17534	13780	15657	57.6	S
21	40	177	2501	494	5063	518	4828	523	4782	11	4753	4862	HC	HC	8.37	11	449	475	6393	6817	6605	13.9	S
23	40	177	2502	436	5739	438	5712	443	5648	10	5590	5642	FK II	C 27	7.28	10	392	414	9976	8225	9100	30.6	S
25	38	176	2501	484	5167	484	5167	461	5425	12	5167	5253	HC	C 18	7.67	12	434	459	7140	10724	8932	16.4	M
28	38	177	2501	466	5367	444	5633	412	6070	13	5396	5719	FK III	C 22	7.80	13	437	462	10067	12674	11370	46.4	S
30	39	174	2507	413	6070	430	5830	416	6026	12	5830	5976	FK 0	C 40	8.79	12	489	517	14518	11849	13183	48.2	S
31	40	177	2501	417	5998	432	5789	420	5955	10	5731	5856	FK I	C 35	8.12	10	438	463	11368	12107	11738	11.6	S
33	39	176	2501	506	4943	484	5167	457	5473	11	4914	5165	HC	HC	5.78	11	320	338	5567	6061	5814	13.4	M
38	39	176	2503	410	6105	427	5862	426	5876	9	5775	5860	FK I	C 35	9.51	9	531	561	17013	12304	14658	40.6	S
39	39	177	2502	419	5971	423	5915	412	6073	11	5886	5957	FK 0	C 40	8.25	11	454	480	12775	16821	14798	39.7	S
41	36	176	2502	402	6224	412	6073	436	5739	12	5739	6012	FK I	C 35	8.70	12	519	549	21338	12915	17126	63.1	S
42	40	176	2502	413	6058	430	5819	423	5915	12	5819	5931	FK 0	C 40	8.69	12	467	493	11647	12840	12243	44.9	S

Brett 41: Schubbruch in der Einspannstelle

A.5.5 Zugversuche QS 3/15

• Qualität L1

Nr.	Abmessungen (b, h: eff. Masse)			Ultraschall											Dichte				Elastizitätsmodul und Festigkeit				Schnitt
				Messwerte						W	Klassierung												M: Mark
	b	h	ℓ	t_1	v_1	t_m	v_m	t_2	v_2		v_{12min}	$v_{12\varnothing}$	SIA 164	EN 338	m	w	r_0	r_{12}	E_1	E_2	$E_{t,0}$	$f_{t,0}$	S: Seite
	[mm]	[mm]	[mm]	[µs]	[m/s]	[µs]	[m/s]	[µs]	[m/s]	[%]	[m/s]	[m/s]			[kg]	[%]	[kg/m³]	[kg/m³]	[N/mm²]	[N/mm²]	[N/mm²]	[N/mm²]	
21	33	149	2690	432	6227	432	6227	430	6256	8	6111	6121	FK 0	C 40	6.23	8	454	479	14077	14234	14155	36.1	S
22	33	149	2710	432	6273	431	6288	434	6244	8	6128	6152	FK 0	C 40	6.22	8	450	475	14685	13806	14245	41.9	S
41	33	149	2710	433	6259	437	6201	436	6216	9	6114	6138	FK 0	C 40	6.18	9	445	470	11882	14268	13075	31.2	S
42	33	149	2700	434	6221	435	6207	434	6221	9	6120	6129	FK 0	C 40	6.19	9	447	472	13225	15712	14469	30.8	S
61	33	149	2700	420	6429	436	6193	430	6279	9	6106	6213	FK 0	C 40	6.73	9	486	514	15353	16863	16108	53.2	S
62	33	149	2700	440	6136	447	6040	434	6221	9	5953	6046	FK 0	C 40	6.73	9	486	514	15679	14365	15022	56.5	S
81	33	149	2700	430	6279	436	6193	432	6250	9	6106	6154	FK 0	C 40	6.47	9	467	494	14454	15313	14884	47.0	S
82	33	149	2700	436	6193	443	6095	437	6178	9	6008	6068	FK 0	C 40	6.69	9	483	510	16389	16071	16230	56.7	m
101	33	149	2690	432	6227	431	6241	430	6256	8	6111	6125	FK 0	C 40	6.00	8	437	462	13891	14376	14133	48.6	S
102	33	149	2690	443	6072	456	5899	450	5978	8	5783	5867	FK I	C 35	6.00	8	437	462	15055	14230	14642	43.3	M
121	33	149	2700	441	6122	444	6081	438	6164	9	5994	6036	FK 0	C 40	6.58	9	475	502	14572	16104	15338	46.5	S
122	33	149	2695	451	5976	446	6043	436	6181	9	5889	5979	FK 0	C 40	6.65	9	481	508	15608	15975	15791	47.4	S
141	33	149	2700	432	6250	441	6122	446	6054	9	5967	6055	FK 0	C 40	5.98	9	432	456	12933	14840	13886	40.6	S
142	33	149	2700	448	6027	464	5819	456	5921	9	5732	5835	FK I	C 35	6.26	9	452	478	13481	13419	13450	42.5	S
161	33	149	2700	435	6207	450	6000	430	6279	8	5884	6046	FK 0	C 40	6.15	8	446	471	13635	14181	13908	45.5	S
162	33	149	2700	450	6000	456	5921	458	5895	8	5779	5823	FK I	C 35	5.99	8	434	459	13149	13534	13342	56.7	S

• Qualität E1

Nr.	Abmessungen (b, h: eff. Masse)			Ultraschall											Dichte				Elastizitätsmodul und Festigkeit				Schnitt
				Messwerte						W	Klassierung												M: Mark
	b	h	ℓ	t_1	v_1	t_m	v_m	t_2	v_2		v_{12min}	$v_{12\varnothing}$	SIA 164	EN 338	m	w	r_0	r_{12}	E_1	E_2	$E_{t,0}$	$f_{t,0}$	S: Seite
	[mm]	[mm]	[mm]	[µs]	[m/s]	[µs]	[m/s]	[µs]	[m/s]	[%]	[m/s]	[m/s]			[kg]	[%]	[kg/m³]	[kg/m³]	[N/mm²]	[N/mm²]	[N/mm²]	[N/mm²]	
21	33	149	2695	426	6326	436	6181	429	6282	10	6123	6205	FK 0	C 40	6.40	10	461	487	15535	16089	15812	43.8	S
22	33	149	2685	427	6288	434	6187	428	6273	11	6158	6220	FK 0	C 40	6.45	11	464	491	16301	17173	16737	41.4	S
41	33	149	2700	432	6250	434	6221	436	6193	11	6164	6192	FK 0	C 40	6.80	11	487	514	17436	18887	18162	77.7	S
42	33	149	2690	428	6285	428	6285	433	6212	11	6183	6232	FK 0	C 40	6.76	11	486	513	15986	16951	16468	62.8	S
61	33	149	2695	435	6195	440	6125	444	6070	11	6041	6101	FK 0	C 40	6.74	11	483	511	15953	17259	16606	71.2	S
62	33	149	2685	432	6215	434	6187	426	6303	11	6158	6206	FK 0	C 40	6.84	11	492	520	16481	17581	17031	65.2	S
81	33	149	2695	437	6167	432	6238	430	6267	11	6138	6195	FK 0	C 40	6.78	11	486	514	15285	17083	16184	48.1	S
82	33	149	2695	438	6153	436	6181	428	6297	11	6124	6181	FK 0	C 40	6.94	11	498	526	16091	17490	16790	51.6	S
101	33	149	2700	443	6095	453	5960	443	6095	11	5931	6021	FK 0	C 40	6.95	11	498	526	16504	16911	16708	41.8	S
102	33	149	2645	430	6151	422	6268	421	6283	11	6122	6205	FK 0	C 40	6.59	11	482	509	15143	16846	15994	52.5	S
121	33	149	2695	443	6084	432	6238	432	6238	11	6055	6158	FK 0	C 40	6.91	11	496	524	15414	17627	16520	73.4	S
122	33	149	2695	438	6153	429	6282	427	6311	10	6095	6191	FK 0	C 40	6.72	10	484	511	14227	18433	16330	48.4	S
141	33	149	2705	430	6291	431	6276	438	6176	12	6176	6248	FK 0	C 40	6.65	12	473	500	15131	16404	15767	59.1	S
142	33	149	2690	454	5925	443	6072	433	6212	12	5925	6070	FK 0	C 40	6.34	12	454	479	13364	14975	14170	45.1	S
161	33	149	2705	436	6204	438	6176	440	6148	11	6119	6147	FK 0	C 40	6.43	11	459	485	15052	15721	15386	40.7	S
162	33	149	2685	441	6088	439	6116	440	6102	11	6059	6073	FK 0	C 40	6.29	11	453	478	14435	14029	14232	38.3	S
181	33	149	2695	444	6070	434	6210	424	6356	12	6070	6212	FK 0	C 40	6.90	12	493	521	16076	15847	15962	48.7	S
182	33	149	2700	450	6000	443	6095	423	6383	11	5971	6130	FK 0	C 40	6.85	11	490	518	16125	15638	15881	52.6	S

Anhang 6: Druckversuche an Stäben

A.6.1 Druckversuche QS 6/12

Nr.	Abmessungen (b, h: eff. Masse)			Ultraschall						Klassierung					Dichte				Elastizitätsmodul und Festigkeit				
				Messwerte																			
	b	h	ℓ	t_1	v_1	t_m	v_m	t_2	v_2	w	v_{12min}	v_{12e}	SIA 164	EN 338	m	w	r_0	r_{12}	E_1	E_2	E_S	$E_{c,0}$	$f_{c,0}$
	[mm]	[mm]	[mm]	[μs]	[m/s]	[μs]	[m/s]	[μs]	[m/s]	[%]	[m/s]	[m/s]			[kg]	[%]	[kg/m³]	[kg/m³]	[N/mm²]	[N/mm²]	[N/mm²]	[N/mm²]	[N/mm²]
1	59	118	998	179	5575	----	----	180	5544	11	5515	5531	FK II	C 27	2.84	11	388	410	8174	8995	7441	8584	24.5
2	60	118	998	180	5544	----	----	184	5424	11	5395	5455	FK III	C 22	3.16	11	425	449	7986	8189	7019	8087	25.6
3	60	112	997	184	5418	----	----	177	5633	12	5418	5526	FK III	C 22	3.14	12	444	469	8691	8213	7457	8452	26.5
4	60	116	996	166	6000	----	----	164	6073	13	6029	6066	FK 0	C 40	3.02	13	411	434	10305	12618	8498	11461	30.8
5	60	119	998	172	5802	----	----	177	5638	12	5638	5720	FK II	C 27	3.21	12	426	450	10504	9321	7539	9912	25.6
6	60	119	997	178	5601	----	----	174	5730	14	5659	5724	FK I	C 35	3.29	14	434	458	9560	10523	8631	10041	27.5
7	60	117	998	169	5905	----	----	169	5905	15	5992	5992	FK 0	C 40	3.04	15	406	429	11318	11560	8863	11439	28.3
8	59	116	998	176	5670	----	----	175	5703	12	5670	5687	FK I	C 35	2.80	12	388	410	10610	9559	8247	10084	31.3
9	60	118	997	178	5601	----	----	178	5601	12	5601	5601	FK II	C 27	3.23	12	433	458	7558	10026	7048	8792	24.9
10	60	118	998	174	5736	----	----	172	5802	14	5794	5827	FK I	C 35	3.12	14	414	438	7344	8092	7188	7718	24.0
11	60	118	996	174	5724	----	----	177	5627	15	5714	5763	FK I	C 35	3.27	15	433	458	11884	9497	7639	10691	26.1
12	60	118	996	177	5627	----	----	172	5791	14	5685	5767	FK I	C 35	3.17	14	422	446	10423	8435	7265	9429	25.4
13	60	116	997	171	5830	----	----	173	5763	15	5850	5884	FK 0	C 40	3.10	15	418	441	10980	11209	8848	11095	28.0
14	60	118	997	175	5697	----	----	180	5539	14	5597	5676	FK II	C 27	3.04	14	404	427	9775	7783	7060	8779	25.3
15	60	117	996	176	5659	----	----	175	5691	15	5746	5762	FK I	C 35	3.18	15	425	449	9730	10975	7731	10352	27.4
16	59	116	998	165	6048	----	----	164	6085	12	6048	6067	FK 0	C 40	3.01	12	417	441	10973	13681	9580	12327	36.3
17	60	117	997	184	5418	----	----	181	5508	13	5447	5492	FK III	C 22	3.15	13	424	448	9098	7450	6881	8274	26.7
18	60	118	998	173	5769	----	----	173	5769	13	5798	5798	FK I	C 35	3.15	13	420	444	11312	9861	8868	10587	28.4
19	60	118	997	177	5633	----	----	177	5633	14	5691	5691	FK I	C 35	2.96	14	394	416	8952	10134	7281	9543	29.0
20	60	118	996	177	5627	----	----	175	5691	14	5685	5717	FK I	C 35	3.23	14	430	454	8098	8919	6602	8508	24.1
21	59	118	997	175	5697	----	----	175	5697	13	5726	5726	FK I	C 35	3.22	13	437	462	9677	11223	7157	10450	29.9
22	59	117	997	169	5899	----	----	170	5865	14	5923	5940	FK 0	C 40	2.96	14	404	427	11402	10264	8630	10833	30.0
23	60	117	997	181	5508	----	----	181	5508	16	5624	5624	FK II	C 27	3.24	16	431	455	8270	10130	7420	9200	22.5
24	60	118	998	190	5253	----	----	183	5454	15	5340	5440	FK III	C 22	3.18	15	421	445	8148	6743	6566	7445	22.9
25	60	115	997	182	5478	----	----	190	5247	14	5305	5421	FK III	C 22	2.99	14	408	431	7057	9229	6459	8143	21.2
26	59	116	998	170	5871	----	----	166	6012	12	5871	5941	FK 0	C 40	2.99	12	414	438	11221	12359	8683	11790	31.1
27	59	116	997	170	5865	----	----	170	5865	15	5952	5952	FK 0	C 40	3.10	15	425	449	12373	13678	9173	13025	28.5
28	61	119	996	183	5443	----	----	171	5825	16	5559	5750	FK II	C 27	3.24	16	417	441	7280	7980	7095	7630	23.5
29	60	117	997	183	5448	----	----	188	5303	15	5390	5463	FK III	C 22	2.96	15	395	418	7192	7962	6523	7577	23.5
30	61	117	997	179	5570	----	----	182	5478	16	5594	5640	FK II	C 27	3.26	16	427	451	10158	7666	6972	8912	24.0
31	61	118	998	170	5871	----	----	167	5976	16	5987	6039	FK 0	C 40	3.11	16	403	426	10760	12162	8826	11461	22.7
32	61	119	996	172	5791	----	----	176	5659	15	5746	5812	FK I	C 35	3.37	15	436	460	9346	11197	8603	10272	24.1
33	60	117	997	168	5935	----	----	166	6006	12	5935	5970	FK 0	C 40	2.70	12	365	386	9039	10662	7528	9850	27.5
34	60	117	998	173	5769	----	----	171	5836	16	5885	5919	FK 0	C 40	3.00	16	399	421	9567	9361	7740	9464	25.8
35	59	118	998	168	5940	----	----	162	6160	13	5969	6079	FK 0	C 40	2.62	13	355	376	10288	10374	7843	10331	27.2
36	59	116	998	166	6012	----	----	168	5940	13	5969	6005	FK 0	C 40	3.12	13	431	455	11030	14099	10139	12565	32.3
37	59	117	997	165	6042	----	----	169	5899	14	5957	6029	FK 0	C 40	2.97	14	405	428	11019	11756	9440	11388	32.7
38	60	117	998	172	5802	----	----	169	5905	15	5889	5941	FK 0	C 40	3.01	15	402	424	9660	11217	7993	10439	26.4
39	59	117	997	171	5830	----	----	174	5730	15	5817	5867	FK 0	C 40	3.20	15	435	459	11661	10540	8825	11100	28.6
40	60	118	999	176	5676	----	----	177	5644	16	5760	5776	FK I	C 35	3.05	16	401	424	9775	7916	7952	8845	22.3
41	59	117	996	178	5596	----	----	177	5627	15	5683	5698	FK I	C 35	3.25	15	442	467	9747	10846	7993	10296	26.7
42	60	118	998	166	6012	----	----	166	6012	12	6012	6012	FK 0	C 40	2.70	12	362	382	10313	8711	7611	9512	22.6
43	60	119	998	177	5638	----	----	176	5670	13	5667	5683	FK I	C 35	2.81	13	372	393	8713	7405	6551	8059	22.7
44	59	118	997	169	5899	----	----	169	5899	13	5928	5928	FK 0	C 40	2.70	13	367	387	9238	10364	7244	9801	25.5
45	60	115	998	168	5940	----	----	174	5736	14	5794	5896	FK I	C 35	3.07	14	418	442	10323	12718	8745	11521	27.9
46	59	117	998	170	5871	----	----	167	5976	14	5929	5981	FK 0	C 40	3.02	14	411	435	9916	10912	8752	10414	28.3

A.6.2 Druckversuche QS 10/16

Nr.	Abmessungen (b, h: eff. Masse)			Ultraschall											Dichte				Elastizitätsmodul und Festigkeit				
				Messwerte								Klassierung												
	b	h	ℓ	t_1	v_1	t_m	v_m	t_2	v_2	w	v_{12min}	$v_{12ø}$	SIA 164	EN 338	m	w	r_0	r_{12}	E_1	E_2	E_S	$E_{c,0}$	$f_{c,0}$
	[mm]	[mm]	[mm]	[µs]	[m/s]	[µs]	[m/s]	[µs]	[m/s]	[%]	[m/s]	[m/s]			[kg]	[%]	[kg/m³]	[kg/m³]	[N/mm²]	[N/mm²]	[N/mm²]	[N/mm²]	[N/mm²]
v1	108	163	1000	----	----	185	5408	----	----	15	5495	----	FK II	C 27	7.64	15	406	429	----	----	8180	10431	30.8
v2	107	166	1000	----	----	171	5865	----	----	15	5952	----	FK 0	C 40	7.71	15	406	429	----	----	7387	9282	25.8
v3	109	167	1000	----	----	170	5882	----	----	15	5969	----	FK 0	C 40	7.63	15	392	414	----	----	7658	9675	27.2
v4	107	166	1500	----	----	271	5535	----	----	15	5622	----	FK II	C 27	11.9	15	418	442	----	----	8239	10517	26.9
v5	107	164	1500	----	----	279	5376	----	----	16	5492	----	FK II	C 27	11.6	16	411	435	----	----	7883	10001	25.9
v6	106	162	1500	----	----	271	5535	----	----	15	5622	----	FK II	C 27	11.9	15	431	455	----	----	9197	11905	31.3
1	105	163	1499	258	5810	276	5431	257	5833	13	5460	5720	FK II	C 27	10.8	13	397	419	----	----	8545	10960	27.8
2	106	162	1499	253	5925	260	5765	256	5855	14	5823	5907	FK 0	C 40	12.9	14	469	495	----	----	10617	13962	31.3
3	107	163	1499	250	5996	253	5925	244	6143	14	5983	6079	FK 0	C 40	13.3	14	476	503	----	----	11630	15430	34.8
4	107	164	1498	262	5718	279	5369	255	5875	14	5427	5712	FK III	C 22	11.0	14	393	415	----	----	9041	11679	29.5
5	106	162	1499	248	6044	253	5925	246	6093	15	6012	6108	FK 0	C 40	14.1	15	510	539	----	----	12668	16934	36.6
6	106	162	1499	265	5657	278	5392	255	5878	13	5421	5671	FK III	C 22	10.4	13	381	402	----	----	8571	10998	26.8
7	108	163	1498	263	5696	271	5528	257	5829	18	5702	5858	FK I	C 35	11.5	18	401	424	----	----	8472	10854	22.7
8	106	163	1498	245	6114	262	5718	251	5968	15	5805	6020	FK 0	C 40	12.5	15	450	475	----	----	9521	12374	27.2
9	105	163	1499	250	5996	255	5878	253	5925	15	5965	6020	FK 0	C 40	12.1	15	439	464	----	----	10510	13807	29.5
10	107	163	1498	252	5944	271	5528	264	5674	15	5615	5802	FK II	C 27	13.6	15	485	512	----	----	11218	14833	34.7
11	107	165	1498	256	5852	268	5590	254	5898	14	5648	5838	FK II	C 27	11.4	14	403	426	----	----	9243	11971	30.7
12	108	163	1498	243	6165	257	5829	242	6190	15	5916	6148	FK 0	C 40	13.6	15	482	509	----	----	11048	14587	31.0
13	107	162	1498	246	6089	256	5852	255	5875	14	5910	5997	FK 0	C 40	12.5	14	452	477	----	----	9606	12497	26.1
14	106	162	1499	271	5531	260	5765	242	6194	15	5618	5917	FK II	C 27	13.0	15	472	499	----	----	10346	13570	28.9
15	106	163	1498	243	6165	250	5992	239	6268	12	5992	6141	FK 0	C 40	11.5	12	421	444	----	----	10969	14472	36.4
16	107	162	1498	242	6190	252	5944	248	6040	15	6031	6145	FK 0	C 40	13.4	15	482	510	----	----	10997	14513	31.3
17	85	164	1498	260	5762	266	5632	253	5921	13	5661	5800	FK I	C 35	9.35	13	422	446	----	----	8854	11408	27.8
18	85	164	1499	265	5657	269	5572	244	6143	9	5485	5704	FK II	C 27	8.35	9	383	405	----	----	7684	9712	25.9
19	106	163	999	161	6205	171	5842	165	6055	15	5929	6121	FK 0	C 40	9.30	15	504	532	----	----	9976	13034	33.9
20	107	162	998	170	5871	174	5736	165	6048	14	5794	5943	FK I	C 35	8.45	14	458	484	----	----	9335	12105	30.5
21	105	163	999	180	5550	189	5286	171	5842	13	5315	5588	FK III	C 22	8.85	13	488	515	----	----	9583	12464	38.8
22	107	165	999	175	5709	172	5808	174	5741	16	5825	5869	FK 0	C 40	8.80	16	465	491	----	----	6528	8037	25.4
23	104	164	999	163	6129	180	5550	166	6018	11	5521	5870	FK II	C 27	6.70	11	374	395	----	----	7566	9541	30.3
24	105	163	1000	170	5882	171	5848	163	6135	15	5935	6042	FK 0	C 40	8.25	15	451	476	----	----	9660	12576	29.5
25	108	163	999	176	5676	190	5258	176	5676	17	5403	5682	FK III	C 22	7.70	17	406	429	----	----	7209	9024	24.3
26	103	163	999	162	6167	174	5741	168	5946	11	5712	5922	FK I	C 35	6.70	11	380	401	----	----	8732	11231	30.2
27	105	162	999	163	6129	172	5808	163	6129	14	5866	6080	FK 0	C 40	8.55	14	472	499	----	----	9944	12987	33.8
28	106	164	998	160	6238	165	6048	162	6160	14	6106	6207	FK 0	C 40	7.95	14	430	454	----	----	9865	12873	35.8
29	104	162	999	165	6055	177	5644	167	5982	11	5615	5865	FK II	C 27	6.75	11	381	403	----	----	8564	10988	31.1
30	106	167	999	164	6091	173	5775	172	5808	14	5833	5949	FK 0	C 40	8.25	14	438	463	----	----	9974	13031	31.5
31	106	160	1000	165	6061	166	6024	161	6211	13	6053	6128	FK 0	C 40	7.75	13	431	455	----	----	10168	13312	35.1
32	105	161	999	167	5982	171	5842	166	6018	13	5871	5976	FK 0	C 40	8.40	13	469	495	----	----	9760	12721	34.4
33	106	162	999	165	6055	168	5946	159	6283	14	6004	6153	FK 0	C 40	7.90	14	432	457	----	----	10088	13196	32.1
34	84	162	998	169	5905	176	5670	165	6048	13	5699	5904	FK I	C 35	6.10	13	423	447	----	----	9263	12000	36.0

Die E-Modulwerte $E_{c,0}$ wurden mittels folgender Regressionsgleichung aus den Maschinen-E-Moduli E_S berechnet:

$$E_{c,0} = 1.45 \cdot E_S - 1422$$

Die Regressionsgleichung entstammt 40 Druckversuchen an Stäben gleicher Länge des Querschnitts 8/16. Es resultierte ein Korrelationskoeffizient von R = 0.96.

A.6.3 Druckversuche QS 14/24

Nr.	Abmessungen (b, h: eff. Masse)			Ultraschall Messwerte						Ultraschall Klassierung				Dichte				Elastizitätsmodul und Festigkeit				
	b	h	ℓ	t_1	v_1	t_m	v_m	t_2	v_2	w	v_{12min}	v_{12a}	SIA 164	EN 338	m	w	r_0	r_{12}	E_1	E_2	E_S	$E_{c,0}$	$f_{c,0}$
	[mm]	[mm]	[mm]	[µs]	[m/s]	[µs]	[m/s]	[µs]	[m/s]	[%]	[m/s]	[m/s]			[kg]	[%]	[kg/m³]	[kg/m³]	[N/mm²]	[N/mm²]	[N/mm²]	[N/mm²]	[N/mm²]
1	137	236	1500	267	5618	----	----	249	6024	16	5734	5937	FK I	C 35	22.0	16	422	446	10343	8394	7219	9368	23.4
2	139	236	1200	213	5634	----	----	209	5742	15	5721	5775	FK I	C 35	16.4	15	389	411	9925	10606	7163	10265	23.1
3	138	230	1500	261	5747	----	----	258	5814	17	5892	5926	FK 0	C 40	20.1	17	392	414	10194	9454	6807	9824	24.5
4	138	235	1500	267	5618	----	----	262	5725	14	5676	5730	FK I	C 35	19.7	14	380	402	8087	8632	6346	8359	24.0
5	138	233	1500	259	5792	----	----	247	6073	13	5821	5961	FK 0	C 40	22.3	13	436	460	10708	10057	7948	10383	25.4
6	139	238	1500	291	5155	----	----	268	5597	18	5329	5550	FK III	C 22	20.6	18	383	405	9465	7207	5962	8336	20.7
7	139	237	1500	269	5576	----	----	273	5495	14	5553	5593	FK II	C 27	20.6	14	391	413	7995	9454	5998	8724	20.0
8	139	238	1499	275	5451	----	----	268	5593	15	5538	5609	FK II	C 27	19.7	15	371	392	10271	7828	5703	9049	20.6
9	137	236	1500	248	6048	----	----	264	5682	15	5769	5952	FK I	C 35	21.2	15	409	432	10947	10242	7050	10595	22.6
10	139	238	1500	276	5435	----	----	281	5338	15	5425	5473	FK III	C 22	19.7	15	371	392	8259	8472	5796	8365	20.1
11	137	237	1499	252	5948	----	----	256	5855	16	5971	6018	FK 0	C 40	21.6	16	413	437	9468	10010	7181	9739	22.1
12	138	236	1500	246	6098	----	----	248	6048	15	6135	6160	FK 0	C 40	22.9	15	438	463	11252	13394	8177	12323	23.4
13	139	238	1499	256	5855	----	----	269	5572	17	5717	5859	FK I	C 35	21.5	17	402	425	9966	11542	7270	10754	22.7
14	138	237	1500	254	5906	----	----	251	5976	16	6022	6057	FK 0	C 40	24.0	16	455	481	11439	8931	7299	10185	22.3
15	139	239	1500	254	5906	----	----	281	5338	16	5454	5738	FK II	C 27	20.2	16	377	399	8568	8817	6327	8692	18.8
16	138	239	1500	247	6073	----	----	252	5952	16	6068	6129	FK 0	C 40	24.4	16	459	485	14130	12627	8732	13378	27.0
17	139	238	1500	266	5639	----	----	257	5837	17	5784	5883	FK I	C 35	23.0	17	430	454	10332	10124	6206	10228	20.1
18	140	239	1499	284	5278	----	----	260	5765	18	5452	5696	FK II	C 27	20.0	18	368	389	8842	9750	6490	9296	21.5
19	138	240	1500	264	5682	----	----	257	5837	17	5827	5904	FK 0	C 40	23.1	17	431	456	11116	7001	5361	9058	18.1
20	139	239	1500	254	5906	----	----	281	5338	23	5657	5941	FK I	C 35	22.4	23	407	431	8652	8948	6079	8800	20.6
21	138	238	1499	248	6044	----	----	246	6093	15	6131	6156	FK 0	C 40	22.7	15	431	455	11496	14100	8521	12798	27.7
22	140	235	1498	303	4944	----	----	264	5674	18	5118	5483	HC	C 18	20.0	18	375	396	9174	7628	5801	8401	18.9
23	140	236	1500	260	5769	----	----	308	4870	18	5044	5494	HC	HC	21.0	18	391	414	6754	8111	5374	7433	17.7
24	138	236	1201	205	5859	----	----	230	5222	14	5280	5598	FK III	C 22	15.8	14	379	401	8515	10318	6260	9416	23.4
25	139	233	1202	223	5390	----	----	229	5249	13	5278	5349	FK III	C 22	16.1	13	390	412	7731	7738	5578	7735	20.9
26	138	237	1202	211	5697	----	----	228	5272	12	5272	5484	FK III	C 22	16.6	12	400	422	6887	6612	5250	6750	17.6
27	138	241	1201	210	5719	----	----	212	5665	16	5781	5808	FK I	C 35	16.7	16	389	411	10261	8624	6508	9443	24.6
28	138	237	1201	199	6035	----	----	199	6035	17	6180	6180	FK 0	C 40	19.4	17	458	484	10247	11340	7196	10793	22.7
29	137	241	1201	200	6005	----	----	198	6066	17	6150	6180	FK 0	C 40	16.8	17	393	415	9943	6765	5999	8354	17.7
30	138	239	1201	216	5560	----	----	204	5887	16	5676	5840	FK I	C 35	15.8	16	371	392	9503	10324	6385	9914	21.1
31	138	237	1202	205	5863	----	----	205	5863	17	6008	6008	FK 0	C 40	18.6	17	439	464	11372	9773	7066	10572	22.7
32	139	240	1500	298	5034	----	----	254	5906	14	5092	5528	HC	HC	20.3	14	381	402	8046	6554	5886	7300	19.5
33	138	238	1499	248	6044	----	----	243	6169	16	6160	6223	FK 0	C 40	19.8	16	374	396	9494	8364	6443	8929	21.1
34	139	238	1499	254	5902	----	----	249	6020	15	5989	6048	FK 0	C 40	24.1	15	454	480	13084	11978	8736	12531	27.4
35	138	244	1500	250	6000	----	----	252	5952	14	6010	6034	FK 0	C 40	21.8	14	405	428	9113	10562	7153	9837	22.4
36	140	240	1499	288	5205	----	----	258	5810	15	5292	5594	FK III	C 22	21.0	15	390	412	8289	6761	5749	7525	18.0
37	139	240	1500	254	5906	----	----	275	5455	15	5542	5767	FK II	C 27	20.8	15	389	411	7056	8336	5491	7696	16.6
38	140	238	1500	261	5747	----	----	257	5837	16	5863	5908	FK 0	C 40	22.8	16	425	449	8391	9080	6637	8735	23.7
39	140	240	1500	268	5597	----	----	274	5474	16	5590	5652	FK II	C 27	21.2	16	392	414	6182	5602	4722	5892	13.6
40	140	244	1500	254	5906	----	----	257	5837	16	5953	5987	FK 0	C 40	21.0	16	382	403	7610	6993	5314	7503	16.1
41	138	240	1500	258	5814	----	----	250	6000	14	5872	5965	FK 0	C 40	23.1	14	436	461	12503	11340	8154	11921	25.4
42	141	240	1500	270	5556	----	----	279	5376	19	5579	5669	FK II	C 27	24.1	19	437	462	10702	11036	7490	10869	22.4
43	141	242	1500	267	5618	----	----	261	5747	18	5792	5857	FK I	C 35	20.0	18	361	381	8411	9220	5986	8816	19.0
44	140	241	1500	274	5474	----	----	269	5576	16	5590	5641	FK II	C 27	24.5	16	451	476	10593	11478	7724	11036	23.3
45	140	240	1499	266	5635	----	----	251	5972	18	5809	5978	FK 0	C 40	24.1	18	442	467	11567	10491	7851	11029	26.5
46	138	240	1500	256	5859	----	----	255	5882	15	5946	5958	FK 0	C 40	20.7	15	389	412	10540	6246	5755	8393	17.4
47	140	240	1500	255	5882	----	----	247	6073	16	5998	6094	FK 0	C 40	23.3	16	430	455	12182	12352	8347	12267	26.7

A.6.4 Druckversuche M/N-Interaktion QS 8/16

• **Ultraschall-Sortierung im frisch eingeschnittenen Zustand**

Qualität gut

Nr.	Abmessungen (b, h: Nennmasse)			Ultraschall				Klassierung mittels Ultraschall					
								Annahme: w=30 %			Annahme: w=50 %		
	b [mm]	h [mm]	ℓ [mm]	$t_{o,F}$ [µs]	$v_{o,F}$ [m/s]	$t_{u,F}$ [µs]	$v_{u,F}$ [m/s]	v_{12min} [m/s]	SIA 164	EN 338	v_{12min} [m/s]	SIA 164	EN 338
50092	80	160	6500	1214	5354	1216	5345	5867	FK 0	C 40	5947	FK 0	C 40
50182	80	160	6480	1177	5506	1167	5553	6027	FK 0	C 40	6107	FK 0	C 40
50191	80	160	6520	1347	4840	1321	4936	5361	FK III	C 22	5441	FK III	C 22
50222	80	160	6530	1230	5309	1209	5401	5831	FK 0	C 40	5911	FK 0	C 40
50251	80	160	6500	1227	5297	1263	5146	5667	FK I	C 35	5747	FK I	C 35
50252	80	160	6500	1222	5319	1228	5293	5815	FK 0	C 40	5895	FK 0	C 40
50261	80	160	6540	1203	5436	1187	5510	5961	FK 0	C 40	6041	FK 0	C 40
50281	80	160	6520	1197	5447	1200	5433	5955	FK 0	C 40	6035	FK 0	C 40
50292	80	160	6500	1263	5146	1265	5138	5660	FK I	C 35	5740	FK I	C 35

Qualität normal

Nr.	Abmessungen (b, h: Nennmasse)			Ultraschall				Klassierung mittels Ultraschall					
								Annahme: w=30 %			Annahme: w=50 %		
	b [mm]	h [mm]	ℓ [mm]	$t_{o,F}$ [µs]	$v_{o,F}$ [m/s]	$t_{u,F}$ [µs]	$v_{u,F}$ [m/s]	v_{12min} [m/s]	SIA 164	EN 338	v_{12min} [m/s]	SIA 164	EN 338
50171	80	160	6495	1528	4251	1542	4212	4735	HC	HC	4815	HC	HC
50302	80	160	6480	1233	5255	1280	5063	5584	FK II	C 27	5664	FK I	C 35
50311	80	160	6540	1573	4158	1539	4250	4679	HC	HC	4759	HC	HC
60472	80	160	6510	1293	5035	1315	4951	5474	FK II	C 27	5554	FK II	C 27
60491	80	160	6495	1343	4836	1343	4836	5358	FK III	C 22	5438	FK III	C 22
60502	80	160	6490	1274	5094	1286	5047	5571	FK II	C 27	5651	FK I	C 35
60552	80	160	-----	-----	-----	-----	-----	-----	-----	-----	-----	-----	-----
60601	80	160	6520	1332	4895	1312	4970	5419	FK III	C 22	5499	FK II	C 27
60611	80	160	6590	1377	4786	1367	4821	5307	FK III	C 22	5387	FK III	C 22
70712	80	160	6510	1430	4552	1415	4601	5074	HC	HC	5154	HC	C 18

• US-Sortierung im konditionierten Zustand und Bruchversuche

Qualität gut

Nr.	Abmessungen (b, h: eff. Masse)			Ultraschall Messwerte						W	Klassierung		SIA 164	EN 338	Dichte				Elastizitätsmodul und Festigkeit				
	b	h	ℓ	t_1	v_1	t_m	v_m	t_2	v_2	W	v_{12min}	$v_{12ø}$	SIA 164	EN 338	m	w	r_0	r_{12}	E_1	E_2	E_s	$E_{c,0}$	$f_{c,0}$
	[mm]	[mm]	[mm]	[µs]	[m/s]	[µs]	[m/s]	[µs]	[m/s]	[%]	[m/s]	[m/s]			[kg]	[%]	[kg/m³]	[kg/m³]	[N/mm²]	[N/mm²]	[N/mm²]	[N/mm²]	[N/mm²]
92S1	80	160	1514	485	6247	----	----	480	6313	12	6247	6280	FK 0	C 40	9.69	12	473	500	12386	16705	10673	14546	38.9
92S2	80	160	1513	485	6247	----	----	480	6313	12	6247	6280	FK 0	C 40	9.40	12	459	485	14178	13750	10826	13964	42.1
182R1	80	160	1514	473	6406	----	----	490	6184	12	6184	6295	FK 0	C 40	9.57	12	467	494	15912	13074	11156	14493	41.2
182R2	80	160	1512	473	6406	----	----	490	6184	12	6184	6295	FK 0	C 40	9.42	12	461	487	15334	15439	11345	15387	39.5
191S1	80	160	1514	498	6084	----	----	486	6235	12	6084	6159	FK 0	C 40	9.55	12	466	493	14376	13289	10606	13833	39.7
191S2	80	160	1512	498	6084	----	----	486	6235	12	6084	6159	FK 0	C 40	9.51	12	465	491	13332	14051	10686	13692	34.4
222R1	80	160	1515	478	6339	----	----	501	6048	12	6048	6193	FK 0	C 40	9.45	12	461	487	13955	14926	11467	14441	39.1
222R2	80	160	1512	478	6339	----	----	501	6048	12	6048	6193	FK 0	C 40	9.35	12	457	483	13444	15282	10741	14363	40.5
251S1	80	160	1514	497	6097	----	----	492	6159	12	6097	6128	FK 0	C 40	8.93	12	436	461	13102	12650	9770	12876	28.8
251S2	80	160	1512	497	6097	----	----	492	6159	12	6097	6128	FK 0	C 40	8.78	12	429	454	12991	14901	10297	13946	42.6
252R1	80	160	1515	477	6352	----	----	494	6134	12	6134	6243	FK 0	C 40	9.78	12	477	504	15303	15352	12006	15328	35.9
252R2	80	160	1513	477	6352	----	----	494	6134	12	6134	6243	FK 0	C 40	9.52	12	465	492	13201	14340	10457	13771	38.6
261R1	80	160	1515	475	6379	----	----	477	6352	12	6352	6366	FK 0	C 40	9.95	12	486	513	17525	14929	11890	16227	37.5
261R2	80	160	1513	475	6379	----	----	477	6352	12	6352	6366	FK 0	C 40	10.0	12	489	516	14943	16237	11848	15590	29.1
281S1	80	160	1515	478	6339	----	----	484	6260	12	6260	6300	FK 0	C 40	9.07	12	443	468	16833	15757	11457	16295	42.8
281S2	80	160	1510	478	6339	----	----	484	6260	12	6260	6300	FK 0	C 40	8.36	12	409	433	11134	11455	9267	11295	28.4
292R1	80	160	1515	484	6260	----	----	483	6273	12	6260	6267	FK 0	C 40	9.15	12	447	472	15764	13462	10763	14613	41.1
292R2	80	160	1512	484	6260	----	----	483	6273	12	6260	6267	FK 0	C 40	8.73	12	427	451	11174	11062	9332	11118	27.1
292S1	80	160	1513	477	6352	----	----	481	6299	12	6299	6326	FK 0	C 40	8.55	12	418	441	13538	13135	10182	13337	39.0
292S2	80	160	1511	477	6352	----	----	481	6299	12	6299	6326	FK 0	C 40	8.32	12	407	430	11542	12666	8905	12104	33.5
451R1	80	160	1515	483	6273	----	----	492	6159	12	6159	6216	FK 0	C 40	8.32	12	406	429	12121	9881	8602	11001	25.9
451R2	100	160	1511	483	6273	----	----	492	6159	12	6159	6216	FK 0	C 40	8.20	12	321	339	14291	12444	10407	13368	30.9
471R1	80	160	1515	478	6339	----	----	488	6209	12	6209	6274	FK 0	C 40	8.85	12	432	456	13005	14655	10279	13830	36.3
471R2	80	160	1511	478	6339	----	----	488	6209	12	6209	6274	FK 0	C 40	8.83	12	432	457	13468	14337	9955	13903	33.1

Die Versuche 451R1, 451R2, 471R1 und 451R2 wurden bei gelenkiger Lagerung des Drucktellers durchgeführt.
t_1 und t_2 für ℓ = 3030 mm

• Qualität normal

Nr.	Abmessungen (b, h: eff. Masse)			Ultraschall Messwerte						W	Klassierung		SIA 164	EN 338	Dichte				Elastizitätsmodul und Festigkeit				
	b	h	ℓ	t_1	v_1	t_m	v_m	t_2	v_2	W	v_{12min}	$v_{12ø}$	SIA 164	EN 338	m	w	r_0	r_{12}	E_1	E_2	E_s	$E_{c,0}$	$f_{c,0}$
	[mm]	[mm]	[mm]	[µs]	[m/s]	[µs]	[m/s]	[µs]	[m/s]	[%]	[m/s]	[m/s]			[kg]	[%]	[kg/m³]	[kg/m³]	[N/mm²]	[N/mm²]	[N/mm²]	[N/mm²]	[N/mm²]
171R1	80	160	1511	542	5590	----	----	552	5489	12	5489	5540	FK II	C 27	9.72	12	476	503	10740	7937	7323	9339	23.9
171R2	80	160	1512	542	5590	----	----	552	5489	12	5489	5540	FK II	C 27	9.36	12	458	484	8490	11414	7672	9952	27.9
302S1	80	160	1512	548	5529	----	----	518	5849	12	5529	5689	FK II	C 27	8.30	12	406	429	7666	6768	6447	7217	24.0
302S2	80	160	1515	548	5529	----	----	518	5849	12	5529	5689	FK II	C 27	7.94	12	388	409	7198	12376	7407	9787	25.5
311S1	80	160	1515	527	5750	----	----	539	5622	12	5622	5686	FK II	C 27	9.20	12	449	474	9648	12790	8610	11219	30.1
311S2	80	160	1512	527	5750	----	----	539	5622	12	5622	5686	FK II	C 27	8.85	12	433	457	12078	10892	9088	11485	34.1
472S1	80	160	1515	528	5739	----	----	498	6084	12	5739	5911	FK I	C 35	8.50	12	415	438	9803	11419	8859	10611	32.6
472S2	80	160	1512	528	5739	----	----	498	6084	12	5739	5911	FK I	C 35	8.94	12	437	462	10920	12705	9112	11813	30.5
491S1	80	160	1512	507	5976	----	----	522	5805	12	5805	5890	FK 0	C 40	7.82	12	382	404	10591	9299	8199	9945	32.0
491S2	80	160	1515	507	5976	----	----	522	5805	12	5805	5890	FK 0	C 40	7.66	12	374	395	9164	9943	8220	9554	29.5
502R1	80	160	1520	530	5717	----	----	493	6146	12	5717	5932	FK I	C 35	9.27	12	451	476	10221	14522	8360	12372	27.3
502R2	80	160	1505	530	5717	----	----	493	6146	12	5717	5932	FK I	C 35	8.99	12	442	467	13214	11736	9852	12475	31.7
552S1	80	160	1514	522	5805	----	----	519	5838	12	5805	5821	FK 0	C 40	8.53	12	417	440	9994	9241	7957	9618	26.9
552S2	80	160	1514	522	5805	----	----	519	5838	12	5805	5821	FK 0	C 40	8.13	12	397	420	10516	11572	8542	11044	26.0
601S1	80	160	1515	536	5653	----	----	522	5805	12	5653	5729	FK I	C 35	8.34	12	407	430	9346	13550	7961	11448	31.1
601S2	80	160	1511	536	5653	----	----	522	5805	12	5653	5729	FK I	C 35	8.52	12	417	441	8936	11656	8320	10296	28.2
611S1	80	160	1512	515	5883	----	----	525	5771	12	5771	5827	FK I	C 35	8.94	12	437	462	10158	10745	8179	10452	26.4
611S2	80	160	1512	515	5883	----	----	525	5771	12	5771	5827	FK I	C 35	8.64	12	422	446	8534	9782	7761	9158	25.9
712R1	80	160	1512	520	5827	----	----	541	5601	12	5601	5714	FK II	C 27	8.42	12	412	435	10919	9404	7421	10162	32.3
712R2	80	160	1515	520	5827	----	----	541	5601	12	5601	5714	FK II	C 27	8.09	12	395	417	10201	10668	8234	10435	34.7

t_1 und t_2 für ℓ = 3030 mm

Anhang 7: Druckversuche an Prismen

A.7.1 Druckversuche QS 6/12

Nr.	Abmessungen					Dichte			Festigkeit
	b [mm]	h [mm]	ℓ [mm]	m [kg]	w [%]	r₀ [kg/m³]	r₁₂ [kg/m³]		f_{c,0} [N/mm²]
1.1	60	117	120	0.327	11	369	390		32.2
1.2	60	118	120	0.342	11	383	404		28.3
2.1	60	119	119	0.370	11	414	437		32.6
2.2	61	119	120	0.389	11	424	448		31.8
3.1	61	118	120	0.381	13	416	439		31.7
3.2	60	119	120	0.370	12	409	432		29.0
4.1	60	117	120	0.356	12	400	423		34.5
4.2	60	116	121	0.359	13	402	425		34.1
5.1	60	118	119	0.369	11	416	440		32.3
5.2	60	119	120	0.371	13	408	431		35.9
6.1	60	119	120	0.402	13	442	467		33.7
6.2	60	119	120	0.384	13	422	446		36.8
7.1	60	118	120	0.358	13	397	420		31.8
7.2	60	117	119	0.360	13	406	429		31.3
8.1	61	117	120	0.331	12	366	386		30.8
8.2	60	117	120	0.358	12	402	425		29.1
9.1	61	119	120	0.373	12	405	428		34.1
9.2	----	----	----	----	----	----	----		----
10.1	61	119	120	0.358	13	387	409		29.9
10.2	60	119	120	0.356	13	392	414		30.7
11.1	60	119	120	0.375	13	412	436		30.4
11.2	60	118	120	0.378	13	419	443		35.3
12.1	60	119	120	0.402	13	442	467		28.0
12.2	61	119	120	0.394	14	425	449		25.9
13.1	60	117	120	0.361	13	404	427		32.7
13.2	60	118	120	0.375	14	414	438		30.9
14.1	60	119	118	0.361	13	404	427		30.6
14.2	60	119	120	0.355	14	389	411		30.8
15.1	60	119	120	0.388	15	423	447		31.5
15.2	61	118	120	0.372	13	406	429		33.6
16.1	60	116	120	0.357	12	405	427		34.6
16.2	60	117	120	0.358	12	402	425		33.5
17.1	61	119	120	0.385	13	417	440		29.9
17.2	60	119	120	0.376	13	414	437		32.3
18.1	60	118	120	0.378	11	423	447		35.7
18.2	60	119	120	0.365	12	403	426		34.6
19.1	60	118	120	0.352	13	390	413		33.1
19.2	60	118	120	0.362	14	400	423		29.3
20.1	60	118	120	0.365	13	405	428		32.3
20.2	60	118	120	0.365	13	405	428		30.5
21.1	60	118	121	0.407	14	446	471		32.3
21.2	60	118	120	0.380	13	422	445		35.3
22.1	60	119	120	0.360	12	398	420		31.7
22.2	60	118	120	0.347	13	385	407		32.8
23.1	61	119	120	0.385	15	413	437		29.9
23.2	61	119	120	0.372	15	399	422		29.8
24.1	61	119	120	0.388	15	416	440		26.6
24.2	61	119	120	0.364	14	392	414		29.4
25.1	60	117	121	0.353	13	392	414		26.6
25.2	61	117	121	0.350	15	379	400		27.9
26.1	60	116	120	0.351	12	398	420		33.7
26.2	60	117	120	0.349	12	392	414		33.5
27.1	60	118	120	0.372	14	411	434		33.0
27.2	60	119	120	0.367	14	402	425		30.8
28.1	61	119	120	0.398	16	425	449		26.6
28.2	61	119	120	0.389	16	416	439		28.8
29.1	60	118	119	0.347	14	387	408		27.0
29.2	60	118	120	0.352	15	387	409		25.9
30.2	----	119	120	----	----	----	----		----
30.1	60	119	120	0.369	14	404	427		31.0

Nr.	Abmessungen					Dichte			Festigkeit
	b [mm]	h [mm]	ℓ [mm]	m [kg]	w [%]	r_0 [kg/m³]	r_{12} [kg/m³]		$f_{c,0}$ [N/mm²]
31.1	60	118	120	0.368	15	405	428		32.1
31.2	60	118	120	0.373	16	409	432		31.4
32.1	60	119	120	0.388	15	423	447		34.7
32.2	61	120	120	0.396	15	421	445		32.5
33.1	61	119	120	0.318	11	347	367		30.0
33.2	60	118	120	0.316	12	352	372		29.1
34.1	60	118	121	0.351	13	386	408		32.1
34.2	60	118	121	0.354	16	385	407		28.9
35.1	60	119	119	0.311	13	345	365		28.3
35.2	----	----	----	----	----	----	----		----
36.1	60	117	120	0.372	12	418	442		36.7
36.2	60	117	120	0.375	13	420	443		33.2
37.1	60	117	120	0.357	12	401	424		34.3
37.2	60	118	120	0.357	13	396	418		32.7
38.1	60	117	119	0.357	14	401	424		31.6
38.2	60	119	120	0.360	16	391	413		28.6
39.1	60	119	120	0.378	15	412	436		29.5
39.2	60	119	120	0.381	15	416	439		31.0
40.1	60	118	120	0.361	16	396	418		26.7
40.2	60	118	120	0.352	15	387	409		29.6
41.1	----	----	----	----	----	----	----		----
41.2	60	119	120	0.373	15	407	430		34.1
42.1	60	119	120	0.325	12	359	379		26.2
42.2	60	118	120	0.314	12	350	370		28.8
43.1	60	119	120	0.341	13	375	396		24.6
43.2	60	118	120	0.324	13	359	380		26.1

Nr.	Abmessungen					Dichte			Festigkeit
	b [mm]	h [mm]	ℓ [mm]	m [kg]	w [%]	r_0 [kg/m³]	r_{12} [kg/m³]		$f_{c,0}$ [N/mm²]
44.1	60	118	120	0.315	13	349	369		28.0
44.2	60	118	120	0.338	13	375	396		26.0
45.1	60	117	120	0.357	14	398	420		32.5
45.2	60	118	120	0.362	14	400	423		29.7
46.1	60	117	119	0.349	11	397	420		37.8
46.2	60	116	120	0.352	12	399	421		33.2

A.7.2 Druckversuche QS 10/16

Nr.	Abmessungen				Dichte			Festigkeit
	b [mm]	h [mm]	ℓ [mm]	m [kg]	w [%]	r_0 [kg/m³]	r_{12} [kg/m³]	$f_{c,0}$ [N/mm²]
1.1	107	161	150	1.11	12	407	430	-36.9
1.2	107	162	150	1.14	12	416	440	-36.2
1.3	107	162	150	1.11	12	403	426	-36.9
1.4	106	165	150	1.12	12	404	427	-37.8
2.1	108	166	149	1.16	12	409	432	-29.9
2.2	107	166	148	1.13	12	407	430	-29.3
2.3	107	161	148	1.12	12	416	439	-36.0
2.4	107	163	149	1.10	12	402	424	-36.7
2.5	107	162	149	1.11	12	407	431	-38.2
3.1	107	162	149	1.10	12	404	427	-38.2
3.2	108	163	150	1.11	12	399	422	-35.2
3.3	109	162	150	1.21	12	431	455	-26.1
3.4	108	163	148	1.11	12	401	424	-35.0
4.1	107	163	149	1.17	12	428	452	-36.9
4.2	108	163	150	1.15	12	411	435	-35.2
4.3	108	167	149	1.26	12	445	470	-28.7
4.4	108	163	149	1.14	12	410	433	-36.6
4.5	106	162	149	1.12	12	412	436	-38.6
4.6	107	163	150	1.19	12	430	455	-36.5
4.7	107	163	150	1.14	12	412	435	-35.0
4.8	108	162	149	1.12	12	406	429	-39.0
5.1	107	162	149	1.12	12	408	431	-35.2
5.2	106	162	149	1.10	12	406	429	-38.8
5.3	106	162	149	1.13	12	415	438	-36.2
5.4	106	162	149	1.12	12	414	437	-35.6
5.5	106	162	147	1.10	12	409	432	-34.1
5.6	107	161	149	1.11	12	408	431	-35.4
5.7	107	162	149	1.15	12	419	443	-34.2
6.1	105	163	147	1.14	12	427	452	-38.4
6.2	106	162	149	1.20	12	443	468	-37.5
6.3	105	162	150	1.20	12	444	469	-36.2
6.4	106	162	149	1.14	12	421	444	-40.9
6.5	105	161	148	1.11	12	420	444	-43.6
6.6	106	162	149	1.14	12	422	446	-36.9
6.7	107	164	149	1.15	12	417	441	-36.2
6.8	106	162	150	1.17	12	428	453	-39.5

A.7.3 Druckversuche QS 14/24

Nr.	Abmessungen			Dichte				Festigkeit
	b [mm]	h [mm]	ℓ [mm]	m [kg]	w [%]	r_0 [kg/m³]	r_{12} [kg/m³]	$f_{c,0}$ [N/mm²]
1.1	139	234	243	3.44	13	410	433	28.6
1.2	----	----	----	----	----	----	----	----
2.1	139	234	243	3.18	13	379	401	26.7
2.2	138	234	237	3.12	13	384	406	28.2
3.1	----	----	----	----	----	----	----	----
3.2	----	----	----	----	----	----	----	----
4.1	139	236	242	3.40	13	404	427	24.0
4.2	138	236	239	3.01	13	364	385	25.7
5.1	139	234	244	3.59	15	423	447	28.5
5.2	138	235	238	3.57	17	429	453	28.5
6.1	139	237	239	3.18	15	378	399	22.2
6.2	140	236	243	3.43	16	398	420	23.9
7.1	139	237	245	3.16	14	367	388	23.6
7.2	----	----	----	----	----	----	----	----
8.1	138	235	235	2.92	12	363	383	25.0
8.2	139	237	238	3.07	14	368	388	24.5
9.1	140	236	237	3.36	16	399	422	24.5
9.2	139	236	243	3.37	15	395	418	24.8
10.1	139	237	239	3.08	14	367	388	21.5
10.2	----	----	----	----	----	----	----	----
11.1	139	236	243	3.45	15	405	427	24.4
11.2	139	237	238	3.34	16	397	419	23.6
12.1	138	235	239	3.63	15	435	459	26.2
12.2	138	235	243	3.57	14	425	449	25.7
13.1	138	236	190	2.53	14	384	405	25.2
13.2	139	237	240	3.38	21	390	413	22.7

Nr.	Abmessungen			Dichte				Festigkeit
	b [mm]	h [mm]	ℓ [mm]	m [kg]	w [%]	r_0 [kg/m³]	r_{12} [kg/m³]	$f_{c,0}$ [N/mm²]
14.1	139	237	244	4.02	15	468	494	23.3
14.2	140	236	239	3.73	16	440	465	24.4
15.1	138	238	244	3.24	14	379	401	22.2
15.2	138	237	238	3.23	16	386	408	21.6
16.1	139	237	240	3.80	16	447	473	28.5
16.2	140	236	244	4.04	16	467	493	25.8
17.1	137	235	244	3.61	13	433	458	27.1
17.2	139	235	244	3.65	16	426	451	24.0
18.1	137	234	245	3.20	12	386	407	24.6
18.2	139	237	244	3.22	17	371	393	21.8
19.1	138	239	244	3.81	16	441	466	20.0
19.2	135	236	243	3.40	13	414	437	23.8
20.1	139	236	193	2.74	14	406	429	26.4
20.2	138	237	239	3.61	18	427	451	21.6
21.1	137	236	244	3.73	14	444	469	30.4
21.2	137	236	238	3.59	16	434	459	30.4
22.1	139	237	239	3.14	16	371	392	20.8
22.2	138	236	242	3.13	15	371	392	23.4
23.1	139	237	239	3.21	14	383	404	22.4
23.2	140	237	244	3.31	15	382	404	22.4
24.1	----	----	----	----	----	----	----	----
24.2	----	----	----	----	----	----	----	----
25.1	139	237	237	3.27	14	393	415	24.3
25.2	136	233	237	3.04	12	383	405	27.2
26.1	----	----	----	----	----	----	----	----
26.2	----	----	----	----	----	----	----	----

Nr.	Abmessungen			Dichte				Festigkeit
	b [mm]	h [mm]	ℓ [mm]	m [kg]	w [%]	r_0 [kg/m³]	r_{12} [kg/m³]	$f_{c,0}$ [N/mm²]
27.1	139	236	244	3.32	16	386	408	23.9
27.2	138	236	237	3.09	15	374	395	24.3
28.1	138	235	244	3.77	15	445	471	26.9
28.2	139	236	238	4.10	16	489	517	23.1
29.1	----	----	----	----	----	----	----	----
29.2	----	----	----	----	----	----	----	----
30.1	139	236	239	3.10	16	368	389	21.9
30.2	138	236	246	3.24	15	378	399	21.5
31.1	137	234	244	3.83	13	461	488	26.4
31.2	137	236	245	3.76	16	442	467	25.7
32.1	139	236	243	3.28	16	383	405	20.5
32.2	138	236	240	3.19	15	382	403	22.9
33.1	139	235	239	3.11	16	371	392	22.0
33.2	139	236	240	3.05	17	359	380	22.4
34.1	139	237	239	3.84	18	451	476	28.1
34.2	139	237	245	3.90	17	448	473	28.6
35.1	139	236	239	3.49	16	414	438	24.8
35.2	139	236	243	3.42	15	401	424	24.4
36.1	140	238	244	3.26	16	373	394	21.0
36.2	140	238	238	3.31	14	392	414	19.4
37.1	140	237	237	3.25	16	385	407	19.5
37.2	140	237	245	3.32	17	379	400	18.9
38.1	140	237	243	3.76	17	432	457	23.0
38.2	140	236	236	3.61	17	429	454	25.4
39.1	139	237	239	3.20	16	378	400	18.6
39.2	139	237	244	3.32	20	379	400	17.5

Nr.	Abmessungen					Dichte			Festigkeit
	b [mm]	h [mm]	ℓ [mm]	m [kg]	w [%]	r_0 [kg/m³]	r_{12} [kg/m³]		$f_{c,0}$ [N/mm²]
40.1	140	237	243	3.34	20	380	401		17.3
40.2	140	238	237	3.38	20	392	415		17.5
41.1	140	238	243	3.69	16	424	448		23.7
41.2	140	237	236	3.66	16	435	460		26.5
42.1	139	237	245	3.95	19	450	476		22.6
42.2	137	236	242	3.61	25	415	439		22.8
43.1	139	236	239	3.13	15	373	394		21.7
43.2	139	236	237	3.05	13	370	391		22.8
44.1	140	239	244	3.88	27	425	449		23.3
44.2	140	239	240	3.90	24	439	463		22.9
45.1	140	237	242	3.88	15	452	477		27.2
45.2	134	236	245	3.57	14	432	457		32.6
46.1	139	238	237	3.23	18	381	402		20.0
46.2	139	238	243	3.29	18	378	399		20.3
47.1	139	237	238	3.63	18	428	452		29.1
47.2	138	235	241	3.55	12	430	454		32.5

Anhang 8: Druckversuche an Kleinproben gemäss DIN 52185

A.8.1 Probekörper aus den Prismen 37.2, 45.2 und 47.2 (QS 14/24)

Nr.	Abmessungen			Dichte					Festigkeit
	b [mm]	h [mm]	ℓ [mm]	m_w [kg]	m_o [kg]	w [%]	r_0 [kg/m³]	r_{12} [kg/m³]	f_c [N/mm²]
37.2.01	50	50	99	0.102	0.090	13	389	411	38.1
37.2.02	50	50	100	0.102	0.090	13	386	407	30.3
37.2.03	50	50	99	0.086	0.076	13	326	344	29.6
37.2.04	50	50	100	0.086	0.076	13	326	344	32.7
37.2.05	50	50	100	0.105	0.092	14	397	419	33.7
37.2.06	50	50	100	0.088	0.078	13	333	352	26.9
37.2.07	50	50	100	0.101	0.090	12	384	406	30.4
37.2.08	50	50	100	0.099	0.088	13	376	397	26.7
37.2.09	50	50	100	0.103	0.091	13	390	412	33.2
37.2.10	50	50	100	0.103	0.091	13	390	412	35.4
37.2.11	50	50	100	0.102	0.090	13	388	410	31.5
37.2.12	50	50	100	0.100	0.088	14	377	398	36.8
37.2.13	50	50	100	0.088	0.078	13	335	354	24.5
37.2.14	50	50	100	0.086	0.076	13	327	345	29.0
37.2.15	50	50	100	0.099	0.088	13	376	397	32.7
37.2.16	50	50	100	0.094	0.083	13	357	377	33.2

Nr.	Abmessungen			Dichte					Festigkeit
	b [mm]	h [mm]	ℓ [mm]	m_w [kg]	m_o [kg]	w [%]	r_0 [kg/m³]	r_{12} [kg/m³]	f_c [N/mm²]
45.2.01	50	50	100	0.105	0.094	12	400	423	38.3
45.2.02	50	50	100	0.111	0.099	12	421	445	40.3
45.2.03	50	50	100	0.105	0.094	12	398	421	32.6
45.2.04	50	50	100	0.114	0.101	13	430	454	47.5
45.2.05	50	50	100	0.116	0.103	13	440	465	42.2
45.2.06	50	50	100	0.110	0.098	12	417	440	42.6
45.2.07	50	50	100	0.115	0.102	13	436	461	45.5
45.2.08	50	50	100	0.108	0.096	13	408	431	43.7
45.2.09	50	50	100	0.102	0.091	12	388	410	40.4
45.2.10	50	50	99	0.103	0.092	12	394	416	36.0
45.2.11	50	50	99	0.099	0.088	13	374	395	33.7
45.2.12	50	50	100	0.113	0.100	13	427	451	41.9
45.2.13	50	50	100	0.124	0.109	14	467	493	48.1
45.2.14	50	50	100	0.121	0.108	12	460	486	49.9
45.2.15	50	50	99	0.108	0.096	13	410	434	37.2
45.2.16	50	50	99	0.097	0.087	11	370	391	35.9

Nr.	Abmessungen			Dichte					Festigkeit
	b [mm]	h [mm]	ℓ [mm]	m_w [kg]	m_o [kg]	w [%]	r_0 [kg/m³]	r_{12} [kg/m³]	f_c [N/mm²]
47.2.01	50	50	100	0.121	0.107	13	458	484	46.1
47.2.02	50	50	100	0.122	0.108	13	461	488	48.0
47.2.03	50	50	100	0.116	0.103	13	441	466	46.8
47.2.04	50	50	100	0.103	0.091	13	391	413	36.8
47.2.05	50	50	100	0.103	0.091	13	390	412	39.7
47.2.06	50	50	100	0.100	0.089	12	381	402	35.8
47.2.07	50	50	100	0.112	0.099	13	423	447	44.8
47.2.08	50	50	100	0.115	0.102	13	437	461	46.6
47.2.09	50	50	100	0.121	0.107	13	458	484	49.3
47.2.10	50	50	100	0.106	0.094	13	403	426	39.8
47.2.11	50	50	100	0.106	0.094	13	402	424	38.9
47.2.12	50	50	100	0.117	0.104	13	443	468	45.0
47.2.13	50	50	100	0.102	0.091	12	388	409	39.9
47.2.14	50	50	100	0.114	0.101	13	432	456	46.4
47.2.15	50	50	100	0.113	0.101	12	431	455	45.7
47.2.16	50	50	99	0.113	0.101	12	433	457	45.2

A.8.2 Probekörper zufällig ausgewählt

Nr.	Abmessungen b [mm]	h [mm]	ℓ [mm]	m_w [kg]	m_o [kg]	w [%]	r_o [kg/m³]	r_{12} [kg/m³]	Festigkeit f_c [N/mm²]
1	50	50	100	0.093	0.082	13	352	372	35.4
2	50	50	99	0.094	0.083	13	358	378	28.5
3	49	50	99	0.090	0.080	13	345	365	26.6
4	50	50	100	0.102	0.090	13	388	410	31.3
5	50	49	100	0.100	0.089	12	382	403	36.3
6	50	49	100	0.095	0.084	13	362	382	32.1
7	49	50	100	0.098	0.087	13	376	397	36.0
8	51	50	99	0.101	0.090	12	379	400	38.6
9	50	50	100	0.102	0.091	12	385	407	37.7
10	50	50	99	0.094	0.083	13	359	380	34.3
11	50	50	100	0.119	0.106	12	453	478	48.6
12	50	50	99	0.093	0.083	12	358	378	30.3
13	50	50	99	0.086	0.076	13	329	348	31.6
14	50	50	100	0.084	0.075	12	321	339	31.0
15	50	50	99	0.090	0.080	13	344	364	31.5
16	50	50	100	0.090	---	---	---	---	31.2
17	50	49	100	0.086	0.077	12	331	350	31.4
18	49	50	99	0.098	0.088	11	378	399	31.1
19	50	50	100	0.116	0.103	13	434	458	43.1
20	50	50	100	0.094	0.084	12	357	377	30.0
21	50	50	99	0.101	0.091	11	390	412	33.4
22	49	50	99	0.092	0.081	14	352	372	31.4
23	50	50	99	0.090	0.079	14	344	363	30.2
24	50	49	100	0.100	0.089	12	384	405	37.5
25	49	50	100	0.089	0.079	13	340	360	31.3
26	50	50	100	0.118	0.106	11	453	479	49.7
27	50	50	99	0.096	0.086	12	369	390	31.9
28	50	50	100	0.093	0.083	12	354	375	34.2
29	50	49	99	0.102	0.091	12	391	414	29.8
30	50	50	99	0.097	0.087	11	374	395	37.5
31	50	49	100	0.089	0.079	13	341	361	30.8
32	50	50	99	0.120	0.106	13	456	482	47.9
33	50	50	99	0.098	0.087	13	377	398	35.2
34	50	50	99	0.092	0.081	14	351	371	30.5
35	50	50	99	0.097	0.086	13	370	391	27.8
36	49	50	99	0.101	0.089	13	388	410	37.4
37	50	49	101	0.102	0.091	12	388	410	32.8
38	50	50	100	0.106	0.094	13	396	419	43.5
39	50	50	99	0.106	0.095	12	400	423	44.7
40	50	50	99	0.098	0.086	14	374	395	35.3
41	50	50	99	0.120	0.107	12	459	485	50.1
42	50	50	100	0.095	0.084	13	360	380	30.5
43	50	50	99	0.101	0.090	12	388	410	37.5
44	50	49	99	0.091	0.080	14	348	368	31.8
45	50	49	99	0.091	0.080	14	348	368	29.6
46	50	50	100	0.121	0.108	12	462	488	50.1
47	50	49	99	0.098	0.087	13	378	399	35.4
48	50	50	100	0.105	0.093	13	393	415	38.6
49	50	50	100	0.086	0.076	13	329	348	28.3
50	50	50	99	0.100	0.089	12	383	405	34.2
51	49	50	99	0.093	0.082	13	356	376	25.8
52	50	50	99	0.094	0.082	15	356	376	32.3
53	50	50	100	0.102	0.090	13	385	407	31.1
54	50	50	99	0.100	0.089	12	382	403	30.7
55	50	51	99	0.105	0.093	13	396	418	39.1
56	50	50	99	0.102	0.090	13	386	408	33.1
57	50	50	99	0.120	0.106	13	458	484	49.3
58	51	50	100	0.115	0.101	14	427	451	42.0
59	50	50	99	0.097	0.086	13	372	393	35.7
60	50	50	100	0.118	0.105	12	452	478	49.1

Anhang 9: Ablaufdiagramme zur Datenerfassung

A.9.1 Biegeversuche mit Ermittlung der Bruchlast

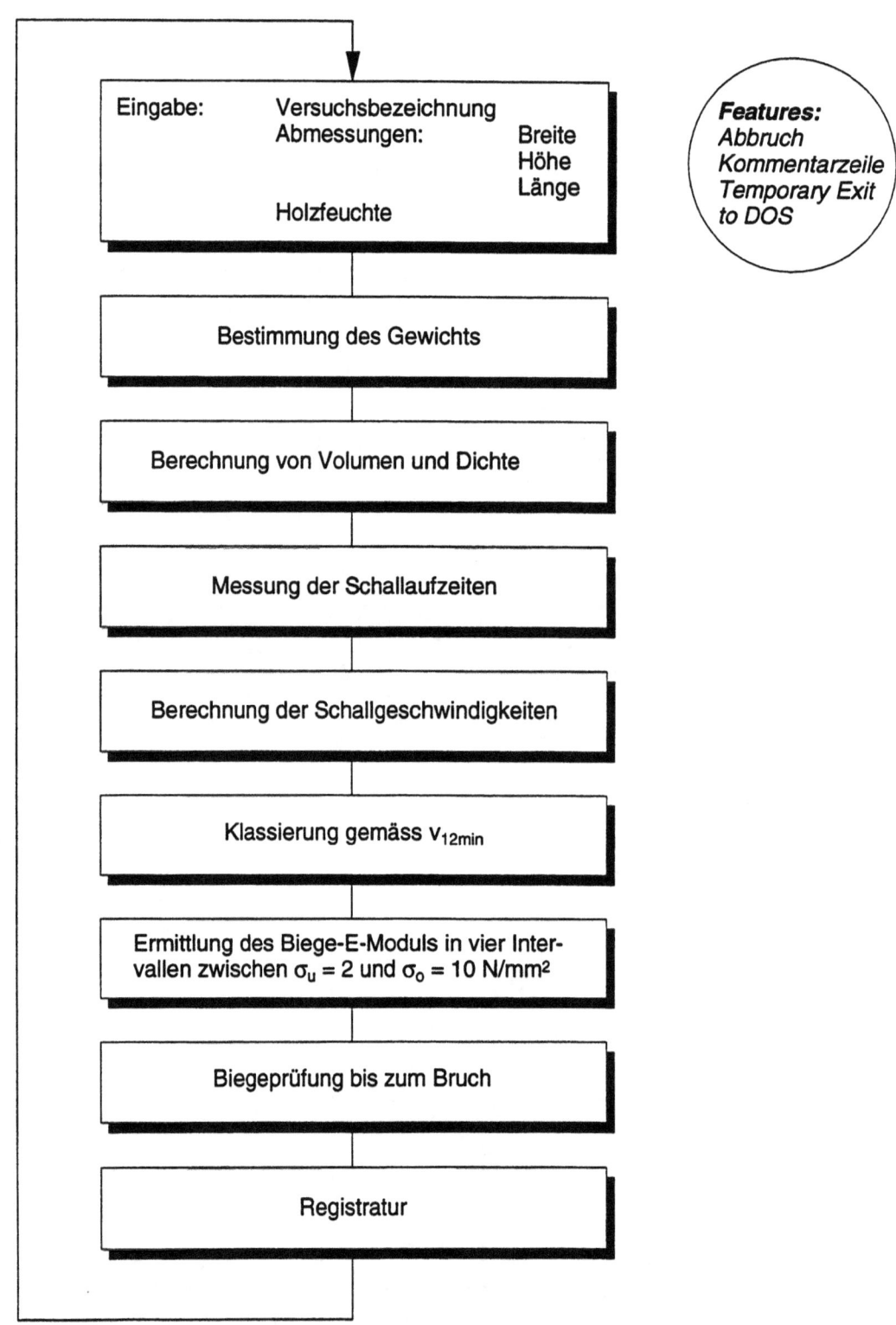

A.9.2 Proof Loading NFP 12

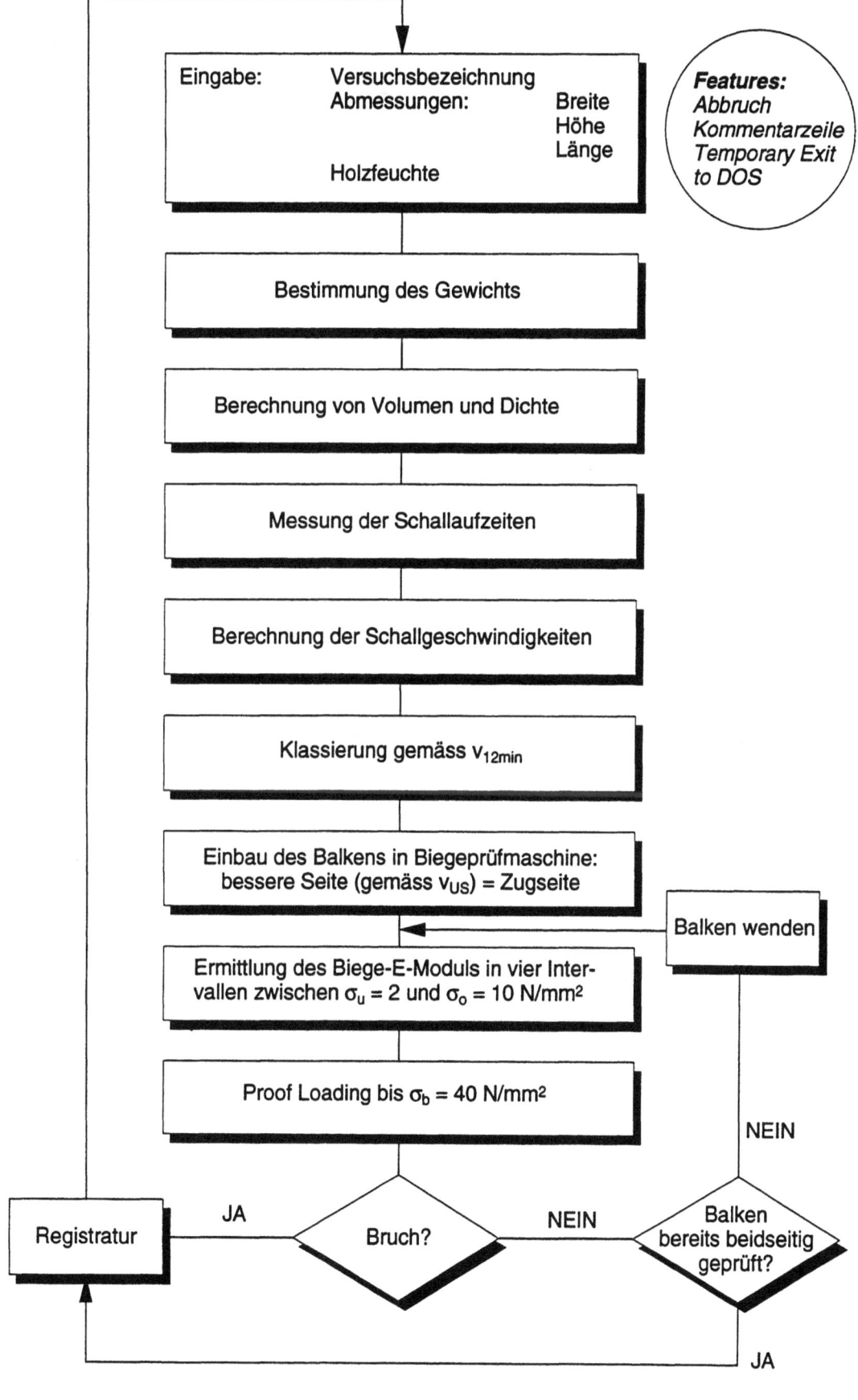

A.9.3 Zug- und Druckversuche an Stäben

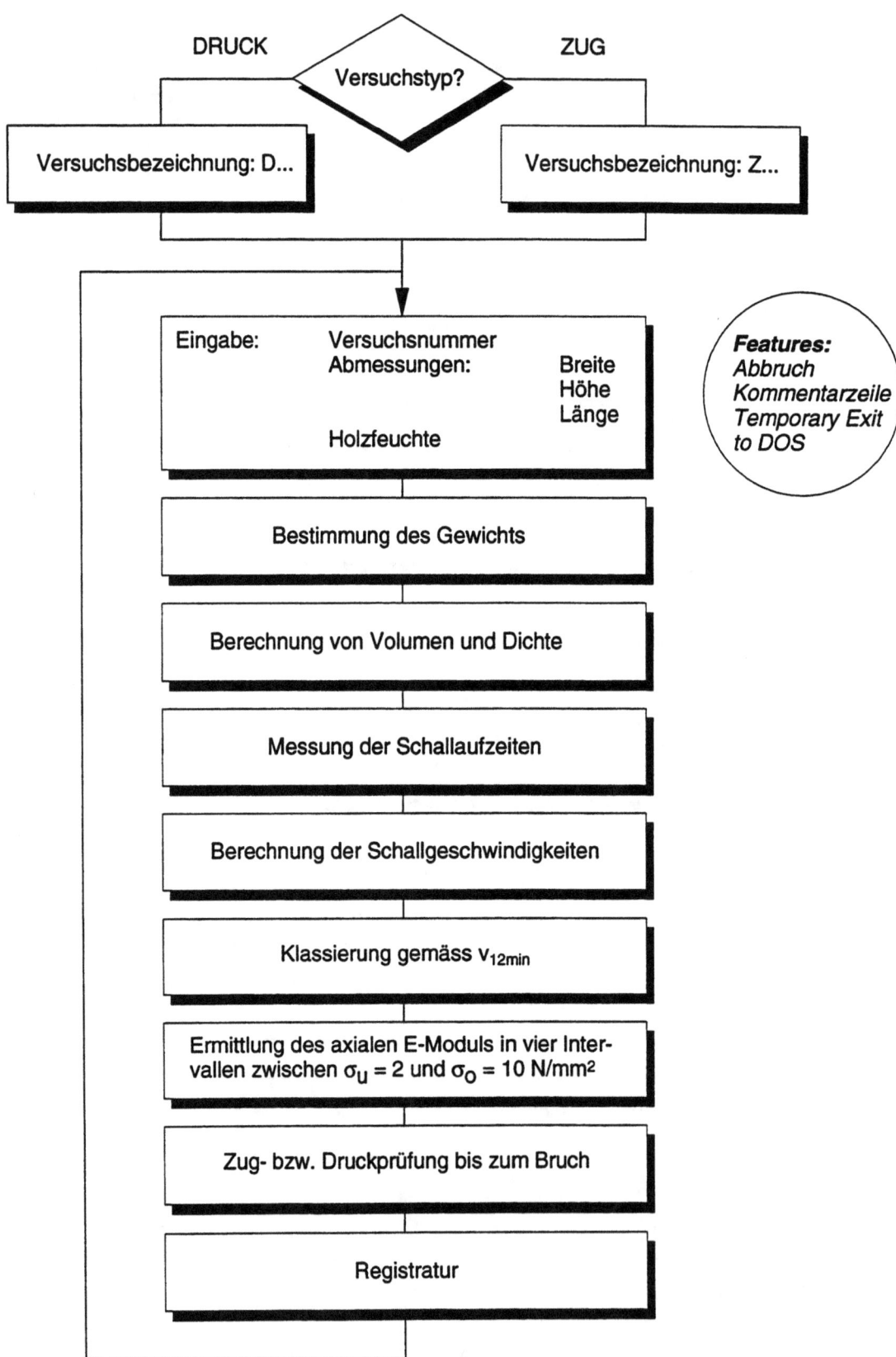

A.9.4 Druckversuche an Prismen und DIN-Proben

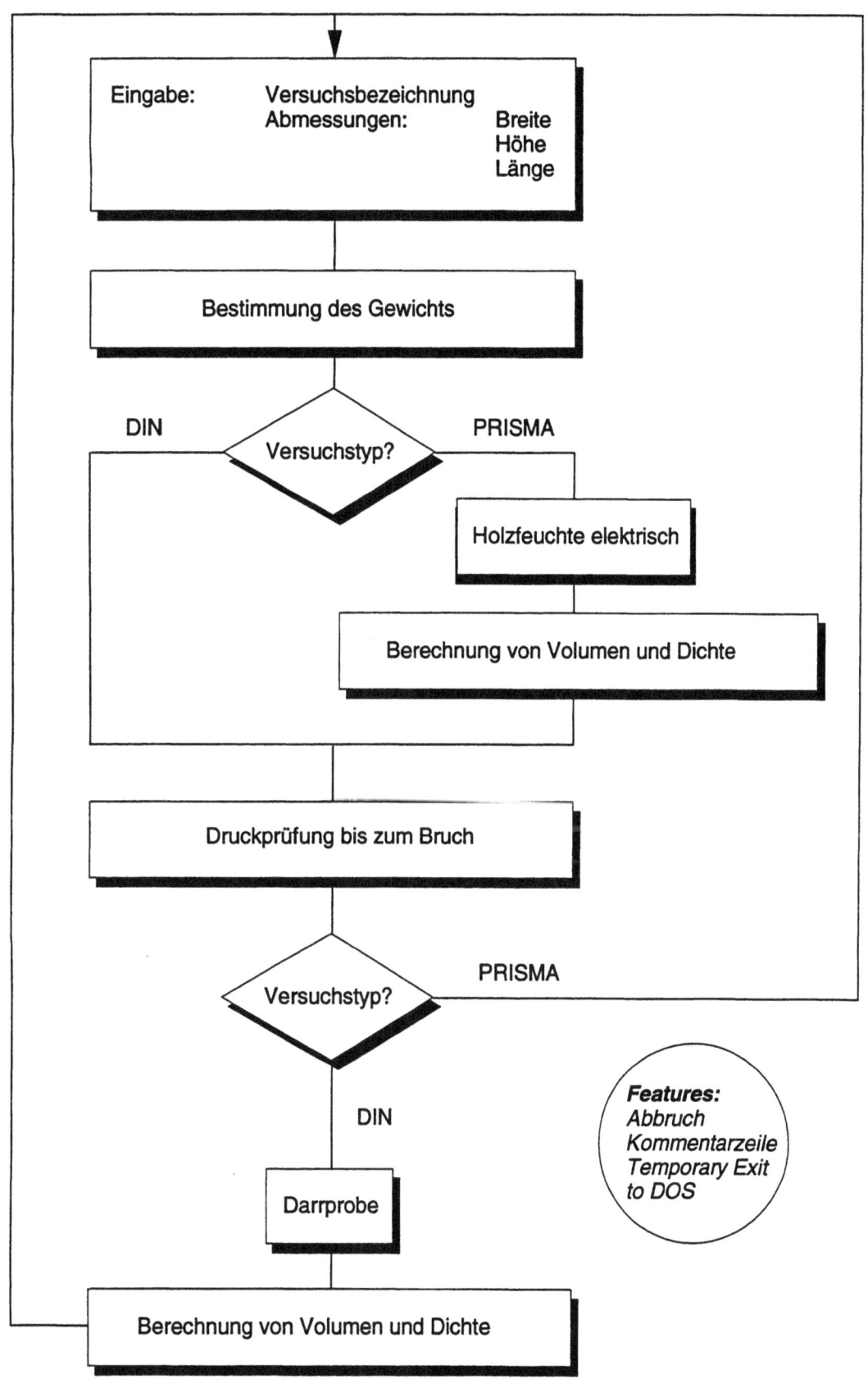

Berichte des IBK beim Birkhäuser Verlag Basel

Die aufgeführten Berichte sind unter Angabe der ISBN-Nr. direkt beim Birkhäuser Verlag Basel zu bestellen.
Adresse: Postfach 155, 4010 Basel (Tel. 061 721 77 84).

H. Bachmann:
Earthquake Design of Bridges - The Swiss Code Approach
Bericht IBA Nr. 187, März 1992, ISBN 3-7643-2755-3, Fr. 7.70

Konrad Moser:
Ist Erdbebensicherung im Hochbau gerechtfertigt?
Bericht IBA Nr. 188, März 1992, ISBN 3-7643-2756-1, Fr. 8.50

Menn C., Brenni P., Keller T., Pellegrinelli L:
Verbindung von altem und neuem Beton
Bericht IBA Nr. 193, August 1992, ISBN 3-7643-2825-8, Fr. 77.--

Paul Gauvreau:
Load Tests of Concrete Girders Prestressed with Unbonded Tendons
Bericht IBA Nr. 194, Januar 1993, ISBN 3-7643-2843-6, Fr. 79.--

D.P.Gauvreau:
Ultimate Limit State of Concrete Girders Prestressed with Unbonded Tendons
Bericht IBA Nr. 198, Januar 1993, ISBN 3-7643-2873-8, Fr. 66.--

Markus Petschacher:
Zuverlässigkeit technischer Systeme
Computerunterstützte Verarbeitung von stochastischen Grössen mit dem
Programm VaP
Bericht IBA Nr. 199, August 1993, ISBN 3-7643-2967-X, Fr. 59.--

Peter Linde:
Numerical Modelling and Capacity Design of Earthquake-Resistant Reinforced
Concrete Walls
Bericht IBA Nr. 200, August 1993, ISBN 3-7643-2968-8, Fr. 86.--

Konrad Moser:
Erdbebentauglichkeit von Stahlbetonhochbauten
Bericht IBK Nr. 201, November 1993, ISBN 3-7643-5006-7, Fr. 65.--

Viktor Sigrist, Peter Marti:
Versuche zum Verformungsvermögen von Stahlbetonträgern
Bericht IBK Nr. 202, November 1993, ISBN 3-7643-5007-5, Fr. 55.--

Nebojša Mojsilović, Peter Marti:
Versuche an kombiniert beanspruchten Mauerwerkswänden
Bericht IBK Nr. 203, April 1994, ISBN 3-7643-5060-1, Fr. 88.--

René Steiger, Ernst Gehri, Hanspeter Arm:
Einspannvorrichtung für Zugversuche an Holzproben grösseren Querschnitts
Bericht IBK Nr. 204, April 1994, ISBN 3-7643-5074-1, Fr. 48.--

Benedikt Weber:
Rational Transmitting Boundaries for Time-Domain Analysis of Dam-Reservoir Interaction
Bericht IBK Nr. 205, Juli 1994, ISBN 3-7643-5123-3 (US: 0-8176-5123-3), Fr. 95.--

Carmen Gerber-Balmelli, Peter Marti:
Versuche an Porenbeton-Mauerwerk
Bericht IBK Nr. 206, November 1994, ISBN 3-7643-5170-5, Fr. 38.--

GPSR Compliance

The European Union's (EU) General Product Safety Regulation (GPSR) is a set of rules that requires consumer products to be safe and our obligations to ensure this.

If you have any concerns about our products, you can contact us on

ProductSafety@springernature.com

In case Publisher is established outside the EU, the EU authorized representative is:

Springer Nature Customer Service Center GmbH
Europaplatz 3
69115 Heidelberg, Germany

www.ingramcontent.com/pod-product-compliance
Lightning Source LLC
LaVergne TN
LVHW080115250326
834688LV00040B/1153